教育部首批特色优势专业建设项目资助

热带园艺专业特色教材系列

观赏植物种质资源学
Germplasm Resources of Ornamental Plants

主编　宋希强

中国建筑工业出版社

图书在版编目（CIP）数据

观赏植物种质资源学/宋希强主编. —北京：中国
建筑工业出版社，2012.2
（热带园艺专业特色教材系列）
ISBN 978-7-112-13729-9

Ⅰ.①观…　Ⅱ.①宋…　Ⅲ.①观赏植物-种质资源
Ⅳ.①S680.24

中国版本图书馆 CIP 数据核字（2011）第 224564 号

　　本书以观赏植物种质资源为对象，阐述其研究方法和相关的理论。全书包括绪论、正文和附录。正文首先界定了观赏植物种质资源的概念，概述了世界观赏植物种质资源的地理分布及起源学说；继而在综述观赏植物种质资源研究方法的基础上，分别对观赏植物种质资源的调查、收集、引种、驯化、鉴定、评价和保存等各个环节进行详细介绍。最后结合介绍我国热带地带区域性植被类型与观赏植物资源的关系，重点推荐了草本、灌木、藤本和乔木四大类常见的热带观赏植物资源。为了方便标本检索和物种鉴定，本书附录提供了包括恩格勒系统在内、标本馆通用的分类系统表。本书由海南大学、华南农业大学、福建农林大学、广州中医药大学、漳州师范学院、湛江师范学院和北京林业大学等单位专家共同编写，历时三年。内容丰富翔实，综合国内外先进成果，对观赏植物种质资源的教学和科研具有指导意义。每章后附有思考题和推荐书目，可供读者学习时参考。本书不仅可为我国热带、亚热带地区高等农林院校观赏园艺、园林专业教学用书，也可为其他地区高校园艺类专业学生学习参考书和广大园艺学、风景园林学科研工作者的参考工具书。

责任编辑：郑淮兵
责任设计：董建平
责任校对：肖　剑　赵　颖

热带园艺专业特色教材系列
观赏植物种质资源学
主编　宋希强

*

中国建筑工业出版社出版、发行（北京西郊百万庄）
各地新华书店、建筑书店经销
北京红光制版公司制版
北京市书林印刷有限公司印刷

*

开本：787×1092毫米　1/16　印张：18¼　字数：440千字
2012年8月第一版　2012年8月第一次印刷
定价：**35.00**元
ISBN 978-7-112-13729-9
（21498）

《观赏植物种质资源学》编写人员

编写委员会（按汉语拼音字母排序）

陈展川　成夏岚　程　瑾　龚　琴　何建顺　何荣晓　李　鹏
李霖明　廖　丽　马晓开　蒙真铖　彭东辉　秦新生　商　辉
史佑海　宋希强　王　健　吴友根　武华周　武艳芳　徐诗涛
杨东梅　杨福孙　张　哲　张荣京　钟云芳　周　鹏　周劲松

主　　编：宋希强（海南大学）
副 主 编：王　健（海南大学）
　　　　　陈展川（海南大学）
　　　　　杨东梅（海南大学）
　　　　　程　瑾（北京林业大学）
参编人员：史佑海（海南大学）
　　　　　吴友根（海南大学）
　　　　　彭东辉（福建农林大学）
　　　　　廖　丽（海南大学）
　　　　　秦新生（华南农业大学）
　　　　　张荣京（华南农业大学）
　　　　　李　鹏（西南科技大学）
　　　　　周劲松（广州中医药大学）
　　　　　成夏岚（湛江师范学院）
　　　　　何建顺（漳州师范学院）
审　　稿：杨好伟（海南大学）
　　　　　李绍鹏（海南大学）
　　　　　孟千万（上海中医药大学）

序

观赏植物种质资源是发展观赏植物产业的重要基础，可以说是国家观赏植物生产、销售和研究的"家底"。摸清这一"家底"，对于观赏植物事业的发展，具有极为重要的理论和实践价值。我国有"世界园林之母"之称，广阔的地貌、复杂的地形、丰富的物种和多样的气候，赋予我国种类丰富、分布广泛、特异性高的观赏植物种质资源，如我国拥有全世界 80％以上的山茶属和丁香属植物，50％以上的报春花属和杜鹃花属植物，100％的泡桐属和蜡梅属植物等，以及水杉、银杏、珙桐等珍贵特有观赏植物。上述丰富和独特的种质资源，为我国观赏植物栽培应用和园林育种提供了大量的优良材料，培育出众多诸如梅花、牡丹、月季和荷花等世界著名花卉，为世界观赏植物的发展作出了重要贡献。

我国十分重视植物种质资源的研究工作。自新中国成立以来，多次组织实施包括观赏植物在内的植物种质资源考察和研究工作，取得了大量的成果。发现、挖掘出许多观赏价值很高的观赏植物新种质，其中一些种类已得到开发和应用，如盆架树、野牡丹、海南龙血树等。关于观赏植物种质资源研究的方法、特点、进展等方面的论述，也随之丰富起来，并散见于各类观赏植物教材、文章和专著中。但迄今仍然没有一本系统、完整的教材适用于《观赏植物种质资源学》的本科生教学，这对于蓬勃发展的观赏园艺学科，尤其是观赏植物种质资源学的教学和研究不能不说是一个缺憾。《观赏植物种质资源学》一书的出版，为弥补这一缺憾迈出了积极的一步，实在值得祝贺。纵观全书，主要有三个特点：

第一，内容全面。该书基本包括了观赏植物种质资源研究的各个方面，从其概念，到具体的研究方法，到热点地区的观赏植物种质的具体种类和特点，都有相当全面的介绍和论述，不仅可为学生学习提供教材，也可为相关研究人员提供借鉴和参考。

第二，资讯新颖。该书总结了近年来的植物种质资源研究的新方法、新成果，如现代信息技术在观赏植物资源调查中的应用、濒危植物再引入技术等，并加以具体分析和应用，为观赏植物种质资源的研究提供了新的思路和方法。

第三，特色鲜明。该书具有比较鲜明的热带特色。热带地区虽然只占据陆地面积的较小部分，但却提供了近一半的种质资源，热带观赏植物资源在现代花卉业中所起的作用也越来越大。本书编委会根据其主要研究领域，对热带观赏植物种质资源进行了比较详尽的论述，对于指导热带地区花卉产业的发展具有重要意义。

花卉事业的进步，需要花卉科技研究人员的不懈努力，需要一代代人的接力发展。宋希强教授等一批青年热带花卉科技研究和教学工作者正在通过自己的努力，为我国花卉事业的发展作出贡献。《观赏植物种质资源学》一书的出版，就是这一努力的又一成果。在此，我谨向《观赏植物种质资源学》的出版表示祝贺，并向全体编写人员表示诚挚的谢意。

2011.11.18.于武汉

（华中农业大学教授　包满珠）

前　言

植物资源是生物圈的主要组成部分，是人类赖以生存、生活和生产的物质基础，它是一种重要的再生资源。进入 21 世纪，我国各族人民在创造巨大物质财富的同时，也同样渴望高度的精神文明。种花、植树、养草及造林绿化不仅具有巨大的经济效益，而且有着广泛的精神内涵和环境效益。可以说，观赏植物已逐渐成为我们日常生活中不可或缺的部分，它既是美的象征，也是社会进步的标志。随着人们生活水平的不断提高和生活方式的改变，观赏植物会越来越受到人们的喜爱和社会的关注。

我国享有"世界园林之母"的誉称。据统计，有花植物多达 3 万余种，观赏植物资源物种丰富，品种纷繁。由于各个区域自然条件差异较大，观赏植物的种类和数量也存在一些差异，这使得我国观赏植物的分布具有明显的地方不平衡性和地域特色。因此，对我国具有重要观赏价值的野生观赏植物进行资源调查，掌握其蕴藏量、分布规律和保护现状，建立和完善各种观赏植物的种质库，不断提高现有各种栽培植物的遗传特性，丰富观赏植物的栽培品种，已成为亟待解决的问题并具有重要的现实意义。

观赏植物种质资源学一直是园林、园艺等专业的专业必修课。近年来，我国农林高校和综合性院校农学院或生命科学学院纷纷开设相关课程。目前，国内可供选择的教材或是内容在编排上较为陈旧，抑或是侧重于集中介绍北方和华中地区的植物资源，对热带、亚热带地区的观赏植物种类介绍不多、不深。为了适应高校的教学发展，本教材充分体现观赏植物资源的地域特色，较为全面地介绍了观赏植物种质资源学的形成与发展、我国热带地区观赏植物资源分布的概况和特点、观赏植物资源学一般研究方法和定量研究方法、植物引种驯化、植物资源的保护和利用、生物技术及现代信息技术在观赏植物资源开发利用中的应用，并重点描述了常见的热带观赏植物种类和海南岛特有的野生观赏植物资源，以弥补现有同类教材不适应华南地区高校教学需要的遗憾。本书的主要特点如下：

第一，内容丰富，适用面广。综合国内外先进成果，反映了国内外观赏植物资源保护与开发利用的学术水平。本书从观赏植物的起源、演化、分类、研究方法、资源收集、引种与驯化、鉴定与创新、保护与可持续利用等各层次，介绍了观赏植物种质资源学的基本原理和研究手段。

第二，基本原理与区域特色兼顾，这也是本教材的一大特色。本书以热带地区为例，介绍了地带性植被、区域气候及观赏植物资源的关系，并就常见的种类做了详细的介绍，内容包括地理起源分布、栽培演化历史、主要品种和类型，以及同属其他主要种类的资源利用状况，便于读者全面理解为了满足人类的需求，种质资源从单一或少数的野生型发展成千姿百态、各式各样的栽培品种的必然途径。

第三，教材教学环节符合人才培养和课程教学的要求，层次分明，结构严谨，逻辑性强。每一章后附有本章小结、思考题和推荐阅读的参考书。该书不仅可作为我国热带、亚热带地区高等农林院校园艺园林专业的教学用书，也是指导热带地区野生观赏植物资源开发利用的重要参考书。本教材附录了植物标本馆常用的标本检索系统，便于植物标本分类和查阅。

　　第四，本教材编写阵容实力雄厚，编著者主要来自我国热带亚热带地区的农林高校园艺园林专业或相关专业，均为硕士以上学历且具多年工作经验的专家。其中第 1 章由宋希强、周劲松、秦新生、廖丽编写，第 2 章由王健、钟云芳编写，第 3 章由成夏岚、钟云芳、杨东梅编写，第 4 章由李鹏编写，第 5、6 章由吴友根、钟云芳编写，第 7 章由彭东辉、钟云芳编写，第 8 章由程瑾、马晓开、宋希强编写，第 9 章由程瑾、商辉编写，第 10 章第一节、第二节由何建顺、钟云芳编写，第三节至第六节，由钟云芳、史佑海、陈展川、武艳芳、成夏岚、龚琴、廖丽编写。附录由秦新生、陈展川整理，统稿由宋希强完成，校稿由钟云芳完成。

　　本教材承蒙杨好伟教授、李绍鹏教授、孟千万教授审阅，并提出宝贵的修改意见，特此表示衷心感谢。

　　本书的编写得到教育部和财政部"2007 年度第一批第二类高等学校特色专业建设点"（园艺专业，TS2343）建设项目资助，以及国家自然科学基金（30860233）和海南大学"211 工程建设研究生教育教学改革项目"（YJG0114）的资助。作为热带园艺专业特色教材系列丛书，同时也得到海南大学热带作物种质资源保护与开发利用教育部重点实验室、海南大学植物学国家重点学科（071001）、植物学课程群国家级教学团队和海南省精品课程《观赏花卉学》等建设项目的资助。谨此表示衷心的感谢！

　　感谢中国建筑工业出版社的编辑和出版人员为此书付出的辛勤劳动。感谢所有帮助收集资料或以各种形式为本书出版作出贡献的海南大学园艺园林学院的师生。

　　本书尝试性地对观赏植物种质资源的研究进行探讨并编著成教材，但由于编者知识水平所限，内容涉及面广，错误和疏漏一定不少，敬请广大读者和各界同仁对本书的遗漏、缺点和错误提出宝贵意见，以便进一步完善和提高！

2011 年 6 月

目 录

序
前言

13

第一章 绪 论

我国地跨热带和温带，地域辽阔、气候类型多样，是世界上观赏植物生物多样性极为丰富的国家之一。全球观赏植物约为 3 万种，其中较常用者约 6000 种，栽培品种达 4 万种以上。我国原产观赏植物约 1 万～2 万种，较常应用者约 2000 种。世界上栽培的观赏植物中，原产我国约有 120 科 500 属，达数千种之多。我国是具有悠久花文化历史的文明古国，在各个领域为世界园艺事业的发展均作出了杰出的贡献，被赞誉为"世界园林之母"。因此，开展观赏植物资源研究，对于中国园林的发展至关重要，也是植物科学工作者肩负的一项重任。

第一节 观赏植物与观赏植物种质资源学

一、观赏植物的概念与含义

观赏植物（Ornamental plant or Ornamentals）是指具有一定观赏价值，适用于室内外布置，美化环境并丰富人们生活的植物总称。观赏植物与广义的花卉概念是一致的，均泛指有观赏及应用价值的草本及木本植物。观赏植物的观赏性十分广泛，包括观花、观果、观叶、观芽、观茎、观株、观根、观势、观姿、观韵、观色、观趣及品其芳香等。通常人们更习惯将观赏植物称为花卉。

世界各国的观赏植物，均是直接或间接由野生植物引种驯化等改良而来。中国是世界上栽培观赏植物较早的国家，如芍药、梅花、牡丹、菊花等，已均有千年甚至更久远的栽培历史，而欧美等西方国家于近二三百年才开始大量引种驯化和栽培野生观赏植物。

观赏植物的主要价值在于其观赏性，评价观赏植物优劣的基点是色、形、势、姿、韵、趣以及芳香气味等。观赏植物的姿、色、香、韵、昼夜节律和季相变化是自然界色彩、情趣及环境动感的主要来源，观赏植物以多样的变异展示大自然的神奇，启迪人们的思维，激发人们的灵感。在实践中，植物的观赏价值不仅体现在器官水平上，还体现在植物个体乃至群体水平上。只有合理地应用观赏植物的绿化、美化、彩化、香化等作用，以及植物特有的动感和节奏感，才能充分体现环境与生命的自然规律和相互联系，创造出优美的环境。

二、观赏植物种质资源及其自然分布

观赏植物种质资源（Germplasm resource of ornamental plants）是指能将特定的遗传信息传递给后代并有效表达的观赏植物的遗传物质的总称，包括具有各种遗传差异的野生种、半野生种和人工栽培类型。地球上已发现的植物约 50 万种，其中近 1/6 具有观赏价值。野生的观赏植物种质资源广泛分布于全球五大洲的热带、温带及寒带。

以温度与降雨为主要依据，Mimer 与壕本氏将野生观赏植物的原产地按气候型分为 7 个大的区域。在每个区域内，由于其特有的气候条件又形成了不同类型的观赏植物自然分布中心（表 1-1）。

（一）热带气候型（Tropical climatic patterns）

该区特点是周年高温，温差小；雨量丰富，但不均匀。属于本气候型的地区有亚洲、非洲、大洋洲、中美洲及南美洲的热带地区。本区是一年生花卉、温室宿根、春植球根及温室木本花卉的自然分布中心，代表种类有鸡冠花、彩叶草、凤仙花、紫茉莉、牵牛花、虎尾兰、凤梨、美人蕉、朱顶红、五叶地锦、番石榴、番荔枝等。

（二）墨西哥气候型（又称热带高原气候型）（Mexico climatic patterns）

该区气候特点是四季如春，温差小；四季有雨或集中于夏季。属于这一气候型的地区包括墨西哥高原及南美洲安第斯山脉、非洲中部高山地区、中国云南等地。本区是不耐寒、喜凉爽的一年生花卉、春植球根花卉及温室花木类的自然分布中心。代表种类有百日草、波斯菊、万寿菊、旱金莲、藿香蓟、报春花、大丽花、晚香玉、球根秋海棠、云南山茶、月季花、香水月季等。

（三）沙漠气候型（Desert climatic patterns）

该区气候特点为周年少雨。属于本气候型的地区有阿拉伯及非洲、大洋洲和南北美洲等沙漠地区。本区是仙人掌及多浆植物的自然分布中心，常见观赏植物有仙人掌、龙舌兰、芦荟等。

（四）大陆东岸气候型（又称中国气候型，Chinese climatic patterns）

该区气候特点是冬寒夏热，雨季多集中在夏季。根据冬季气温的高低又分为温暖型与冷凉型。

（1）温暖型（又称冬暖亚型，低纬度地区）包括中国长江以南及日本西南部、北美洲东南部、巴西南部、大洋洲东部及非洲东南角附近等地区。本区是部分喜温暖的一年生花卉、球根花卉及不耐寒宿根、木本花卉的自然分布中心，代表种类有中华石竹、一串红、矮牵牛、麝香百合、唐菖蒲、非洲菊、山茶、杜鹃花、紫薇、南天竹等。

（2）冷凉型（又称冬凉亚型，高纬度地区）包括中国华北及东北南部及日本东北部、北美洲东北部等地区。本区是较耐寒宿根、木本花卉的自然分布中心，代表种类有菊花、芍药、随意草、蛇鞭菊、牡丹、贴梗海棠、丁香、腊梅、广玉兰、北美鹅掌楸、巨杉、刺槐等。

（五）大陆西岸气候型（又称欧洲气候型，Europe climatic patterns）

该区气候特点是冬暖夏凉，雨水四季都有。属于这一气候型的地区有欧洲大部、北美洲西海岸中部、南美洲西南部及新西兰南部。本区是较耐寒一二年生花卉及部分宿根花卉的自然分布中心，代表种类有三色堇、勿忘我、雏菊、紫罗兰、羽衣甘蓝、霞草、宿根亚麻、香葵、铃兰、毛地黄、楼斗菜等。

（六）地中海气候型（Mediterranean climatic patterns）

本区的气候特点是冬不冷，夏不热；夏季少雨，为干燥期。属于这一气候型的地区有地中海沿岸、南非好望角附近、大洋洲东南和西南部、南美洲智利中部、北美洲加利福尼亚等地。本区由于夏季干燥，故形成了夏季休眠的秋植球根花卉的自然分布中心。代表种类有水仙、郁金香、风信子、小苍兰、杂种唐菖蒲等。

（七）寒带气候型 （Frigid climatic patterns）

本区气候特点为冬季长而冷，夏季短而凉，植物生长期短。属于这一气候型的地区包括寒带地区和高山地区，故形成耐寒性植物及高山植物的分布中心，代表种类有绿绒蒿、龙胆、雪莲、细叶百合等。

世界野生观赏植物气候型及其代表花卉　　　　　　　　　　表 1-1

气候型		气候特点	花卉分布特点	代表花卉种属
热带气候型		周年高温，温差小；雨量大，常有雨季和旱季之分	不耐寒一年生花卉，热带花木类	鸡冠花、凤仙花、紫茉莉、长春花、大岩桐、凤梨科、竹芋科、热带兰等
墨西哥(热带高原)气候型		周年气温 14～17℃；降雨多，集中于夏季	春植球根花卉	大丽花、晚香玉、球根秋海棠、百日草、万寿菊等
沙漠气候型		周年降雨少，气候干旱	仙人掌及多浆植物	芦荟、十二卷、仙人掌、伽蓝菜、龙舌兰等
大陆东岸(中国)气候型	温暖型	冬寒夏热，年温差较大；夏季雨量较多	部分喜温球根花卉 不耐寒的木本、宿根花卉	百合、石蒜、唐菖蒲、马蹄莲等 山茶、美女樱、非洲菊等
	冷凉型	夏季炎热湿润，冬季寒冷干燥	较耐寒的宿根花卉	菊、芍药、铁线莲、鸢尾等
大陆西岸(欧洲)气候型		冬暖夏凉，冬夏温差较小；雨水四季分布	耐寒性一、二年生草本 部分宿根花卉	三色堇、雏菊、勿忘草、紫罗兰、毛地黄、丝石竹、剪秋罗等
地中海气候型		冬温 5～6℃，夏季 20～25℃；冬春多雨，夏季干燥	秋植球根花卉	风信子、郁金香、仙客来、水仙、小苍兰、君子兰、羽扇豆等
寒带气候型		冬季严寒而漫长，夏季凉爽而短促	耐寒性花卉及高山花卉	龙胆、雪莲、点地梅、绿绒蒿等

三、观赏植物种质资源的特点

植物资源是生物资源的一个组成部分，与其他生物资源一样，具有生长发育、遗传变异和繁殖后代的能力。同时，植物资源还具有把无机物和太阳能转化为有机物和能量的特性，即植物具自养特性。在与环境条件的相互影响下，从开发利用方面来看，观赏植物资源还具有以下一些特性。

（一）区域性

植物在长期的生长过程中形成了对当地条件的适应性，所有植物都有其适生范围，有特定的生长地理区域。如许多生长在热带地区的植物，不能在寒带地区生长；在湿润地区生长很好的植物，在干旱地区生长不好或不能生长；反之，亦然。植物资源分布的区域性是我们开发利用植物资源的重要依据之一。

（二）多样性和复杂性

多样性不仅包括植物种类的多样性，还包括植物功能的多样性，它决定了植物资源用途的多样性。植物资源无论是物种还是生态环境都具多样性的特点。中国是多种名贵观赏植物的起源与分布中心，桂花、梅花、牡丹、菊花、百合、芍药、山茶、月季、玉兰、杜鹃和珙桐等的原产地都在中国。中国不仅原产观赏植物种类繁多，品质优良，而且名花及其野生近缘种丰富多彩，亦即遗传多样性突出。

（三）有限性和再生性

观赏植物资源可以自然更新，也可人工繁殖。但这种可再生的资源并非取之不尽，用之不竭。植物自身的低繁殖率、自然灾害、人类活动的干扰都会影响植物种群的生存和繁衍，甚至会导致植物物种的消亡。

（四）独特性

如果说上述几个特点是植物资源共有，那么独特性就是观赏植物资源独有的。对于观赏植物来说，独特性是其被人类宠爱的根本原因。对于原料类植物资源，人们要求其提供对人类有利的价值，如粮食蔬菜要高产，要营养价值高。对观赏植物而言，无论其在色彩、花香还是在姿韵上变化，都可满足人们的视觉心理。在人们的既定概念里叶片是绿色的，而红色、黄色、或蓝色的叶片则更让人赞叹，这也是研究开发观赏植物新品种、新物种过程中的独特性，每一个新的发现或变化都可能是令人惊喜的成果。

因此，在观赏植物资源的研究开发过程中，就必须要考虑植物资源的特点。既要有地方特色，又要保持植物资源的永续利用，并研究开发出更多的新物种、新品种。

四、观赏植物种质资源学及其研究意义

观赏植物种质资源学以观赏植物为主要对象，研究其种质资源的种类与分布、起源与演化、种质资源鉴定与评价方法、种质搜集与保护、可持续利用以及相关信息管理的科学；是在植物学、植物分类学、生态学、遗传育种学、地理学和观赏园艺学等学科基础上发展起来的，是一门多学科、跨学科并兼有管理学性质的新兴学科。

观赏植物资源是生物多样性保护的重要组成部分。生物多样性保护是全球科学界热点之一，它包含了生态系统多样性、物种多样性、基因多样性和景观多样性四个方面。其中物种多样性最为重要，它既是生态系统多样性的基本单元，又是基因的载体，并且基因多样性依附于物种多样性。每一物种在生态系统中均占有一定的生态位并发挥着特殊的功能，同时也影响着其他物种，是生态系统中物质循环的一个环节和能量流动的中转站。目前随着我国人口的激增，环境的污染，植被的退化，大量原始森林的破坏，对野生观赏资源掠夺式的开发利用等导致了生态失调，并减弱了地球承载人类生存的能力，许多观赏植物物种已经灭绝或濒临灭绝。因此，对野生观赏植物种质资源的保护和合理开发利用问题应引起世人的广泛关注。只有在保护和可持续利用的前提下，有组织、有步骤地进行开发利用，才能使野生观赏植物资源保持取之不尽的良性循环，避免资源枯竭，实现资源的可持续利用。

观赏植物种质资源是花卉产业持续发展的物质基础。花卉产业是将花卉作为商品进行研究、开发、生产、贮运、营销以及售后服务等一系列的活动，其发展涉及花卉资源的开发与利用、科研与教学、产品的生产与流通以及应用等各个领域。花卉产业的可持续发

展，就是要通过花卉的产业化，优化生产结构，规范经营管理，提高花卉产品质量，增强社会效益和经济效益，满足人们的物质文化需要，即立足于发展；同时又保持花卉产业对资源利用的持续性，产业结构的和谐性，部门之间的协同性，以实现花卉产业的可持续发展，即立足于可持续性。观赏植物种质资源是观赏植物育种的基础，是优良观赏植物品种的源泉，可为培育新品种提供丰富的花卉基因资源，用于改造和提高现有栽培观赏植物的品质，培育新品种。

观赏植物资源的开发利用在生态建设中起到重要作用和意义。观赏植物是城市生态环境的主体，在改善空气质量，除尘降温，增湿防风，蓄水防洪，以及维护生态平衡，改善生态环境中起着主导和不可替代的作用，因此只有不断发掘利用适宜于城市生态建设的园林观赏植物，才能更好地绿化、美化我们的城市，改善我们的生存环境。

五、观赏植物种质资源学的主要研究内容

（一）观赏植物资源调查与监测

摸清某个地区观赏植物资源的种类、品质、分布（水平分布和垂直分布）、蕴藏量和濒危程度，是开展观赏植物资源学的工作基础，也是制订该地区观赏植物资源的合理利用规划和保护措施的基本依据。观赏植物种质资源调查是指以植物科学为基本理论指导，在周密调查的基础上，了解某一地区观赏植物资源的种类、用途、蕴藏量、生态条件、地理分布、利用现状、资源的消长变化及更新能力，以及社会生产条件等，挖掘新的观赏植物资源，揭示观赏植物资源利用工作中存在的问题。

（二）观赏植物资源搜集与保存

种质资源搜集的实物一般是种子、苗木、枝条、花粉，有时也有组织和细胞等，为了使搜集的资源材料能够更好地研究和利用，在搜集时必须了解其来源，在产地的自然条件和栽培特点、适应性和抗逆性以及经济特性。种质保存的方式有就地保存、种质圃保存、种子保存、离体保存、基因文库保存等。近年来，超低温保存和核心种质构建开始兴起。超低温保存是指将植物活体材料在超低温条件下（−196℃）长期保存，待需要的时候将其恢复到常温状态，并确保其正常生长的一套技术。核心种质构建是通过运用一定的方法从整个种质资源中抽取一部分个体，以尽量少的个体和遗传重复，尽可能大地代表整个种质资源的遗传多样性。

（三）观赏植物资源引种与驯化

引种驯化是指将野生植物或栽培植物引入到自然分布区或栽培区以外栽培，通常分为简单引种和驯化引种。如果引入地区与原产地自然条件差异不大或引入的观赏植物本身的适应范围很广，只采取简单的措施就能适应新的环境，能够生长发育，达到预期的观赏效果的称为简单引种；如果引入地区与原产地自然条件差异较大或引入的观赏植物本身的适应范围较窄，只有通过其遗传性的改变才能适应新的环境或必须采取相应的农业措施，使其产生新的生理适应性的方式称为驯化引种。引种驯化实质上就是一个由野生变家生，由外地栽培变本地栽培的过程。引种是观赏植物繁衍不可缺少的方法，它对农业生产的发展和栽培植物的进化起到重要作用。

（四）观赏植物资源鉴定与评价

观赏植物的品种鉴定有许多方法，从直观的形态学、孢粉学、细胞学方法到微观领域

的生化指纹图谱都可以用来进行品种鉴定，鉴定方法的选择在某种程度上依赖于所需鉴定工作的具体要求。观赏植物资源评价是在调查研究的基础上，通过对其资源的自然现状和利用现状的综合分析，对区域观赏植物资源的开发利用潜力和现状进行科学的评判，进而为制定区域观赏植物资源的可持续开发利用和保护管理计划提供理论依据。

(五) 观赏植物种质资源创新

观赏植物种质资源的创新，主要是指利用多种目的基因聚合法、大群类型优选法、分子或同工酶标记等技术手段，创造如异源附加系、异代换系和易位系等，育成遗传组成清楚、含有独特优异种质新基因的种质资源材料。充分利用是对植物种质资源在不同层次水平上的利用，如对已评价出的优异种质资源直接利用，将含有特殊性状的种质资源材料直接进行育种，对种质资源积极创新。

(六) 观赏植物资源可持续利用

植物资源是典型的可更新资源，通过有性和无性繁殖不断产生新的个体。但一个正常的野生植物资源种群的增长能力是有限的，如过度利用，其种群的自然更新将受到负面影响，使个体数量不断减少，种群衰退，许多大量开发利用的野生植物资源都受到了不同程度的威胁。如果深入研究观赏植物资源的种群增长规律和更新能力，制定合理的科学的保护性采挖利用制度和宏观调控政策，每年利用的资源量控制在不超过种群增长量的范围内，植物资源就可得到持续更新和利用。自然界植物的多样性是挖掘新的植物资源种类的物种库，保护植物赖以生存的生态环境和生态系统是保护植物资源和潜在资源库的重要途径。因此，观赏植物资源的保护管理与可持续利用理论与技术的研究是观赏植物资源学的重要研究内容。

第二节　观赏植物种质资源学的形成与发展

一、观赏植物种质资源学的萌芽

早在公元前 11 世纪的商代甲骨文已有"园"、"圃"、"草"等字出现。成书于距今3000 余年的《诗经》中记载了 130 多种植物，其中有不少是观赏植物。春秋战国时代的著名诗人屈原，在他所写的《离骚》和《九歌》中，以香花、香草、佳树（秋兰、木兰、葱、秋菊、芙蓉等）自比。自秦始皇统一中国后，社会的经济、文化有了新的发展，兴建了阿房宫等大型宫苑，大量种植和应用观赏植物，反映出我国当时栽培、利用观赏植物已具有较高的水平。

汉代以后，我国观赏植物的栽培与利用得到进一步发展。汉武帝刘彻于公元前138 年重修秦代的上林苑，占地范围达 200 里，广种奇花异草，全国各地进献的名果异卉达3000 余种，还修建专门的宫殿用来栽种不耐寒的种类。隋炀帝杨广建西苑，辟地二百里，诏天下进贡花卉，易州进牡丹二十箱。唐代时期，花卉品种不断增多，奇花异卉的各种珍品多先栽培于宫苑，后流入私人庭院，公共游览地中也大量栽种观赏植物。在帝王的倡导下，形成了以赋咏花卉为主体的"花卉文学"，如对传统名花如梅、兰、竹、菊和牡丹的题咏，逐渐形成了我国观赏植物的特色。

在我国丰富的历史文献中保存了许多珍贵的观赏园艺方面的著作，其中综合性的有唐代王芳庆的《园庭草木疏》、李德裕的《平泉山草木记》，宋代有周师厚的《洛阳花木记》、陈景沂的《全芳备祖》，明代有王世懋的《学苑杂疏》、王象晋的《群芳谱》，清代有汪灏以《群芳谱》为基础改编的《广群芳谱》等。观赏园艺的专著中，最著名的是成书于1688年的清代陈灏子编著的《花镜》。

在观赏植物方面，牡丹的专著有宋代仲休的《越中牡丹花品》（986年，已佚）、欧阳修的《洛阳牡丹记》，明代薛凤祥的《牡丹八书》等11种；宋代的刘颁、王观、孔武仲等人分别编著了3种《芍药谱》；宋代刘蒙的《菊谱》（1104年）是我国最早的菊花专著，此外，还有宋代史正志编著的《菊谱》、范成大的《石湖菊谱》、明代黄省曾的《艺菊书》、清代陆廷灿的《艺菊志》等26种；最早的兰花谱是宋代赵时庚的《金漳兰圃》（1233年），此外还有宋代王贵的《王氏兰谱》，明代张应文的《罗篱斋兰圃》，清代朱克柔的《第一香笔记》、屠用宁的《兰蕙镜》等近20种。其他的观赏植物，如梅花、茶花、海棠、月季、荷花、竹等也有专门著作。这些古代著作反映出我国劳动人民的聪明才智和宝贵经验，是我国优秀传统文化的宝贵财富。

我国丰富多彩的观赏植物在国际上久负盛名，对世界观赏园艺也有重要的影响。早在公元5世纪，荷花经朝鲜传入日本；自公元8世纪起，梅花、牡丹、菊花、芍药等传至日本；茶花于14世纪传入日本后，于17世纪传入欧美；各国植物学家从16世纪起，纷纷来华收集观赏植物。现在，世界许多著名的植物园都辟有专门的中国植物部分，尤其是中国的牡丹、山茶、杜鹃等，成为这些植物园中最珍贵的植物。

二、观赏植物种质资源学科的形成

从17世纪起，英法俄美就分别来华采集和引种我国的野生花卉，其足迹几乎踏遍整个中国。1839～1939年英国植物学家就把我国甘肃、陕西、四川、湖北、云南及西藏等地作为重点采集地区。1899～1918年间，亨利·威尔逊五次来中国，收集植物标本和繁殖材料，回国后编写了一本《中国——园林之母》，盛赞中国观赏植物资源之丰富可谓世界园林之母。100多年来，仅爱丁堡皇家植物园就有中国原产的活植物1500多种。这些植物在一些专类园中起了重要作用，如墙园、杜鹃园、蔷薇园、槭树园、花楸园、牡丹芍药园、岩石园等。邱园近60种墙园植物中有29种来自中国，其中重要的有紫藤 *Wisteria sinensis*、迎春 *Jasminum nudiflorum*、木香 *Aucklandia lappa*、火棘 *Pyracantha fortuneana*、连翘 *Forsythia suspensa*、蜡梅 *Chimonanthus praecox*、红花五味子 *Schisandra sphnanthera*、凌霄 *Campsis grandiflora* 等。邱园的槭树园收集了近50种来自中国的槭树，成为园中优美的秋色树种。如青皮槭 *Acer cappadocium*、青窄槭 *A. davidii*、茶条槭 *A. ginnala*、红槭 *A. rubescens*、鸡爪槭 *A. palmatum* 等。岩石园中常用原产中国的栒子属植物 *Cotoneaster* 展现高山风光。英国公园中的春景是由大量的中国杜鹃、报春和玉兰属植物营造的。冬天开花的木本观赏植物几乎都来自中国，如金缕梅 *Hamamelis mollis*、迎春花、蜡梅、香忍冬 *Lonicera fragrantissima*、香荚蒾 *Viburnum farreri* 等。

三、观赏植物种质资源学科的发展

20世纪以来，有关观赏植物的书籍难以计数。其中，英国皇家园艺学会制定了许多园艺有关法规，出版了许多花卉书籍，该团体在近代世界花卉园艺的知识普及中起着重要作用。美国出版了著名的花卉栽培技术专著《保尔红皮书》（Bell Red Book），并不断增补。许多国家都有《植物学》杂志刊物，且常刊发一些野生植物资源开发利用的情况，特别对专类、专属观赏植物比较关注，如兰科植物、观赏蕨类、水生花卉、杜鹃花属、石蒜属和百合科植物。

20 世纪 70～80 年代，我国召开了全国观赏植物种质资源研讨会，针对我国观赏植物资源调查和引种等问题进行了讨论。随后，中科院植物所、各地植物园及有关科研单位先后对所在地开展了野生观赏植物的种类、分布、生境及观赏特性的调查研究，对各地资源的现状有了较为清楚的了解。并在此基础上，提出了保护和开发利用的意见。专著《中国珍稀野生花卉》采用大量精美的图片，对我国各地的野生观赏植物进行了翔实细致的描述。一批在国内外具有相当影响力的著作如《中国梅花品种图志》（陈俊愉，1990）及其姐妹篇《中国梅花》、《中国菊花》、《中国牡丹品种图志》、《中国兰花》、《中国杜鹃花》、《云南山茶花》、《中国荷花品种图志》、《中国花经》、《中国农业百科全书·观赏园艺卷》相继问世，对我国特产、名花资源进行了系统整理与归纳，上述较高学术水平的研究工作，对我国观赏植物种质资源的研究走向世界作出了积极的贡献。

第三节 观赏植物种质资源学研究现状

一、国外观赏植物种质资源研究

目前，世界各国非常重视植物资源的研究工作，设置了种质资源研究机构，并颁布了保护植物种质资源的法规或条例，出版了具有世界性野生植物研究刊物。美国国家种质资源体系是由行政机构、大学、研究单位和私人共同组成的协作网，在 1946～1971 年间先后派出 66 批植物种质资源勘察队，到世界各国大量搜集植物活体与标本，拥有 41 万多份植物种质资源，居世界之首。英国的大英博物馆，邱园植物园，收藏着全世界的植物蜡叶标本，并出版了邱园植物名录，是世界各国研究和考证植物时的重要参考资料。西欧还建立了"欧洲作物遗传资源保存与交换共同体"，负责协调西欧各国植物资源保存与交换工作，并与世界上许多相关机构建立有协作或援助关系。印度植物种质资源中心机构是国家植物遗传资源局，政府对种质资源的考察、搜集、保存、评价与鉴定以及利用等工作都非常重视。日本本国的植物种质资源比较贫乏，但植物种质资源搜集保存与研究工作却处在世界前列。植物种质资源工作由农林省农林司主管，于 1968 年建立了第一代国家基因库，拥有近 20 万份种质资源。

国外特别是发达国家如美国、英国、法国、德国、澳大利亚等国，不仅重视观赏植物种质资源搜集与保存等工作，且非常重视野生观赏植物的开发和利用。美国 1991 年建立了"国家野生花卉研究中心"，专门从事本土野生花卉的研究和商业开发，引种驯化了大量的野生花卉。如今，几乎一半以上的州利用野生花卉美化环境。英国在邱园建立了以野生植物种子为主的基因库，并于 1987 年成立专门从事研究并开发利用本国野生花卉资源的"英国研究保护野花协会"。澳大利亚自 19 世纪 70 年代就开始研究并应用野生花卉，现在更加重视对本国野生植物的调查研究与引种栽培。以精细农业闻名的以色列现在也在不断利用先进的技术，开发野生花卉资源，以不断增加植物种类，丰富花卉市场。

欧美发达国家常将野生观赏植物应用于花坛、花境造景，湿地植物景观营造，建筑地基础栽植，缀花草坪，固土护坡和创建人工复合群落结构等。如剑叶金鸡菊 *Coreopsis lanceolata*、两色金鸡菊 *Coreopsis tinctoria*、宿根天人菊 *Gaillardia aristata*、黑心金光菊 *Rudbeckia hirta* 等野生花卉因其无大的直根、花期长、适应南部气候、耐刈剪，被用于加利福尼亚州做露天的草坪。新泽西州也提倡用野生花卉建立草坪。野生花卉不仅可作盆栽，也是切花的重要来源。此外，英国还选用部分野生花卉和干草简单机械混合来提高饲料产量，这方面的成果已初见端倪。由此可见，观赏植物不仅可以用于观赏植物的配置中，其他方面的经济价值也相当可观，正在被各国争相开发。

二、我国观赏植物种质资源研究

近年来，在我国传统名花（如菊花、梅花、牡丹、荷花、水仙、杜鹃等）起源、品种的分类与整理（二元分类法）、野生及地方资源（如报春、龙胆、铁线莲、银莲花、唐松草等）的调查与利用上均取得了丰硕的成果，先后出版了《中国梅花品种图志》、《中国梅花》、《中国菊花》、《中国兰花》、《中国牡丹品种图志》、《中国杜鹃花》、《中国荷花品种图志》、《云南山茶花》等一批著作，其主要成果集中表现在以下几个方面。

(一) 观赏植物的资源调查

1. 区域型资源调查与收集

20 世纪 70～80 年代以来，全国开展了野生观赏植物的系统调查，内容包括植物种类、分布、生境及观赏特性等。调查发现，太白山区分布有珍稀特有观赏植物紫斑牡丹 *Paeonia papaveracea*、秦岭蔷薇 *Rosa tsinglingensis*、羽叶丁香 *Syringa pinnatifolia*、金背杜鹃 *Rhododendron clementinae*、秦岭龙胆 *Gentiana apiata*、美丽芍药 *Paeonia mairei* 和太白乌头 *Aconitum taipeicum*。浙江省野生花卉资源比较集中在木兰科 Magnoliaceae、蔷薇科 Rosaceae、杜鹃花科 Ericaceae、百合科 Liliaceae 和兰科 Orchidaceae，且种类较为丰富。2000 年出版的专著《中国云南野生花卉》收录了云南省主要的野生观赏花卉植物，达 89 科 237 属 475 种。2009 年出版的专著《中国景观植物》收录了景观植物达6000 多种，收录了 3000 余种具有潜在开发价值的野生景观植物，为我国目前在园林植物方面收集种类最多、图片量最大的专著。

2. 专类观赏植物资源的调查

兰科植物广泛分布在世界各种气候带，许多种类兼具极高的观赏价值和药用价值，同时也是生物多样性保护的旗舰物种。我国约有 180 属 1500 多种，主要分布于长江流域及其以南地区。青藏高原的兰科植物 474 种及 9 变种，隶属于 99 属，且绝大多数是珍贵观赏资源；其中 176 种及 4 变种叶上表面具有不同色彩和斑纹，既可观花也可赏叶。

蕨类植物近期以其奇特的叶形叶姿，特有的耐阴性风靡世界。我国约有 2600 多种，占世界总数的 1/5。然而我国在该领域的研究则刚起步，对丰富野生资源的系统调查也仅在个别省份开展。湖南有观赏蕨类 183 种，隶属于 41 科 75 属，主要分布地湘西、湘西北以及湘南和湘西南地区。北京地区野生蕨类 20 科 30 属 77 种 4 变种，其中观赏价值较高

的有莢果蕨 *Matteuccia struthiopteris*、峨眉蕨 *Lunathyrium acrostichoides*、香鳞毛蕨 *Dryopteris fragrans* 和东北蹄盖蕨 *Athyrium brevifrons* 等。西双版纳有较高观赏价值的鹿角蕨 *Platycerium wallichii*。

其他专类观赏植物调查还包括杜鹃花属、苦苣苔科、高山花卉等。杜鹃花是世界名花，该属植物约有 900 余种，其中中国约有 530 种。除新疆和宁夏外，南北各地均有分布，尤以云南、西藏和四川种类最多，为杜鹃花属的世界分布中心。苦苣苔科野生花卉许多种类耐阴，或花形奇特，色彩艳丽，或具有独特的株形，花叶观赏价值较高。广西是我国苦苣苔科植物分布和特有中心之一，共计有 39 个属 159 种，其中特有属 6 个，特有种 66 种，其属数居全国第一。云南有 189 种，居种数全国第一。高山花卉主要有杜鹃花属 *Rhododendron*，报春花属 *Primula*，龙胆属 *Gentiana*，苦苣苔属 *Conandron*，绿绒蒿属 *Meconopsis* 和马先蒿属 *Pedicularis* 等多种。

（二）观赏植物资源的迁地保护

迁地保护是对野生观赏植物资源遗传基因保存的有效手段之一。我国先后建立了许多濒危植物的迁地保护基地和种质保存中心。华西亚高山植物园在四川都江堰市龙池建立了我国最大的亚高山观赏植物资源引种繁育基地，收集种子、播种繁殖杜鹃花达 250 余种，木兰科 20 余种、报春 50 余种、葱属 20 余种；并且对珍贵的水百合、珙桐、灯台报春等进行批量商品性生产。深圳仙湖植物园已建立国际苏铁迁地保存中心，收集世界范围内苏铁类 2 科 11 属 130 余种植物。云南大理、丽江建立了百合、豹子花与葱属的种质资源基地，为该类植物种质资源迁地保护与生物多样性研究和杂交育种奠定了基础。

（三）观赏植物资源的引种驯化

野生观赏植物资源的引种、驯化研究主要集中在园林局科研单位苗圃或植物园。木兰科植物是多用途的优良树种，200 多种种质、近 90 种木兰科植物被引种，约占国产木兰科植物种数的 80%，其中不少是我国特有和新发现种类。北京植物园自 20 世纪 50 年代初开始，对丁香属植物进行了专属引种。以原产我国华北、西北及东北的种类为重点，对本属所有野生种进行了全面收集。其他专属的种类有蔷薇属、槭属、杜鹃花属、绣线菊属、细辛属、百合属、兜兰属、石蒜属等。

正确地选择引源地区，根据引种野生花卉的生态幅、生物学特性确定主导因子是引种驯化的关键，引种野生花卉的主要方式是采种。常绿杜鹃花的引种研究表明，从杜鹃花种子萌发形成的幼苗开始驯化，是常绿杜鹃花引种驯化成功的有效方法。对高山花卉三色马先蒿 *Pedicularis tricolor* 引种栽培，需解决三色马先蒿种子发芽等有性繁殖技术，突破幼苗移植的难关。白头翁 *Pulsatilla chinensis* 的引种栽培及染色体研究，成为野生花卉引种的典范。通过对其染色体组型分析，为以后杂交育种工作提供了细胞学信息。

（四）观赏植物资源的开发与利用

1. 直接利用

对具较高观赏价值、适应性较强、资源蕴藏量较多的一类野生花卉可以通过引种、人工繁殖，有计划、分批地直接在城市绿化中应用。领春木 *Euptelea pleiospermum*、青檀 *Pteroceltis tatarinowii*、七叶树 *Aesculus chinensis*、六道木 *Abelia biflora*、糯米条 *A.*

chinensis、南天竹 *Nandina domestica*、十大功劳 *Mahonia fortunei*、雀梅 *Sageretia thea*、榔榆 *Ulmus parvifolia* 等山上采后做树桩盆景。原产湖南的红花檵木 *Loropetalum chinense* var. *rubrum* 被广泛应用于盆景、盆花、花坛、桩景等。近年来更成为草坪上拼图的上好材料，是南方园林中必不可少的造景素材。荷叶铁钱蕨 *Adiantum reniforme* var. *sinsensis*、荚果蕨、贯众 *Cyrtomium fortunei*、肾蕨 *Nephrolepis auriculata*、凤尾蕨 *Pteris cretica* var. *nervossa* 等已能批量生产或建成专类花卉种质资源圃。

西安植物园先后对火棘 *P. yracantha fortuneana*、麦冬 *Ophiopogon japonicus*、黄刺玫 *Rosa xanthina*、白皮松 *Pinus bungeana*、紫藤 *W. sinensis*、爬山虎 *Parthenocissus tricuspidata*、华山松 *P. armandii* 等 21 种野生观赏植物进行了开发利用。上海植物园通过几十年的槭树引种建成的槭树园，目前已形成了一个"漫山红遍，层林尽染"的秋色叶景观，成为植物园秋色最壮观的景区。

2. 杂交育种

利用野生花卉种质资源进行杂交育种提高商品花卉的品质是野生花卉利用的主要途径，当今世界丰富多彩的月季、山茶和杜鹃品种都是利用我国的一些野生种杂交后通过优选培育得到的。近十多年来我国利用野生资源在牡丹 *Paeonia suffruticosa*、芍药 *P. lactiflora*、菊花 *Dendranthema morifolium* 等观赏植物也已成功地选育出一些品种。王百合 *Lilium regale* 与玫红百合 *L. amoenum*，麝香百合 *L. longiflorum* 与兰州百合 *L. davidii* var. *unicolor* 等组合进行杂交，均获得了杂种。百合属间组内作了淡黄花百合与麝香百合，通江百合 *L. sargentiae*、川百合 *L. davidii* 与紫斑百合 *L. nepalense* 等种间杂交，也获得成功。

安徽天柱山的野生毛华菊 *Dendranthema vestitum* 以及其他 6 种野生菊花与早菊远缘杂交育成抗逆性强、低矮密花、五彩缤纷、耐粗放管理的地被菊新品种。报春刺玫 *Rosa primula* 等野生蔷薇种和中国古老品种"秋水芙蓉"等实行远缘杂交，在培育新品种方面初见成效。原产新疆维吾尔族和青海省的弯刺蔷薇 *R. beggeriana*，应用于抗寒育种上，培育出了耐−20℃的种间杂种"天山之光"。

3. 森林游憩与生态旅游

森林旅游是旅游业新的热点，具有广阔的发展前景。观赏植物资源可与良好的植被与生态环境相结合，用于旅游产业的整体开发。在林缘、草甸、山涧、路旁点缀着色彩斑斓、婀娜多姿的野生花卉，在热带地区营建空中花园，给森林游憩增添了无限魅力，如山西五台山利用丰富的野生花卉开展草甸生态旅游，海南尖峰岭开展雨林探险等。

4. 其他应用

观赏植物资源，除了观赏价值和景观应用外，许多种类还具有其他功能，如可在药用、食用、纤维、鞣料、芳香油、油脂、蜜源、饲料、固沙、杀虫等方面得到不同程度地得到开发。如野菊等是优质蜜源植物，龙胆类 *Gentiana* 等作药用；杜鹃类可提取芳香油；芫花、结香等是重要的纤维植物；歪头菜 *Viciauniuge*、苜蓿类 *Medicago* 和蒲公英等是优良的饲料植物；锦鸡儿类 *Caragana*、岩黄芪类 *Hedysarum* 等是很好的防风固沙植物，瓦松类 *Orostachys*、铁线莲类 *Clematis*、翠雀花类 *Delphinium* 等植物可制杀虫剂。

第四节 我国热带野生观赏植物资源

我国热带地区范围包括海南、广东、广西和云南的北回归线以南地区，台湾省、闽南沿海地区。此外，西藏东南部的雅鲁藏布江下游流域的墨脱、察隅谷地也属热带区域。这些地域共包括 124 个完整县市和 50 个县市的部分地区，总面积约 30.8 万 km²，占国土面积的 3.2%。其中又以西双版纳、海南、台湾面积较大，最具有代表性。该区域在气候上具有典型的湿热特点，为全国热量和水分最丰富的地区。日平均气温≥10℃的稳定积温为 7000～9500℃，年平均气温 20～26℃，平均气温高于 25℃日数 150 天以上。年降水量一般在 1500～2500mm 之间。夏季雨量大，约占全年 40%左右，为雨季；冬季雨量少，仅占全年 10%左右，为干季。

热带地区为我国生物多样性最为丰富的区域，蕴含有丰富的热带花卉种质资源。该区域的天然植被以热带雨林和热带季雨林为特色，该群落乔木层通常在 3 层以上，群落内板根、附生植物、木质藤本、茎花植物、木本蕨类等现象十分明显。群落内具有典型的热带雨林种类：龙脑香科 Dipterocarpaceae、植物青梅 *Vatica mangachapoi*、坡垒 *Hopea hainanensis*、梧桐科 Sterculiaceae、蝴蝶树 *Heritiera parvifolia* 等。该区域内的植物区系亦以热带性成分的科、属为主，其中重要的如：桃金娘科 Myrtaceae、番荔枝科 Annonaceae、大戟科 Euphorbiaceae、桑科 Moraceae、无患子科 Sapindaceae、藤黄科 Guttiferae、楝科 Meliaceae、橄榄科 Burseraceae、梧桐科 Sterculiaceae 及椴树科 Tiliaceae 等。

一、我国热带观赏植物种质资源特点

（一）物种多样性

我国热带地区具有丰富的植物资源，其中台湾具维管束植物 4077 种，海南具维管束植物 4680 种，西双版纳具维管束植物 4600 种，为我国野生植物资源最为丰富的地区，孕育了大量的观赏植物资源，在我国的园林植物资源中占有重要地位，具有丰富多彩的观赏植物类群。

（二）生活型多样性

生活型是植物因对环境条件的适应而在其生理、结构，尤其是外部形态上的一种具体反映，相同的植物生活型反映了植物对环境具有相同或相似的要求或适应能力。生活型与植物群落的可观赏性和可利用性有密切联系，对营造植物群落优化的景观外貌和游憩环境有举足轻重的作用。热带地区的观赏植物资源中乔木、灌木、草本及藤本植物资源均十分丰富，其中乔木主要分布在木兰科、樟科、豆科、龙脑香科、棕榈科等科中；灌木多为山茶科、野牡丹科、桃金娘科、茜草科等科植物；草本主要有莎草科、禾本科、兰科及鸢尾科等科植物；攀援植物主要为茜草科、夹竹桃科、萝藦科、桑科、豆科等科植物。

（三）热带生态性

热带地区观赏植物资源亦体现出对热带性气候高温、多雨及台风等特征的适应，如热带雨林中常见的绞杀现象、板根现象和独木成林等。热带地区具有一些特征性的热带科植物，如：龙脑香科、天南星科、山龙眼科、姜科、芭蕉科、棕榈科、凤梨科及兰科等。此外有些植物对人类还有一定的作用，如细叶榕、高山榕、萍婆、南洋楹 *Albizzia faicata* 等，具良好的纳凉作用。椰子 *Cocos nucifera* 耐盐碱抗风，尤宜在海南沿海和沿河种植，亦成为海南地理景观标志之一。热带地区由于气候湿热，易生瘴气，因此热带地区嗜食槟榔，古代舍此无以祛除瘴气，故在热带有很深厚的文化土壤，而广泛种植，明清时记载海南"诸州县亦皆以槟榔为业，出售于东西两粤者十之三"，目前槟榔主要种植于海南及台湾各地，亦为当地重要的园林植物。

（四）地区特有性

热带地区由于其地理环境和气候条件的特殊性，孕育了大量的特有植物种类。如海南种子植物中具特有种 397 种、台湾种子植物中具有特有种 1067 种、西双版纳种子植物中具特有种 121 种。这些特有种常为当地植被中的优势种或常见种，在群落中起着重要的作用。同时其作为园林观赏植物也能突出当地的区域特色。

二、我国热带地区观赏植物资源及其应用

（一）海南岛观赏植物资源

海南为我国第二大岛，位于我国大陆的最南端。由于拥有优越的自然环境和特有的气候条件，植物资源相当丰富。植物种类共有 4680 种，占全国维管束植物总数的 1/7。许多种类均具较高的观赏价值，具有典型的热带景观特色植物（表 1-2）。

海南野生观赏植物资源重要科   表 1-2

科名	属数	种数	含特有种类	科名	属数	种数	含特有种类
豆科 Fabaceae	68	239	11	马鞭草科 Verbenaceae	14	42	2
禾本科 Poaceae	101	225	23	紫金牛科 Myrsinaceae	6	40	6
莎草科 Cyperaceae	23	157	11	山茶科 Theaceaae	12	35	12
兰科 Orchidaceae	75	235	14	野牡丹科 Melastomataceae	12	34	8
大戟科 Euphorbiaceae	48	132	11	锦葵科 Malvaceae	10	34	0
茜草科 Rubiaceae	41	130	32	梧桐科 Sterculiaceae	14	30	5
菊科 Asteraceae	54	104	2	木樨科 Oleaceae	7	27	4
樟科 Lauraceae	16	90	27	蔷薇科 Rosaceae	8	25	1
萝藦科 Asclepiadaceae	22	58	9	棕榈科 Palmaceae	14	24	7
爵床科 Acanthaceae	29	55	6	天南星科 Araceae	11	20	3
桑科 Moraceae	12	51	0	苦苣苔科 Gesneriaceae	10	16	7
夹竹桃科 Apocynaceae	32	49	4	木兰科 Magnoliaceae	4	14	2
芸香科 Rutaceae	16	45	3	杜英科 Elaeocarpaceae	2	13	1
番荔枝科 Annonaceae	18	44	4	秋海棠科 Begoniaceae	1	10	4
桃金娘科 Myrtaceae	12	44	13	龙脑香科 Dipterocarpaceae	2	3	1

根据观赏特性，可以将海南地区热带观赏植物资源分为：

1. 道路及庭院绿化树种

该类园林植物主要为豆科、桑科、木兰科、樟科、紫薇科等科植物。如豆科的海南红

豆 *Ormosia pinnata*、长脐红豆 *O. balansae*、海南黄檀 *Dalbergia hainanensis*、海红豆 *Adenanthera pavonina*、白格 *Albizia procera*、刺桐；桑科的高山榕、细叶榕 *Ficus microcarpa*、黄葛树 *F. virens* 等；龙脑香科的坡垒 *Hopea hainanensis*、青梅 *Vatica mangachapoi*；木兰科的海南木莲 *Manglietia hainanensis*、观光木 *Tsoongiodendron odorum* 等；樟科的阴香 *Cinnamomum burmanni*、黄樟 *C. parthenoxylon*、潺槁木姜子 *Litsea glutinosa*；五加科的幌伞枫 *Heteropanax fragrans*、紫葳科的海南菜豆树 *Radermachera hainanensis*；杜英科的海南杜英 *Elaeocarpus hainanensis*、山杜英 *E. sylvestris* 等其他种类如大头茶 *Gordonia axillaris*、红花天料木 *Homalium hainanense*、海南罗汉松 *Podocarpus neriifolius*、鸡毛松 *P. imbricatus*、黄桐 *Endospermum chinense*、海南暗罗 *Polyalthia laui*、槟榔青 *Spondias pinnata*、竹柏 *Nageia nagi*、美丽梧桐 *Erythropsis pulcherrima*、翻白叶树 *Pterospermum heterophyllum*、无患子 *Sapindus mukorossi*、海南蒲桃 *Syzygium cumini*、蒲桃 *S. jambos*、岭南山竹子 *Garcinia oblongifolia*、海南苹婆 *Sterculia hainanensis*、假萍婆 *S. lanceolata*、海南红苞木 *Rhodoleia stenopetala*、黄槿 *Hibiscus tiliaceus*、杨叶肖槿 *Thespesia populnea*、玉蕊 *Barringtonia racemosa* 等。

2. 观花灌木

黄花稔 *Sida acuta*、白背黄花稔 *S. rhombifolia*、白背叶 *Mallotus apelta*、野牡丹 *Melastoma candidum*、毛稔 *M. sanguineum*、多花野牡丹 *M. affine*、细叶谷木 *Memecylon scutellatum*、龙船花 *Ixora chinensis*、团花龙船花 *I. cephalophora*、海南龙船花 *I. hainanensis*、九节 *Psychotria rubra*、桃金娘 *Rhodomyrtus tomentosa*、海芒果 *Cerbera manghas*、水黄皮 *Pongamia pinnata*、九里香 *Murraya paniculata*、米碎花 *Eurya chinensis*、五列木 *Pentaphylax euryoides*、岗松 *Baeckea frutescens*、雁婆麻 *Helicteres hirsuta*、火索麻 *Helicteres isora*、梵天花 *Urena procumbens*、肖梵天花 *U. lobata*、羽脉山麻杆 *Alchornea rugosa*、方叶五月茶 *Antidesma ghaesembilla*、黑面神 *Breynia fruticosa*、红紫珠 *Callicarpa rubella*、杜虹花 *C. formosana*、毛萼紫薇 *Lagerstroemia balansae* 等。

3. 观叶植物

鸟巢蕨 *Neottopteris nidus*、广东万年青 *Aglaonema modestum*、合果芋 *Syngonium podophyllum*、保亭秋海棠 *Begonia augustinei*、粗喙秋海棠 *B. crassirostris*、海南秋海棠 *B. hainanensis*、盾叶秋海棠 *B. peltatifolia*、仙茅 *Curculigo orchioides*、钟苞魔芋 *Amorphophallus campanulatus*、野芋 *Colocasia antiquorum* 及千年健 *Homalomena occulta* 等。

4. 观果植物

枝花木奶果 *Baccaurea ramilflora*、裸花紫珠 *Callicarpa nudiflora*、海南菜豆树 *Radermachera hainanensis*、菠萝蜜 *Artocarpus heterophyllus*、青果榕 *Ficus chlorocarpa*、大果榕 *F. auriculata*、黄毛榕 *F. esquiroliana*、对叶榕 *F. hispida* 等。

5. 藤本植物

买麻藤 *Gnetum montanum*、海金沙 *Lygodium japonicum*、粪箕笃 *Stephania longa*、海南悬钩子 *Rubus hainanensis*、龙须藤 *Bauhinia championii*、黄藤 *Daemonorops margaritae*、麒麟叶 *Epipremnum pinnatum* 等。

14

6. 观花草本植物

该类园林植物主要为凤仙花科、茜草科、菊科、爵床科、姜科、兰科等科植物。如凤仙花科的华凤仙 *Impatiens chinensis*、海南凤仙花 *I. hainanensis*；茜草科的楠藤 *Mussaenda erosa*、海南玉叶金花 *M. hainanensis*、壮丽玉叶金花 *M. antiloga*；菊科的黄花蒿 *Artemisia annua*、白花蒿 *A. lactiflora*、金盏银盘 *Bidens biternata*、艾纳香 *Blumea balsamifera*；爵床科的假杜鹃 *Barleria cristata*、鳄嘴花 *Clinacanthus nutans*、枪刀药 *Hypoestes purpurea*、海南鳞花草 *Lepidagathis hainanensis*；姜科的华山姜 *Alpinia chinensis*、红豆蔻 *A. galanga*、草豆蔻 *A. katsumadai*、高良姜 *A. officinarum*、闭鞘姜 *Costus speciosus*、郁金 *Curcuma aromatica*、红球姜 *Zingiber zerumbet*；兰科的竹叶兰 *Arundina graminifolia*、密花虾脊兰 *Calanthe densiflora*、兔耳兰 *Cymbidium lancifolium*、墨兰 *C. sinense*、石斛 *Dendrobium nobile*、密花石斛 *D. densiflorum*、海南鹤顶兰 *Phaius hainanensis*、海南蝴蝶兰 *Phalaenopsis hainanensis*；以及长萼石竹 *Dianthus longicalyx*、草龙 *Ludwigia hyssopifolia*、白花丹 *Plumbago zeylanica* 等种。

7. 地被植物

海芋 *Alocasia macrorrhiza*、红花酢浆草 *Oxalis crassipes*、棕叶芦 *Thysanolaena maxima*、类芦 *Neyraudia reynaudiana*、白茅 *Imperata cylindrica* var. *major*、水蔗草 *Apluda mutica*、棕叶狗尾草 *Setaria palmifolia*、菅 *Themeda villosa*、黄背草 *Themeda T. japonia*、斑茅 *Saccharum arundinaceum*、狼尾草 *Pennisetum alopecuroides*、葫芦茶 *Tadehagi triquetrum*、地稔 *Melastoma dodecandrum*、短叶决明 *Cassia leschenaultiana*、猪屎豆 *Crotalaria pallida*、厚藤 *Ipomoea pescaprae*、海刀豆 *Canavalia maritima*、牛百藤 *Hedyotis hedyotidea* 等。

(二) 西双版纳地区观赏植物资源

云南西双版纳有着"热带植物王国"的美誉，拥有维管束植物 4600 种，其中野生植物种类近 3000 种，为我国野生植物资源最为丰富的地区之一，拥有丰富的观赏植物资源（表1-3）。

西双版纳野生观赏植物资源重要科（种数 30 以上） 表 1-3

科 名	属数	种数	科 名	属数	种数
兰科 Orchidaceae	60	220	唇形科 Labiatae	19	44
蝶形花科 Papilionaceae	39	125	葫芦科 Cucurbiaceae	15	43
茜草科 Rubiaceae	39	121	壳斗科 Fagaceae	4	40
禾本科 Graminaceae	43	107	夹竹桃科 Apocynaceae	23	39
大戟科 Euphorbiaceae	33	102	爵床科 Acanthaceae	28	38
菊科 Compositae	40	72	楝科 Meliaceae	12	36
樟科 Lauraceae	12	62	马鞭草科 Verbenaceae	8	35
桑科 Moraceae	7	56	萝藦科 Asclep	19	34
番荔枝科 Annonaceae	16	52	天南星科 Araceae	14	32
荨麻科 Urticaceae	13	46	棕榈科 Palmae	6	32
锦葵科 Malvaceae	12	45	锦葵科 Malvaceae	9	30
姜科 Zingiberaceae	12	45			

根据观赏特性和园林用途，可以将西双版纳地区热带观赏植物资源分为：

1. 道路及庭院绿化树种

该类植物适合植于庭间、园内、道路旁，绿阴如盖。该类树种多为常绿大乔木或中乔木，叶片大而密生，树冠整齐，下枝较少。其中以生长迅速，对新环境较易适应者为好。该类园林植物主要为桫椤科、木兰科、龙脑香科、樟科、桃金娘科、桑科、梧桐科、豆科、夹竹桃科及棕榈科等科植物。如桫椤科的中华桫椤 *Alsophila costularis*、桫椤 *A. spinulosa*；木兰科的滇南木莲 *Manglietia hookeri*、泰国木莲 *M. garrettii*、大叶木莲 *M. wangii*、香籽含笑 *Michelia hedyosperma*、黄花含笑 *M. xanthantha*、假含笑 *Paramichelia baillonii*、大叶木兰 *Magnolia henryi* 等；龙脑香科的望天树 *Shorea chinensis*、云南娑罗双 *S. assamica*、广西青梅 *Vatica guangxiensis*、河内坡垒 *Hopea hongayensis*。桃金娘科的滇南蒲桃 *Syzygium austro-yunnanensis*、香胶蒲桃 *S. balsameum*、团花蒲桃 *S. congestiflorum*、乌墨 *S. cumini*、水竹蒲桃 *S. fluviatile*、高檐蒲桃 *S. oblatum* 等；桑科的构树 *Broussonetia papyrifera*、落叶花桑 *B. kurzii*、高山榕 *Ficus altissima*、厚皮榕 *F. callosa*、金毛榕 *F. chrysocarpa*、雅榕 *F. concinna*、钝叶榕 *F. curtipes* 等；梧桐科的火桐 *Firmiana colorata*、窄叶半枫荷 *Pterospermum lanceaefolium*、翅子树 *P. acerifolium*、云南翅子树 *P. yunnanense*、翅苹婆 *Pterygota alata*、梭罗树 *Reevesia pubescens*、短柄苹婆 *Sterculia brevissima*、绒毛苹婆 *S. villosa* 等；樟科的紫叶琼楠 *Beilschmiedia purpurascens*、樟树 *Cinnamomum camphora*、云南樟 *C. glanduliferum*、香桂 *C. subavenium*、山鸡椒 *Litsea cubeba*、滇楠 *Phoebe nanmu*、紫楠 *P. sheareri* 等；夹竹桃科的灯台树 *Alstonia scholaris*、云南蕊木 *Kopsia officinalis*、胭木 *Winchia tomentosa*、蓝树 *W. laevis* 等；海桑科的八宝树 *Duabanga grandiflora*；豆科的劲直刺桐 *Erythrina stricta*、鹦哥花 *E. arborescens* 等；棕榈科的董棕 *Caryota urens* 等。

2. 观花灌木

该类植物枝叶繁茂，花叶均美，适合于丛植于园林小品或与其他花卉一道成片配置，也可单植观赏。该类园林植物主要为野牡丹科、桃金娘科、茜草科、锦葵科、夹竹桃科等科植物。如野牡丹科的展毛野牡丹 *Melastoma normale*、多花野牡丹 *M. polyanthum*、大野牡丹 *M. imbricatum* 等。桃金娘科的桃金娘 *Rhodomyrtus tomentosa*；茜草科的黄栀子 *Gardenia sootepensis*、长柱山丹 *Duperrea pavettaefolia*、小仙丹花 *Ixora henryi*；锦葵科的黄蜀葵 *Abelmoschus manihot*、麝香秋葵 *A. moschatus*、箭叶秋葵 *A. sagittifolius*、大萼葵 *Cenocentrum tonkinense*、美丽梧桐 *Hibiscus indicus*；夹竹桃科倒樱木 *Paravallaris macrophylla*、羊角拗 *Strophanthus wallichii*、云南狗牙花 *Ervatamia yunnanensis*、萝芙木 *Rauvolfia verticillata* 等。

3. 观叶植物

该类植物以美丽叶片展示其主要观赏特性，如叶色和叶形有观赏价值等。该类园林植物主要为蕨类植物、秋海棠科、天南星科、姜科等科植物。如桫椤科的桫椤、铁角蕨科的狭基巢蕨 *Neottopteris antrophyoides*、鹿角蕨科的鹿角蕨 *Platycerium wallichii*、苏铁科的篦齿苏铁 *Cycas pectinata*、云南苏铁 *C. siamensis*；秋海棠科掌叶秋海棠 *Begonia hemsleyana*、厚叶秋海棠 *B. dryadis*、粗喙秋海棠 *B. crassirostris*、紫背天葵 *B. fimbristipula*；天南星科的越南万年青 *Aglaonema pierreanum*、疣柄魔芋 *Amorphophallus virosus*、野芋 *Colocasia antiquorum*、大野芋 *C. gigantea* 等。

4. 观果植物

是指以果实为主要观赏对象的观赏植物，园林中常用以点缀景色，以丰富花后园林中色彩变化。如桃金娘科滇南蒲桃、香胶蒲桃、团花蒲桃、乌墨、水竹蒲桃、高檐蒲桃；梧桐科的昂天莲 *Ambroma augusta*；夹竹桃科倒吊笔 *Winchia coccinea* 等。茎果现象在热带雨林中为特征性景观，如桑科植物野波萝蜜 *Artocarpus lacucha*、木瓜榕 *Ficus auriculata* 等。

5. 藤本植物

藤本植物是热带地区植被群落结构特征之一，普遍存在于各种群落中。如刺果藤 *Byttneria grandifolia*、藤榕 *Ficus hederacea*、云南清明花 *Baissea acuminata*、奶子藤 *Bousigonia angustifolia*、大花山牵牛 *Thunbergia grandiflora* 等。

6. 观花草本植物

千姿百态、色彩鲜艳的花朵，是构成万紫千红、群芳争艳的园林景观的重要素材。该类园林植物主要为茜草科、爵床科、姜科及兰科等。如茜草科的短裂玉叶金花 *Mussaenda breviloba*、红毛玉叶金花 *M. hossei*、大叶玉叶金花 *M. macrophylla*、无柄玉叶金花 *M. sessilifolia*；爵床科的多花可爱花 *Eranthemum polyanthum*、绿脉可爱花 *E. nervosum*、弯花焰爵床 *Phlogacanthus curviflorus*、蓝花假杜鹃 *Barleria cristata*；姜科的长柄山姜 *Alpinia kwangsiensis*、莴笋花 *Costus lacerus*、闭鞘姜 *C. speciosus*、郁金 *Curcuma aromatica*、姜黄 *C. longa*、毛舞花姜 *Globba barthe*、舞花姜 *G. racemosa*、红姜花 *Hedychium coccineum*、姜花 *H. coronarium*、版纳姜 *Zingiber xishuangbannaese*；兰科的三褶虾脊兰 *Calanthe triplicata*、泰香果兰 *Vanilla siamensis*、滇坛花兰 *Acanthephippium sylhetense*、多花指甲兰 *Aerides rosea*、冬凤兰 *Cymbidium dayanum*、兜唇石斛 *Dendrobium aphyllum*、束花石斛 *D. chrysanthum*、带叶兜兰 *Paphiopedilum hirsutissimum*、紫纹兜兰 *P. purpuratum*、大花鹤顶兰 *Phaius magniflorus*、秋花独蒜兰 *Pleione maculata* 等；箭根芋科的老虎须 *Tacca chantrieri* 等。

7. 地被植物

地被植物是指株丛紧密、株高在 50cm 以下，用以覆盖园林地面而免杂草滋生的植物。如灯笼石松 *Palhinhaea cernua*、深绿卷柏 *Selaginella doederleinii*、尖叶沿阶草 *Ophiopogon aciformis*、圆叶节节菜 *Rotala rotundifolia*、地耳草 *Hypericum japonicum*、聚花过路黄 *Lysimachia christinae*、火炭母 *Polygonum chinense*、三点金 *Desmodium triflorum*、蛇莓 *Duchesnea chrysantha*、铜锤玉带草 *Pratia nummularia*、假蒟 *Piper sarmentosum*、蟋蟀草 *Eleusine indica* 等。

（三）台湾观赏植物资源

台湾为我国第一大岛，位于我国大陆的东南部，与福建省隔着台湾海峡相对。北回归线横跨本岛，境内高山耸峙，中央山脉纵贯南北，最高峰玉山海拔高达 3997m。特殊的地理位置和环境孕育了台湾丰富的植物区系。拥有维管束植物 235 科、1419 属、4077 种，具有丰富的观赏观赏植物资源。由于地质历史上台湾在中新世末期才与大陆分离，因此台湾与大陆地区植物区系有着紧密的联系。由于台湾高山和大陆西南地区高山均为喜马拉雅运动抬升，在地质上有密切联系，因此台湾植物区系与大陆西南地区植物区系有着密切联系，具有较多的相同种类（表1-4）。但同时台湾特有种十分丰富，具特有种1067种，占总种数的26.2%，说明台湾植物区系在与大陆分离后，又在岛屿和山地的特定环境下继续发展。

台湾野生观赏植物资源重要科（种数50以上）　　　　　　　　表1-4

科名	属数	种数	含特有种数	科名	属数	种数	含特有种数
禾本科 Poaceae	117	330	50	茜草科 Rubiaceae	33	98	22
兰科 Orchidaceae	95	447	131	大戟科 Euphorbiaceae	24	83	15
菊科 Asteraceae	73	218	73	唇形科 Lamiaceae	37	77	25
莎草科 Cyperaceae	21	180	16	玄参科 Scrophulariaceae	22	67	19
豆科 Fabaceae	61	180	27	毛茛科 Ranunculaceae	12	58	27
蔷薇科 Rosaceae	23	140	56	百合科 Liliaceae	23	53	30

根据观赏特性，可以将台湾地区热带观赏植物资源分为：

1. 道路及庭院绿化树种

该类园林植物主要为罗汉松科、杉科、棕榈科、樟科、杜英科、锦葵科、桑科等科，如台湾粗榧 *Cephalotaxus wilsoniana*、长叶竹柏 *Nageia fleuryi*、竹柏 *N. nagi*、兰屿罗汉松 *Podocarpus costalis*、台湾杉 *Taiwania cryptomerioides*、蒲葵 *Livistona chinensis* var. *subglobosa*、台湾海枣 *Phoenix hanceana*、琼楠 *Beilschmiedia erythrophloia*、小叶樟 *Cinnamomum brevipedunculatum*、台湾肉桂 *Cinnamomum insulari-montanum*、兰屿肉桂 *C. kotoense*、香叶树 *Lindera communis*、山鸡椒 *Litsea cubeba*、黄肉树 *L. hypophaea*、腺叶杜英 *Elaeocarpus argenteus*、杜英 *E. sylvestris*、猴欢喜 *Sloanea formosana*、黄槿 *Hibiscus tiliaceus*、台湾梭罗树 *Reevesia formosana*、台湾捧花蒲桃 *Syzygium taiwanicum*、真香 *Acronychia pedunculata*、厚叶榕 *Ficus microcarpa* var. *crassifolia*。

2. 观花灌木

野牡丹、展毛野牡丹、多花野牡丹、毛稔、大野牡丹、深山野牡丹 *Barthea barthei*、桃金娘、山黄栀、九节、六月雪 *Serissa serissoides*、泡果苘 *Abutilon crispum*、木芙蓉 *Hibiscus mutabilis* 等。

3. 观叶植物

台湾魔芋 *Amorphophallus henryi*、密毛魔芋 *A. hirtus*、疣柄魔芋 *A. paeoniifolius*、台湾天南星 *Arisaema formosanum*、台湾青芋 *Colocasia formosana*、大野芋 *C. gigantea*、台湾蜘蛛抱蛋 *Aspidistra elatior* var. *attenuata*、台湾秋海棠 *Begonia taiwaniana* 等。

4. 观果植物

干花榕 *Ficus variegata* var. *garciae*、对叶榕 *F. cumingii* var. *terminalifolia*、台湾赤楠 *Syzygium formosanum*、兰屿面包树 *Artocarpus xanthocarpus* 等。

5. 藤本植物

盒果藤 *Operculina turpethum*、薜荔 *Ficus pumila*、茅瓜 *Solena amplexicaulis*、阔叶猕猴桃 *Actinidia latifolia*、石柑子 *Pothos chinensis*、台湾常春藤 *Hedera rhombea* var. *formosana*、鹅掌藤 *Schefflera odorata*、光叶鱼藤 *Callerya nitida* 等。

6. 观花草本植物

大叶玉叶金花 *Mussaenda macrophylla*、黄花凤仙花 *Impatiens tayemonii*、紫花凤仙花 *I. uniflora*、枪刀菜 *Hypoestes cumingiana*、六角英 *H. purpurea*、花莲爵床 *Justicia quadrifaria*、银脉爵床 *Kudoacanthus albo-nervosa*、台湾苣苔 *Epithema taiwanensis*、穿鞘花 *Amischotolype hispida*、大叶鸭跖草 *Commelina paludosa*、桃园草 *Xyris formosana*、射干 *Belamcanda chinensis*、台湾鸢尾 *Iris formosana*、台湾百合 *Lilium formosanum*、台湾藜芦 *Veratrum formosanum*、蒟蒻薯 *Tacca leontopetaloides*、台湾竹叶兰 *Appendicula reflexa*、台湾石豆兰 *Bulbophyllum formosanum*、紫纹卷瓣兰 *B. melanoglossum*、春兰 *Cymbidium goeringii*、黄花石斛 *D. moniliforme*、香兰 *Haraella retrocalla*、黄鹤顶兰 *Phaius flavus*、长距粉蝶兰 *Platanthera longicalcarata*、厚唇粉蝶兰 *P. mandarinorum* subsp. *pachyglossa*、姜花 *Zingiber zerumbet*、台湾堇菜 *Viola formosana*、紫花堇菜 *V. grypoceras* 等。

7. 地被植物

石菖蒲 *Acorus gramineus*、剪股颖 *Agrostis clavata*、匍匐剪股颖 *A. stolonifera*、水蔗草 *Apluda mutica*、华三芒草 *Aristida chinensis*、地毯草 *Axonopus compressus*、四生臂形草 *Brachiaria subquadripara*、淡竹叶 *Lophatherum gracile*、开卡芦 *Phragmites vallatoria*、阔叶麦冬 *Liriope platyphylla* 等。

第五节　海南特有野生观赏植物资源

海南岛全岛气候温和，年平均气温 22～26℃，终年无霜雪，雨量充沛，年平均降雨量为 1500～2000mm，属热带季风气候。第四纪后多次地质运动为海南岛岛屿生物地理中特有生物现象的形成起到了重要作用。特有现象是种系分化的结果，其形成机制是多方面的，包括地貌因子、土壤因子、气候因子、边缘效应、海洋岛屿隔离等外部因素以及自然杂交、自身遗传变异等内部因素的综合作用。特有植物多为不同基质的指示植物和先锋植物，对于研究物种分化、特殊环境中植物的适应性等科学问题提供了很好的材料。此外，由于特有植物表现出与环境变化极为强烈的依赖关系，很多地方特有植物同时也是珍稀濒危植物，因此特有现象的研究对于生物多样性的保护也具有重要意义。

由于特有植物是某一地区独有的生物资源，多数具有较高观赏价值，因此是不可多得的野生观赏植物资源，为资源开发利用提供了宝贵的基因库。海南特有野生观赏植物共计 320 种，隶属于 69 科 182 属，以茜草科 32 种、樟科 27 种、竹亚科 16 种、桃金娘科 13 种、兰科 13 种、莎草科 11 种、蝶形花科 11 种和萝藦科 9 种等所含种类为主（附录一）。

一、海南特有观赏植物种类

海南特有野生花卉生活型多样，以灌木类最为丰富为 96 种，草本类位居其次为 86 种，乔木类位居第三为 84 种，藤本和攀援灌木类相对较少为 54 种。

（一）乔木类

主要见于海南中部和西南部热带雨林山地、沟谷地区，包括长柄冬青、保亭冬青、海南幌伞枫、十蕊大参、海南厚壳树、海南柿、海南猴欢喜、海南黄檀、海南黄杞、白背黄肉楠、保亭黄肉楠、皱皮油丹、保亭琼楠、东方琼楠、尖峰润楠、梨润楠、海南新木姜子、保亭新木姜子、乐东油果樟、石碌含笑、海南梧桐、保亭梭罗、海南蒲桃、海南厚皮香、海南大头茶、海南油杉、吊罗坭竹、琼梅、海南韶子、海南紫荆木和琼刺榄等 84 种。

（二）灌木类

主要见于海南热带雨林林下或山顶灌丛，也见于低海拔次生林或人工林坡地，包括海南蕊木、吊罗山萝芙木、保亭树参、矮琼棕、海南轴榈、海南黄杨、吊罗裸实、东方裸实、葫芦苏铁、海南苏铁、陈氏铁苋菜、海南叶下珠、平基紫珠、海南染木树、琼岛染木树、海南黄皮、柃叶山矾和窄叶荛花等 96 种。

（三）草本类

主要见于海南热带雨林林下阴湿处、树干上或石灰岩地区山顶干旱处，包括海南秋英爵床、糙叶山蓝、海南叉柱花、保亭叉柱花、海南菊、海南凤仙花、海南割鸡芒、海南大戟、海南秋海棠、盾叶苣苔、昌江蛛毛苣苔、海南黄芩、保亭花、海南兰花蕉、海南石豆兰、牛角兰、华石斛、海南锚柱兰、海南鹤顶兰、坝王远志、海南远志、海南耳草、海南蛇根草和海南假砂仁等 86 种。

（四）藤本和攀援灌木类

主要见于海南热带雨林林缘、路旁等向阳处，包括狭瓣鹰爪花、荨蔓藤、海南匙羹藤、厚花球兰、崖县球兰、白水藤、海南弓果藤、紫叶娃儿藤、短叶省藤、多刺鸡藤、黄毛马兜铃、多型叶马兜铃、海南忍冬、古山龙、海南地不容、小叶地不容、海南青牛胆、壮丽玉叶金花、海南玉叶金花、乐东玉叶金花、膜叶玉叶金花和细花百部等 54 种。

二、海南特有观赏植物生态学特性

海南特有野生花卉按照生长环境不同可分为土生、石生和附生类，缺少水生类，其中以土生类最丰富为 302 种，石生类其次为 10 种，附生类相对较少为 8 种。

（一）土生类

大部分特有植物属于此类（302 种），生于土山或石山土壤之中，如长柄冬青、海南幌伞枫、十蕊大参、单叶豆、崖柿、海南柿、海南蕊木、吊罗山萝芙木等，也包括少数寄生植物，如石山蛇菰等。

（二）石生类

主要是指生长于石灰岩地区裸露山顶的植物（10 种），包括海南凤仙花、东方裸实、葫芦苏铁、海南大戟和坝王远志等。

（三）附生类

指附生于热带雨林树干上的植物（8 种），主要是一些蕨类和兰科植物，包括海南石豆兰、乐东石豆兰、牛角兰、华石斛、海南大苞兰、镰叶盆距兰、芳香白点兰和裂唇羊耳蒜等。

三、海南特有观赏植物观赏特性

（一）观花类

主要观赏花的形状、颜色、气味等特性。白色花系如抱茎短蕊茶、海南大头茶、保亭梭罗、剑叶梭罗、长柄梭罗、海南流苏树、烟叶唇柱苣苔、海南菊、海南鹤顶兰和华石斛等；橙色花系如美丽火桐等；粉红色花系如枝毛野牡丹、海南锦香草、毛锦香草和窄叶锦香草等；黄色花系如黄花马铃苣苔等；紫色花系如糙叶山蓝等；花形奇特如狭瓣鹰爪花、毛叶鹰爪花、海南玉叶金花、膜叶玉叶金花、厚花球兰、崖县球兰和海南半边莲等；花芳香者如石碌含笑、芳香白点兰等153种。

（二）观果类

主要观赏果实的形状、颜色等特性。果形奇特如钱木、东方瓜馥木、皱皮油丹、梨润楠、黄毛马兜铃、南粤马兜铃、海南线果兜铃、多毛山柑、山柑、海南叶下珠、单花水油甘、海南猪屎豆、崖州猪屎豆、疏节槐、短柄鸡眼藤、海南巴戟、海南弓果藤和紫叶娃儿藤等；果色鲜艳如海南尧花、大叶尧花、保亭冬青、红果黄檀、吊罗裸实、东方裸实、平基紫珠、红腺紫珠、小花肖菝葜、崖柿、五蒂柿和密鳞紫金牛等；果内有红色假种皮如海南卫矛、保亭卫矛和单叶豆等219种。

（三）观叶类

主要观赏叶的形状、颜色、变异等特性。叶形奇特如多型叶马兜铃、保亭树参、十蕊大参、海南轴榈、海南秋海棠、侯氏秋海棠、保亭秋海棠和海南蝙蝠草等；叶有彩纹如保亭金线兰等；叶有毛被如绢毛木兰和盾叶苣苔等37种。

（四）观全株类

主要观赏植株的形状等特性。乔木如白背黄肉楠、保亭黄肉楠、尖峰润楠、海南新木姜子、保亭新木姜子和海南幌伞枫等；灌木如葫芦苏铁、海南苏铁、假赤楠、陈氏铁苋菜和海南大戟等；草本如坝王远志、海南远志、海南凤仙花、大众耳草、海南耳草、革叶山姜、黎婆花、海南千年健、落檐和海南兰花蕉等；藤本如海南地不容、小叶地不容、海南青牛胆和牛角兰等308种。

四、海南特有观赏植物重点种类介绍

（一）兰科植物（Orchidaceae）

兰科植物株型优雅，花形奇特，是深受人们喜爱的花卉，海南是我国兰科植物集中分布地之一，生长有数量众多的兰科植物，特有的兰科植物包括保亭金线兰、海南金线兰、多枝拟兰、海南石豆兰、乐东石豆兰、五指山石豆兰、牛角兰、海南沼兰、琼岛沼兰、华石斛、海南锚柱兰、镰叶盆距兰、裂唇羊耳蒜、拟石斛、海南鹤顶兰、海南大苞兰、东方毛叶兰等，其中保亭金线兰、海南鹤顶兰主要分布在保亭、琼中等地，海南金线兰、多枝拟兰、海南锚柱兰主要分布在乐东等地，海南石豆兰、海南沼兰、琼岛沼兰主要分布在保亭、琼中等地，乐东石豆兰、牛角兰、华石斛主要分布在昌江、乐东、保亭、琼中、白沙等地，五指山石豆兰主要分布在五指山等地，镰叶盆距兰主要分布在定安、琼海、琼中、陵水等地，裂唇羊耳蒜主要分布在保亭、陵水等地，拟石斛主要分布在昌江、乐东、琼中等地，海南大苞兰主要分布在琼中等地，东方毛叶兰主要分布在东方等地。

（二）苦苣苔科植物（Gesneriaceae）

苦苣苔科植物花形美观，多数种类具有很高的观赏价值，但只有少数被开发利用。海南特有的苦苣苔科植物包括扁蒴苣苔、烟叶唇柱苣苔、盾叶苣苔、毛花马铃苣苔、黄花马铃苣苔、昌江蛛毛苣苔和海南蛛毛苣苔等，其中扁蒴苣苔主要分布在陵水，烟叶唇柱苣苔、盾叶苣苔、黄花马铃苣苔主要分布在昌江、乐东、陵水、五指山、琼中、白沙等地，毛花马铃苣苔主要分布在琼中、白沙等地，昌江蛛毛苣苔主要分布在昌江、东方石灰岩地区，海南蛛毛苣苔主要分布在乐东等地。

（三）球兰属植物（*Hoya*）

萝藦科球兰属植物花冠肉质，辐射状，花粉块边缘有透明的薄膜，给人晶莹剔透的感觉，具有较高观赏价值。海南特有球兰属植物包括厚花球兰和崖县球兰，其中厚花球兰主要分布在万宁、昌江等地，崖县球兰主要分布在昌江、乐东、陵水和三亚等地。

（四）弓果藤属植物（*Toxocarpus*）

萝藦科弓果藤属植物果期蓇葖果不同种类成不同角度叉开，种子有种毛，具有较高观赏价值。海南特有弓果藤属植物包括海南弓果藤、平滑弓果藤和广花弓果藤，其中海南弓果藤主要分布在昌江、乐东、陵水等地，平滑弓果藤主要分布在白沙等地区，广花弓果藤主要分布在乐东等地。

（五）冬青属植物（*Ilex*）

冬青科冬青属植物叶色翠绿，果实成熟时果多色艳且可食，通常为红色，是极佳的观果植物。海南特有冬青属植物包括长柄冬青、秀英冬青、保亭冬青、洼皮冬青和石枚冬青，其中长柄冬青主要分布在昌江、乐东、陵水等地，秀英冬青主要分布在琼海、万宁和保亭等地，保亭冬青和石枚冬青主要分布在陵水、保亭等地，洼皮冬青主要分布在昌江、乐东、陵水和琼中等地。

（六）紫金牛属植物（*Ardisia*）

紫金牛科紫金牛属植物叶片通常有不透明腺点，叶片边缘也常有腺点，果实成熟后常为红色，鲜艳可爱。海南特有紫金牛属植物包括保亭紫金牛、密鳞紫金牛、轮叶紫金牛、细孔紫金牛、弯梗紫金牛，其中保亭紫金牛主要分布在保亭、琼中、白沙等地，密鳞紫金主要分布在昌江、乐东、保亭、琼中等地，轮叶紫金牛主要分布在昌江、乐东、琼中等地，细孔紫金牛主要分布在乐东等地，弯梗紫金牛主要分布在琼中、白沙等地。

（七）蒲桃属植物（*Syzygium*）

桃金娘科蒲桃属植物嫩叶常带红色，花果繁多，果实成熟后多为紫红色。该属植物主要分布于亚洲热带地区，我国华南为主要分布地区。海南蒲桃属植物较多，海南特有的蒲桃属植物就有9种，包括假赤楠、散点蒲桃、海南蒲桃、万宁蒲桃、褐背蒲桃、尖峰蒲桃、皱萼蒲桃、纤枝蒲桃和方枝蒲桃等，其中假赤楠主要分布在保亭、陵水等地，散点蒲桃、纤枝蒲桃主要分布在昌江、乐东、琼中、白沙等，海南蒲桃主要分布在琼中等地，万宁蒲桃主要分布在万宁、昌江、乐东等地，褐背蒲桃主要分布在昌江、乐东等地，尖峰蒲桃主要分布在乐东等地，皱萼蒲桃主要分布在昌江、保亭、乐东等地，方枝蒲桃主要分布在昌江、乐东、保亭、琼中、白沙等地。

（八）竹亚科植物（**Bambusoideae**）

禾本科竹亚科植物分布广泛，海南拥有丰富的竹类资源，与海南的热带气候相适应，多具丛生、攀缘等特性，海南特有的竹亚科植物包括射毛悬竹、孟竹、妈竹、褐毛青皮竹、吊罗坭竹、蓬莱黄竹、光鞘石竹、马岭竹、黄竹仔、石竹仔、响子竹、海南箭竹、藤单竹、细柄少穗竹、林竹仔、毛秆少穗竹等，这些竹类植物多生长在热带雨林林窗、林缘、低海拔灌丛、溪旁、路旁、村边等地，生境较为多样，常成片生长。

五、海南特有观赏植物资源的保护与开发利用

特有植物分布具有极强的地域性，体现了该地区地质、气候、人文等特点。海南特有植物丰富，有强烈的热带特色，是我国难得的资源宝库，但目前对特有植物的深入研究与开发利用仍未引起足够重视。针对目前海南特有野生花卉的研究与利用现状，建议今后应开展或加强以下几方面的工作。

（一）继续加强海南特有野生观赏植物资源的本底调查

海南野生植物数量至今仍没有确切答案，海南特有植物的数量也一直在增长中。随着调查的深入，海南野生植物和特有植物的数量仍将增加。海南特有野生观赏植物资源的地理分布、生境、生存现状及资源储藏量将是今后调查研究工作的重点。

（二）深入了解海南特有野生观赏植物资源的生物学特性

目前对海南特有野生观赏植物资源的研究仅局限在少数类群的少数种类，如兰科、苏铁科植物，而对绝大多数特有植物的生物学特性缺乏认识，从而使引种繁殖带有盲目性，造成植物资源的极大破坏和浪费。对海南特有野生花卉开展生长发育、传粉、繁殖等生物学特性全面观测，并运用现代生物学技术进行快速繁殖将会对其资源保护与利用起到积极的促进作用。

（三）大力推进海南特有野生观赏植物资源的引种栽培和驯化研究

植物特有现象与其珍稀濒危程度密切相关，多数特有植物也是珍稀濒危植物，两者在植物多样性研究和保护中同样具有优先地位。由于特有植物的形成与长期的演化适应和地理分异有关，对环境变化反应敏感，有着极为强烈的依赖关系，因此将来对特有植物资源研究与利用中务必注意对其生境和植株的重点保护。

特有植物野外种群个体数量往往较少，这也给其保护与利用带来一定困难，对于种群个体数量极少的物种应采取就地保护，而对种群个体数量较多的物种可在就地保护的基础上开展迁地保育工作，建立种质资源保存库，同时开展人工繁殖研究。

本章小结

观赏植物种质资源是指能将特定的遗传信息传递给后代并有效表达的观赏植物的遗传物质的总称，包括具有各种遗传差异的野生种、半野生种和人工栽培类型。观赏植物种质资源学是以观赏植物为主要对象，研究其种质资源的种类与分布、起源与演化、种质资源鉴定与评价方法、种质搜集与保护、可持续利用以及相关信息管理的学科。我国热带观赏植物资源丰富，区域明显，特有种较为丰富，其中海南岛特有观赏植物多达320种。文中并对西双版纳、台湾、海南的观赏植物资源作了简单介绍。

复习思考题

1. 观赏植物种质资源学包括哪些内容？请举例说明。
2. 从我国观赏植物资源学的形成和发展过程中，得到哪些启示？
3. 我国观赏植物资源有哪些特点？请以某一种类为例介绍其资源的利用情况。
4. 简述我国热带特有观赏植物资源的分布与研究现状。

推荐书目

[1] 陈俊愉.中国花卉品种分类学.北京:中国林业出版社,2001.

[2] 陈俊愉.中国农业百科全书.观赏园艺卷.北京:农业出版社,1996.

[3] 戴宝合.野生植物资源学(第二版).北京:中国农业大学出版社,2003.

[4] 李景侠,康永祥.观赏植物学.北京:中国林业出版社,2004.

[5] 李先源.观赏植物学.重庆:西南师范大学出版社,2007.

[6] 宋希强.热带花卉学.北京:中国林业出版社,2009.

[7] 吴德邻,邢福武,李泽贤等.海南及广东沿海岛屿植物名录.北京:科学出版社,1994.

[8] 邹惠渝.园林植物学.南京:南京大学出版社,2002.

[9] 邢福武,曾庆文,陈红锋等.中国景观植物(上下册).武汉:华中科技大学出版社,2009.

第二章　观赏植物的起源、分布与演化

观赏植物的起源、分布与演化是观赏植物资源研究的重要内容。了解观赏植物的起源，进而可以了解观赏植物适应的栽培环境和生长规律，对于观赏植物的引种、栽培和应用具有十分重要的指导作用。观赏植物在世界范围内广泛分布，但是不同种类分布的中心不同。了解其分布特点，对观赏植物资源的保护、开发和应用具有指导意义。掌握观赏植物观赏性状的演化规律与传播途径，有利于品种培育和资源挖掘。

第一节　观赏植物的地理起源

观赏植物的地理起源是指观赏植物地理上的发生区域。迄今为止，已经有数以万计的植物应用于观赏栽培，它们起源的地区各不相同。由于植物总是与其生长的自然环境相适应，而地理位置往往决定其所处自然环境的条件，所以观赏植物的地理起源与其栽培、分布和演化有着密切的关系。了解观赏植物的地理起源，对了解观赏植物的生理生态特性，进而促进其保护、开发和利用，有着重要的意义。

一、栽培植物起源中心

观赏植物作为栽培植物的重要类群，也是主要原产于栽培植物的起源中心。关于栽培植物的起源中心学说，兹介绍如下：

（一）德坎道尔栽培植物起源中心论

瑞士学者德坎道尔（A. de Candolle）是最早研究世界栽培植物起源的学者，先后出版《世界植物地理》（1855）和《栽培植物的起源》（1882）这两部著作。依据野生种的分布地点，在参考史学、考古学、语言学以及传说中的古代文献的基础上，指出中国、西南亚、埃及和热带美洲可能是作物最早被驯化的地方；在考察的247种作物中，起源于欧亚两洲的有199种，起源于美洲的有45种，另有3种作物仍无法确定。

（二）瓦维洛夫栽培植物起源中心学说

前苏联著名学者瓦维洛夫（Н. И. Вавилов）综合前人的学说和方法来研究栽培植物的起源问题。他组织了植物考察队，从1920年起，用近10年的时间，在世界上60个国家进行了大规模的考察，采集了30余万份栽培植物及其近缘植物标本和种子，并对这些材料进行了鉴定和分析，将物种变异最丰富的集中地区称为起源中心或基因中心，或遗传多样化中心。并于1935年较为系统地提出了栽培植物起源中心学说，他将全世界划分为8个起源中心地区和3个亚中心，并论述了主要栽培植物600多个物种的起源地。

瓦维洛夫栽培植物起源中心学说认为，植物物种及其变异多样性在地球上分布是不平衡的，具有多样性遗传类型和近亲的野生或栽培类型的地区，可能是起源中心，显性性状可以作为其起源中心的标志，而隐性性状主要出现在次生中心。该学说主要内容有：①物种形成过程的地理局部化；②在相近的种和属的遗传变异中出现惊人的平行现象；③作物起源中心是往往也是古代文明的发源地；④每种作物都有初生及次生起源中心；⑤作物起源中心为北纬20°~45°之间，特别是中国和印度；⑥遗传上的显性性状，可以看作是起源中心的标志，而隐性性状可以出现在中心的周围。

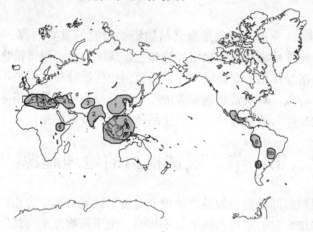

图 2-1　瓦维洛夫提出的世界栽培植物起源中心
1. 中国中心；2. 印度—缅甸中心；2a. 印度—马来西亚中心；3. 中亚细亚
中心；4. 近东中心；5. 地中海中心；6. 埃塞俄比亚中心；7. 中美中心；
8. 南美中心；8a. 智利中心；8b. 巴西—巴拉圭中心

瓦维洛夫栽培中心学说包括的主要中心和次中心及其重要的栽培观赏植物有：

1. 中国中心

中国的中部和西部山区及低地。如桃、山桃、杏、梅、少花樱桃、山楂、贴梗海棠、木瓜、拐枣、银杏、核桃等。

2. 印度—缅甸中心

印度（不包括其旁遮普以及西北边区）、缅甸和老挝等地。如百合、黄花菜、葱、食用菊花、紫苏、芒果、宽皮桔等。

2a. 印度—马来西亚中心　印度支那、马来半岛、爪哇、加里曼丹、苏门答腊及菲律宾等地。如乌榄、白榄、槟榔、姜、槟榔、无患子科、南海蒲桃等。

3. 中亚细亚中心

包括印度西北旁遮普和西北边界、克什米尔、阿富汗、塔吉克斯坦和乌兹别克斯坦，以及中国的天山西部等地。如芫荽和洋葱等。

4. 近东中心

小亚细亚内陆、外高加索、伊朗和土库曼山地。如石榴、苹果、洋梨、沙枣和君迁子等。

5. 地中海中心

欧洲和非洲北部的地中海沿岸地带。如甘蓝、石刁柏和防风等。

6. 埃塞俄比亚中心　埃塞俄比亚和索马里等。如扁豆、葫芦和胡葱等。

7. 中美中心

墨西哥南部和安的列斯群岛等。如多花菜豆、番木瓜、油梨、番石榴、人心果和人面果等。

8. 南美中心　秘鲁、厄瓜多尔和玻利维亚等。如番木瓜和西番莲等。

8a. **智利中心**　如普通马铃薯和智利草莓等。

8b. 巴西—巴拉圭中心　如木薯、落花生、巴西蒲桃、乌瓦拉番樱桃、巴西番樱桃、毛番樱桃、树葡萄、菠萝、巴西坚果和腰果等。

（三）勃基尔的栽培植物起源观

勃基尔（I. H. Burkill）强调了人类活动对植物起源的影响，认为瓦维洛夫方法学上主要缺点是对"全部证据都取自植物而不问栽培植物的人。"他在《人的习惯与旧世界栽培植物的起源》（1951）中系统地考证了植物随人类氏族的活动、习惯和迁徙而驯化的过程，论证了东半球多种栽培植物的起源，他提出影响驯化和栽培植物起源的一些重要观点，如"驯化由自然产地与新产地之间的差别而引起"，对驯化来说"隔离的价值是绝对重要的"。

（四）达林顿的栽培植物的起源中心

达林顿（C. D. Darlington）利用细胞学方法从染色体分析栽培植物的起源，将世界栽培植物的起源中心划为9个大区和4个亚区，即（1）西南亚洲；（2）地中海，附欧洲亚区；（3）埃塞俄比亚，附中非亚区；（4）中亚；（5）印度—缅甸；（6）东南亚；（7）中国；（8）墨西哥，附北美（在瓦维洛夫基础上增加的一个中心）及中美亚区；（9）秘鲁，附智利及巴西—巴拉圭亚区。与瓦维洛夫中心相比，他的划分增加了一个欧洲亚区，其他的基本上相近。

（五）茹科夫斯基的栽培植物大基因中心

茹科夫斯基（Л. М. Жуковский）1970年在瓦维洛夫栽培中心学说基础上进行了扩展，将瓦维洛夫确定的8个栽培植物起源中心所包括的地区范围加以扩大，并增加了4个起源中心，使之能包括所有已发现的栽培植物种类。他称这12个起源中心为大基因中心（图2-2），大基因中心或多样化变异区域都包括作物的原生起源地和次生起源地。同时他还提出不同作物物种的地理基因小中心达100余处之多，他认为这种小中心的变异种类对作物育种有重要的利用价值。1979年荷兰育种学家泽文（A. C. Zeven）在与茹科夫斯基合编的《栽培植物及其近缘植物中心辞典》中，按12个多样性中心列入167科2297种栽培植物及其近缘植物。书中认为在此12个起源中心中，以东亚（中国—缅甸）、近东和中美三区是农业的摇篮，对栽培植物的起源贡献最大。然而这12个"中心"覆盖的范围过于广泛，几乎包括地球上除两极以外的全部陆地。

（六）哈兰的栽培植物起源分类

哈兰（J. R. Harlan）认为，在世界上某些地区（如中东、中国北部和中美地区）发生的驯化与瓦维洛夫起源中心模式相符，而在另一些地区（如非洲、东南亚和南美—东印度群岛）发生的驯化则与起源中心模式不符。他根据作物驯化中扩散的特点，另外提出三个独立的系统，每个系统都有一个"中心"（center）和"无中心"（non—center）的新概念，主张世界的农业起源地可划分为A1、B1、C1三个中心和A2、B2、C2三个无中心。并设想在每个系统之内，其中心和无中心之间有某种概念、技术或物质的"刺激"（stim-

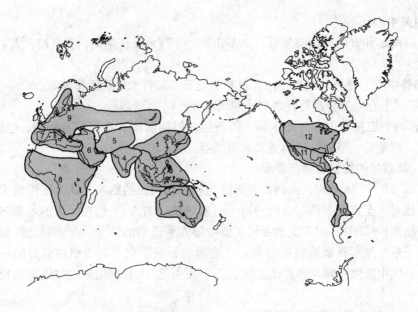

图 2-2 茹科夫斯基的栽培植物大基因中心

1. 中国—日本中心，中国为初生基因中心，日本为次生基因中心；2. 东南亚中心，印度支那、印度尼西亚和马来群岛等；3. 澳大利亚中心；4. 印度中心；5. 中亚中心，包括阿富汗、塔吉克和乌兹别克（天山西部）等；6. 西亚中心，包括土库曼；7. 地中海中心；8. 非洲中心；9. 欧洲—西伯利亚中心；10. 南美中心；11. 中美和墨西哥中心；12. 北美中心

ulation)和"反馈"(feedback)。根据这一理论，他把栽培植物分为 5 类。

1. 土生型　植物在一个地区驯化后，从未扩散到其他地区。如非洲稻、埃塞俄比亚芭蕉等鲜为人知的作物。

2. 半土生型　被驯化的植物只在邻近地区扩散，如云南山楂、西藏光核桃等。

3. 单一中心　在原产地驯化后迅速传播到广大地区，没有次生中心，如橡胶、咖啡、可可。

4. 有次生中心　作物从一个明确的初生起源中心逐渐向外扩散，在一个或几个地区形成次生起源中心，如葡萄、桃。

5. 无中心　没有明确的起源中心，如香蕉。

二、观赏植物起源中心

观赏植物也是随着其他栽培植物的起源发展而逐步发展起来的。由于观赏植物栽培往往是伴随着生产力水平的提高而发展，且在较长时间内应用价值低于食用植物，所以各种起源中心理论中对于纯粹的观赏植物涉及不多，我国南京中山植物园张宇和推测，可能存在以下三个起源中心：

（一）中国中心

中国被称为"世界园林之母"，具有丰富的野生观赏植物资源，对观赏植物的引种驯化、繁殖栽培、杂交选育也由来已久。起源于中国的观赏植物包括梅花、牡丹、芍药、菊花、兰花、月季、玫瑰、杜鹃花、山茶花、荷花、桂花、蜡梅、扶桑、海棠花、紫薇、木兰、丁香、萱草等。中国中心经过唐、宋的发展达到鼎盛。从明、清开始，观赏植物的起源中心逐渐向日本、欧洲和美国转移，形成了日本次生中心。

(二) 西亚中心

西亚是古代巴比伦文明和世界三大宗教的发祥地，起源于此的观赏植物有郁金香、仙客来、秋水仙、风信子、水仙、鸢尾、金鱼草、金盏菊、瓜叶菊、紫罗兰等。西亚中心经过希腊、罗马的发展，逐渐形成了欧洲次生中心，是欧洲花卉发展的肇始。美国也是欧洲次生中心的一部分。

(三) 中南美中心

当地古老的玛雅文化，孕育了许多草本花卉，如孤挺花、大丽花、万寿菊、百日草等。与中国中心和西亚中心不同的是，中南美中心至今没有得到足够的发展。

三、我国观赏植物资源分布

我国幅员广阔，地跨寒带、温带、亚热带和热带不同区域，自然生态环境十分复杂，植物种质资源非常丰富，有花植物多达近 3 万种，花卉资源极多，品种纷繁，享有"世界园林之母"的誉称。由于各个区域自然条件差异极大，观赏植物的种类和数量也有巨大的差异，使得我国观赏植物的分布具有明显的地方不平衡性。

(一) 一、二年生花卉

我国历史上对一、二年生花卉的记载不多，但实际栽培应用比较广泛，也形成了许多原产我国的一二年生花卉。根据对气候的适应性不同，大体可分为两类，即中国气候温暖型和中国气候冷凉型。前者如雏菊 Bellis perennis、翠菊 Callistephus chinensis、紫罗兰 Matthiola incana 等，主要分布于华北和东北南部等地区。而长江以南区域是凤仙花属 Impatiens、报春花属 Primula、石竹属 Dianthus、蜀葵 Althaea rosea、曼陀罗 Datura stramonium 等喜温花卉的主要分布区。现代引进国外的一些种类，如一串红 Salvia splendens、三色堇 Viola tricolor 等，则在我国大部分地区都可以生长。

(二) 宿根花卉

我国是宿根花卉的重要分布区域。如起源于我国的菊花，现代分布极广，几乎全国都有栽培。我国也是芍药的起源和栽培中心，从秦代开始栽培，迄今内蒙古、辽宁、陕西、甘肃和湖北等地还有野生种分布，现栽培中心在山东菏泽一带。我国兰属植物约有 30 个种，超过全世界的 60%，西南地区为集中分布区；春兰、蕙兰分布最广，栽培历史悠久。吉祥草属 Reineckia、麦冬属 Liriope、万年青属 Rohdea、天南星属 Acorus、紫金牛属 Ardisia 和秋海棠属 Begonia 等喜温宿根花卉多分布于我国长江以南和西南地区，而比较耐寒的菊属、芍药属、鸢尾属 Iris、荷包牡丹 Dicentra spectabilis 等则集中分布于我国华北及东北南部地区。我国同时也是热带兰花的集中分布区，仅海南就有兰花 250 余种，其中特有种多达 25 种。

(三) 球根花卉

我国为水仙 Narcissus 的次生分布中心，现栽培中心在福建漳州和上海崇明。我国球根花卉野生资源主要分布于黑龙江、吉林、辽宁、山西、甘肃、四川、云南、广西、广东等省。特别是在东北西北部、西藏东南部、四川西南部、云南西北部、新疆北部分布着许多抗性强、观赏价值高的种属。

百合属植物是我国分布很广的球根花卉，北起黑龙江有毛百合 *Lilium dauricum*，西至新疆有新疆百合 *L.martagon* var. *pilosiusculum*，东南至台湾有台湾百合 *L. formorsanum*。海拔平均在 4500 米以上的青藏高原气候寒冷，干旱，辐射强，昼夜温差大，在此分布的球根花卉抗性好，花形漂亮，如尖被百合 *L. lophophorum*、紫斑百合 *L. nepalense* 等。长白山区是典型的温带大陆性气候，野生球根花卉资源极为丰富，花色多样，花形奇特，还分布着珍贵的蓝紫色系花卉。主要代表种类有山丹 *Lilium pumilum* 和东北百合 *L. distichum* 等，还有在海拔 1800 米以上高寒地区生长的长白乌头 *Aconitum tschangbaischanense*、高山乌头 *A. monanthum* 等。此外，新疆地区蕴藏着优良的郁金香亲本资源，如多花的新疆郁金香 *Tulipa sinkiangensis*、迟花郁金香 *T. kolpakowskiana*，耐旱的柔毛郁金香 *T. buhseana* 等。云南、广东、海南等地蕴藏着大量的姜花 *Hedychium* 资源。

（四）木本观赏植物

我国是许多著名木本花卉植物的起源地和栽培中心。梅花在我国已有 3000 多年的栽培史，四川、云南、西藏是野生梅的主要分布区，而湖北、江西、安徽、浙江等地为次生中心。20 世纪 90 年代以来，以武汉和南京为主要的栽培中心。牡丹在我国也有 1500 多年的栽培历史，野生牡丹在我国西北、西南及华中部分区域有分布，现栽培中心主要在河南洛阳和山东菏泽。蔷薇属植物是我国另一类非常重要的木本观赏植物，有 80 余种，以云南、四川、新疆分布最为集中，而栽培品种在全国分布十分广泛。我国杜鹃有 600 多种，集中分布于云南、四川、西藏等地，占全世界 75%。我国也是山茶花的分布和栽培中心，浙江、江西、四川等地有野生种分布，而浙江、湖南、江西、安徽等地则是栽培中心。云南是云南山茶的分布与栽培中心，广西则拥有珍贵的黄色茶花资源——金花茶 *Camellia nitidissima*。华北和东北是一些耐寒的木本观赏植物如贴梗海棠 *Chaenomeles speciosa*、蜡梅 *Chimonanthus praecox*、丁香属 *Syringa*、冬青属 *Ilex* 的主要分布区。此外，松科、柏科、杉科、木兰科 Magnoliaceae、杨柳科 Salicaceae、樟科 Lauraceae 和壳斗科 Fagaceae 中的重要观赏植物，在我国都有较广泛的分布。

（五）水生花卉

荷花是我国栽培历史久远的水生花卉。南起海南岛（北纬 19°左右），北至黑龙江的富锦（北纬 47.3°），东临上海及台湾省，西至天山北麓，除西藏自治区和青海省外，全国大部分地区都有分布。垂直分布可达 2000 米，在秦岭和神农架的深山池沼中也可见到。20 世纪 80 年代以来，武汉地区已成为近代荷花品种资源中心和研究中心。睡莲主要分布于我国温暖气候地区，栽培范围也相当广泛，收集栽培中心主要在北京植物园和武汉植物园。其他一些水生花卉如慈姑 *Sagittaria trifolia*、香蒲属 *Typha*、泽泻 *Alisma orientale*、雨久花 *Monochoria korsakowii* 等，也都是分布比较广泛的种。

（六）仙人掌科及多浆类植物

海南岛西南部部分地区是一些多浆植物分布或栽培集中的地区，如仙人掌属 *Opuntia*、龙舌兰属 *Agave*、大戟科多浆植物如光棍树 *Euphorbia tirucalli*、佛肚树 *Jatropha podagrica*、霸王鞭 *Euphorbia royleana* 等；一些景天科多浆植物如佛甲草 *Sedum lineare*、落地生根 *Bryophyllum pinnatum* 等，则分布于长江以南的广大区域。

（七）观叶植物

君子兰是重要的观叶和观花植物，我国分布广泛，栽培中心则在东北地区，特别是长春。而另一些重要的观叶植物，如天南星科植物、棕榈科植物、龙血树属 *Dracaena* 以及观赏蕨类植物，则主要分布于华南地区。

第二节 观赏植物的遗传学起源

观赏植物在生长发育的过程中，会经常受到自然条件或人工栽培育种技术的影响，在遗传上出现或多或少的变异，当这些变异积累到一定程度的时候，会使变异的植株或其后代出现与母本有明显差异的特征，从而成为新的种或品种。这就是观赏植物基于遗传基础的起源，这类起源是观赏植物新品种或新类型出现的主要方式，其主要类型有：

一、杂交选择

观赏植物在自然杂交或者人工杂交的基础上，杂交后代出现具有较高观赏价值的类型并加以选择保留，而形成新的品种或类型的起源方式。杂交方式包括种内杂交和远缘杂交。这是大多数栽培观赏植物品种起源的方式，如现代月季的起源，就是欧洲主要的蔷薇种类法国蔷薇 *Rosa gallica*、百叶蔷薇 *R. centifolia* 与突厥蔷薇 *R. damascena* 及来自中国月季 4 个品种'月月红'（*R. chinensis* 'Slaters Crimson China'）、'月月粉'（*R. chinensis* 'Parsons Pink China'）、'彩晕'香水月季（*R. × odorata* 'Humes Blush Jeascented China'）、'淡黄'香水月季（*R. × odorata* 'Parks Yellow Tea−scented China'）反复杂交后选择育成的。

二、基因突变

观赏植物的染色体或碱基出现插入、缺失、替换等情况，从而导致某一个或多个基因发生突变，进而形成新的类型，一般以芽变的方式表现出来。这也是观赏植物起源的一个重要方式。基因突变可能导致观赏植物观赏形态多方面的变化，包括重瓣变异，如水仙花的'金盏银台'芽变产生新的重瓣品种'玉玲珑'；曲枝变异，如龙爪柳、龙桑、龙枣等；垂枝变异，如龙爪槐、垂枝云杉、垂枝樱花、垂枝梅等；彩叶变异，如花叶假连翘、彩叶扶桑、红叶李等。

三、倍性变化

观赏植物的染色体倍性发生变化。一般是染色体倍性增加，由二倍体变为多倍体，一般会导致花朵变厚变大，观赏价值增加。有两种不同的来源方式，一是同源多倍体，即同源染色体加倍形成的多倍体，自然条件下形成的具体原因不明，可能与极端的气候变化或者强的光照辐射有关。如郁金香（2n＝24）的三倍体品种'夏美'（3n＝36），风信子（2n＝16）的三倍体品种'大眉翠'（3n＝24），藏报春（2n＝24）的同源四倍体巨型类群（4n＝48）等。

异源多倍体多先进行种间杂交，再进行染色体加倍，形成可育的异源多倍体。这也是观赏植物起源的另一个主要方式。现代的一些重要观赏植物都具有很复杂的倍性，很多都源于中间杂交而形成的异源多倍体，如月季 n＝7，有 2n，3n，4n，5n，6n，8n 等多倍体系列；菊花 n＝9，有 2n，3n，4n，5n，6n，7n，8n 等多倍体系列；唐菖蒲 n＝15，有 2n，3n，4n，5n，6n 等多倍体系列；山茶花 n＝15，有 2n，3n，4n，5n，6n，7n，8n 等多倍体系列。

四、嫁接杂种

嫁接产生的新的兼具砧木和接穗特点的杂种类型，一般发生在种间或属间杂交的情形。著名属间嫁接杂种如亚当雀链花就是由紫花金雀花 *Cytisus purpure* 芽接在砧木金链花 *Labrunum vulga* 上后产生；仙人掌科矮疣球 *Ortegocactus macdougalii* 与仙人掌 *Opuntia compressa* 的属间嫁接后形成嫁接杂种 *Ortegopuntia* 'Percy' 等。嫁接杂种一般是以嫁接嵌合体的方式存在，不能遗传给后代，因此需要通过营养繁殖的方法来保存。

五、综合性起源

很多观赏植物的起源与发展并不仅仅是上述起源途径中的一种，而是多种起源方式同时存在，如我国的传统名花中的菊花、牡丹、月季、芍药等，其品种类型及其繁多，不同的品种往往有不同的起源途径，或者同时具有多种起源方式。

第三节　观赏植物的演化与传播

观赏植物从野生植物转变为栽培植物后，在人工选择和自然选择的双重压力下，各种性状逐渐发生变化，特别是观赏性状向着符合人类审美观点的方向转化，这就是观赏植物的演化，演化的结果往往是其观赏价值大大提高。这些观赏价值更高的植物，又往往随着人类活动或者自然媒介，向其他地方传播，形成了现代丰富的观赏植物种类和品种。

一、观赏植物的演化途径

观赏植物的演化是指历史上野生种类被驯化并逐渐演变为现在栽培植物的过程，以及栽培观赏植物近缘种类之间的进化关系。自然条件下，植物一般是按照从低级向高级、从简单到复杂的途径进化的，目前被子植物被认为是最为进化的植物类群。观赏植物大多数为被子植物，但是裸子植物和蕨类植物种类也很多，还有部分的蕨类植物，因此其演化变化的途径比较复杂。此外，观赏植物因为其特殊的观赏价值，在人为选择压力下，其演化途径往往和植物自然的演化方向不一致。由于不同地区、文化、民族、时代等导致的审美观点的差异，人们在观赏植物的选育过程中，对观赏植物的根、茎、叶、花、果等性状的选择往往与自然演化的方向相反，一些在自然条件下可能被淘汰的性状如白化、雄雌蕊瓣化、畸形等，被人为地保留下来，从而影响到观赏植物的演化。

（一）野生观赏植物到栽培观赏植物的演化

现有的观赏栽培植物都是起源于野生的观赏植物。根据考古学和古文学等的研究，一般认为从野生植物到栽培植物的进化要经过采集野生、垃圾场野生、管理野生和驯化栽培的过程。人类从野外采集果实、根茎和幼嫩的茎叶时，把种核、根株扔到栖息地附近，被扔弃的种核、根株遇到适宜的温度、水分、土壤和光照便长出新的植株。久而久之，那些被古人当作垃圾场的地方，成了植物的自然繁殖地。这种无意识的人工繁殖现象称为"垃圾野生"。另一种驯化途径是人类为方便采集野生食物而清除无用植物，保留某些有用植物，即"管理野生"。垃圾野生和管理野生逐渐演变为原始的驯化栽培。

（二）栽培观赏植物的演化

野生观赏植物引种驯化后，往往会出现形态、生理和生活习性上的变化，主要有：（1）细胞、叶、花、果实、种子等发生变化，观赏价值提高；（2）观赏部位显著变化，如花瓣增多，花径增大；（3）器官间发育不均衡；（4）繁殖能力和种子传播能力降低；（5）成熟整齐度提高；（6）生育期缩短或延长；（7）种内变种类型增多；（8）生殖器官退化、畸变，产生生殖隔离。

花是观赏植物主要的观赏器官，因此栽培观赏植物的演化在花器官上表现最为复杂。野生状态下的观赏植物一般是单瓣，花朵较小，花色单一，育性高。而转化为栽培植物后，往往出现花瓣增多、花径增大、花色变得更加丰富。在这个演化的过程中，自然和人为的杂交、突变和选择起着重要的作用。花器官主要的观赏性状的演化内容及其途径有：

1. 花瓣瓣性演化

即从单瓣演化到复瓣、重瓣的过程。这种演化有着不同的途径：

（1）积累起源的重瓣花

单瓣花的花瓣数目在一般情况下是固定的，但偶尔也出现增加或减少一两个花瓣的单株，经若干代的人工选择，可使花瓣数目逐代增加，直至形成复、重瓣花。石竹 *Dianthus chinensis* 花冠裂片以 5 为基数，偶尔有少于 4% 的植株花冠裂片数量增加的现象，以这些变异株为材料，经过 5 个世代的人工选择，所有后代植株的花瓣都多于 5 个裂片，有些达 8～9 个裂片。

（2）营养器官突变起源

由花器官以外的其他营养器官（主要是花苞片）突变成类似花瓣的彩色结构，从而形成重瓣状的花朵，如紫茉莉'二层楼'。重瓣马蹄莲有两层瓣化的佛焰苞片，重瓣一品红和重瓣三角梅有多数瓣化的花苞片。

（3）花萼瓣化

由花萼彩化、瓣化形成重瓣花类型。如欧洲银莲花、山茶，仙人掌科鹿角柱属植物 *Echinocereus fendler* 等。

（4）雄蕊、雌蕊起源的重瓣花

很多观赏植物的雄雌蕊可演化成花瓣状，从而使花朵瓣数增加，形成复瓣或重瓣花。有时在一些品种的花心部位还可看到尚未完全瓣化的雄蕊，有些花卉品种中雌蕊也会发生瓣化。这种演化途径在一些具有多数雄蕊的观赏植物如蔷薇科海棠、锦葵科扶桑、芍药科牡丹等中很常见。

（5）台阁

由于两朵花着生的节间极度短缩，使花朵叠生，形成花中有花的重瓣类型。通常是花开后又有一朵花开放，两花内外重叠，下位花发育充分，上位花退化或不发达，但也有上下位花都发育完全的花型。这种重瓣花的特点是有两层花蕊，在梅花、牡丹、芍药中较为常见，这种重瓣花的性状常因营养状况而变化，不稳定。

（6）重复起源的重瓣花

即套筒花，常见于合瓣花中。从其结构上看，雄蕊、雌蕊及萼片均未发生变化，而花冠则为2～3层呈套筒状。如重瓣类型的曼陀罗、矮牵牛、套筒型映山红、重瓣丁香等。

（7）花序起源

花序起源的重瓣花又称假重瓣（pseudo-doubles），由多朵单瓣的小花组成的花序形成重瓣花。其中最突出的是菊科植物，花序由许多单瓣小花构成，当最外一轮的小花（边花）延伸或扩展成舌状或管状花瓣，其余小花（心花）保持不变，称为单瓣花；在选择的压力下，外轮花瓣的数目可以跃变式增加，即大部分或全部的心花同时瓣化成球型或托桂型，就成为重瓣花。另外，还有一些重瓣扶桑、重瓣丽格海棠等，由于花序轴极度短缩，使得同一花序上的几朵花簇拥到一起，外观上呈现重瓣。

2. 花色演化

从进化的角度来讲，植物花色一直处于不断演化中。裸子植物的"花"为绿色，绿色应为最原始的花色。自然情况下，花色的进化是以绿色为起点，向长光波一端进化为黄色到橙色，最后出现红色，向短光波一端进化出蓝色到紫色。较原始植物仅具花色苷所致的红色到紫红色花色，高度进化的被子植物才具蓝色花，因此，玫瑰 *Rosa rugosa* 等蔷薇科植物缺乏蓝色花色。从植物花色素的角度来看，花青素是最原始的花色素，天竺葵色素 pelargonidin 和飞燕草色素（花翠素，delphinidin）应由花青素演化而来，前者主要存在于热带较进化的花中，是花青素丧失突变和减少羟基的结果。后者主要存在于温带较进化的植物内，如报春花科 Primulaceae 和唇形科 Labiatae 等，是花青素获得突变和增加羟基的结果；花色素的甲基化也更常出现在较进化的科的植物中。

栽培观赏植物花色的演化途径主要有两种：①杂交后选择，包括自然杂交和人工杂交，许多重要花卉植物的花色变化就来源于此；②基因突变，常为芽变。如欧阳修所著《洛阳牡丹记》中记载牡丹'潜溪绯'的来历："潜溪绯者，千叶（重瓣）绯花，出于潜溪寺，寺在龙门山后……本是紫花，忽于丛中特出绯者，不过一二朵，明年移在他枝，洛人谓之转枝花。"描述了牡丹紫花变异为绯红色花的现象。吴自牧《梦粱录》和乾隆《浙江通志》等记载："宋高宗南渡建都临安后，曾在德寿宫赏桂。有象山士子史本，见木樨忽变红色，异香，而把接本献上。高宗雅爱之。"则是描述金桂或银桂芽变为红色丹桂的现象。

3. 花径演化

一般认为观赏植物的花朵大小是数量性状，所以花朵大小的演化主要是通过选择积累的途径来实现。其次，杂交过程中杂种优势导致的花径增大，通过无性繁殖的方式固定下来后，也是花径演化的另一条途径。此外，倍性的增加，也往往导致花径增大，如菊花中多倍体类型的花径一般比二倍体的大。

除了花器官的演化外，其他观赏性状如色斑、彩叶等，也往往出现在栽培种中，其产生和演化的途径与上述性状类似，基本上是通过杂交、基因突变等方式实现的。

二、观赏植物的演化方向

观赏植物因为与人类生活联系十分紧密，其演化的方向受到人类活动的强烈影响，和自然条件下的演化不尽相同。目前观赏植物已经在形态特征和生态习性上形成了极为丰富的多样性，而且不同种的演化方向也存在一定的差异，但是根据人们普遍的审美观点对观赏植物的选育的影响，结合观赏植物的演化历史，可以推知观赏植物主要的演化方向如下：

（一）花色

主要是从该种的野生种的颜色向其他颜色演化，再从单色向复色、嵌合色演化。如梅花花色从较原始的江梅型的白色或淡粉，经粉红、红、紫红，再到洒金、跳枝，也有从白色向黄色的演化。

（二）花型

主要是从单瓣，向复瓣、重瓣、高度重瓣，从单花到台阁演化。如牡丹各种花型的演化。

（三）花径

主要是向大花或者密集小花两个方向演化。如菊花的野生种花径一般不超过 8cm，而现代菊花大花品种花径可以达到 20cm 以上。又如三色堇培育出花径 4cm 以下但花数极多的小花密集型品种。

（四）花期

从一季开花，向两季开花，再到四季开花演化。如现代月季的育成过程。

（五）株型

向紧凑、密集、低矮的方向演化。典型的如凤仙花中平顶凤仙的育成过程。

（六）枝姿

从直立或斜伸向平展、下垂演化，或者从直枝向曲枝即龙游型演化。典型的如梅花枝姿的演化过程。

（七）叶色

从绿色向彩叶方向演化。如国兰中艺叶类型的出现，玉簪的金叶品种类型等。

三、观赏植物的传播途径

自然情况下，植物为了保证本物种的繁衍，必须具有一定数量并具备一定范围的领地。为了扩大自己的种群范围，植物进化出了各种自然传播方式，如利用风、水、动物等进行传播。观赏植物也有自己各种特定的传播方式，如很多热带兰的种子极微小，可以被风带到几十甚至几百上千公里之外传播；椰子利用其果实漂浮的性能，可以通过海洋进行长距离的传播；凤仙花果实具有弹射的功能，能将种子弹射出十几米远的距离等。这些自然的传播方式，促进了植物资源的交流，对于保证植物的生存发展有重要的意义。

观赏植物被引种驯化为栽培植物后，人类的活动大大加快了其传播的速度和范围。随着人类的进化，民族间的贸易往来、战争、宗教活动以及其他种种的人类活动，使得被驯化后的观赏植物等栽培植物得以传播。导致观赏植物传播的人类行为大致有以下几种：

（一）文明扩张

文明发达的地区或国家在向外扩张的同时，很自然地将熟悉的栽培植物扩展到自己势力范围之类，是观赏植物传播的一个重要途径。如古罗马帝国将它所拥有的栽培植物带到了英格兰和北欧各地。中国元朝时期，来自蒙古的王公贵族在自己府邸中种植来自草原的草种，形成了我国草坪栽培应用的雏形。欧洲人在发现美洲后，向美洲大量移民，同时也带去了大量欧洲植物。

（二）特权赏玩

观赏植物作为一类用来观赏游玩的植物种类，往往为古代特权阶层所追逐炫耀。历代帝王一般都会建立皇家园林即所谓的"御花园"搜罗各种珍奇花卉植物，供自己观赏游玩。其他王公贵族也大都建有类似的私家园林。这些花园中往往有各种珍奇植物，相当于古代的植物园，对于观赏植物的收集和传播，起着重要的作用。如春秋时期吴王夫差曾建梧桐园，园中遍植奇树异草，而汉代《西京杂记》记载汉武帝上林苑中种植名木 2000 余种，堪称中国古代最早的植物园。

（三）民间花会

观赏植物由于具有优美的姿态、动人的颜色、迷人的香气，或者蕴涵着特定的文化含义，为社会各各阶层的人们所喜爱。中国人民自古都有因季赏花的风俗，春赏玉兰牡丹，夏观紫薇荷花，秋品菊花红叶，冬鉴梅花蜡梅，在这些观赏活动中，人群聚集，往往形成民间的花卉聚集交流的盛会如海南岛海口市府城的"换花节"。而国外很多国家或地区也有举行花卉展示集会。在这些民间的花卉交流活动中，往往伴随着花卉种类的广泛传播。

（四）商贾贸易

不同国家和地区间的贸易交流，也是观赏植物传播的重要途径。著名的陆上丝绸之路，就是联系中国和欧洲的主要陆上交通要道，它翻过秦岭，穿越中亚沙漠，经黑海或小亚细亚，直达欧洲；而海上丝绸之路源于广州或泉州，经东南亚，沿印度洋、红海等到达欧洲。通过丝绸之路，引进了大量西亚和欧洲的植物，如从中亚及东南亚得到绿豆、胡萝卜、石榴、胡桃、红花等，从中亚、东欧得到芫荽等，从中西亚得到阿拉伯动植物药等，而中国的桑、桃、杏等也传播到西方。与此同时，中国的大量植物也传到海外，传到中亚及东南亚有龙眼、荔枝、黄皮树、水仙等；传到日本、朝鲜的有银杏、月季花、梅花、棉花等；传到欧洲、美洲的有银杏、牡丹、茶叶及加工技术，这些植物中有许多就具有观赏价值。

（五）使节往来

古时不同国家之间使节往来比较频繁，往往会携带当地有特色的种子或繁殖材料作为交往的礼物，从而促进了植物的交流。如我国汉代张骞出使西域 50 余国，带回了许多起源于欧洲大陆的园艺植物，同时也把起源于中国的园艺植物传到了欧洲。明代郑和下西洋，同样完成了传播栽培植物的使命。

（六）近现代引种

观赏植物的大规模交流，还是主要源于有目的地引种。特别是对早期菊花、月季等的引种，以及 19 世纪、20 世纪对中国观赏植物大规模的引种，对丰富西方园林起到了至关重要的作用，因而中国被誉为"世界园林之母"。19 世纪，英国邱园派出的科尔，英国东印度公司的雷维斯等从我国的广东沿海等地收集了大量的棣棠、栀子、忍冬、蔷薇、杜鹃、紫藤和藏报春等的种苗送回英国。鸦片战争前后，在北京活动的法国传教士汤执中 (P. D'Incarville)向欧洲传出了荷包牡丹 *Dicentra spectabilis*、苏铁 *Cycas revoluta*、翠菊 *Calllistephus chinensis* 以及紫堇属植物，还包括北京常见的绿化树种侧柏 *Platycladus orientalis*、槐树 *Sophora japonica*、臭椿 *Ailantus altissima*、栾树 *Koelreuteria paniculata*、皂荚 *Gleditsia sinensis* 以及枣 *Ziziphus jujuba*、枸杞 *Lycium chinense* 和染料植物蓼蓝 *Polygonum tinctorium* 等。进入 20 世纪后，许多西方学者在中国西南山区、长江三峡区域、西藏等地考察，发现和引种了许多新的观赏植物资源。新中国成立以后，特别是改革开放以来，我国也从国外引进大量的观赏植物，如大量一、二年生花卉、香石竹、凤梨科观赏植物、竹芋科观赏植物、赫蕉类花卉以及菊花、月季等传统名花的新品种等。

本章小结

观赏植物的地理起源是指观赏植物地理上的发生区域。众多学者提出了不同的栽培植物地理起源中心论，但均认为中国是重要的中心之一。观赏植物栽培起源有中国、西亚和中南美洲三个中心。根据原产地的气候特点，可以将世界野生观赏植物划分为七个气候分布型。我国观赏植物资源十分丰富，不同类型的观赏植物分布区域有较大的差异。观赏植物的起源可能有杂交选择、基因突变、倍性变化、嫁接杂种和综合性起源等不同的起源方式。观赏植物的演化是指历史上野生种类被驯化并逐渐演变为现在栽培植物的过程，包含了从野生花卉到栽培植物的演化和栽培植物内部的演化，如重瓣性、花色和花径等的演化。文明扩张、特权赏玩、民间花会、商贾贸易、使节往来、近现代引种等促进花卉得以在世界范围内传播。

复习思考题

1. 栽培作物起源中心有哪些学说？各有何特点？
2. 我国的观赏植物资源的分布有哪些特点？
3. 观赏植物的遗传学起源途径有哪些？
4. 观赏植物演化的途径和方向有哪些？
5. 观赏植物传播的途径有哪些？请举例说明。

推荐书目

[1] 陈俊愉. 中国花卉品种分类学. 北京：中国林业出版社，2001.
[2] 包满珠. 花卉学. 北京：中国农业出版社，2003.
[3] 曹家树，秦岭. 园艺植物种质资源学. 北京：中国农业出版社，2006.

第三章　观赏植物的分类与命名

不同国家、不同学者常采用不同的分类方式，但总的来说为自然分类法和人为分类法两类。栽培植物起源于野生植物，因此野生植物中种与变种等分类状况，是观赏植物分类时需首先考虑的事情。此外，包含观赏植物分类的另一个重要问题是品种分类的标准。观赏植物的分类首先应放在种与变种的分类基础上，即种源组成上。每一品种所属的系统经划分后，如尚有多数相近的品种，再进行品种群、品种类甚至品种型的划分。每一品种群的特征，最好不仅包括1～2个关键性观赏性状，且要选若干相关的园艺生物学特性，这样的品种分类才有坚实的基础。

第一节　观赏植物的分类方法

一、形态分类法

在过去的许多世纪，形态学是植物分类的主要标准，最初的分类基于明显的形态学特征，如根、茎、叶、花、果等。近两个世纪来，越来越多的微形态特征被应用到植物分类学中，如表皮细胞特征、子房形态、花粉形态、染色体特征等。

在植物分类中，尤其是在近缘分类群的划分上，保守性的器官或性状（Conservative organs or characters），即在长期的演化发展过程中倾向于保持相对不变的器官或性状常常能够起到很大作用。因为较高阶层分类群的划分，所强调的是认识某一分类群各成员之间的相似性，强调各分类群的区别。但观赏植物的分类常常是在较低阶层进行，即在种或种以下的水平对植物进行区分，因而非保守性状，即表现出最大变异的性状，往往更有用，如叶的大小、形状等。

二、数量分类法

数量分类学是一门新兴的边缘科学，是分类学发展中的分支，产生于20世纪50年代，它是用数量的方法来评价有机体类群间的相似性，并根据相似性值将某些类群归成更高阶层的分类群。数量分类学以植物的表型特征为基础，利用有机体大量性状（包括形态学、细胞学和生物化学等的各种性状）、数据，按一定的数学模型，应用电子计算机运算得出的结果，再对有机体作出定量的比较。数量分类学不产生新数据，也不创立新的分类系统，而是一种数据整理方法。如模糊聚类分析法、层次分析法。它把数学方法用于生物学研究，解决生物学中有关分类问题，使生物分类学开始从定性描述的水平发展到定量的、精确的高水平。随着计算机的普及，数量分类方法必将进一步得到推广和发展，成为研究观赏植物品种分类的一个重要手段。数量分类法的基本步骤如下。

（一）确定分类单位

进行数量分类工作的第一步是要确定分类单位，它可以是个体、品系、种、属或更高级的单位，所挑选的单位要尽可能代表所研究的有机体。在特定研究中所采用的最基本的单位，称为分类运算单位（Operational taxonomic unit，简称 OTU，复数 OTU'S）。

（二）选择性状

通过比较分类单位之间特征的相似程度来确定这些分类单位是否相似。因此分类单位确定后，就要选择 OTU 的性状。所选性状应相对稳定，受环境影响较小，保守性强，如繁殖器官。为了获得稳定和可靠的分类，特征数量一般要在 50 个以上，最好 100 个或更多。

（三）编码性状，并实现原始数据的变换和标准化

性状选出后，必须对各种性状进行编码，以数表示，以便下一步的数学运算。数量化编码方法如下：①具有对立的二态性状用 0 或 1 两个数来表示有或无；②有序多态性状用等差级数表示；③无序多态性状分解成多个二态性状或用不等差级数表示；④数量性状用原值（平均值、最大值、最小值等）；⑤对某些性状可采用数据变换的方法以得到稳定的结果（如叶长/叶宽）；⑥未知（未记载）的性状值不能默认为 0。

总的原则是性状差异大，编码后的数值差异也大。编码后所得的数据往往较为复杂，数值的大小和变化幅度因不同的性状而不相同，这种差异会影响分类运算的结果。因此，在进行运算之前需要对数据进行变换或标准化处理。

（四）计算相似性系数

性状编码完成后，利用所得数据计算相似性系数。数量分类学中，用相似性系数来反映OTU'S之间的相似程度。主要相似性系数有简单匹配系数、结合系数、尤尔系数及分类学距离等。

（五）分类运算，得出分类结果

计算出相似性系数后，便可进行分类运算，得出分类结果。聚类策略是分类分析的核心内容，所选策略不同，结果也随之不同。分类结果常以树系图表示。由此可以看出，数量分类方法的特点是：

（1）参加分类的样本性状都是无量纲的数值，即须把诸如花色（如红色）、抗性（如强）等描述性语言，把叶宽（如 3.2cm）、花瓣数（如 20 个）等有量纲单位的性状值都统一变换成没有量纲单位的单纯数字值。

（2）把参加运算的每个性状看成是某个多维空间的一维，有多少个性状就有多少维。这样，样本就可以表示成多维空间中的一个点。

（3）样本点在多维空间中距离越近，它们就越接近为一类。由于可以从不同的角度来解释"接近"二字，因而就产生不同的数量分类方法，甚至同一方法也可以得到不同的分类结果。

三、分子标记辅助分类法

分子标记技术是当前植物系统学研究中常常用到的手段，对栽培植物的品种分类、阐明栽培植物的起源和性质非常有效。分子标记技术主要有：蛋白质标记、DNA 序列分析、DNA 指纹分析、DNA 的构象变化与 SSCP 分析。其中，DNA 分子标记是植物分子系统

学研究中最常用的一类方法，它间接反映 DNA 序列信息，为系统植物学研究提供了大量的信息数据，因此，DNA 分子标记分析的结果常常能够对现存的分类学处理结果进行验证，并有可能提出新的见解，做出合理的修订。当前新的 DNA 分子标记方法在不断被创立，几乎所有的 DNA 分子标记技术都可以应用于观赏植物分子系统学研究。由于不同的分子标记可以在不同的类群中产生独特的带型，或者得到种或种以上分类等级特异性的条带，没有传统分类法易受环境及季节影响的缺点，因此，DNA 分子标记被越来越多地用于种级的分类和种间亲缘关系的分析，在观赏植物的品种分类上非常有用。另外，DNA 指纹分析在栽培植物品种分类、确定栽培品种和其野生亲缘种种间关系等方面也很有效。

四、二元分类法

中国观赏植物品种的二元分类是由陈俊愉、周家琪在 1962 年共同创建。这种分类方法已成功地用于梅花、桃花、荷花、牡丹、芍药、菊花等名花品种的分类。二元分类法是在一个分类系统中使用两个分类标准的分类方法。此法主要特点是：①品种演化与实际应用相结合，而以品种演化为主；②品种分类的前提性标准是种源组成。将同一种或同一变种起源的品种，不论是一个种的变种或一个种的染色体加倍所成的多倍体，均列为一个品种系。再按性状的相对重要性，依次分列各级分类标准。梅花的品种分类就是采用典型的二元分类法。先按枝条生长姿态将梅花分为直枝梅类、垂枝梅类、龙游梅类三类，然后在这三类下按照花的特征分别分为若干型，三类总共分出 12 个型，每个型都包含一至许多个不同的品种。

二元分类法在观赏荷花的品种分类中也得到了成功应用。利用二元分类法，首先将观赏荷花区分为中国莲的品种群、美国莲的品种群和中美杂种莲的品种群；然后根据品种演化进程，并结合直观应用效果，将株形大小（包括与之成正相关的花径大小）、花型、花色顺序列为 2、3、4 级标准，最终把 278 个观赏荷花的品种分为 3 种系、6 群、14 类、38 型。由上述例子可看出二元分类法特点：

（1）从不同的应用目的出发，把某种观赏植物划分成不同等级的类群。同一类群中的观赏植物有尽量相同的性状，不同类群中的观赏植物有尽量不同的性状。

（2）花形、花色常为主要分类标准，叶色、枝姿等常作为分类条件。随着对观赏植物微观结构研究的逐步深入，辅助分类条件也可逐步增加。

（3）分类中使用的性状大多是便于观察的定性型性状（如花色）和便于测量的定量型性状（如花瓣数）。

（4）多数分类系统中某个品种的分类位置是唯一的，也有的分类系统（如牡丹、月季的某些分类系统中）有重叠现象。

第二节　观赏植物分类系统

一、植物自然系统分类法

植物自然系统分类法是依据植物亲缘关系的亲疏和进化过程进行分类的方法，着重反映植物界的亲缘关系和由低级到高级的系统演化关系，是达尔文进化学说发表后逐渐建立起来的分类系统。自然分类系统认为现代的植物都是从共同的祖先演化而来，亲缘关系越近的种相似性越强，越远则差异性越大。在这种思想的指导下，把性状与起源相同的植物归为一类，依次对植物进行分门别类、顺序排列，从而形成分类系统。这样就能系统地说明植物界发展的本质和进化上的顺序性，阐明物种间的亲缘关系。被子植物分类系统中最有代表性的是恩格勒（Engler）系统和哈钦松（Hutchinson）系统。

观赏植物系统分类建立在植物自然系统分类基础之上。根据自然分类系统，观赏植物通常包括蕨类植物门、种子植物门的裸子植物亚门和被子植物亚门；其中被子植物亚门又分为双子叶植物纲和单子叶植物纲；双子叶植物纲又分为离瓣花亚纲和合瓣花亚纲。在这些高级分类单位下面，再分为不同的目、科、属、种，有时还会使用辅助等级，如亚目、亚科、族、亚族、亚属、组、亚组、节、亚节、系、亚系、亚种、变种等。在实际生产中人们常常依据科对观赏植物进行划分，如苏铁类、兰科、仙人掌类、凤梨科、竹、棕榈类、菊科花卉、蔷薇科花木、百合科花卉等；另外，较高级的分类单位在观赏植物分类中也有应用，如观赏蕨类、观赏针叶树种等也是比较常见的说法。

二、按观赏植物的生活型分类

生活型是生物对于特定生境长期适应而在外貌上反映出来的类型，常用来描述成熟的高等植物，包括植物体的大小、形状、分枝，有时还结合植物寿命的长短来进行区分。通常，根据生活型将观赏植物分为草本和木本，木本植物又包括乔木和灌木等。

（一）一二年生草本观赏植物

凡是观赏植物中在一二年期间开花、结果，然后结束生命的，都是一二年生观赏植物。包括一年生（annuals）和二年生（biennials）两类。

一年生观赏植物是指在一年期间发芽、生长、开花，然后死亡的植物。通常在春季播种、夏季开花、秋末结实而后枯死。它们的原产地一般在热带、亚热带，喜高温，一般不耐寒，遇霜易枯死，多是短日性。如一串红 *Salvia splendens*、美女樱 *Verbena hybrida* 等。有些低纬度地区的一年生植物移植到较冷的高纬度地区会变为二年生。

二年生（biennials）观赏植物是指在两年内完成其生命周期的草本植物，秋季播种、次年春夏开花结实而后枯死。这类观赏植物原产地为温带，较耐寒，其幼苗时期能耐 $-4\sim5℃$ 的低温，在生长发育阶段也喜较低温度，而对夏季高温则抵抗力弱，每遇高温则不能继续生长，多为长日性植物。如紫罗兰 *Matthiola incana*、福禄考 *Phlox drummondii* 以及多年生当作二年生栽培的雏菊 *Bellis perennis*、三色堇 *Viola tricolor* 等。

一二年生观赏植物所包括的种类繁多，且同一种观赏植物往往又有很多类型或品种。尽管它们适应性各异，但在排水良好、土质松软肥沃的土壤中都能较为健壮的生长。一年生观赏植物开花常较多年生植物繁茂，因此园艺师有时会以人为方式强迫自然环境下是二年生或多年生的植物呈现一年生的生命周期，以求繁花效果。

（二）多年生草本观赏植物

多年生草本观赏植物是指寿命两年以上，能多次开花结实的植物。依据地下部分形态的不同可分为宿根观赏植物与球根观赏植物。

1. 宿根观赏植物

宿根观赏植物是多年生落叶草本植物，地下部分不膨大。常春天发芽生长，夏季开花、结实，冬季地上部分枯萎，地下部分存活，进入休眠，次春又从根部萌发新芽，重复生长发育。宿根花卉种类繁多，大多花色艳丽，适应性强。

依据其耐寒性和休眠习性，常将宿根观赏植物分为耐寒性宿根观赏植物和不耐寒性宿根观赏植物两种。耐寒性宿根观赏植物又称露地宿根观赏植物，其地下部分能在冻土层中越冬，地上部分在秋冬季节枯萎，这类观赏植物多产于温带寒冷地区，如菊花 *Dendranthema morifolium*、芍药 *Paeonia lactiflora*、萱草 *Hemerocallis fulva*、鸢尾属 *Iris* 植物等。不耐寒性宿根观赏植物又称温室宿根观赏植物，其地下部分不能耐受冬季冻土条件，喜温暖环境，条件适宜时，一年四季常绿。如凤梨 *Ananas comosus*、吊兰 *Chlorophytum comosum*、鹤望兰 *Strelitzia reginae*、香石竹 *Dianthus caryophyllus*、花烛属 *Anthurium*、秋海棠属 *Begonia* 等。

2. 球根观赏植物

球根观赏植物是指根部呈球状，或者具有膨大地下茎的多年生草本植物，其膨大的根茎贮藏大量营养，以休眠状态度过寒冷的冬季或炎热的夏季。依据球根变态部分的来源和形态的不同，又可分为五种类型，即鳞茎、球茎、块茎、根茎、块根。

(1) 鳞茎　是变态的地下茎，茎短缩为圆盘状，其上有多数肥厚的肉质鳞叶，鳞叶内储有丰富的养分供植物初期生长用。其圆盘茎的地下部发生多数细根，上部鳞叶叶腋则抽叶及花茎，花茎顶端开花。如郁金香 *Tulipa gesneriana*、水仙 *Narcissus tazetta* var. *chinensis* 和朱顶红 *Hippeastrum rutilum* 等。

(2) 球茎　是根状茎先端膨大而成，呈扁球状，较大，有明显的节和节间，节上有芽及膜质鳞叶，具顶芽。当植株发育开花后，球茎养分耗尽逐渐萎缩，而在球茎上部所长的叶基处又膨大，形成新球茎取而代之，如唐菖蒲 *Gladiolus gandavensis* 和香雪兰 *Freesia refracta* 等。

(3) 块茎　是变态的地下茎，外形不整齐，块茎内储藏大量养分，其顶端的芽第二年成长为苗，如仙客来 *Cyclamen persicum* 和晚香玉 *Polianthes tuberosa* 等。

(4) 根茎　是横卧地下，形较长，似根的变态茎，其内储有养分。在地下茎的先端生芽，第二年抽叶与花茎，其下方则生根。根茎上有节与节间，每节上也可以发生侧芽，侧芽可形成新的地上部分，如此形成更多的株丛，而原有的老根茎则逐渐萎缩死亡，如美人蕉属 *Canna*、鸢尾属、荷花 *Nelumbo nucifera* 等。

(5) 块根　地下部分肥大的根，由不定根或侧根异常次生生长，增生大量薄壁组织而形成，在一株上可形成多个块根。根上无芽，繁殖时需保留旧的茎基部分，又称根冠。第二年春天根冠四周萌发出许多嫩芽，利用此嫩芽扦插或连芽及块根一起分割后另行栽植成一新株，如大丽花 *Dahlia pinnata*、银莲花属 *Anemone* 等。

(三) 木本观赏植物

木本观赏植物植株茎部木质化，质地坚硬，根据茎的形态又可分为两类：

1. 乔木类　主干明显而直立，分枝多，树干和树冠有明显区分，如木棉 *Bombax malabaricum*、榕树 *Ficus microcarpa*、人面子 *Dracontomelon duperreanum* 等。

2. 灌木类　无明显主干，一般植株较矮小，靠近地面处生出许多枝条，呈丛生状，如朱槿 *Hibiscus rosa-sinensis*、紫薇 *Lagerstroemia indica*、红花檵木 *Loropetalum chinense* var. *rubrum* 等。

（四）藤本观赏植物

藤本观赏植物通常植物体细长，不能直立，只能依附别的植物或支持物，缠绕、攀援、垂吊生长的植物。依据攀援方式的不同，可分为攀援植物（climbing plant）、匍匐植物（creeping plant）、垂吊植物（weeping plant）三类，如紫藤 *Wisteria sinensis* 和凌霄 *Campsis grandiflora* 等。

三、按观赏部位分类

1. 观花类

以观花为主，多为花色鲜艳、花形美观、花香怡人、花期较长的木本和草本植物。如含笑 *Michelia figo*、栀子 *Gardenia jasminoides*、悬铃花 *Malvaviscus arboreus* 等。

2. 观叶类

以观叶为主，这类观赏植物在叶色、叶形、叶大小或着生方式上有独特表现，一般观赏期较长。如苏铁 *Cycas revoluta*、豆瓣绿 *Peperomia tetraphylla*、黄金榕 *Ficus micro-carpa* 'Golden Leaves'、蕨类植物、天南星科植物等都是良好的观叶植物。

3. 观茎类

这类观赏植物的枝、茎具有独特风姿或有奇特色泽、附属物等，这类观赏植物数量较少。如仙人掌类、光棍树 *Euphorbia tirucalli*、红瑞木 *Corus alba*、白皮松 *Pinus bun-geana* 和各种竹类等。

4. 观果类

以观果为主，多为挂果时间长、果形奇特或色彩鲜艳的种类，如紫金牛类 *Ardisia*、火棘 *Pyracantha fortuneana*、佛手 *Citrus medica* var. *sarcodactylis* 等。

5. 观姿类

主要观赏植物的树形、树姿。这类植物的树形、树姿端庄，或挺拔、或高耸、或浑圆，是园林绿化的主要种类，如雪松 *Cedrus deodara*、龙柏 *Sabina chinensis* var. *chinen-sis* 'Kaizuca'、南洋杉 *Araucaria cunninghamii* 等。

此外还有观芽、观苞片、观佛焰苞的植物。如棉花柳 *Salix leucopithecia* 观芽为主，叶子花 *Bougainvillea glabra* 观红色的苞片，马蹄莲 *Zantedeschia aethiopica*、红掌 *An-thurium andraeanum* 观佛焰苞等。

四、按自然分布分类

观赏植物种类很多，来源于世界各地，了解各种观赏植物原产地的气候条件、生态习性，对观赏植物的栽培十分重要。按照观赏植物自然地理分布分类，可分为以下种类：热带气候型、热带高原气候型、沙漠气候型、地中海气候型、大陆东岸气候型、大陆西岸气候型和寒带气候型。

五、按观赏植物的生态习性分类

不同观赏植物对各生态因子适应范围不同，因而生态习性各异。依据其对不同生态因子的需求程度，可作如下划分：

（一）按照热量因子

按自然分布区域内的温度状况可分为：热带观赏植物、亚热带观赏植物、温带观赏植物和寒带亚寒带观赏植物。根据观赏植物的抗寒性不同，可分为：耐寒观赏植物、不耐寒观赏植物、半耐寒观赏植物。

（二）按照水分因子

1. 旱生观赏植物

适宜在干旱生境下生长，可耐受较长期或较严重干旱的植物，具有一系列耐旱适应特征。本类植物多见于雨量稀少的荒漠地区和干燥的低草原，个别也可见于屋顶、墙头、危岩陡壁，如佛甲草 *Sedum lineare*、大花马齿苋 *Portulaca grandiflora*、仙人掌 *Opuntia stricta* var. *dillenii* 等。

2. 中生观赏植物

大多数观赏植物属于此类型，不能忍受长期干旱和严重水涝，形态结构和适应性均介于湿生植物和旱生植物之间。耐旱力极强的种类具有旱生性状的倾向，耐湿力极强的植物具湿生植物的倾向。如中生植物油松 *Pinus tabulaeformis*、侧柏 *Platycladus orientalis*、酸枣 *Ziziphus jujuba* var. *spinosa* 等有较强的耐旱性，但仍以在干湿适度的环境中生长最佳；而如桑树 *Morus alba*、乌桕 *Sapium sebiferum* 等，则有较强的耐水湿能力，但仍以在中生环境中生长最好。

3. 湿生观赏植物

需生长在潮湿的环境中，若在干燥或中生的环境下则生长不良。如鸢尾、池杉 *Taxodium ascendens*、水松 *Glyptostrobus pensilis* 等。

4. 水生观赏植物

能在水中生长的植物，统称为水生植物。根据水生植物的生活方式，它可以分为4种类型。

（1）挺水植物。常植株高大，绝大多数有茎、叶之分，上部植株挺出水面，根或茎扎入泥中生长，如芦苇 *Phragmites australis*、水竹芋 *Thalia dealbata*、荷花。

（2）浮水植物。叶片飘浮于水面的植物，无明显的地上茎或茎细弱不能直立，如睡莲 *Nymphaea tetragona*、王莲 *Victoria amazonica*。

（3）漂浮植物。根不着生在底泥中，整个植物体漂浮在水面上。这类植物的根通常不发达，体内具有发达的通气组织，或具有膨大的叶柄（气囊），以保证与大气进行气体交换，如槐叶萍 *Sdlvinia natans*、凤眼莲 *Eichhornia crassipes*、浮萍 *Lemna minor* 等。

（4）沉水植物。植物体完全沉没于水中，根茎生于泥中，如金鱼藻 *Ceratophyllum demersum*、苦草 *Vallisneria natans* 等。

（三）按照光照因子

1. 阳性观赏植物

阳性观赏植物在全日照下生长良好，在荫蔽和弱光条件下生长发育不良。如落叶松属 *Larix*、水杉属 *Metasequoia*、桉属 *Eucalyptus*、杨属 *Populus* 等，臭椿 *Ailanthus altissima*、乌桕、泡桐 *Paulownia fortunei* 等。

2. 中性观赏植物

中性观赏植物在充足的阳光下生长最好，但亦有不同程度的耐阴能力，高温、干旱时在全光照下生长受抑制。中性植物中包括偏阳、偏阴两种，如榆属 *Ulmus*、朴属 *Celtis*、枫杨 *Pterocarya stenoptera* 等为中性偏阳，木荷 *Schima superba*、圆柏 *Sabina chinensis*、罗汉松 *Podocarpus macrophyllus* 等为中性偏阴。

3. 阴性观赏植物

阴性观赏植物在较弱的光照条件下比在全日照光照条件下生长良好。如合果芋（*Syngonium podophyllum*）、竹芋、绿萝（*Epipremnum aureum*）、棕竹（*Rhapis excelsa*）等。

（四）按土壤因子

1. 酸性土植物

在酸性土壤中生长最好的植物。土壤的 pH 一般在 6.5 以下，如杜鹃、山茶、马尾松 *Pinus massoniana*、石楠 *Photinia serrulata*，大多数棕榈植物等。

2. 中性土植物

在中性土壤上生长最佳的植物。土壤的 pH 一般在 6.5～7.5 之间。大多数的观赏植物均属此类。

3. 碱性土植物

在碱性土壤上生长最好的植物。土壤的 pH 一般在 7.5 以上，如柽柳 *Tamarix chinensis*、沙棘 *Hippophae rhamnoides*、沙枣 *Elaeagnus angustifolia* 等。

第三节　栽培观赏植物的命名法规

新的《国际栽培植物命名法规》（I.C.N.C.P.，第七版）对于栽培植物的命名有一套很严格的程序，包括发表（publication）、建立（establishment）和接受（acceptance）。

一、国内育成种或品种的命名

（一）首先要确定命名对象是一个品种或品种群

《国际栽培植物命名法规》对品种有确切的定义，品种（cultivar）是为某一或某些专门目的而选择的，具有一致、稳定和明显区别的性状，而且经采用适当的方式繁殖后，这些性状仍能保持下来的一些植物的集合体，是栽培植物的主要分类类级。品种群（Group）是基于一定相似性的品种、植物个体或植物集合体的正式类级，通常形成并维持一个品种群的标准，因使用者的不同目的而异。

（二）给品种或品种群命名

在遵循品种命名模式的前提下，加词的创造原则是允许使用现有词汇或创造新词汇，但是它必须遵循《国际栽培植物命名法规》所规定的一些原则，诸如品种加词不超过 30 个字符，不包含特殊的符号，不能为单个字母或阿拉伯数字、罗马数字，在发音和拼写上不会造成混淆、引起歧义等。

（三）发表新品种或品种群

当确信品种加词可以被接受，就可发表（publication），即将载有新品种或品种群加词的出版物分发给一般公众，或者至少是分发到一般植物学家、农学家、林学家和园艺学家们能前去的图书馆。1959 年 1 月 1 日起，载有新品种或品种群加词的出版物应清楚地注明日期（至少要到年份），发表才有效。散发由手稿、打字稿或其他尚未发表的材料制成的缩微品（microform）或者通过电子传媒（electronic media）发表均无效。《国际栽培植物命名法规》对发表时所用语言没有严格规定，如果在中国国内的中文刊物上发表，可以用中文命名加词，但为了和国际接轨，可以同时标出拼音；如果是在拉丁语系刊物上发表，则用汉语拼音，并在括弧中用英文意译作解释。

（四）建立新品种或品种群

建立（establishment）以前称作"合格发表"（valid publication）。一个名称的建立，必须具备以下条件：①在相应命名等级的命名起点的同时或之后发表。所谓命名起点（starting points in nomenclature）是指在任何命名等级中，品种和品种群加词的建立都被认为是起始于一份为该命名等级指定的名录或出版物。当缺乏一个被承认的名录或出版物时，命名起点为林奈的《植物种志》（Species Plantarum）（出版于 1753 年 5 月 1 日）。②出版物注明日期。③形式符合法规有关规定。④需伴有描述或引证以前发表的描述，尽量提供插图、彩色照片。对新品种或品种群的描述，应指出其一个或多个性状或特征，描述该新品种或品种群与以前建立或同时建立的名称的区别。⑤登录新品种或品种群。

完成上述过程后，便可以把出版物复印件寄给国际登录权威所在地的主要园艺学图书馆，从而完成登录的过程，确保品种或品种群在国际上被永久认可。

二、国外引入种或品种的命名

（一）国外引入栽培的野生植物的名称

由野生引入栽培的植物，保持它们在自然界所用的名称。如欧洲山毛榉（*Fagus sylvatica*）被引入栽培后，使用与野生状态下相同的拉丁名。

当种或种下分类单位的植物引入栽培后，可能表现与该分类单位在野生状态下不同的变异。如这些植物个体的一个集合体具有一个或多个特征使得它们能够被明显区分开，即可给予它品种或品种群名称。如 *Lessingia* 'Silver Carpet' 是一类具有银白色叶子和粉紫色花朵的特别植物，它是从 *Lessingia filaginifolia* 的野生居群中选择出来的。

（二）国外引入品种的命名

国外引入品种的加词可不必翻译。如若翻译，则音译，如西方的罗森桧品种 *Chamaecyparis lawsoniana* 'Green Pillar'，其尾名不能写成'绿柱'，只能音译，例如'格林碧拉'。但是外语发音要音译或转写成中文，到目前还没有一套标准，各家译法可能不一，易造成混淆。因此比较合理的做法是，引进国外品种在我国营销时，可保留原来的尾名，另外加上中文的商业名称（trade designation），但商业名称不能被认为是植物名称。

（三）品种名称的构成和书写规范

《国际栽培植物命名法规》规定：①栽培植物品种的名称是由它所隶属的属或更低分类单位的正确名称加上品种加上品种加词共同构成；②品种加词中每一个词的首字母必须大写，品种的地位由一个单引号（'…'）将品种加词括起来表示，而双引号（"…"）和缩写"cv."、"var."不能用于品种名称中表示加词；③为了区分种名（属名和种加词）、品种群名称和品种加词，种名按照惯例采用斜体，品种加词则采用正体。因此，品种加词至少应该与属的名称相伴随。

本章小结

由于分类依据和分类目的不同，观赏植物的分类结果也不同。观赏植物因分类依据不同而分类方法多样，但总的原则是以品种演化为主，兼顾实际应用，在种的分类基础上，按性状的相对重要性再进行下一级划分。栽培观赏植物的命名应严格以《国际栽培植物命名法规》（第七版）为依据，实现观赏植物种名及品种名称的整理与统一。

复习思考题

1. 哪类形态特征对观赏植物的分类非常有用？
2. 进行数量分类时，如何对观赏植物的性状进行编码？
3. 什么是观赏植物的二元分类法？特点如何？
4. 依据生活型、观赏特点、生态习性分别可将观赏植物分为几类？
5. 什么是品种？观赏植物品种名称的书写规范如何？

推荐书目

[1] 陈俊愉. 中国花卉品种分类学. 北京：中国林业出版社，2001.
[2] 邓小飞. 观赏植物. 武汉：华中科技大学出版社，2008.
[3] 古尔恰兰·辛格. 植物系统分类学——综合理论及方法. 北京：化学工业出版社，2008.
[4] 吴国芳，冯志坚，马炜梁等. 植物学（下）. 北京：高度教育出版社，1983.
[5] 赵梁军. 观赏植物生物学. 北京：中国农业大学出版社，2002.
[6] 邹喻苹，葛颂，王晓东. 系统与进化植物学中的分子标记. 北京：科学出版社，2001.

第四章 观赏植物种质资源研究方法

观赏植物种质资源丰富，研究内容庞杂，所涉及的研究方法也很多。虽然观赏植物种质资源研究方法在所有植物的研究方法中通常处于较为领先的地位，而且植物研究中的很多重要突破，都是以观赏植物为材料获得的。但是，观赏植物种质资源研究中的绝大多数方法仍然与植物资源研究方法相同。在初期研究中，常采用的是经典的植物学或考古学方法。20 世纪中期以后，逐渐将遗传学、细胞学、生态学、生物数学、生物化学、分子生物学等学科中的一些研究方法应用到观赏植物中，在其研究和生产中发挥了重要作用并取得了重要成果。

第一节 植物学研究

在观赏植物种质资源的研究中，采用最为普遍的就是植物学研究方法。包括考察观赏植物种类、生长及分布情况的资源调查方法，对植物主要器官的形状、大小、色泽等特征进行分析的比较形态学方法，对植物组织、器官等解剖特征进行比较的比较解剖学方法，观察孢子和花粉特征的孢粉学方法等。

一、资源调查方法

通过植物种质资源调查可以了解它们的生长环境、分布状况、生长习性以及基本的植物学特征，从而为种质资源的评价奠定基础，也为它们的起源、演化和分类提供依据。植物资源调查的内容取决于调查目的和可能投入的人力物力，包括以下三种范围：

（1）调查本地的全部植物资源。当一个地区从来没开展过植物资源调查时，需要进行全面调查，以提供一份本地区的植物资源名单。

（2）调查本地某一类或某几类植物资源。通常是根据本地某项经济要求或根据调查者本人的愿望而确定的。

（3）调查本地一两种或几种资源植物。本地区植物资源已有初步了解时，对其中利用价值大、有发展前途的种类进行重点了解。

二、比较形态学

比较形态学是以比较作为方法的形态学，包括比较解剖学及比较发生学。它是通过比较植物的各个器官，如根、茎、叶、花、果实、种子等的形态，来研究植物的形态、结构及其发生、发展的科学。在经典植物形态学研究中常用的方法有徒手切片法、离析法、石蜡制片法等，随着显微技术的发展，又产生了扫描电镜法。

（一）徒手切片法

徒手切片法是指手持刀片将新鲜的或固定的实验材料切成薄片的制作方法。徒手切片前，应先准备好一个盛有清水的培养皿。在切片时，用左手的拇指与食指、中指夹住实验材料，大拇指应低于食指 2～3mm，以免被刀片割破。材料要伸出食指外约 2～3mm，左手拿材料要松紧适度，右手平稳地拿住刀片并与材料成垂直。然后，在材料的切面上均匀地滴上清水，以保持材料湿润。将刀口向内对着材料，并使刀片与材料切口基本上保持平行，再用右手的臂力（不要用手的腕力）自左前方向右后方均匀地拉切。此时，左手的食指一侧应抵住刀片的下面，使刀片始终平整。连续地切下数片后，将刀片放在培养皿的水中稍一晃动，切片即漂浮于水中，当切到一定数量后，可在培养皿内挑选透明的薄片用低倍镜观察检查。好的切片应该是薄且比较透明、组织结构完整，否则要重新进行切片。

对经检查符合要求的切片，如果只作临时观察可封在水中进行观察。若要更清楚地显示其组织和细胞结构，可选择一些切片进一步通过固定、染色、脱水、透明及封藏等步骤，做成永久玻片标本。

（二）离析法

组织离析法的原理是用一些化学药品配成离析液，组织离析法的原理是使组织细胞的胞间层溶解，细胞彼此分离，获得分散的、单个的完整细胞，以便观察不同组织的细胞形态与特征。离析液的种类很多，常用的有铬酸－硝酸离析液，主要适用于木质化组织，如木材纤维等。

其操作步骤是：先将材料洗净，用刀切成 1～2mm 宽的小条，切好的材料放进小玻璃瓶中，然后加入离析液，加入量约为材料的 20 倍，塞紧瓶塞放在 30～40℃恒温箱中，浸渍时间因材料性质而异，一些叶片或幼嫩的根和茎，3～4h 即可，而有些次生结构（如木质部）则须 1～2d，如超过 2d 仍未离析，应更换离析液一次。检查材料是否离析，可先取出少许材料，放在载片上，加一滴水，盖上盖片，然后用小镊子末端轻轻敲打，如果材料分离则表明浸渍时间已够。此后倒去离析液，用清水冲洗，即可制片观察，或于50%或 70%酒精中保存备用。

（三）石蜡制片法

石蜡制片法是比较经典的植物比较形态学研究方法，其方法主要包括取材与固定、脱水、透明、浸蜡、包埋、切片、展片及粘片、脱蜡与染色、封片等。

1. 取材与固定

选取要观察的组织材料，切成小块，放入 FAA 固定剂中固定，固定时间不少于 48h。固定时有些材料不易下沉，而且因含有气泡阻碍固定液的透入，可将固定液连同材料一起放入抽气瓶中抽气。

2. 脱水

材料通常依次用 50%→70%→80%→95%乙醇处理，每一梯度间隔时间为 2～3h（依材料软硬而定），无水乙醇（100%）处理 1h，然后更换无水乙醇再处理 1h，对材料必须彻底脱水。

3. 透明

通常应用二甲苯为透明剂，材料依次经过 2/3 无水乙醇＋1/3 二甲苯→1/2 无水乙醇＋1/2二甲苯→1/3 无水乙醇＋2/3 二甲苯处理，每一过程用 2h，然后更换纯二甲苯处理 2h。再次用纯二甲苯透明处理 2h。

4. 浸蜡

在二甲苯中加入等体积的低熔点切片石蜡（熔点 48~50℃）在 33℃下浸蜡 24h，然后敞开试管口挥发二甲苯 2~3h，再用由蜂蜡和切片石蜡（熔点 56~58℃）按 1：9 的质量比融合在一起的混合石蜡在温箱中 60℃下保温、浸蜡，每 2h 换一次混合石蜡，重复进行 3 次，共 6h。

5. 包埋

材料浸蜡结束后马上用镊子转移到装有液态上述混合石蜡的小纸盒中，并迅速冷却，防止产生结晶；使材料的轴垂直于纸盒的底部，以便于蜡块的切修。镊子在使用前应先预热，以免材料粘附在镊子上损坏材料。

6. 切片

根据材料在蜡块中的位置和方向，将蜡块修成梯形，然后粘到切片机的蜡台上进行切片，采用旋转式手动切片机，切片厚度 8~12μm 左右。

7. 展片及粘片

粘片剂通常采用明胶粘片剂。在洁净的载玻片上均匀涂上少许明胶粘片剂。将蜡带光面小心地放在载玻片上，待蜡带展平后，滴上 1 滴 4％甲醛溶液，然后在 35℃温箱中充分烘干或者自然干燥。

8. 脱蜡与染色

二甲苯脱蜡后常采用番红固绿复染法染色。具体步骤如下：

二甲苯（40min）→二甲苯（10min，脱净为止）→1/2 二甲苯＋1/2 无水乙醇（5min）→无水乙醇（5min）→95％乙醇（5min）→80％乙醇(2~3min)→70％乙醇（2~3min）→50％乙醇→30％乙醇→蒸馏水（2~3min）→1％番红酒精溶液（2~24h）→流水（30s）→蒸馏水（30s）→30％乙醇（30s~1min）→70％乙醇（30s~1min）→80％乙醇（30s~1min）→1％固绿酒精溶液（10~30s）→95％乙醇（30s~1min）→无水乙醇（30s）→无水乙醇（30s）→二甲苯（2~5min）

9. 封片

用中性加拿大树胶封片。切片放入 30℃~35℃温箱中烘干，也可自然晾干。做好的石蜡切片即可在显微分析系统下进行观察、测量和照相。

（四）扫描电镜法

扫描电子显微镜（Scanning electron microscope），简称扫描电镜（SEM）。是一种利用电子束扫描样品表面从而获得样品信息的电子显微镜。它能产生样品表面的高分辨率图像，且图像呈三维，扫描电子显微镜能被用来鉴定样品的表面结构。与普通光学显微镜不同，在 SEM 中，是通过控制扫描区域的大小来控制放大率的。如果需要更高的放大率，只需要扫描更小的一块面积就可以了，而放大率可由屏幕/照片面积除以扫描面积得到。

不同的植物材料扫描电镜镜样品的制备方法略有不同。植物叶片样品的制备方法通常如下：取成熟植株的相同部位的叶片，清洁后用 4％的戊二醛固定 48h，蒸馏水洗涤，分别用 30％、50％、70％、80％、90％、100％（2 次）梯度浓度的酒精脱水各 10min。脱水后立即将样品固定在载玻片上，置密闭容器内自然晾干。离子溅射仪镀膜后即可用扫描显微镜观察，拍照。

三、孢粉学法

孢粉学（Palynology）研究植物的孢子、花粉的形态、分类及其在各个领域中应用的一门学科。孢粉学可以分为两个领域，现代孢粉学及古孢粉学。孢粉学研究的基础部分为植物学的一部分，主要为孢粉的形态、分类及生理、生化等方面。孢子和花粉在形态上的鉴定特征通常为形状、大小、外壁的结构及纹饰等。

孢粉分析在考古学中应用最为重要的方面就是通过植被重建探讨人类与环境关系。因为孢粉分析的优势就是重建植被演化历史。古代社会的分布与生活，与其所处的自然环境有着密切的关系。因此，了解古代人类活动的环境对于考古研究十分必要。考古孢粉分析方法包括特殊的野外采样、实验室分析、鉴定统计、数据分析、综合研究等几个方面。

第二节　生态学研究

植物生态学是研究环境中的各种生态因子对植物的影响的一门学科，而生态因子是指环境中对生物的生长、发育、生殖、行为和分布等有着直接或间接影响的环境要素，如光照、温度、水分和其他相关生物等。在观赏植物种质资源研究方法中生态学方面的研究内容常见的有物候期观察、气象因子、土壤因子以及人类活动的影响分析等。

一、物候期观察

物候期是指随着季节的变化，植物生活史中各种标志性形态出现的时间，是自然界周期季节性变化的明显象征。主要包括根系生长周期、树液流动开始期、萌芽期、展叶期、开花期、果实生长发育和落果期、花芽分化期、叶秋季变色期、落叶期等。在观赏植物物候期观察过程中应注意以下几点：

（1）观测人员应固定，常年进行此项工作。

（2）物候观测应随看随记，不应凭记忆，事后补记。

（3）把握各种植物物候期的特征点，这需要一定的经验来确定。

（4）根据不同树种发育阶段情况，在开花、展叶期每天观测一次，萌动、新梢开始生长、叶变色、果实种子成熟和落叶期应每 2d 观测一次。

二、气象因子的影响分析

影响植物种质资源起源及其分布最主要的气象因子是温度、光照和水分等。首先，温度对植物的重要性在于植物体的所有生理活动、代谢反应都必须在一定的温度条件下才能进行。在一定的温度范围内，随着温度的升高，植物体的生理生化反应加快，生长发育加快；反之，温度降低，其生理生化反应变慢，生长发育迟缓。温度对植物的生态作用按照温度变化的规律而言，可分为节律性变温（一年的四季变化，一天的昼夜变化）和非节律性变温（极端温度）两个方面，特别是极端高低温值、升降温速度和高低温持续时间，对植物都有极大的影响。此外，地球表面的温度条件还随着海拔的升高和纬度的北移（北半球）而降低，随海拔的降低和纬度的南移而升高。因此，根据观赏园艺植物种质资源立地环境的温度调查，可以推测出其整个生育周期对温度的要求。此外，植物需要在一定的温度数以上才能开始生长发育，同时植物也需要有一定的温度总量才能完成其生活周期，所以在农业生产中引入了积温的概念。根据苗情和天气预报，就能根据积温预估植物各发育阶段的来临日期，以及在临界期内是否会遇到不良气候条件，从而便于事前采取相应的措施。但由于积温没有考虑到生物学极限温度对植物生长发育的影响，有其自身的局限性，应用时需要特别注意。

其次，光照对植物种质资源的起源、分布和生长发育具有决定性的影响。光是太阳的辐射能以电磁波的形式，投射到地球表面上的辐射线，地球上所有的生命都是靠来自太阳辐射并经生物圈的能量流来维持的。光对植物的生态作用是由光照强度、日照长度、光谱成分的对比关系构成的，它们各自有着时间和空间的变化规律，随着不同的地理条件和不同的时间而发生变化，因此光能在地球表面上的分布是不均匀的。不同地区的植物长期生活在具有一定光照条件的生境中，就形成了相应的生物学特性和发育规律，在生长发育过程中要求特定的光照条件。

再次，水是植物生存的极重要的因子，它通过不同的形态、量和持续时间等三方面的变化对植物起作用。其中不同形态指水的三种状态（固态、液态和气态）；量是指降水量的多少和大气湿度的高低；持续时间是指降水、干旱、淹水等的持续时间。上述三方面的变化对植物的生长、发育、生理生化活动产生极其重要的生态作用，进而影响产品的品质和产量。水分对植物生长也有一个最高、最适、最低（量）的三基点。低于最低点，植物就会萎蔫、停止生长、甚至枯死；高于最高点，根系缺氧、引起植物的窒息、烂根；只有处在最适的范围内，才能维持水分的平衡，以保证植物有最优的水分生长条件。

三、土壤因子的影响分析

土壤是岩石圈表面能够生长植物的疏松表层，是陆地植物生活的基质，它提供植物生活所必需的矿物质元素和水分，是生态系统中物质与能量交换的重要场所；同时，它本身又是生态系统中生物部分和无机环境部分相互作用的产物。经过长期的研究，人们逐渐认识到土壤肥力是土壤物理、化学、生物等性质的综合反映，这些基本性质都能通过直接或间接的途径影响植物的生长发育。要提高土壤的肥力，就必须使土壤同时具有良好的物理性质（土壤质地、结构、容量、孔隙度等）、化学性质（土壤酸度、有机质、矿质元素）和生物性质（土壤中的动物、植物、微生物等）。

在不同的土壤上生长的植物由于长期生活在那里，因而对该种土壤产生了一系列的适应特性，形成各种以土壤为主导因子的植物生态类型。例如，根据植物对土壤酸度的反应，可以把植物划分为酸性土植物、中性土植物和碱性土植物；根据植物对土壤中过量盐类的适应特点不同，又可划分为聚盐性植物、泌盐性植物和不透盐性植物。

四、人类活动的影响分析

人类的进化与生态环境密切相关，人类为了从自然界获取自己生存和发展所必需的物质财富，总是不断地同自然界进行顽强的斗争，对自然资源进行开发和利用，不断地进行一系列不同规模不同类型的活动，包括农、林、渔、牧、矿、工、商、交通、观光和各种工程建设等。

把人为因子从生物因子中分离出来是为了强调人的作用的特殊性和重要性。人类活动对自然界的影响越来越大和越来越带有全球性，人类加以开垦、搬运和堆积的速度已经逐渐等于自然地质作用的速度，对生物圈和生态系改造有时也会超过了自然生物作用规模。分布在地球各地的生物都直接或间接受到人类活动的巨大影响。人类活动已成为地球上一项巨大的营力，迅速而剧烈地改变着自然界，反过来又影响到自身的福祉。

人类本来就是自然的一个组成部分，近几百年来人类社会非理性超速发展，已经使人类活动成了影响地球上各圈层自然环境稳定的主导负面因子。联合国在伦敦公布的一份研究报告称，过去50年间世界人口的持续增加和经济活动的不断扩展对地球生态系统造成了巨大压力，严重影响了国际社会为削减贫困和抵抗疾病所做的努力。人类活动已给地球上60％的草地、森林、农耕地、河流和湖泊带来了消极影响。近几十年中，地球上1/5的珊瑚和1/3的红树林遭到破坏，动物和植物多样性迅速降低，1/3的物种濒临灭绝。另外，疾病、洪水和火灾的发生也更为频繁，空气中的二氧化碳浓度不断上升。这一切无不给人类敲响了警钟，人类必须善待自然，对自己的发展和活动有所控制，人与自然才能和谐发展。

第三节　生物数学研究

生物数学是生物学与数学之间的边缘学科。它以数学的方法研究和解决生物学问题，并对与生物学有关的数学方法进行理论研究。

生物数学的分支学科较多，从生物学的应用去划分，有数量分类学、数量遗传学、数量生态学、数量生理学和生物力学等；从研究使用的数学方法划分，又可分为生物统计学、生物信息论、生物系统论、生物控制论和生物方程等分支。这些分支与前者不同，它们没有明确的生物学研究对象，只研究那些涉及生物学应用有关的数学方法和理论。

生命现象数量化的方法，就是以数量关系描述生命现象。数量化是利用数学工具研究生物学的前提。生物表现性状的数值表示是数量化的一个方面。生物内在的或外表的，个体的或群体的，器官的或细胞的，直到分子水平的各种表现性状，依据性状本身的生物学意义，用适当的数值予以描述。

各种生物数学方法的应用，对生物学产生重大影响。20世纪50年代以来，生物学突飞猛进地发展，多种学科向生物学渗透，从不同角度展现生命物质运动的矛盾，数学以定量的形式把这些矛盾的实质体现出来。从而能够使用数学工具进行分析；能够输入电脑进行精确地运算；还能把来自各方面的因素联系在一起，通过综合分析阐明生命活动的机制。

总之，数学的介入把生物学的研究从定性的、描述性的水平提高到定量的、精确的、探索规律的高水平。生物数学在农业、林业、医学、环境科学、社会科学和人口控制等方面的应用，已经成为人类从事生产实践的手段。

一、模糊聚类分析

聚类分析是用数学方法定量地确定种质资源样品的亲疏关系，从而客观地划分类型，进行分类。它在系统生物学中是属于表征分类学（phenetic taxonomy），又称数量分类学

（numerical taxonomy）的分析方法。由于生物的许多性状都带有模糊性，例如植株的高矮、叶片的大小、产量的高低等，都没有一个标准明显地把它们区分开来。这就需要把模糊数学方法引入到聚类分析中，使种质资源的分类更加符合客观实际。

模糊聚类分析方法主要包括：①统计数据的标准化。其目的是消除计量单位的影响，把原始数据转换成具有可比性的数据，又能反映原来的真实差别；②标定。其目的是得到模糊相似矩阵，其方法有多种，如欧氏距离法、数量积法、相关系数法等；③分类。得到模糊等价矩阵后即可进行分类。

二、分支分析

分支分析是分支分类学（cladistic taxonomy）的分析方法。分支分类学简称分支学（cladistics）或支序学。其基本思想最早由德国昆虫学家 W. Hennig 在 20 世纪 50 年代提出。这一方法是以进化是渐进和分裂所组成，分裂是最本质的过程，和祖种分裂所产生的姊妹群（sister group）是同一等级的分类群的认识为基础；以共同衍征（synapomorphy）为分类依据；以单系类群（monophyletic group）构造系统发育分类，避免使用并系类群（paraphyletic group）和复系类群（polyphyletic group）。这里的姊妹群是指与某一类群在谱系学上关系最为密切的类群；共同衍征是指所有后裔类群共有的由一个祖先传下来的特征，分支分析用其重建共同祖先关系；单系类群是指包含一个祖先分类群及其所有子裔的分类群组，单系类群的成员之间存在共同祖先关系，但与类群外的物种之间不存在这种关系；并系类群是指各成员具有共同祖征的类群，而各成员既不具有共同衍征也不具有共同祖征，只有同型性状的类群称为复系类群。

分支分析为构造（重建）进化形式（分支图）提供了明晰的操作方法。Hennig 论证法和 Wagner 平面分异（ground plan divergence，GPD）法是分支分析的基本方法。其他数值方法一般可归为简约性（parsimony）和相容性（compatibility）两大类。前者源于GPD 法，由 Edwards 和 Cavalli-Sforza、Camin 和 Sokal、Kluge 和 Farris 等加以阐述和发展，并且提供了数值算法，如 Farris-Wagner 方法等；后者的基本思想来源于 Hennig 论证法，由 Wilson，Le Quesne，Estabrook 及其合作者等的工作所发展。此外，一批国内外学者致力于研究新的方法，如 Felsenstein（1979）的最大似然法模型（maximum likelihood model）、徐克学（1990）的最大同步法等，从新的角度（如统计方法），或综合已有的方法来进行分支分析。运用最大同步法对中国白菜及其相邻类群进行分支分析，为明确大白菜的杂交起源、中国白菜的分类和它们的演化关系提供了新的依据，并建立了中国白菜及其相邻类群的演化关系图。

第四节　生物化学研究

生物化学是研究生命物质的化学组成、结构及生命活动过程中各种化学变化的基础生命科学。生物化学的研究对植物种质资源的研究发挥着重要作用，主要方法有植物化学分析、血清学分析和同工酶分析等。

一、植物化学分析

植物化学分析主要是研究植物小分子有机物的种类、含量，以及相互作用的方法，它是通过运用薄层层析、气相层析，或高效液相层析等技术进行分析。

薄层层析是将硅胶、氧化铝、聚酰胺等吸附剂，在一块干净的玻璃板上铺成一薄层，经过点样、展开、显色后，得到不同的点子，从而显示出它们不同的组成成分。

气相层析是用来研究植物挥发性成分的技术，是采用气相色谱仪，将在一定温度下具挥发性的物质注射到一根装有填充料的色谱柱中，经过色谱柱按照不同的保留时间到达鉴定器，从而在记录仪上表现出一系列与它们的成分含量有关的峰值。

高效液相色谱分析（HPLC）的基本原理与气相色谱相同，但是是用液体作流动相的色谱法。它适宜于热稳定性差、高分子与离子型的化合物，常用它来检测生物碱、黄酮类和三萜类等化合物。

植物化学分析可为园艺植物种质资源研究提供有效的信息，在一些情况下，植物化学性状与其他性状（如形态学性状等）具有某种相关性，可以互补使用，但是，应当注意植物化学性状常常不太稳定，使用时须持慎重态度。

二、血清学分析

血清学分析是用蛋白质的血清鉴别法来测定植物种质资源的亲缘关系。血清学方法最早出现于 20 世纪初，由 Nutall 首先创造。在芸薹属、菜豆属、豇豆属、茄科等植物上有较好的应用。但是，血清学分析的技术较为复杂，由于多方面限制，没有得到很好的发展。血清学是运用凝胶扩散和电泳的方法，是抗原和抗体在琼脂凝胶中借助电泳力相对扩散，形成沉淀带，对蛋白质结构进行定性鉴定。它是从某一种植物中提取蛋白质，注射到兔子身上，在兔子的血清中形成抗体；然后，将含有抗体的血清（抗血清）与要试验的蛋白质悬浊液（抗原）相结合，抗原与抗体反应形成沉淀（沉淀反应）；再测定沉淀的量的强度。沉淀反应对用以形成原始抗体的抗原具有特异性（同源反应），这是标准反应和参考反应，抗体血清与其他植物的抗原产生的反应（异源反应）可以用这一反应作为对照进行比较。其反应的强度可以看作是供试样品中蛋白质相似性的程度，因此，在某种程度上也反映了所比较的植物的相似性。

三、同工酶分析

同工酶是指能催化同一种化学反应，但其酶蛋白本身的分子结构组成有所不同的一组酶。由于蛋白质分离技术的发展，特别是凝胶电泳的应用，使同工酶可以从细胞提取物中分离出来。这类酶存在于生物的同一属、种、变种，或同一个体的不同组织、细胞中，因而，可以通过对它们的分析，并以其多态性作为遗传标记，研究种质资源的亲缘关系、重要性状的同工酶表现等。例如，人们用脂酶同工酶酶谱的特异性，鉴定了近缘野生莴苣（*Lactuca serrila*）与莴苣栽培种（*L. sativa*）的亲缘关系，以及南瓜属三个主要栽培种的亲缘关系。但是，同工酶在同一物种、同一个体的不同生长发育时期，其表现是不一样的，有一些同工酶的重现性较差，应用中也应当注意。

第五节 遗 传 学 研 究

植物遗传学（Plantgenetics）是一门研究植物遗传和变异规律的学科，它是遗传学的分支学科。因和细胞学、分子生物学密切相关，已发展出植物细胞遗传学和分子遗传学。通过遗传学研究可以充分揭示观赏植物种质资源亲缘关系、基因显隐性关系、现存的和潜在的应用价值，为其育种和栽培提供依据。植物遗传学采用的方法主要有杂交分析、测交分析、自交分析及远缘杂交分析等。

一、杂交分析

杂交是指不同基因型配子结合产生杂种的操作过程。杂交是生物遗传变异的重要来源，基因重组是杂交的遗传学基础。在遗传学研究中，有性杂交不但可以鉴定物种间的亲缘关系，而且它还是目标性状遗传分析的基础。不管是性状的显隐性分析、性状的分离规律与独立分配规律、多对相对性状杂种的遗传分析或是基因的互作分析，材料之间的相互杂交始终是目标性状遗传分析的第一步。只有在获得杂种一代（F1）的基础上，通过自交、测交等方式才能对目标性状进行详尽的遗传分析。此外，有性杂交也是种质创新的有效手段。一直以来，各国的植物育种学家都十分重视育种基础材料的创新，许多高抗（多抗）和适应性强的优良品种大多是通过有性杂交育成的，特别是利用多亲本杂交育种，综合了多个亲本的优良特性。但在实际生产中，有性杂交获得的杂种只是经过基因重组后产生的育种原始材料，即提供了综合优良性状于同一体的可能性。优良基因型能否在杂种后代出现和被保留下来，并纯化为优良品种，还取决于对杂种后代进行培育和选择的手段以及一系列的试验鉴定。

二、测交分析

测交法是指把被测验的个体与隐性纯合的亲本杂交，由于测交时常利用一个原来的隐性纯合亲本进行杂交，故又常称为回交。该方法一般用于验证某种表现型的个体是纯合基因型还是杂合基因型。这一方法也是孟德尔最先提出的测定杂种遗传因子组成的方法之一。根据测交子代（F1）所出现的表现型种类和比例，可以确定被测验的个体的基因型。因为隐性纯合体只能产生一种含隐性基因的配子，它们和含任何基因的另一个配子结合，其子代将只能表现出另一种配子所含基因的表现型。因此，测交子代表现型的种类和比例正好反映了被测个体所产生的配子种类和比例。例如，一株红花豌豆与一株白花豌豆（隐性的 cc 纯合体）杂交，由于后者只产生一种含 c 基因的配子，所以，如果测交子代全部是红花植株，则说明该株红花豌豆是 CC 纯合体，因为它只产生一种含 C 基因的配子。如果在测交子代中有 1/2 的植株开红花，1/2 的植株开白花，就说明被测的红花豌豆的基因型为 Cc 杂合体。

三、自交分析

自交一般是指以本植株或较纯的群体内的花粉进行授粉结实的操作过程。其目的是为了验证遗传因子的分离情况。例如，一株纯合的红花豌豆（CC）与一株白花豌豆（cc 纯合体）杂交，由于两者只产生一种含 C 和 c 基因的配子，所以其杂交子代（F1）的基因型为杂合型 Cc，全部是红花植株。F1 自交产生 F2 株系，因为它能产生两种含 C 和 c 基因的配子，两两组合则可以产生三种基因型：1CC∶2Cc∶1cc。在 F2 代中有 3/4 的植株开红花，1/4 的植株开白花。换言之，红花与白花之比是 3∶1。除上述验证遗传因子的分离的作用以外，由于自交时一对基因的纯合体只能产生一种配子，自交子代只发育与纯合体一样的性状，因此，自交还可以获得表型各异而遗传上稳定的多种基因型的纯合系，进而为有性杂交提供稳定的自交系。

四、远缘杂交分析

远缘杂交通常是指植物分类学上不同种、属以上类型间的杂交。通过远缘杂交一方面可以获得物种间的亲缘关系；另一方面，还可以创造出新的植物类型，如芜菁甘蓝（AACC，2n＝4x＝38）起源于芸薹属中 2n＝2x＝20（AA）的芸薹与 2n＝2x＝18（CC）的甘蓝的种间杂交；芥菜（AABB，2n＝4x＝36）起源于芸薹属中 2n＝2x＝20（AA）的芸薹与 2n＝2x＝16（BB）的黑芥的种间杂交；欧洲李（AABBCC，2n＝6x＝48）来自樱桃李（AA，2n＝2x＝16）和黑刺李（BBCC，2n＝4x＝32）间的杂交。除此之外，远缘杂交还可以大大提高植物的抗病（逆）性、改良品质、创造雄性不育以及利用杂种优势等特点，可以解决近缘杂交所不易解决的问题，因此，通过远缘杂交分析，可以获得观赏植物资源上述目标农艺性状的相关信息，为进一步开发和利用现有的资源提供研究基础。

第六节 细胞学研究

用细胞学方法研究观赏植物种质资源主要是应用染色体分析技术，包括染色体组分析、染色体核型分析和染色体带型分析等。任何植物都有相对稳定的染色体数目、大小和形态结构。染色体特征可以反映一个种与其他种之间的差异。

一、染色体组分析

细胞学方法中的大量工作是集中在染色体数目、染色体组的组成和其减数分裂时的行为，尤其是染色体数目特征上。这是因为在一个物种内，所有的个体体细胞通常都有相同的染色体数。染色体数目鉴定的内容包括染色体基数、多倍体、非整倍体、B 染色体和性染色体等。染色体数目对于研究种质资源系统发育过程中物种间的亲缘关系，特别是对于植物近缘类型的分类具有重要意义。

由于染色体数目易于判别和鉴别，用以说明问题时简明而方便，因此是细胞学方法中应用于园艺植物种质资源最广泛的特征。在体细胞中，由于有丝分裂过程中染色单体均等分离，使得一个个体中的数目易于保持相对的稳定性，而且染色体的个性易于判断。因此，染色体数目鉴定通常以体细胞染色体数目为准，尤其是种子萌发的材料可靠。减数分裂虽然也可用于计数，但是应该特别慎重，尤其是多倍体、杂合体和发生各种数目（如非整倍体）与结构变异的类型。当 85％以上的细胞具有相同染色体数时，才能确定该植物染色体数目。另外，在计数观察中，应注意区分和判别可能出现非整倍体、混倍体、B 染色体和某些雌雄异株物种的性染色体。

二、染色体核型分析

核型分析是指对细胞染色体的形态、长度、带型和着丝粒位置等内容的分析研究。一种生物的染色体核型是相当固定的，因此可用它作为植物学分类及遗传研究的一个重要手段，使学者们在研究分类有争议的植物时有更多的参考资料，以达到意见上的统一。在进行核型分析时，通常按李懋学等（1985）的标准来确定染色的数目、分析染色体的形态，按 Stebbins（1971）的方法确定染色体核型的类别。

在进行染色体形态分析时，一般取 5 个以上染色体分散良好的中期细胞进行显微摄影，将底片冲洗放大，用精确的尺子测量照片上染色体长、短臂的相对长度，根据放大的倍数求出染色体绝对长度；也可以用测微尺测量染色体的绝对长度（随体一般不记长度），然后求出每条染色体绝对长度、相对长度和臂比的平均值。如果要对染色体的带型进行分析，还要观察染色体条带的数量、相对位置、宽度等特征。根据染色体的长度、臂比、着丝粒的位置、随体的有无和位置以及染色体的带型等进行同源染色体的配对。然后根据染色体的长度给染色体编号，长度最长的染色体编为 1 号染色体，依次排列，最短的染色体编为末号，等长的染色体把短臂长的染色体排在前面。接着将配好对的同源染色体按编号由小号到大号排列在与照片底色一样的纸上，并且粘好，排列时把染色体的着丝粒放在一条直线上（如果染色体数目较多，可把染色体排成两行或两行以上），染色体纵向与直线垂直，短臂放在上边。排好后进行翻拍，就得到染色体核型图，然后按此图绘制染色体核型模式图。也可将放大后的相片用扫描仪扫描，在计算机上用图片处理软件对相片进行处理，最后得到清晰的染色体照片，再对其染色体进行测量、同源染色体配对、分析。若用数字照相系统或数码相机进行显微照相，则更加方便。

随着计算机技术的发展，计算机也广泛地应用到核型分析领域中，各种进行核型分析的硬件、软件得到开发，从而实现核型分析的自动化或半自动化。

三、染色体带型分析

染色体带型分析是以染色体显带（chromosome banding）技术为基础，再用特殊的理化方法及染料进行染色，使染色体显现出明暗不一的带纹后，进行比较分析的一种方法。染色体显带显示了染色体纵向的内部结构分化，为揭示染色体在成分、结构、行为、功能等方面的奥秘，提供了更详细的信息。植物染色体显带主要有荧光显带和 Giemsa 显带，以后者应用较多，包括 C 带（C-bands）、N 带（N-bands）和 G 带（G-bands）等。C 带是用酸、碱处理之后，再用 Giemsa 染色，主要显示出着丝点、端粒、核仁组成区域染色体臂上某些部位组成型异染色质等部位的带纹。N 带是用 NaH_2PO_4 在温度较高的情况下处理，再用 Giemsa 染色，显示出与核仁组成区有关的带纹。G 带是用胰酶处理后，用 Giemsa 染色，在染色体全部长度上显示出异染色质区染色深的带纹。

由于染色体带型分析能较好地反映染色体的纵向分化，从而提供更多的鉴别标志，使区分来自许多不同物种的染色体成为可能，为观赏植物种质资源亲缘关系的鉴定，及其起源和分类研究提供依据。

第七节　分子生物学研究

分子生物学是从分子水平研究生物大分子的结构与功能从而阐明生命现象本质的科学。自 20 世纪 50 年代以来，分子生物学一直是生物学的前沿与生长点。与观赏植物种质资源学密切相关的是各种分子标记方法。分子标记是以个体间遗传物质内核苷酸序列变异为基础的遗传标记，是 DNA 水平遗传多态性的直接的反映。与其他几种遗传标记——形态学标记、生物化学标记、细胞学标记相比，DNA 分子标记具有的优越性有：大多数分子标记为共显性，对隐性的性状的选择十分便利；基因组变异极其丰富，分子标记的数量几乎是无限的；在生物发育的不同阶段，不同组织的 DNA 都可用于标记分析；分子标记揭示来自 DNA 的变异；表现为中性，不影响目标性状的表达，与不良性状无连锁；检测手段简单、迅速。随着分子生物学技术的发展，现在 DNA 分子标记技术已有数十种，广泛应用于观赏植物遗传育种、基因组作图、基因定位、物种亲缘关系鉴别、基因库构建、基因克隆等方面。

一、限制性片段长度多态性

1974 年 Grodzicker 等创立了限制性片段长度多态性（Restriction Fragment Length Polymorphism，RFLP）技术，它是一种以 DNA—DNA 杂交为基础的第一代遗传标记。RFLP 基本原理：利用特定的限制性内切酶识别并切割不同生物个体的基因组 DNA，得到大小不等的 DNA 片段，所产生的 DNA 数目和各个片段的长度反映了 DNA 分子上不同酶切位点的分布情况。通过凝胶电泳分析这些片段，就形成不同带，然后与克隆 DNA 探针进行 Southern 杂交和放射显影，即获得反映个体特异性的 RFLP 图谱。它所代表的是基因组 DNA 在限制性内切酶消化后产生片段在长度上差异。由于不同个体的等位基因之间碱基的替换、重排、缺失等变化导致限制内切酶识别和酶切发生改变从而造成基因型间限制性片段长度的差异。

RFLP 的等位基因具有共显性特点。RFLP 标记位点数量不受限制，通常可检测到的基因座位数为 1～4 个。RFLP 技术也存在一些缺陷，主要是克隆可表现基因组 DNA 多态性的探针较为困难；另外，实验操作较繁琐，检测周期长，成本费用也很高。自 RFLP 问世以来，已经在基因定位及分型、遗传连锁图谱的构建、疾病的基因诊断等研究中得到了广泛的应用。

二、随机扩增多态性 DNA

RAPD（Random Amplified Polymorphism DNA）技术是 1990 年由 Wiliam 和 Welsh 等人利用 PCR 技术发展的检测 DNA 多态性的方法。基本原理：它是利用随机引物（一般为 8—10bp）通过 PCR 反应非定点扩增 DNA 片段，然后用凝胶电泳分析扩增产物 DNA 片段的多态性。扩增片段多态性便反映了基因组相应区域的 DNA 多态性。RAPD 所使用的引物各不相同，但对任一特定引物，它在基因组 DNA 序列上有其特定的结合位点，一旦基因组在这些区域发生 DNA 片段插入、缺失或碱基突变，就可能导致这些特定结合位点的分布发生变化，从而导致扩增产物数量和大小发生改变，表现出多态性。就单一引物而言，其只能检测基因组特定区域 DNA 多态性，但利用一系列引物则可使检测区域扩大到整个基因组，因此，RAPD 可用于对整个基因组 DNA 进行多态性检测，也可用于构建基因组指纹图谱。

与 RFLP 相比，RAPD 具有以下优点：①技术简单，检测速度快；②RAPD 分析只需少量 DNA 样品；③不依赖于种属特异性和基因组结构，一套引物可用于不同生物基因组分析；④成本较低。但 RAPD 也存在一些缺点：①RAPD 标记是一个显性标记，不能鉴别杂合子和纯合子；②存在共迁移问题，凝胶电泳只能分开不同长度 DNA 片段，而不能分开那些分子量相同但碱基序列组成不同的 DNA 片段；③RAPD 技术中影响因素很多，所以实验的稳定性和重复性差。

三、扩增片段长度多态性

AFLP（Amplified Fragment Length Polymorphism）是 1993 年荷兰科学家 Zbaeau 和 Vos 发展起来的一种检测 DNA 多态性的新方法。AFLP 是 RFLP 与 PCR 相结合的产物，其基本原理是先利用限制性内切酶水解基因组 DNA 产生不同大小的 DNA 片段，再使双链人工接头的酶切片段相联接，作为扩增反应的模板 DNA，然后以人工接头的互补链为引物进行预扩增，最后在接头互补链的基础上添加 1～3 个选择性核苷酸作引物对模板 DNA 基因再进行选择性扩增，通过聚丙烯酰胺凝胶电泳分离检测获得的 DNA 扩增片段，根据扩增片段长度的不同检测出多态性。引物由三部分组成：与人工接头互补的核心碱基序列、限制性内切酶识别序列、引物 3′端的选择碱基序列（1～10 bp）。接头与接头相邻的酶切片段的几个碱基序列为结合位点。该技术的独特之处在于所用的专用引物可在知道 DNA 信息的前提下就可对酶切片段进行 PCR 扩增。为使酶切浓度大小分布均匀，一般采用两个限制性内切酶，一个酶为多切点，另一个酶切点数较少，因而 AFLP 分析产生的主要是由两个酶共同酶切的片段。AFLP 结合了 RFLP 和 RAPD 两种技术的优点，具有分辨率高、稳定性好、效率高的优点。但它的技术费用昂贵，对 DNA 的纯度和内切酶的质量要求很高。尽管 AFLP 技术诞生时间较短，但可称之为分子标记技术的又一次重大突破，被认为是目前一种十分理想、有效的分子标记。

四、简单重复序列

简单重复序 SSR（Simple Sequence Repeat）也称微卫星 DNA，其串联重复的核心序列为 1～6 bp，其中最常见是双核苷酸重复，即（CA）n 和（TG）n 每个微卫星 DNA 的核心序列结构相同，重复单位数目 10～60 个，其高度多态性主要来源于串联数目的不同。SSR 标记的基本原理：根据微卫星序列两端互补序列设计引物，通过 PCR 反应扩增微卫星片段，由于核心序列串联重复数目不同，因而能够用 PCR 的方法扩增出不同长度的 PCR 产物，将扩增产物进行凝胶电泳，根据分离片段的大小决定基因型并计算等位基因频率。

SSR 具有以下一些优点：①一般检测到的是一个单一的多等位基因位点；②微卫星呈共显性遗传，故可鉴别杂合子和纯合子；③所需 DNA 量少。显然，在采用 SSR 技术分析微卫星 DNA 多态性时必须知道重复序列两端的 DNA 序列的信息。如不能直接从 DNA 数据库查寻则首先必须对其进行测序。

五、序列标志位点

STS（Sequence Tagged Sites）是对以特定对引物序进行 PCR 特异扩增的一类分子标记的统称。通过设计特定的引物，使其与基因组 DNA 序列中特定结合位点结合，从而可用来扩增基因组中特定区域，分析其多态性。利用特异 PCR 技术的最大优点是它产生信息非常可靠，而不像 RFLP 和 RAPD 那样存在某种模糊性。

本章小结

本章紧紧围绕观赏植物种质资源的研究方法，顺次介绍了多种植物学中的常用方法，包括植物学方法、孢粉学方法、生态学方法、遗传学方法、细胞学方法、生物数学方法、生物化学方法以及分子生物学方法等。重点是植物学研究方法，难点是生物数学和分子生物学研究方法。在这些研究方法中，一些常用方法，如石蜡切片、染色体核型分析、RAPD 分析等值得特别关注。

复习思考题

1. 石蜡切片法的主要步骤有哪些？
2. 如何调查一未知地区的植物资源概况？
3. 请以某一种观赏植物为例，大概说明其体细胞、细胞核及染色体的大小？
4. 一般而言，DNA 分子标记的大小范围怎样，它在某一条染色体中的比例可能有多大？
5. DNA 分子标记是不是基因，它与基因之间的关系怎样，在遗传育种中如何利用这种关系？
6. 举例说明分子标记技术在观赏植物中的应用。

推荐书目

[1] 程金水. 园林植物遗传育种学. 北京：中国林业出版社，2000.
[2] 曹家树，秦岭. 园艺植物种质资源学. 北京：中国农业出版社，2004.
[3] 廖明安. 园艺植物研究法. 北京：中国农业出版社，2005.
[4] 姜彦成，党荣理. 植物资源学. 乌鲁木齐：新疆人民出版社，2002.
[5] 林顺权. 园艺植物生物技术. 北京：高等教育出版社，2005.

第五章　观赏植物种质资源调查

摸清某个地区观赏植物资源的种类、分布（水平分布和垂直分布）、蕴藏量、品质和濒危程度，是开展观赏植物资源学工作的基础，也是制订该地区观赏植物资源的合理利用规划和保护措施的基本依据。要做好这方面的工作，观赏植物资源学工作者必须具有扎实的植物资源学、植物分类学、植物生态学和植物地理学的知识。观赏植物资源种类繁多，形态特征、生长环境和分布地区各异，因此，掌握丰富的植物分类鉴定知识和采集、制作标本的技能，是开展观赏植物资源调查研究的一项基本功。

第一节　调查研究目的和意义

观赏植物种质资源调查是以植物科学为基本理论指导，在周密的调查基础上，了解一个地区观赏植物资源的种类、地理分布、蕴藏量、生态条件、用途、利用现状、资源的消长变化以及更新能力等，发掘新的观赏植物资源，揭示观赏植物资源开发利用工作中的问题。观赏植物资源评价是在调查研究的基础上，通过对其资源的自然现状和利用情况的综合分析，科学评判区域内观赏植物资源的开发利用潜力和现状，进而为制定该区域观赏植物资源的可持续开发利用和保护管理计划提供理论依据。

一、调查目的

我国优越的自然条件孕育着丰富的观赏植物资源。为了充分开发利用丰富的观赏植物资源，做到合理采挖和可持续利用，需要先调查研究全国、各省及不同区域的观赏植物资源，掌握调查地区观赏植物资源的种类、生态地理分布规律和蕴藏量，了解观赏植物资源利用的历史、现状和发展趋势。通过观赏植物资源调查，了解观赏植物资源的种类、分布和蕴藏量；了解观赏植物资源与气候、地貌和土壤等的关系；揭示观赏植物资源的自然分布规律和生产开发的地域差异；总结开发利用观赏植物资源的技术和经验，为全国观赏植物资源合理开发、保护和利用提供科学依据。

二、调查意义

1990年以来，随着观赏植物资源的开发利用力度加大，在给地方经济带来可观效益的同时，其资源也受到了严重的破坏。为此资源调查应定期进行，在开发利用和保护管理过程中，了解观赏植物资源的动态变化，掌握其变化规律，以便不断修正保护和利用的措施。开展观赏植物资源的调查研究，是制定区域观赏植物资源开发利用和保护管理计划的第一手资料，同时，观赏植物资源调查对摸清区域观赏植物资源基本情况，有计划地开发利用和保护观赏植物资源、选育新品种和发展优良品种的规模化种植，提高花农的经济收入和促进地方经济的发展等均有重要的现实意义。

三、调查研究的工作程序

观赏植物资源调查分为准备、调查和总结 3 个阶段。

（一）准备阶段

准备工作是顺利完成观赏植物资源调查的重要基础。主要内容有：搜集和分析调查区域的有关资料，明确调查内容、调查范围和采用的调查方法，准备调查工具，制定调查计划，还应有健全组织领导，落实责任制度等。

1. 资料的搜集分析

（1）搜集调查地区的气候、植被、土壤等自然环境条件资料，如近 30 年的气象资料、植被分布图、土壤分布图等。

（2）搜集调查地区有关观赏植物资源开发利用和生产企业等现状和历史资料，如资源分布图、利用和规划图等；从历史资料上了解该地区观赏植物资源种类和前人的调查结果。

（3）搜集社会经济状况资料，如人口和社会发展情况、交通运输状况和行政区域地图等。

2. 调查工具的筹备

（1）仪器设备的准备。包括：①采集标本的设备，如采集刀、铲具、标本夹、吸水草纸、采集箱、标本牌和野外记录本等；②计算产量的设备，如天秤、弹簧秤等；③测量仪器，如测绳、卷尺、GPS 定位系统、树木测高仪和求积仪等；④收集样品袋具，如纸袋、布袋和塑料袋等；⑤野外记录工具，如铅笔、样方调查表格和野外记录本等。

（2）野外医药保健用品。包括自然损伤事故、一般疾病治疗和防护蚊虫叮咬等医药以及包扎用具。

（3）交通工具。如车辆和地图等。

3. 人员组织与责任分配

一般将调查工作人员按调查内容分组，明确责任和任务。调查人员应包括当地有经验的生产技术人员，有较高水平的植物资源学、植物分类学、植物生态学和地理学等学科专业人员。

4. 调查计划的制订

通过分析搜集的有关资料和调查任务，明确调查内容、调查范围和调查方法，制订调查计划，包括日程安排、资金使用等。

（二）调查阶段

调查阶段是通过对观赏植物资源的种类、分布、贮量等实际调查，掌握观赏植物资源自然状况第一手资料的过程，是调查工作的基本阶段。

（三）总结阶段

总结工作是系统整理调查所得到的各种原始资料，采集的各类标本和样品等。资料按专题分类装订成册，分析研究调查资料，并进行数字统计，绘制各种成果图件，科学评价调查地区观赏植物资源现状、开发利用中存在的问题，以及开发利用的潜力和保护管理等，提出意见和建议，并编写观赏植物资源调查报告。

第二节 调查研究主要内容

观赏植物资源调查的主要内容有生态环境、资源种类、分布、蕴藏量及其更新能力等。

一、生态环境

（一）地形、地势

根据实地观察，分别以高原、盆地、山谷、丘陵、平原、岛屿及山地等记载地形和地势，同时还记录海拔高度。

（二）地理位置

记录调查地区所在行政区划及经纬度，并记载调查地区及附近的湖泊、山脉、河流、交通干线情况等。

（三）土壤

土壤调查的主要内容包括：土壤类型、土壤理化性质和肥力特征、土壤剖面的形态特征、土壤利用现状，观赏植物和其他植物根系分布状况等。

（四）气候

通过访问群众和参照当地有关气象站的记录资料，记载以下的气象内容：

（1）降水量。年平均降水量，最高月平均、最低月平均降水量，冬季积雪时间及厚度。

（2）温度。年平均温度，最高月平均、最低月平均、绝对最低、绝对最高温度，初霜期、终霜期或年均无霜期。

（3）湿度（相对湿度）。年平均相对湿度，最高月平均、最低月平均相对湿度。

（4）风。常风情况、季风情况及风力，沿海地区还应记录台风等。

其他如四季的日照时间及光照强度等。

（五）植被

植被是一个地区植物区系、地形、气候、土壤和其他生态因子的综合反映。在调查范围内对植被类型如森林、草原、沙漠等分别记载其分布、面积和特点。对于调查范围内的各种植物群落应作样地调查，并分层记载。

植物群落是在一定地段上具有一定种类组成、层片结构和外貌以及植物之间和植物与环境之间有一定相互关系的植被。对于植物群落，应从以下几方面进行调查与记载：

（1）植物群落的名称。对群落结构和群落环境的形成起主要作用的植物，称为优势种，植物群落一般以优势种来命名。表现为个体数量多，生物量高，体积较大，生活能力较强，投影盖度大，优势度较高。

（2）盖度和郁闭度。盖度是指植物（草木或灌木）覆盖地面的程度，以百分数表示，如该样地内植物覆盖地面 1/3（另三分之二裸露），则其盖度为 33.33％；郁闭度是指乔木郁闭天空的程度，以小数表示。如该样地树冠盖度为 60％，其郁闭度则为 0.6。

（3）多度（或密度）。是指资源植物在群落中的分布密度。求取多度的方法有两种。一是记名记数法，以该种的个体数目占样地中全部种的个体数目的比值来计算，即某种植物的多度＝该种的个体数目／样地中全部种的个体数目×100％；二为目测估计法，以"非常多、多、中等、少、很少"5级来表示，此法准确度较差，主观性较大，但速度快。

（4）频度。频度表示群落中某种植物出现的频率。实测时，以某种植物出现的样地百分数计算频度系数，从而表示出该植物在群落中分布的均匀性。频度（％）＝某种植物出现的样方数目÷全部样方数目×100％。例如：在"扶桑"所构成的群落中，设置25个样地，经统计，有15个样地出现扶桑（不管其多度大小），则其频度＝15/25×100％＝60％。频度不仅表示该植物在群落中分布的均匀程度，同时群落分层频度调查，还可以说明自然更新情况、该群落的利用价值，并为计算蕴藏量提供数据。应该注意的是，频度的测定，需要采用小样地（小于群落的最小面积），但样地的数量不少10个。

二、自然分布与种类调查

观赏植物种类及分布调查是观赏植物资源研究的基础，是观赏植物资源调查的一项重要内容。通过采集植物标本，记录其生长环境、分布地点、群落类型、大致数量及主要用途等，了解调查地区的观赏植物资源分布规律、种类数量、种群数量和用途，为开发利用提供科学依据。

（一）调查过程

观赏植物种类调查前，先查阅已出版的《中国植物志》或地方性植物志及观赏植物志，了解该地区的植物区系资料，并尽可能先查看本地区的标本材料。观赏植物种类的调查包括原植物标本的采集，采到的标本除对观赏部分要特别注意外，同时要记录：采集地址、生境、生长习性、分布、花果期、观赏价值、伴生植物、大致数量（多度）、采集人、采集日期等。

采集到的原植物应制成蜡叶标本，一般每种植物应采集3~5份，并做好野外记录（表5-1）。在调查时除实地调查、走访有关人员外，还应有目的地组织一些座谈会，以便广泛搜集有关资料。

观赏植物种质资源访问记录表　　　　　　　　　　　　表 5-1

标本编号：		采集人：		采集时间：	
采集地点：　　省　　市　　县　　乡　　村					
生境条件：					
习性：	体高：		发育阶段：		多度：
植物学名：		俗名：		科名：	
观赏部位：		颜色：			
利用部位：		利用方法：			
备注：					

（二）名录编写

在完成观赏植物资源野外调查后，即可着手编写观赏植物资源名录。编写前应仔细核对标本，对于不能确定的种类，最好请有关单位的专家协助鉴定。同时要统计出每种观赏植物在本地区的分布情况，分布地区以下一级行政区划为单位。观赏植物资源名录，通常按植物分类系统来排列，先低等植物后高等植物。每种植物应包括名称、俗名、拉丁学名、生境、分布、花果期等部分。

三、蕴藏量调查

观赏植物资源蕴藏量调查是观赏植物资源调查的重要内容。它对于认识观赏植物资源现状，评价观赏植物资源在开发利用中存在的问题及其资源潜力，制定合理开发利用和保护观赏植物资源计划，均是第一手的基础资料，是极其重要的一个数量指标。观赏植物资源调查主要针对一些重要、有开发潜力、供应紧缺或已濒危的资源种。

（一）蕴藏量的计算

蕴藏量是指某一时期内一个地区某种观赏植物资源的总蓄积量，与该植物在某地区占有的总面积及单位面积上的产量有关，即：蕴藏量 ＝ 单位面积产量 × 总面积。

要准确估计出某种观赏植物在一个地区占有的总面积并非易事。目前，主要采用估算法。即先了解所调查的观赏植物在哪些林型或群落中分布，然后计算这些林型或群落的总面积。要做好这一工作，主要是通过理论计算来实现。一般是根据植被图或林相图来统计总面积。我国各省区都有详细的植被图或林相图。保存在各地政府部门和林业部门，可供查阅参考。具体方法是用特制的透明方格片套在植被图上，计算出各个林型或植物群落的面积，最后把所求得的各个面积相加，就是该种观赏植物在某地区所占有的面积。

（二）观赏植物资源储量调查方法

观赏植物资源的调查一般采用样方法。按照选择样地的原则、取样技术和调查的观赏植物资源的性质（草本、灌木或乔木），以及调查地区的特点，选用相应的样方大小，并取一定数量的样方。按调查表记录有关内容，主要包括样地地理坐标、样地与样方号、样方面积、调查地点、时间、群落类型，以及样方内植物的高度、盖度、密度、生物量、利用部位生物量、物候期、生活力、生活型、胸径、冠径等。如调查样地总记录表（表5-2）、草本观赏植物样方调查记录表（表5-3）、灌木观赏植物样方调查记录表（表5-4）和乔木观赏植物样方调查记录表（表5-5）。

各表记录内容说明：

1. 调查样地总记录表

调查样地总记录表 表 5-2

样地编号：	地理坐标：东经	北纬	所在行政区：	省	市（县）	乡（镇、场）
调查者：	调查时间： 年 月 日	海拔高度：		坡向：	坡度：	
群落类型：		主要层优势种：				
外貌特点：						
群落动态：						
小地形及样地周围环境：						
土壤及地被层特点：						
突出生态现象：						
人为活动影响：						
备注：						

（1）样地编号。指调查中有许多调查样地，每个样地在调查中人为拟定的代号，以免产生混乱。

（2）地理坐标。要求写明调查样地的经、纬位置。

（3）所在行政区。要求写明样地地处的省、市、县、乡、林场等名称。

（4）群落类型。根据组成群落各层的优势种命名，野外调查时先初步确定，室内可根据样方数据，重新命名。

（5）主要层优势种。指群落的建群种，即群落优势层的优势种，它起着构建群落的作用，如森林群落指乔木层优势种。

（6）调查者。指调查的主要人员。

（7）外貌特点。指群落外貌整齐与否，层次清楚与否，色调一致与否。陆地植物群落的外貌特征区分为森林、草原和荒漠。森林外貌又可区分为针叶林、落叶阔叶林、常绿阔叶林、混交林、热带雨林等。

（8）群落动态。主要包括群落的形成、发育和变化、演替及演化。

（9）小地形及样地周围环境。指地形微小变化，包括洼地、小丘等不超过 1m 的地面起伏。周围环境指是否有河流侵蚀沟、居民点及其他群落类型等。应尽可能反映对群落及观赏植物资源分布可能产生的影响。

（10）土壤及地被层特点。指土壤的类型、地被物（枯枝、落叶）覆盖情况及地表岩石裸露、风化情况等。

（11）突出生态现象。指树形和植物体的变化，动物影响，病虫害发生情况，特殊自然现象，如风、雪影响等。

（12）人为活动影响。指砍伐、采集、放牧、挖掘等。

2. 样方调查记录表

草本观赏植物样方调查记录表 表 5-3

样方编号：　　　　　　样方面积：　　　　　　总盖度：

序号	植物名称	物候期	生活力	高度（cm）		盖度（%）	密度（株）	生物量（g）	利用部位生物量（g）
				营养茎	生殖茎				
1									
2									
3									

（1）样方编号。应包括所在样地号和样方号，如样地号为2，样方号为4，应记为2-4

（2）样方面积。指调查时所采用的面积。

（3）总盖度。指草本（层）、灌木（层）或乔木层对地面的总覆盖度，用百分比表示。

（4）物候期。指调查时每种植物所处的发育阶段，如营养期、现蕾期或抽穗期、开花期或孢子期、结果期、果实成熟期、种子成熟期、落叶期、休眠期和枯死期等。

（5）生命力。通过对生长发育态势的判断，如生长繁茂与否、与周围植物竞争能力强弱及病虫害情况等，了解其生命力强弱。一般生命力是指在生长地能否顺利良好地完成有性和无性繁殖等生活史过程。可分为三级：生命力强、中、弱。生命力强是指生长旺盛，能用种子繁殖，营养繁殖也好；生命力中是指能正常生长，但结实弱或不结实，主要靠营养繁殖；生命力弱指不能正常生长，不结实，营养繁殖也差。但在调查中由于各种植物处于不同的发育生长阶段，很难准确判断生活力情况，因此可根据长势做出初步判断。

（6）高度。指植物自然生长高度，包括生殖枝高度（花序、果序等高度）和营养枝高。

（7）盖度。指样方中每个植物种的分盖度，即其枝叶所能覆盖的地面面积比。

（8）密度。指单位面积上某种植物种的个体数目，即统计样方内某种观赏植物的株数。

（9）生物量。指样方内每个植物种收割地上现存量。

（10）观赏部位生物量。指样方内每个作为资源种观赏部位的重量。观赏部位生长量是比较复杂的，不同种观赏部位不同，且采集利用季节不同，一次调查很难理想地获得全部观赏植物资源的观赏部位生长量，树皮、大树果实、树根等就更难获取了，为此可用取样办法进行估计。但无论如何，观赏部位生长量是观赏植物资源调查中非常重要的指标，应尽可能地获得全面的数据。

（11）冠径（幅）。主要指灌木和乔木种类的树冠直径。但植冠一般不是绝对圆的。每株应至少测量 2 个直径，即长和宽度。

（12）胸径。指乔木从地面算起 1.3 m 高度处的树干直径。如遇到有多个萌干的大树，必须测量每一个萌干的胸径，并记录其萌干数。树高在 2.5m 以下的小乔木一般放在灌木层调查。

（13）基径。指乔木树干距地面 30cm 处的直径。

灌木观赏植物样方调查记录表　　　　　　　　表 5-4

样方编号：　　　　样方面积：　　　　总盖度：　　　　群落名称：

序号	植物名称	物候期	生活力	高度（cm）		盖度（%）	密度（株）	冠径（cm）	利用部位生物量（g）
				营养茎	生殖茎				
1									
2									
3									

乔木观赏植物样方调查记录表　　　　　　　　表 5-5

样方编号：　　　　样方面积：　　　　总盖度：　　　　群落名称：

序号	植物名称	物候期	生活力	高度（cm）	基径（cm）	胸径（cm）	密度（株）	冠幅（cm）	利用部位生物量（g）
1									
2									
3									

四、更新能力调查

观赏植物资源属可更新资源，更新方式有自然更新与人工更新两种。观赏植物资源的更新能力与采挖利用强度有直接关系，应设计不同的采挖强度加以研究，才能更好地认识在利用过程中，观赏植物资源的变化情况和种群的增长潜力，为制定持续利用生产计划和提高观赏植物资源的利用效率提供理论和技术依据。

（一）自然更新调查

1. 固定样方的布局和设置

固定样方应设置在选定的样地上，样方大小和产量调查时选用的样方尽可能一致，数目不少于 30 个，样方的布局也应和产量调查时的方法一致。比如产量调查用的是随机抽样法，更新调查时也应选用随机抽样法。

2. 地上器官的自然更新调查

由于地上器官每年增长的数量，可以连续测量，因此地上器官的自然更新调查要容易些。首先要调查它的生活型、生长发育规律，其次要调查它的投影盖度和伴生植物。调查需逐年连续进行，一般应包括单位面积观赏植物资源产量、单位面积的苗数及苗高、生态因子对生长的影响以及最适采收期的确定。

3. 地下器官的自然更新调查

地下器官更新调查主要是调查其根及地下茎的每年增长量。由于地下器官不能连续直接观察，可采用定期挖掘法和间接观察法进行调查。因此，在固定样方进行地下器官自然更新调查时，首先要考虑采挖强度，采挖强度可根据种群密度和年龄组成而定。

（1）间接观察法。又称相关系数法，由于大多数观赏植物的地下器官和地上器官的生长存在着正相关，因此可以找出它们的相关系数。这样只要调查其地上部分的数量指标，通过有关公式即可推算出地下部分的年增长量。

（2）定期挖掘法。是在一定时间内间隔挖取地下部分，测量其生长量，经过多年观察得出其更新周期。这种方法适用于能准确判断年龄的植物，如一二年生的草本花卉植物。

（二）人工更新调查

随着人们对观赏植物的大量采挖，仅靠它们的自然更新能力已不能满足需要。为此，应在采挖后的基地上进行观赏植物资源的人工更新，即在适宜调查该种植物生长的地段进行人工播种或栽培，然后进行观察记载。这样的地块也可叫样方。草本植物每个样方的面积为 $1m^2$，灌木为 $4m^2$，乔木为 $100m^2$。对样方的自然情况如样方面积、土壤情况、坡度、海拔、群落类型、坡向、照度和伴生植物等也要调查。同时，在样方内可播种或移栽幼苗，并记录其生长发育情况，如增长数、增长量以及达到采收标准的年限。通过数年的观察，即可提出人工更新的年限和恢复资源的技术措施。

第三节　野外调查准备工作

我国土地辽阔，自然条件错综复杂，观赏植物资源极其丰富。由于观赏植物资源调查任务十分复杂，包括种类、分布、数量、产量、利用价值和开发前景等，在调查开始之前，进行完备的准备工作是十分必要的，它能使以后的调查工作顺利进行，提高工作效率和质量。

一、观赏植物资源调查的准备工作

（一）组成调查队，制定调查计划

调查队的组建依任务确定。观赏植物资源调查队必须包括有较高水平的植物分类学、地理学、生态学等方面的专业技术人员。要熟悉调查方法，掌握调查技术，并要有吃苦耐劳的精神和严肃认真的工作态度。调查队的工作计划一般包括以下几项：调查队的目的和任务，调查范围和主要内容，调查的要求和具体方法，日程安排，经费来源和使用计划，调查总结与验收，成果处理等。

（二）确定调查任务

调查任务一般多为上级指令性任务。为此，必须根据科技管理部门、行政部门或生产部门的要求确定具体的调查任务。但是一次调查的内容不要过多，地区不要过大，否则将由于人力、物力、财力不足或调查人员素质和水平不能适应而得不到预期效果。

（三）资料查阅和座谈讨论

在进行观赏植物资源野外调查之前，必须尽可能地搜集和查阅有关资料。查阅的资料应包括有关调查地区的自然地理情况、农业、林业、气象、植物、动物情况及有关地方疫病的资料。

（1）有关本地区的植物区系学资料。如地方植物志、中草药手册等。并尽可能根据资料编写出当地的观赏植物资料，作为调查的基础和参考。

（2）有关本地区的各种地图资料。如大、中、小比例尺的植被图和林相图、农业区划图、林业区划图，大比例尺的地形图和行政图。特别是大比例尺（1：5000～1：50000）的植被图对于观赏植物资源调查尤为重要。

除了查阅资料，进行访问外，还应召开当地群众参加的座谈会。特别是老农和猎户，他们对当地观赏植物资源的分布、产地和购销应用有丰富的经验，提供的信息非常有利于调查工作的展开。

（四）制定调查线路，编制工作日程表

调查线路的制定要参考植被图、行政区划图，同时应考虑交通工具等问题。调查线路中应包括本地区内的主要群落类型，特别要把含有主要观赏植物的群落类型包括进去。可把主要群落划成若干小区（可借助林相图），并规定每个小区调查的主要内容和完成的时间。在编制日程表时要留有余地，以便因天气恶劣无法进行时，有调节的可能。

（五）调查人员的培训

调查人员必须具备一定水平的某方面专业知识，在此基础上，再对他们进行野外工作的培训。训练内容：有关观赏植物资源调查的专业知识。如植物区系及植物分类学知识，包括标本的采集和压制，植物地理学、植物群落学知识。仪器的使用和方法的训练，如常用的经纬仪、测高（海拔）仪等。

在大规模的观赏植物资源调查中，由于参加的人员较多，有必要事先进行野外调查的实习。通过实习使大家统一认识、统一方法，并能熟悉有关调查的一些技术措施，从而使不同地区、不同人员的调查在技术标准上达到一致，尽量减少人为误差的出现。

二、调查中注意事项

观赏植物资源调查是一件细致、复杂的工作，而且工作量大，不是一两个人能够完成的。它的成果直接应用于指导观赏植物资源的生产规划，对利用和保护观赏植物资源有现实而深刻的影响。为了提高调查工作的质量，必须注意以下几方面：

（一）人身安全

由于野外调查工作环境的特殊，调查人员应有较强的人身安全意识，在深山密林中采集标本，最好有向导带路。食物宜每人分开携带，同时需携带野外医药保健用品，包括自然损伤事故、防护蚊虫叮咬和一般疾病治疗类等各种医药和包扎用具。在南方高山有旱蚂蟥的密林采集，脚上应穿长筒布袜和防滑鞋。

（二）资源与环境保护

（1）需要尊重经济规律和自然规律，熟悉国家有关政策和有关观赏生物资源利用与保护的法律、法规，从调查地区的全局出发。

（2）观赏植物资源调查是以制订观赏植物资源持续开发利用和保护管理的总体生产规划为最终目标，因此，观赏植物资源调查应与资源评价、生产和保护的需要紧密结合，防止脱离生产实际的单纯资源调查。

（3）保护观赏植物资源，不要滥采滥伐，做到有计划地采集。

（4）防止森林火灾、爱护国家财产。

（三）方位确定方法

野外调查人员通常需要携带指南针、GPS或卫星电话等现代化设备，但这些设备不是每个人都配有的。在少数人或一个人离队、迷失方向时，方位的确定很重要，首先保持镇定和冷静，再按以下方法确定方位。

（1）北极星：先找到大熊星座，然后再找北极星，北极星的方向永远是正北方。大熊星座，即一般称为北斗星或勺子星，该星座由七颗星组成，四颗星组成斗，三颗星组成斗柄。找到了大熊星座，将其斗上的α、β两颗星连接并延长，在其距离约7倍的地方，有一颗不太光亮的星，即为北极星。

（2）月亮：圆月时，晚7时位于东方，午夜后在南方；上弦月，晚7时位于南方，午夜1时在西方；下弦月，晚1时位于东方。

（3）太阳的位置：在东北地区，夏天上午10时在东偏南，下午1时左右在正南，下午3时以后在西南。

（4）地衣：在树干上，南面较少，北面较多。

（5）孤立木：一般多枝的一方为南，少枝的一方为北。

（6）蚂蚁窝的倾斜度：向南的一面坡较缓，北面较陡。

（7）桦树皮：南面比较光洁；北面比较粗糙，有疙瘩或裂纹。

（8）年轮：木质部生长快的（年轮稀疏的）为南，木质部生长缓慢的（年轮紧密的）为北。

（9）晚间可生火取暖及防御野兽侵袭，也可作为联络信号，但要防止森林火灾，离开前将火熄灭。

第四节　野外调查方法

观赏植物资源调查的基本方法包括现场调查、路线调查、访问调查和野外调查取样技术等，概括起来就是点、线、面、访问相结合的综合调查法。

一、现场调查

现场调查是观赏植物资源调查工作的主要内容，分为详查和踏查两种方式。

(一) 详查

详查是在踏查研究的基础上，在具体调查区域和样地上完成观赏植物资源、种类和贮量调查的最终步骤，是观赏植物资源调查的主要工作内容。

(二) 踏查

踏查也称概查，是对调查地区观赏植物资源的气候、地形、范围、边界、植被、土壤，以及观赏植物资源种类和分布的一般规律进行全面了解。常结合各种有关地图资料进行，如土壤分布图、植被分布图、土地利用图和地形图，甚至遥感图像资料等。从调查全局来讲，踏查是认识整个调查地区，选择重点取样区域的过程；从调查局部来讲是认识取样区域，选择具体调查样地的过程。踏查应由有关专业人员与熟悉当地情况的生产技术人员共同进行。

二、访问调查

访问调查是向调查地区有经验的生产技术人员、干部、采集者和集贸市场及收购部门等，进行口头调查或书面调查。许多有关观赏植物资源利用现状的资料，是通过访问调查，收集有关部门的资料获得的。访问调查事先应有详细的提纲，提供给被调查人，以便有所准备，提高访问调查的质量。无论采用座谈会或个别访谈的方式，都要认真做好记录，对被调查人员的身份、经历、工作单位等也应做好记载，并及时整理出调查专题材料（表 5-6）。

观赏植物资源访问调查记录表 表 5-6

访问日期：	被访者姓名：	年龄：	职业（职务/单位）：
植物学名：	俗名：	科名：	
证据标本号：	采集人： 采集日期：	采集地点： 省 县 乡	
生境条件：	海拔高度：		
习性：	体高： 胸径：	发育阶段： 多度：	
根：	茎：	叶：	
花：	果实：	种子：	
用途：	利用部位：	利用方法：	
市场销售情况：			
加工处理方法：			
备注：			

三、路线调查

观赏植物资源的调查是遵循一定的调查路线有规律地进行的，并在有代表性的区域内选择调查样地，进行观赏植物资源种类及贮量的详查。

（一）选择调查路线的基本原则

观赏植物资源的分布及其种群数量受区域生态环境的影响，特别是地形的变化，而植被类型是观赏植物资源分布的重要参考依据，因此，选择调查路线的基本原则是能够垂直穿插所有的地形和植被类型，不能穿插的特殊地区应给予补查。调查路线对调查区域的覆盖及代表性，将影响调查结果的客观性和准确性。

（二）路线的布局方法

路线布局方法分为区域控制法和路线间隔法两种。

1. 区域控制法

当调查地区地形复杂，植被类型多样，观赏植物资源分布不均匀，无法从整个调查区域按一定间距布置调查路线时，可按地形划分区域，分别按选择调查路线的原则，采用路线间隔法进行路线调查。

2. 路线间隔法

路线间隔法采用的基本条件是地形和植被变化比较规则、观赏植物资源的分布规律比较明显，穿插部位有道路可行。调查路线之间的距离，因调查地形和植被的复杂程度、观赏植物资源分布的均匀程度以及调查精度的要求而决定（表5-7）。

常用不同精度调查路线间距参考数据   表5-7

调查精度（比例尺）	中比例尺（万）			大比例尺（万）			超大比例尺（万）		
	1：25	1：20	1：10	1：5	1：2.5	1：1	1：0.5	1：0.25	1：0.1
路线间距（km）	7～8	5～6	2～3	1～1.5	0.5	0.2	0.1	0.05	0.02

（三）在调查路线上的主要工作内容

在调查路线上，选择具有代表性的地段作为样地，并做一定数量的样方，记录观赏植物资源种类的各种数量要素，主要包括密度、高度、生物量、盖度、地形条件、土壤条件、利用部位生物量和植被类型等；调查路线上，应按一定的距离，随时记录观赏植物资源种类的分布情况和多度情况，并采集植物标本和需要做实验分析的样品，为定性和定量分析调查地区观赏植物资源贮量及其变化规律准备数据资料。

四、样地调查

在调查范围选择不同地段，按不同的植物群落设置样地，在样地内作细致的调查研究。样地的设置是按不同的环境（如地形、海拔、坡度、坡向等）拉上工作线，在工作线上每隔一定距离设置样地（一般草本植物的样地为 1～10m²，灌木的样地为 10～50m²，乔木的样地为 100～10000m²）。在样地内对观赏植物的株数、盖度（郁闭度）、多度、每株湿重和干重等作测量统计。

（一）样地选择的方法

1. 随机抽样法

从含有 N 个单元的总体中，随机、等概地抽取 n 个单元，组成样本估计总体的方法，称为随机抽样法。其基本原则是使某个样方在整个样地内都有同等机会（等概率）被抽样选用。此法的优点是所调查的数据可以进行各种数理统计分析，可靠性强。缺点是样地确定较为困难，工作量大。

2. 系统抽样法

又称机械抽样法。在资源调查中，由于随机抽样样地位置确定较为困难，故常用系统抽样来替代它。系统抽样是在随机起点以后从 N 个单元的总体中按照一定的间隔抽取 n 个样本单元组成样本，以估计总体的方法。它的优点是样本单元较均匀地分布在总体里面，在无偏差的条件下，可以取得比简单随机抽样更好的效果。缺点是当某种观赏植物在群落中呈不规则分布或随机分布时，结果可能会影响产量调查的准确性。

3. 典型抽样法

又称非随机取样法、主观取样法。在样地内主观地选择最有代表的地块作为调查样方。此法缺点是获得的资料易出现偏差和遗漏，故这种方法所得的数量资料不能用于统计分析。

（二）样方的设置

1. 样地的类型

（1）样条。一种长方形的条状样地（称为样带），或是用一条线代表（称为样线）。

（2）样方。利用一定的平方面积作为整个群落的代表。在观赏植物资源调查中要详细计算这个面积中的植物种类、数量等。如用圆形样方则称样圆。

（3）无样地法。不设样方或样条，只是建立中心轴线，标定距离，进行定点随机取样的方法，包括最近个体法、最近邻法、随机选对法和中点四分法四种。

2. 样方大小和数目的确定

样方的大小取决于被调查的观赏植物种类以及它们的群落结构。一般草本植物的样方为 $1\sim4m^2$，小灌木的样方为 $16\sim40m^2$，大灌木和小乔木的样方为 $100m^2$。设置样方时，必须注意所取面积的准确性。

样方设置的数目不得少于 30 个，应从统计的角度综合考虑。在野外实际调查时，由于观赏植物群落结构的复杂程度不同，所设置的样方数常有很大的变化。

3. 样方产量的计算方法

根据观赏植物生长特性，可用投影盖度法计算样方的产量。所谓盖度是指某一种植物在一定的土壤表面所形成的覆盖面积比例。它取决于植株的生物学特性，不受植株数目和分布状况的影响。

用投影盖度法计算产量时，首先要计算出某种观赏植物在样方上的投影盖度和1％盖度上的质量，然后求出所有样方的投影盖度和1％盖度上质量的平均值，其乘积就是单位面积上某种观赏植物的产量。此法适用于群落中占优势的植物，如成丛的灌木或草本花卉植物。

4. 样方调查记载的内容

记载的内容有：调查地点、日期、样方编号、样方面积、观赏植物种类、生境、植物所在的群落类型和伴生植物等。

第五节 室内工作的整理

观赏植物种质资源调查的室内整理工作主要有：标本的整理与鉴定、野外调查数据的整理与统计、观赏植物资源图的绘制等。室内整理工作一般在驻地或就近居民点进行，如发现有资料、数据或标本遗漏，可以就近弥补。经过室内整理和再次补充，就为最后总结工作奠定了基础。

一、调查资料的整理

野外调查结束后，要及时对调查资料进行统计分析和整理，并撰写调查报告。一般需要进行以下几项工作：第一，分类整理自然条件和社会经济状况等资料，按地区分专题内容进行汇总。第二，整理标准样方的测定数据，并将同一个地区的样方按生境类型进行分类统计，最后将统计结果填写到专门的汇总表中。第三，开始编写观赏植物资源物种名录。每个物种应包括中文名称、俗名、拉丁学名、生境、分布、花果期等。第四，按调查目的和要求，依据调查资料估算资源蕴藏量，分析资源质量，对资源现状和发展趋势进行预测分析，提出资源可持续利用发展对策，编写调查报告。

二、标本采集与制作

研究观赏植物，其中一个重要的环节就是采集植物标本和拍照，因为标本和照片是辨认植物种类的第一手材料，也是永久性的植物档案和进行科学研究的重要依据。没有标本或照片而只靠到野外观察各种植物，固然能收到一些效果，然而时间久了对一些当时印象较深的植物又会变得模糊起来。

(一) 采集标本的用具

1. 标本夹板

用坚硬的木条制成，供室内压制标本用，夹板长 50cm，宽 45cm。另外，还有一种轻便标本夹板，用胶合板或铁丝网制成，便于携带，供上山使用。

2. 吸水草纸

面积与标本夹板大小相当（或为其倍数）的草纸或吸水能力强的纸，用于吸取标本的水分。

3. 小铁镐

采集植物的地下部分时用。有一种可折叠的多用丁字镐，携带更方便。

4. 枝剪

枝剪是作为剪取木本植物枝条用的。它可分手剪和高枝剪两种，后者供采集高大乔木的枝条用。

5. 全球定位系统（GPS）

用来对采集地点的信息定位。

6. 地质罗盘

用以测定方位、地形坡度、坡向。

7. 卫星定位仪

用于精确测定标本采集地点的经纬度、行走路线、方向等。

8. 号牌

用白色硬纸做成，长方形，一般长 5cm，宽 2.5cm，一端打孔备穿线用。每一个标本都要挂一个号牌。号牌的正反面应分别用不易褪色的铅笔或黑色笔写明：采集地点（县、乡或经纬度）、采集日期，采集人姓名、采集号码。

9. 野外采集记录本

记录采集地点、环境等资料用，一般长 15～20cm，每 100～200 页装订成一册。

10. 卷尺

用于测量植物的株高、胸径等。

11. 采集箱

用白铁或塑料制成，长 54cm，宽 27cm，高 14cm，上面弧形凸起，中部留一个长 40cm、宽 20cm 的活页门，两端备有环扣，以备配背带用，可防止采集的新鲜植物标本在路途中失水和损坏。如无特制的采集箱，也可用牢固的塑料袋代替，但要防止在路途中标本被挤压损坏。

12. 照相机

用于拍摄植物标本或生境等。最好配有变焦和近摄镜头。如是数码相机，注意带好备用电池和存储卡。

此外，还要准备麻绳、防雨塑料布、扩大镜、望远镜、小纸袋、广口瓶及浸制液（40％甲醛溶液、乙醇等）等物品。

（二）标本采集记录的内容

野外标本的采集应有现场记录，有几项内容最为重要，如植物名、当地土名，生态环境（山坡、林下或沟边等）、海拔、植物的花果颜色也很重要。因为花色易变，而有些植物鉴定种或变种时，常以花色为依据。采集记录的同时要按种编号（表5-8）。

观赏植物标本采集记录表 表5-8

中文名：		科名：	拉丁学名：	
采集地点：	省　县　乡　村		习性：	
地理分布：		海拔：	经度：	纬度：
生境：		株高：	胸径：	
根：		茎：	叶：	
花：		果实：	种子：	
观赏部位：				
备注：				

（三）采集标本应注意的问题

（1）采集的标本应具有典型性、代表性，所采集的标本应带有观赏部分和地下部分，因为不少植物（如百合科、伞形科、毛茛科乌头属）的根和地下茎在分类上有其重要意义。如地下部分过大，可分别压制，但必须与所采集的地上部分编同一采集号。

（2）采标本是为了更好辨认、鉴定种类，因此必须收集带有花、果等繁殖器官的标本，至少二者必有其一。因为植物繁殖器官的形态特征比较稳定，对鉴定种类有重要的作用。

（3）某些植物的基部叶与上部叶形状不同（异型叶），叶上的附属物（毛茸、蜡被等）在新老叶上也有不同，应尽量采全。

（4）一些丛生的草本植物，应保留其丛生的特征，不要把它们分得太散，失去原来的习性。

（5）雌雄异株的植物（如麻黄科、桑科、葫芦科等植物）应注意同时采集雌株和雄株。

（6）草本植物中的矮草要连根挖出，以便根、茎、叶、花（或果）都全。如果是高草（1 m以上），最好也连根挖出，把它折成"N"字形或切成几段压制。太粗太高的可以剪取上段带花果，中间切带叶的小段，切下带根部分，各段合并为一份标本，但需将其全草高度记录。

（7）木本种类剪下带有花、果及叶片完整的枝条，长度以25～30cm较为合适，如果木本植物的观赏部分是根或树皮，最好取一小块作为样品，与地上部分编同一号码，将之附于标本上。

（8）木本植物的树皮特征有重要的鉴别意义，采集标本时应予例取。并与标本编同一采集号，供研究参考。

（9）水生藻类植物采得标本，到驻地后要重新放在水里，然后用硬台纸将其托起，再压成标本。

（10）对于粗壮地下茎（如百合科）或含水分较多（如景天科、仙人掌科、马齿苋科等）植物，需切开干燥或用开水将其烫死后再压制，否则造成花、叶脱落或腐烂败坏。

（11）每种植物至少采集3份以上标本，每张标本应详细记录易改变或消失的特征，如花的颜色、气味、毛茸等。

三、调查成果图的绘制

在野外调查工作基础上，经过资料整理和数据核对后，即可着手进行观赏植物资源地图的绘制。资源地图是将观赏植物资源的种类、分布或蕴藏量等科学、形象地用地图的形式反映出来，能够为有关部门在统筹安排、计划生产、合理利用及开发更新等方面提供参考。

（一）资源图的类型

资源图可以从两种不同角度来划分。

1. 按比例尺划分

可分为三类：大比例尺资源图：比例尺为1∶5000～1∶20万的比例尺图；中比例尺资源图：比例尺为1∶20万～1∶100万比例尺图；小比例尺资源图：比例尺为1∶100万以上的比例尺图。

2. 按资源图的内容划分

（1）观赏植物资源分布图。它主要反映观赏植物资源调查中种的分布。这种分布图又可分为两种：一种是单种植物资源分布图，反映某种观赏植物的分布，这种资源分布图使用价值较大，对充分利用和开发某种植物资源有较大的价值，已广泛为植物资源学家所利用；另一种是地区性的综合资源分布图，反映某一地区观赏植物种类及其分布。其优点是便于寻找各种资源植物的混合分布和单独分布的关系，对局部地区资源种类有全面的了解。缺点是由于种类过多，因而符号较多，图表混乱，且不易标得更详。

（2）观赏植物资源区划图。是观赏植物资源开发利用的重要依据，它依据农业区划、林业区划和植被区划，并考虑到植物资源的分布、特点而绘制的。其突出特点是既能反映植物资源的生态特点，又能反映出合理开发观赏植物资源的方向。

（3）植物资源蕴藏量图。主要反映某种观赏植物的蕴藏量及在不同地区的分布，在进行广泛的蕴藏量调查基础上绘制而成的。

（4）群落分布图。这种群落分布图不同于植被图，是在原有植被图的基础上并结合广泛的植物资源调查而绘制的。它的意义在于可以减少资源调查的范围，能计算出该种资源植物所占有的面积，并可作为计算蕴藏量时参考。

（二）绘制

1. 观赏植物资源分布图的绘制

观赏植物资源分布图是表达调查地区观赏植物资源分布特点和规律的地图，是在观赏植物资源种类和分布调查的基础上，将调查结果按一定的行政区划绘制到地理底图上制成的。一般可用行政地图，如能选用植被分布图当然更好，因为观赏植物资源的分布与植被分布有着极其密切的关系。

观赏植物资源分布图通常用范围法来表达。所谓范围法就是指用来表示地面间断而成片分布面状现象的一种表示方法。并用各种符号、着色、绘晕线和文字注记等形式表示不同的现象。范围法表示的分布规律有精确范围和概略范围之分，概略范围只用一些零散符号或文字注记来表示；而精确范围要求尽可能地表示分布界线，观赏植物资源从个体角度看是零散分布，但从种群角度看有一定的分布面积和区域。

综合资源分布图由于涉及的种类较多，因此常用图形、符号或数字代表不同种的植物，然后按分布地区标记。

单种资源分布图通常采用点斑法表示。点斑法又称圆点法，它是根据采到的标本或有关资料，在行政区划的素图上分别用圆点标出。块斑法是依据标本的分布范围用涂斑方式来表明该物种的宏观分布状况，其优点是能表示出某种观赏植物在某地区的分布范围，从而为制定采收计划提供更方便的依据。

此外，还有一种垂直分布图，在各个海拔高度对所调查的资源进行统计，找出其分布的海拔高度区间，然后在坐标图上依次将其分布的垂直区间用线段表示出来的一种方法。

2. 群落分布图的编绘

群落分布图需借助植被图才能完成，但仅有植被图还不能绘出群落分布图。它必须借助植物资源调查中获得的以下资料：群落类型中含有所调查的植物，所调查的植物群落类型；该植物在这些群落中含有量的情况，一般可把它分为三个等级：高多度、中多度和低多度。然后对照植被图将其勾画出来。

在编绘群落分布图时，选择植物群落时应注意以下几个方面：（1）所选择的植物群落应是含有较大量的某种观赏植物；（2）在图例中，应标明这些植物群落所调查种类的多度等级；（3）群落分布图中的群落单位，不一定要和植被分类的群落相吻合，它可以包括几种不同的群落类型，其根据主要考虑多度等级相近。

3. 资源蕴藏量图的编绘

观赏植物资源贮量图是表达调查地区观赏资源贮量特点及区域变化规律的地图，是在观赏植物资源贮量调查的基础上，将调查结果按一定的行政区划绘制到地理底图上制成的。选用的地理底图一般可与范围法相同。

观赏植物资源的贮量图与分布图不同，贮量是一种数量特征，一般可用分区统计图法来表达，分区统计图法是把制图区域分成若干小区，根据各区统计资料，绘制统计图，以表达并比较各区现象的数量差异的方法。采用这种方法，首先要有清晰的分区界限（这里可以是不同的行政区），然后，根据统计资料设计相应的统计图形，并将统计图形放在相应的分区中部。统计图形的形式各异，但一般习惯用圆形图形，便于表达现象的相对特征，所能表达的信息量较大。

4. 资源区划图的编绘

资源区划是在资源调查的基础上，正确评价影响资源开发和生产的自然条件及社会经济条件的特点，提示资源与生产的地域分布规律，按区内相似性和区际差异性划分不同级别，提出生产发展方向和建设途径。其目的在于指导资源开发和生产。在编绘资源区划图时，要搜集有关本地区自然条件、社会经济条件，并结合资源调查中获得的各种资料数据进行综合分析，然后划分资源生态类型，同时还要根据不同地区内主要资源种类的生物学和生态学，分析某个地区最适宜发展的优势观赏植物，然后划出区划。

5. 观赏植物资源利用现状图的绘制

观赏植物资源利用现状图是表达调查地区观赏植物资源利用现状及区域差异的地图，是在观赏植物资源利用现状调查的基础上，将调查结果按一定的行政区划绘制到地理底图上制成的。选用的地理底图一般可与范围法相同。

观赏植物资源利用现状图与贮量图相似，是一种数量特征，一般可用分区统计图法和定位图表法来表达。定位图表法是将固定地点的统计资料用图表形式画在地图的相应地点上，以表示现象的数量特征和变化。常见的定位图表有柱状图和曲线图等。

第六节　调查报告的撰写

观赏植物资源调查报告是调查工作的全面总结，内容包括：①工作任务、调查组织与调查过程的简述；②调查地区自然地理条件概述；③调查地区社会经济条件概述和观赏植物资源调查的各种数据、标本、样品及各种成果图件；④分析评价调查地区观赏植物资源开发利用与保护管理工作中存在的问题，以及提出科学可行的意见或建议。调查报告的主要内容及写作格式如下：

一、前言

（1）调查的目的和任务。

（2）调查范围（地理位置、行政区域、总面积等）。

（3）调查工作的组织领导与工作过程。

（4）调查内容和完成结果的简要概述。

（5）调查方法。

二、调查地区的社会经济概况

包括调查地区的人口、劳动力、居民生活水平、观赏植物资源在社会发展中的地位，从事观赏植物栽培的劳动力数量、占总人口的比例，以及所受基础及专业教育程度等情况。

三、调查地区的自然环境概况

1. 气候

包括热量条件、光照、降水和生长期内降水的分布、霜冻特征和越冬条件等。

2. 土壤

包括土壤类型和肥力条件，调查地区土壤侵蚀、盐碱化、沼泽化等生态因素，观赏植物资源与土壤条件关系，以及在开发利用中对土壤环境的影响等。

3. 地形

包括地形变化概况，巨大地形和大地形概况，地形特征与观赏植物资源分布的关系，可附地形剖面图加以说明。

4. 植被

植被是一个地区植物区系、地形、气候、土壤和其他生态因子的综合反映。在调查范围内对植被类型如森林、草地、农田、荒漠等分别记载其分布、面积和特点。对于调查范围内的各种植物群落（主要是包括有重要观赏植物）应作样地调查，并分层记载。

四、资源现状分析

观赏植物资源利用现状调查的数据，主要通过对收购利用企业、收购者、集市和采集者等的访问调查获得。主要调查内容有利用方法、利用种类、市场价格、栽培情况、用途、产品性质、销售去向、保护情况、收购量和需求量等（表 5-9）。另外，资源现状调查还包括非经济用途种类情况、环境保护用种类和种质等。

观赏植物资源利用现状一览表 表 5-9

序号	植物名称	观赏部位	销售去向	市场价格	栽培情况	需求量	生产企业	保护情况
1								
2								
3								

五、资源综合分析与评价

观赏植物资源分析评价，是对调查地区观赏植物资源种类、贮量、开发利用现状和开发利用潜力等进行综合分析和评价，为进一步制定观赏植物资源开发利用总体规划提供理论和技术依据。

（一）开发利用效率评价

在完成观赏植物资源调查工作后必须对观赏植物资源开发利用效率进行评价，以保证能制定合理的开发利用规划。主要包括生产效率、经济效率和生态效率 3 个方面。

1. 生产效率

一个地区或一个部门采收观赏植物的数量是否合理，除了考虑年允收量外，还应调查当年实收数量，计算其生产效率。其计算公式为：

$$生产效率 = \frac{年实际采收量}{年允收量}$$

生产效率是作为评价观赏植物资源生产合理性的指标，又可作为控制年采收量的评价指标。生产效率的理想值＝1。当生产效率小于1时，表示资源利用的不充分或由于实际需要量少，采收的不多；当生产效率为1时，表示可利用的资源已全部采收，观赏植物资源得到了充分开发；当生产效率大于1时，表示实际采收量已超过了每年允许采收的限度，是不合理的，应严格控制，减少实际采收量，以便做到资源的持续利用。

2. 经济效率

为了能正确制定出每年最佳采收数量，仅以生产效率为依据是不全面的。为此，应计算其经济效率。计算公式为：

$$经济效率＝\frac{年实际采收量}{年总消耗量}$$

当经济效率比值为1时，表明采收的观赏植物全部销售而没有积压。

3. 生态效率

为了保证观赏植物资源的持续利用和品种的均衡生产、保护观赏植物资源，还必须从生态学角度去评价资源开发利用的合理性。

（二）利用潜力综合评价

观赏植物资源利用潜力的综合评价是一个非常复杂的问题，方法和优缺点见表5-10。

观赏植物资源利用潜力综合评价的方法和优缺点 表5-10

评价方法	概 述	优 点	缺 点
经验判断法	评价者根据观赏植物资源调查资料和多年经验，判定观赏植物资源潜力等级	简便易行，可以考虑某些非数量因子及变化情况	主观性较大，判定误差较大，不易进行横向比较
极限条件法	将观赏植物资源利用潜力评价的最低指标作为标准的一种方法	在逻辑上有一定的合理性，方法也比较简单，易掌握	因未能考虑如栽培方案等因素，而综合评价结果较悲观
定量评价法	采用数学分析手段对观赏植物资源开发利用潜力进行评价	综合上述两种方法，具有一定的数量化标准，减少了主观性和悲观性，而受到重视	

（三）受威胁状况评价

由于观赏植物资源开发利用的压力，以及物种本身和其他各种自然、人为因素的影响，使一些观赏植物资源处于受威胁状况。受威胁状况评价的一个重要问题就是哪些属于稀有濒危观赏植物资源的范围？应该受到保护的必要性和迫切性又是怎样？即：应当如何判断和评价各种观赏植物资源的稀有濒危程度和保护价值。

（四）重要性评价

在国际自然保护联盟和世界自然基金会联合植物保护研究计划中，特别强调观赏经济植物和遗传资源的保护，当前，有许多植物对当前人类的生产和生活比较重要，它们经常被人类所利用。鉴于此，需要制定加强保护和开发的措施，按照植物经济用途的重要程度，编制名录，如何确定植物经济价值的重要性，这就需要制定一些标准，再根据其不同的用途来判断其重要程度，从而得出比较客观的结果。

六、资源开发和保护的意见或建议

根据上述分析结果提出意见和建议。

七、结论与展望

对调查结果的准确性、代表性作出分析和结论；对调查工作存在的问题，今后要补充进行的工作，要明确提出。

八、各种附件资料

（1）调查地区观赏植物资源名录。
（2）分析测试数据及各种统计图、表等。
（3）调查地区观赏植物资源分布图、贮量图和利用现状图等成果图。

第七节　现代信息技术在观赏植物资源调查中的应用

目前，在自然资源的调查和信息管理上，已开始广泛应用现代科学信息技术，其中以3S技术最为突出。"3S"技术是遥感（RS）、地理信息系统（GIS）和全球定位系统（GPS）技术的简称，其中遥感技术是基础，地理信息系统起辅助信息处理作用，全球定位系统用于辅助空间定位。

一、全球定位系统 GPS

全球定位系统（global position system，GPS）通过 GPS 接收机接收来自 6 条轨道上的 24 颗 GPS 卫星组成的卫星网发射的载波，来实现全球实时定位，这一用途已在遥感的野外验证、观赏植物的样品采样中得到广泛的应用。除了用于定位，值得一提的是，现在许多 GPS 接收机本身也能用于野外感兴趣区域的面积测量。但是需要采用多次测量保证其精度，另外测量面积大小本身对其精度也有影响。目前，除了著名的 GPS 卫星定位系统被广泛应用外，世界上一些国家和地区正在建立自己的卫星定位系统，如中国的北斗星定位系统。

二、遥感技术 RS

遥感（remote sensing，RS）是指从远距离、高空，以至外层空间的平台上，利用可见光、红光、微波等探测仪器，通过摄影或扫描、信息感应、传输或处理，根据地物反射和发射的波谱特性不同，识别地面物质的性质和运动状态的现代化技术系统。

近几年来，分辨率在3m以下的高分辨率卫星已得到长足发展，目前国际上能拍摄到高分辨率影像的卫星包括美国 Space Imaging 公司的 IKONOS 卫星（1m 分辨率）、俄罗斯的高分辨率卫星星座（1m 分辨率）、以色列西印度公司的 EROS 卫星（1.8m 分辨率）、美国 Digital Globe 公司的 QUICKBIRD 卫星（0.61m 分辨率）、法国 SPOT-5 卫星（2.5m 分辨率）以及我国的资源 2 号卫星（3m 分辨率）等。高分辨率卫星可以部分代替航空遥感，被广泛用于城市、港口、土地、森林、环境和灾害调查，已在农作物估产、灾害防治、农业规划等多方面发挥积极作用，对政府决策、城市规划、旅游、房地产开发、测绘、土地管理和利用等具有巨大的参考价值。

产量或蕴藏量调查是资源定量调查的重要目标，遥感技术在植被面积提取及产量估测方面主要采取以下几种手段：

（1）对于植物的产量或生物量，现在采用的遥感估产方法基本步骤如下：首先利用地面遥感资料，即地面野外光谱测定资料的估产，通过对不同生长期目标植物的野外光谱测定，建立光谱资料与该植物产量间的相互关系，然后利用地面遥感资料与空间遥感资料之间存在一定关系，分析与组建作物产量与各种空间遥感资料之间的回归模型，估测出单位面积产量，结合遥感资料所提取的面积，相乘得到总的产量。

（2）对于面积，往往可以根据植物不同生长期的光谱特征以及其他特性，选择合适的时间和季相，合适波段的航天遥感或航空遥感资料，进行一定的处理后，建立感兴趣区的解译标志，进行识别和分类，通过地面实况资料补充修正，最后完成目标植物的面积估测。

三、地理信息系统 GIS

地理信息系统（geographical information system，GIS）是以地理空间数据库为基础，在计算机软、硬件的支持下，对有关空间数据按地理坐标或空间位置进行预处理、输入、存储、检索、运算、分析、显示、更新和提供应用、研究，并处理各种以空间实体及空间关系为主的技术系统，除了用于大面积的资源调查数据的处理，还可以用于分析局部的生态环境，进行生态环境如土地适宜性，最佳生境特征的评价，在观赏植物资源调查数据的处理与分析中已有人试图引进这一工具。

四、3S 技术的整合应用

在实际应用中，"3S"集成主要表现为 RS/GIS，GPS/GIS，GPS/RS 两两间的集成。GPS 和 RS 分别用于获取点、面空间信息或监测其变化，GIS 用于空间数据的存贮、分析和处理。三者功能上存在明显的互补性，在实践中人们渐渐认识到只有将它们集成在一个统一的平台中，其各自的优势才能得到充分发挥。RS 与 GIS 的集成是"3S"集成中最重要也是最核心的内容，早期的资源调查往往是单独使用遥感技术，比如在早期的土地详查中，对于外业调绘、航片转绘、土地面积量算，土地利用现状图的编制都采用手工操作，这就导致了调查过程繁琐、调查周期长、耗费人力多、容易引入误差等缺点，而 GIS 有处理和分析空间数据的优势，它与遥感结合是二者发展的必然趋势。

20 世纪 90 年代初全球定位系统初步建成，GPS 的快速定位为遥感数据实时、快速进入 GIS 系统提供了可能，促进了"3S"的综合应用，如农业监测中的农情采样系统。在车载 GPS 进行工作的同时，用摄像机按照一定角度拍摄得到道路一侧一定距离内的 BUFFER 区内的图像，系统通过 GPS 天线采集的采集点的经纬度信息，可将采集得到的图像定位到 GIS 底图，利用 GIS 模型得到采样道路一侧一定距离内的 BUFFER 区内农作物种植比例与整个区域种植比例的相互关系，计算出整个区域的农作物种植比例，进一步结合已经完成的本底数据库，可分别计算出各类作物的种植面积。GPS/GIS 的集成往往用于定位、导航、实地的面积测量，对精确农业中农作物信息样点采集定位，智能化农作机械动态定位发挥着重要的作用，是精确农业实现的基础。比较常见的例子是带有内置电子地图的汽车导航系统，司机可以通过 GPS 获取汽车所在的位置，在电子地图上进行定位，寻找到达目的地的最合适路线。

李树楷于 20 世纪 90 年代初创造性地提出了将激光测距和扫描成像仪在硬件上实现严格匹配，形成扫描测距－成像组合遥感器，再和 GPS、INS（惯性导航系统）进行集成构成三维遥感影像制图系统。尤红建等（2001）通过研究认为，该技术能够实时地得到地面点的三维位置和遥感信息，具有快速实时且无需地面控制的优点，是遥感对地定位的重大突破。随着 GPS 进入到完全运作阶段以及高重复频率激光测距技术的应用，将 GPS、INS 和激光测距技术进行集成得到机载扫描激光地形系统已成为国内外遥感界研究的热点。

目前据李德仁等人报道，若"3S"技术能从本质上实现一体化集成，则可以克服仅用遥感技术估产过程中所遇到的一些技术难题，做到农作物种植面积和产量等信息的收集、存储、管理和分析评价等更加实时、快速、自动化和可信度高，为农学、地学、生态学和农业系统管理提供全新的研究手段和科学创新平台。

本章小结

观赏植物资源调查是以植物科学为基本理论指导，通过周密的调查研究，了解某一地区观赏植物资源的种类、储量、生态条件、地理分布、利用现状、资源消长变化及更新能力以及社会生产条件等。观赏植物资源调查内容包括：生态环境调查、自然分布和资源种类调查、蕴藏量调查及更新能力调查。观赏植物资源调查工作一般分为：准备、调查、总结三个阶段，进行野外调查可采用的基本方法有：现场调查、线路调查、访问调查和样地调查等。野外调查完成后要开始着手室内整理工作，主要是调查资料的整理和绘制观赏植物资源地图，最后撰写调查报告。观赏植物野外调查时，要十分注意人身安全，掌握方位确定方法，同时还要注意资源与环境保护，最后对现代信息技术在观赏植物资源调查中的应用作以初步阐述。

复习思考题

1. 论述观赏植物资源调查的意义。
2. 观赏植物调查研究主要有哪些内容？
3. 观赏植物野外调查应注意哪些事项，调查内容有哪些？
4. 野外调查的方法有哪些？
5. 如何做好观赏植物标本的采集与制作？
6. 如何撰写观赏植物的调查报告？
7. 简述现代信息技术在观赏植物资源研究中的应用。

推荐书目

[1] 郭巧生主编. 药用植物资源学. 北京：高等教育出版社，2007.
[2] 姜彦成，党荣理主编. 植物资源学. 乌鲁木齐：新疆人民出版社，2002.
[3] 戴宝合主编. 野生植物资源学. 北京：中国农业出版社，2003.

［4］　何关富主编. 植物资源专项调查研究报告集. 北京：科学出版社，1996.

［5］　何明勋主编. 植物资源学. 哈尔滨：东北林业大学出版社，1996.

［6］　赵宪文，李崇贵主编. 基于"3S"的森林资源定量估测. 北京：中国科学技术出版社，2001.

［7］　郑汉臣主编. 生药资源学. 上海：第二军医大学出版社，2003.

［8］　邓良基主编. 遥感基础与应用. 北京：中国农业出版社，2002.

第六章 观赏植物种质资源搜集与引种

20世纪以来，种质资源搜集已成为一项重要事业。通过考察、采集、征集、交换、贸易等渠道搜集栽培观赏植物的地方品种、育成品种、近缘野生种，创新种质及有关野生观赏植物资源是观赏植物遗传育种的基础工作。许多国家成立专门机构，组织专业队伍，到种质资源丰富的地区系统搜集种质材料，为植物育种和生产积累了物质基础。美国农业部设立引种办公室，1897～1970年，共派出考察队150次，从世界各地引进了大量种质资源，奠定美国种植业的基础；我国从20世纪50年代后期开始对品种进行收集，目前我国已收集种质资源达33万余份，并在许多地区建立自然保护区，如湖北省保康县的野生蜡梅自然保护区，就拥有野生蜡梅约60万株。我国在国内曾进行两次大规模的种质资源搜集工作。第一次是20世纪50年代中期到60年代初，进行以县为单位的地方品种搜集。第二次是在1979～1983年，对云南、西藏、湖北神农架地区和海南省进行重点考察搜集。共征集到50多万种作物种质资源10万份，发现并挽救了一批珍稀和濒危的种类。

第一节 观赏植物种质资源的搜集

一、种质资源搜集的对象

种质资源搜集的实物一般是种子、芽体、枝条、花粉、苗木，有时也有组织和细胞等。搜集材料要做到正确无误、纯正无杂、典型可靠、生活力强、数量适当、尽量全面、资料完整。收集的样本，应包括植株、种子和无性繁殖器官，且能充分代表收集地的遗传变异性，并要求有一定的群体。如自交草本观赏植物至少要从50株上采取100粒种子；异交的草本观赏植物至少要从200～300株上各采取几粒种子。对木本观赏植物来说，每个野生种原则上栽植10～20株，每个品种选择有代表性的栽4株。

二、种质资源搜集的原则

为了更有效地利用种质资源，应该掌握以下搜集原则：

（1）搜集种质资源必须根据搜集的目的和要求，单位的具体条件和任务，确定搜集的类别和数量，事先经过调查研究，有计划、有步骤地进行。

（2）搜集范围应在确定任务的基础上由近及远，首先是当地材料，然后向外地引种，要优先搜集濒危和稀有的重要资源。

（3）搜集工作必须细致周到，做好登记核对，避免错误、重复和遗漏，进行分门别类，如雌雄异株植物要同时搜集雌株和雄株。

（4）通过各种途径，例如根据资源报道、品种名录和情况咨询进行通讯联系，也可以去现场调查，甚至组织采集考察队去发掘所需的资源。

（5）遵照种苗调拨制度的规定，注意检疫。另外，不论是种子、枝条、花粉或植物组织等都必须具有正常生活力。

三、种质资源搜集的方法

为了使搜集的资源材料能够更好地研究和利用，在搜集时必须了解其来源，了解其生长地的自然条件和栽培特点、适应性和抗逆性以及经济特性。

（一）做好考察前的准备工作

首先，确定搜集时期，搜集时期一般为种质繁殖的适宜时间；其次，通过查阅已有种质资料和有关信息，制定出考察计划。包括目的任务、考察路线及时间、主要考察地点和实施方案；再次，准备有关的调查记载表格、野外考察仪器和用具；最后，根据目的和任务，组成专业或综合考察队伍。

（二）在实际考察中做好调查和观察记载

考察过程中，首先，要访问当地富有实践经验的科技人员和农民，了解考察对象的类型、品种及近缘野生植物，栽培和食用历史及利用方法、分布地区以及产地的气候、地理等生态条件。然后，观察调查植株及其产品器官和生殖器官的生长习性、形态特征、主要特征及栽培要点，搜集种子等繁殖材料，必要时对调查对象进行摄影并制成实物标本。

采集取样应以保证获得最大的多样性为原则，可以在取样时均匀选点，随机取样；也可以在均匀取样的同时，适当有选择地取样，带有一定的倾向性。对于地方品种、野生种、近缘野生种比较混杂的群体，搜集的各种种质材料可多一些。对获得的种质材料应妥善保管，以保持高度生活力。

（三）分类、登记

当实地考察一段时间后，应及时对种质材料进行分类、登记，包括编号、种类、品种名称，在原产地的评价，研究利用的要求，苗木繁殖年月，搜集人姓名等，并整理调查记录，修正考察计划和实施方案。发现遗漏应及时补充。

搜集工作应有专人负责，做好从验收、保存、繁殖到定植的一系列工作，防止材料的差错或散失。每种材料要有标签，注明品种名称、征集地点和日期。在种苗收到后，应立刻进行检疫和消毒，并且防止品种混杂和标签散失，以及防止霉烂或干枯。对于搜集到的种质材料，特别是引进国外的种质资源，必须进行植物检疫，严防带入检疫对象。

四、种质资源管理

对搜集的种质材料要登记、编号、分类、核实、田间种植、鉴定，观察、淘汰重复材料，以利于收集的种质材料有案可查、检索和利用。同时，需建立种质资源档案和性状数据库，编写种质资源目录。种质资源整理有以下步骤：

（1）初步整理参照原始记录等资料，将搜集到的种子、苗木、无性繁殖体进行初步分类、核实、登记、临时编号。

（2）观察、鉴定、初步整理的种质材料需在田间种植2～3年，进行系统鉴定，对同名异物材料和异名同物材料做出判别，淘汰重复材料，对保留材料给予永久编号。

（3）对经过观察鉴定所得资料以及各种调查资料进行整理，建立种质档案，形成检索卡片，建成种质资源数据库，并将有关种质资源的信息编辑成种质资源目录，供随时检索、查阅和交流，便于开发利用。档案内容包括编号（临时号和永久号）、名称、种质类别、植物学分类、生物学特性（生育期、阶段发育特性、农艺性状、抗病虫特性、抗逆性）、形态特征、产品性状，品质性状等。

（4）种质资源研究利用中的现代化，包括管理的科学化、组织管理网络的系统化、种质材料研究的制度化及信息贮存和检索的计算机化等。做好任何一个步骤，对取得研究利用成效都有直接关系。种质资源管理项目的基本要素及工作顺序如下：

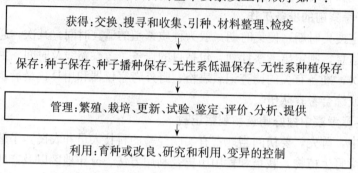

图 6-1　种质资源管理项目的基本要素和工作顺序

第二节　观赏植物资源的引种与驯化

引种驯化（Introduction and domestication）是将野生或栽培植物的种子或营养体从其自然分布区域或栽培区域引入到新的地区栽培。引种与驯化既有区别又有联系，是一个过程的不同阶段。如果引入地区自然条件与原分布自然条件差异较大，或引入物种本身适应范围较窄，只有通过其遗传性改变才能适应新环境或必须采用相应的农业措施，使其产生新的生理适应性，这种方式称为驯化引种，又称为间接引种、风土驯化；如果引入地区与原产地自然条件差异不大或引入植物本身适应范围较广，或只需采取简单的措施即能适应新环境，并能正常生长发育，达到预期效果的称为简单引种，又称为直接引种、自然驯化。简单引种和驯化引种的主要差异，在于驯化引种要采取一定的措施，才能使引进植物由原产地对引入地从不适应到适应，而且在时间上也比简单引种要长。不管是简单引种还是驯化引种，都统称为植物引种。

植物引种驯化成功的标准一般包括：①引种植物在引种地与原产地比较，不需要特殊的保护措施，能够安全越冬或越夏，且生长良好。②没有降低原来的经济价值和观赏价值。③能够用原来的繁殖方法（有性和无性繁殖方法）进行正常的繁殖。④没有明显或致命病虫害。⑤形成了有性或无性品种。

一、引种的意义

植物的引种驯化与人类的生存和发展息息相关。引种是观赏植物繁衍不可缺少的方法，它对农业生产的发展和栽培植物的进化起到重要作用。植物引种驯化的意义主要表现在以下几个方面：

（一）丰富种质资源

观赏植物在地球上的分布原本是不均衡的，通过引种可使一些有重大价值的观赏植物得以在世界范围内广泛种植。我国观赏植物资源十分丰富，但也不断地从国外引进新品种。据记载，我国 3000 多年前就开始从国外进行引种驯化工作，引种驯化的花卉已不胜枚举。如草本花卉方面，引种驯化的植物有：来自非洲的天竺葵、马蹄莲、唐菖蒲、小苍兰等；来自美洲的藿香蓟、蒲包花、月光花、波斯菊、蛇目菊、花菱草、银边翠、千日红、天人菊、含羞草、紫茉莉、茑萝、一串红、美女樱、大丽菊、半枝莲、晚香玉、仙人掌科的多肉多浆植物等；来自亚洲的鸡冠花、雁来红、曼陀罗、除虫菊等；来自大洋洲的麦秆菊等；来自欧洲的金鱼草、雏菊、彩叶甘蓝、矢车菊、桂竹香、飞燕草、三色堇、香豌豆、郁金香等；木本花卉引种的种类有：广玉兰、桉树、银桦、北美鹅掌楸、香水月季、樱花、杜鹃花科、报春花科等许多科属的植物。

（二）改变品种结构

世界之大，观赏植物种类之多，为引种创造了有利条件。虽然引种不能创造新的品种，但通过引种能以最快途径增加当地的品种，而且经过试验之后可以扩大观赏植物品种的种植区域，较快改善当地的植物种植结构。据报道，仅杭州植物园在近 30 年内，从国内外引种累计 4720 次，实际保存种类 4000 种，对其中 50 种城市绿化树种进行鉴定和评价，为城市绿化丰富了新的种类。我国的马尾松是一个较为优良的乡土树种，但因遭受松毛虫危害严重，生长缓慢，不能达到速生、产脂等栽培目的。近 50 年来，引进抗松毛虫能力强，生长快、产脂量高的湿地松（*Pinus elliottii*）和火炬松（*P. taeda*），在我国亚热带低山丘陵区大面积推广种植，生长良好，人工林面积分别达到 41 万 hm^2 和 10 万 hm^2。

事实上，对于大多数观赏植物种类和品种来说，我们并不清楚它们对生态条件的综合反应，也就是说，我们并不知道它们的适应性到底有多广，引种的潜力到底有多大。只有通过引种试验，才能确认这种植物的适应性，其中包括了不少只经简单引种，即可推广应用的植物种类或品种。

（三）扩大栽培区域，保护珍稀植物

一些观赏植物在引进地本来就有，但其分布或栽培范围小，数量少，产量不多，不能满足市场需求或该植物属于保护对象。因此，在其自然分布或栽培范围内，扩大种植面积。这一范畴的引种工作包括：①野生观赏植物的引种驯化。自然资源日趋减少是当今世界性的危机，开展野生变家种的引种驯化工作是当前生产上的迫切需要。②南北交流，扩大栽培。如分布于南方的白花泡桐（*Paulownia fortunei*）已成功引种到陕西、山东，而分布于北方的兰考泡桐（*P. elongata*）和楸花泡桐（*P. catalpifolia*）也在南方生长良好。通过引种常可使种或品种在新的地区得到比原产地更好的发展，表现更为突出，如防城野生金花茶引种到南宁新竹苗圃金花茶基因库内，花色比原产地更艳丽，而且花瓣增多，具有更好的观赏效果。这可能是引种地区的自然条件更适于其优良特性的发挥。③孑遗植物和其他濒危植物的引种。如水杉（*Metasequoia glyptostroboides*），珙桐（*Davidia involucrata*）、银杉（*Cathaya argyophylla*）、普陀鹅耳栎（*Carpinus putoensis*）等珍稀观赏植物的引种和推广种植，已使这些植物脱离了灭绝的险境，并且带来了一定的经济效益和生态效益。

此外，引入各种种质资源，还可用于杂交创造新品种。如北京林业大学用中国原产的野生蔷薇植物与中国古老月季远缘杂交，培育出了抗性强的"刺玫月季"新品种群。

二、引种的原理

植物引种驯化是以进化论、遗传学和生态学的某些基本概念为理论基础，其他学科如植物学、植物区系学、植物地理学、植物生理学等推动和发展了引种驯化理论。至今已提出的植物引种驯化理论至少有 20 多种，均从不同的角度阐述了植物引种驯化的原理。

驯化理论的研究是从我国北魏贾思勰开始的，在他所著的《齐民要术》一书中，提出了"习以成性"的引种驯化思想，认为环境条件可以影响植物的本性，产生新变异，适应新环境。到了元朝，《王祯农书》中明确提出引种植物要受土壤条件的限制。明朝徐光启在《农政全书》中提出了"三致其种"的理论，这一理论的基本论点是：引种植物要反复试验研究，试验成功后，再行推广；同时强调农业栽培技术在引种工作中的重要作用。徐光启"通过试验"的引种思想，是非常科学的，使我国古代的植物引种进入了一个新时期。

到了 19 世纪中期，达尔文《物种起源》的出版，标志着生物科学发展的新纪元。达尔文的生物进化理论确认了生物变异的普遍性和变异能遗传倾向；人工选择学说揭示了生物定向驯化的可能性。以后随着遗传学的深入发展，生物遗传变异规律和生物与环境的对立统一关系，又被进一步认识，从而奠定了植物引种驯化的理论基础。

（一）引种的遗传学基础

遗传学告诉我们，表现型（phenotype，简称为 P）是基因型（genotype，简称为 G）与环境（environment，简称为 E）相互作用的结果，简单理解为 G＋E＝P。在引种驯化中，P 可以认为是引种的效果，是简单引种，也是驯化引种。G 主要是指植物适应性的反应规范，即适应性的大小。E 是指原产地与引种地生态环境的差异，由于地球上没有任何两地的环境条件完全相同，故 E 是一个变量，但又是一个定数，因为环境条件的差异是可以度量的，而且是比较容易度量的。如果把 E 作为定数，那 G 就成为决定引种效果 P 的关键因素。引种驯化的遗传学原理就在于植物对环境条件的适应性的大小及其遗传。如杂种香水月季的一些营养系既能在靠近赤道海平面热带棕榈旁，也能在积雪 1m 厚的地区正常生长；适应性小的如榕树，引种到 1 月份平均温度低于 8℃ 的地区就不能正常生长。

植物在长期进化过程中，接受了各种不同生态条件的考验，形成了对各种生态条件的反应范围，即通常说的植物适应性。研究表明，植物与生态条件的相互作用而获得的适应性是可以遗传的，否则就不会有不同植物适应性的差异。但这种适应性的产生是在长期的自然进化或人工进化（品种改良）过程中逐渐获得的，也就是说先发生体细胞的变异，逐渐积累成性细胞可以变异而传递给后代。从引种遗传原理来看，所谓"简单引种"和"驯化引种"的本质区别，在于引进植物适应性的宽窄及其对自然环境条件差异大小的反应。如果引进植物品种的适应性较宽，环境条件的变化在植物适应性之内，可以将其称为"简单引种"，反之则为"驯化引种"。

（二）引种的生态学原理

植物引种驯化理论的核心问题，是植物与环境的关系问题。在原产地，植物与环境间的矛盾得到有效解决，植物生长正常；当引入新的环境栽培时，能够达到新的统一，则引种成功；否则，引种失败。当然，植物与环境的矛盾斗争不是简单的、机械的，一方面植物本身要发挥其适应性的最大潜能，来适应新的环境；另一方面，人可以发挥主观能动性来选择和改造环境，满足引种植物的需要，促成矛盾的解决。

植物与环境条件的生态关系包括温度、光照、水分、土壤、生物等因素对植物生长发育产生的影响，以及植物对变化的生态环境产生各种不同的反应和适应性。现在着重讨论环境条件对植物的影响，即公式中 E 的问题。产生原种植地与引种地的生态环境差异的原因有单个生态因素，也有综合生态条件。

生态型是植物对一定生态环境具有相应的遗传适应性的品种类群，是植物在特定环境的长期影响下，形成对某些生态因素的特定需要或适应能力，这种习性是在长期自然选择和人工选择作用下通过遗传和变异而形成的，也称生态遗传型。同一生态型的个体或品种群，多数是在相似的自然环境或栽培条件下形成的，因而要求相似的生态环境。生态型一般分为土壤生态型、气候生态型和共栖生态型三类。土壤生态型是在土壤的理化特性、含水量、含盐量、pH 值等因素影响下形成的；气候生态型是在温度、光照、湿度和雨量等气候条件影响下形成的；共栖生态型是植物与其他生物质（病、虫、蜜蜂等）间不同的共栖关系影响下形成的引种生态学。引种的生态学原理主要是气候相似论，主导生态因素和历史生态的研究。

1. 气候相似论

德国慕尼黑大学林学家迈依尔教授（H. M. Mayr）在《欧洲外地园林树木》（1906年）和《在自然历史基础上的林木培育》（1909 年）两本专著中论述了气候相似论（theory of climatic analogues）的观点。他指出："木本植物引种成功的最大可能性是在于树种原产地和新栽培区气候条件有相似的地方"。所谓气候相似性，是指综合的生态条件，即在此条件下形成的典型的植物群落。我国东部的森林从南到北，大致可分为热带季雨林带、亚热带常绿落叶阔叶混交林带、暖温带落叶阔叶林带、温带针阔叶混交林带、寒温带针叶林带等 5 大林带。在同一林带内引种，成功的可能性就很大；在不同的林带间引种，成功的可能性就小。

以植物群落为代表的气候相似论，要求的是综合生态条件的相似性，是对现有植物分布区的补充与完善，主要是一种"顺应自然"的方式。以此为理论指导，改造自然的力度有限，同时，该理论未考虑植物的适应性，尤其是在长期进化过程中形成的巨大的、潜在的适应性。

2. 主导生态因素

主导生态因素就是植物生长的限制因素。我国自东向西，森林区、草原区、荒漠区的形成主要是降雨量的区别；在东部的森林区，自南向北，不同森林带的区别，则主要是温度的影响。这就是所谓的主导生态因素。

（1）温度

温度是影响引种成败的限制性因素之一。由于温度条件不适宜对引种植物产生的不良表现为：①由于温度条件不符合植物生长发育基本要求，致使引种植物的整体或局部造成致命伤害，严重的则会死亡；②引种植物虽能生存，但影响其产量和品质，失去生产价值。我国南北地理分界线——秦岭、淮河一线两侧，从植物景观来看，南方有棕榈等常绿阔叶树种，北方没有；从 1 月份平均气温来看，南方高于 0℃，北方低于 0℃，可见最冷月份平均气温对植物有着巨大的影响。

中国地处北半球，温度对园艺植物北引的影响包括极限低温，低温持续时间及升降温速度，霜冻，有效积温等。南引时的影响有冬季低温通过休眠、高温、日温差等因素。

高温是植物南引的主要限制因子，如北方植物红松、水曲柳南引后越夏就成为难题。对于一二年生花卉，有些可以通过调整播种期和栽培季节以避开炎热。但对于多年生的观赏树木，引种时必须分析高温对经济栽培的制约。高温促使呼吸作用加强，光合作用减弱，蒸腾作用加强，破坏体内水分平衡和养分积累。造成早衰并引起局部日灼伤害。高温再加上相应的多雨高湿，常造成某些病害严重发生，成为引种的限制因子。

对于一些植物种类，引入地区冬季是否有足够的低温以满足其通过休眠或二年生植物的春化阶段（感温性）需要，常成为能否经济栽培的一个限制因子。在观赏树木中没有正常通过休眠的，即使具备了营养生长所需的外界条件也不能正常发芽生长，表现为发芽不整齐，新梢呈莲座状，花芽大量脱落，开花不正常等。

（2）光照

日照对引种的影响大致包括昼夜交替的光周期、日照强度和时间。由于不同纬度地区的日照时数不同，纬度越高，一年中昼夜长短的差异越大。夏季白昼时间越长，则冬季白昼时间越短，而低纬度地区则夏季和冬季白昼时间长短差别不大。因观赏植物生长在不同纬度，形成了对昼夜长短的适宜性。植物在日照长的时期进行营养生长，到日照短的时期进行花芽分化并开花结果，称短日照植物；反之则为长日照植物。菊花中的秋菊类是典型的短日照植物。所谓秋菊就是在夏季长日照条件下营养生长，秋季短日照条件下开花结实。这样就产生长日照和短日照植物在南引或北移后的不同反应（见表6-1）。不同观赏植物种类对光照强度的要求不同，有阳性植物、阴性植物之分。现代月季花是较典型的喜光性树种，光照弱会造成开花和结实不良；相反，文竹、兰花等属阴性植物，由于栽培中常采用遮光方式，所以引种中已不成为主要限制因素。

不同光周期的植物引种后的反应   表 6-1

类型	南　引	北　引
长日照植物	营养生长旺盛，生殖生长不良	营养生长不足，生殖生长受阻
短日照植物	营养生长不足，生殖生长受阻	营养生长旺盛，生殖生长不良

（3）水分

中国不同地区降水情况差异很大，降水量的变化规律是由低纬度的东南沿海地区向高纬度的西北内陆地区递减。降水对植物生长发育的影响，包括年降水量、降水在四季的分布、空气湿度。对多年生木本植物来说，降水量的多少是决定树种分布的重要因素之一。如地处胶东半岛的昆嵛山区，位于渤海沿岸北纬 37.5°，年平均气温只有 12.7℃，而年降水量却达 800～1000mm 以上，年平均相对湿度达 70% 以上。因此，昆嵛山区从南方引种杉木时，虽气温和南方各省相差很大，但由于降水和大气湿度相差小而获得成功。

水分是植物生长必需的生态因子，尤其决定了我国在不同经度上植物群落的分布。水分有时可对温度条件进行重要的修正。例如，分布于青岛崂山的耐冬山茶花，已经远远超出了以纬度（主要是温度）划分的山茶属植物的北界（长江流域以南），这主要得益于青岛的海洋性气候，尤其是冬季较高的空气湿度。相反，北京引种的许多耐寒性较差的珙桐等树种，影响其正常生长的并非冬季的低温，而是早春的干旱。水分的热量系数较大，它可以在高温时吸收热量，而在低温时放出热量，这样就降低了温差，使气候变得更加柔和，有利于大多数植物的生长。

（4）土壤

土壤的理化性质、含盐量、pH 值以及地下水位的高低，都会影响观赏植物的生长发育，尤其 pH 值和含盐量是影响某些种类和品种的限制因子。我国地域辽阔，南北的土壤有较大的差异。南方多为酸性土或微酸性土，北方多为碱性土或微碱性土，在华北大平原还有较大的盐碱地。大多数植物能适应从微酸性到微碱性的土壤。但某些植物对土壤 pH 值的要求较为严格，如南方的栀子花、杜鹃花引种华北后，由于土壤碱性过大，影响植物对铁离子的吸收而黄化，即使改为酸性土种植，也因灌水的 pH 值较大而使土壤碱化。惟有浇灌用硫酸亚铁与麻渣沤制的矾肥水，才能保持土壤酸性，保证植物的正常生长。

在共栖生态型植物中，有些是与土壤中的真菌形成共生关系，如兰花、松树等。这些植物在引种时往往由于环境条件的改变，失去与微生物共生条件，从而影响其正常生长发育与成活。

（5）其他生态因素

植物在长期生长和演化过程中，不仅适应了光、温、水、气、土壤等非生物的环境，而且还与周围的生物病害、风害等协调共生，如兰花的菌根，只引植物，不引菌根是难以成功的；再如檀香木与洋金凤共生，海南起初只引种檀香木，结果生长不良，后引种灌木洋金凤与檀香木共同栽植，结果檀香木生长良好。

3. 历史生态的研究

以上我们讨论的气候相似论和主导生态因素，都是基于现存的生态条件及其植物的适应性。事实上，随着地球环境的变迁，尤其是第四纪冰川时代的影响，现有植物的分布区并非是其历史上分布区的全部，植物对现有生态环境的适应，也不能代表其适应性的全部。植物在进化长河中经历的每一步，都会在基因型上留下烙印并传递给后代。有学者据此将植物的驯化分为渐进型和潜在型两种类型。前者是指被驯化的植物开始获得对改变了的生态环境的适应性，后者是指在改变了的生态环境中发展其祖先长期积累下来的适应性潜力。显然，后者要比前者容易得多。如分布在浙江天目山的银杏和分布在川、鄂交界处的水杉，在引种到世界各地后，均表现了很强、很广的适应性。这是因为这两种古老的孑遗植物在冰川时代以前，曾在北半球广泛分布过。

三、引种的原则与方法

（一）引种原则

引种原则可分为 3 种情况讨论：

1. 适地引种

将观赏植物引种到适宜的栽培地，既要充分发挥观赏植物的潜在适应性，又要广泛利用当地的气候和土壤资源，这可通过多品种的多地点试验，为每个品种找到最适宜的栽培地点，也为每个地点找到最适宜的种类植物，尤其是要注意品种与地点之间的交互作用。

2. 改变栽培地点的生态条件，为观赏植物生长创造适宜的生态环境

随着设施园艺栽培、基质栽培和无土栽培技术成熟和完善，许多特定的生长条件都能改变和创造。一般来讲，植物在苗期适应性差，可塑性强，通过冬季覆盖、夏季遮阴、薄肥勤施、抚育修剪、光照处理、温度调节、化学控制等精细的农业措施，不仅可以保证幼苗的正常生长，还可改变植物的适应性。

3. 改变植物以适应当地环境

改变植物主要有两种方式：一是改变形体，如改乔木为灌木，改多年生为一年生，改有性繁殖为无性繁殖。通常，女贞为乔木观赏植物，引种到北方后多作灌木栽培。一串红为多年生植物，可以改为一年生栽培；另一种是遗传改良。通过当地播种育苗、筛选突变体或芽变、与当地近缘种或品种杂交、人工诱变或基因工程等途径，改变或扩大植物的适应性，以适应当地生态环境。

（二）引种方法

引种的基本方法分为简单引种法和复杂引种法。

1. 简单引种法

在相同的气候带（如温带、亚热带、热带），或环境条件差异不大的地区之间进行相互引种，包括以下几个方面：

（1）不需经过驯化，但需给观赏植物创造一定的条件，可以采用简单引种法。如苦楝、泡桐等，第一二年可于室内或地窖内假植防寒，第三四年即可露地栽培。

（2）采用秋季遮蔽植物体的方法，使南方植物提早做好越冬准备，能在北京安全越冬，也属于简单引种法。此外，还有秋季增施磷钾肥，增强植物抗寒能力的方法等。

（3）通过控制生长、发育，使植物适应引种地区的环境条件的方法，也属于简单引种法。如南方的木本观赏植物可通过控制生长使之变为矮化型或灌木型，以适应北方较寒冷的气候条件。

（4）亚热带、热带的某些观赏植物向北方温带地区引种，变多年生植物为一年生栽培，也可以用简单引种法。如一串红、金盏菊、石竹等。

（5）把南方高山和亚高山地区的观赏植物，向北部低海拔地区引种，或从北部低海拔地区向南方高山地区和亚高山地区引种，都可以采用简单引种法。例如云木香从云南维西海拔3000m的高山地区直接引种到北京低海拔（50m）地区，获得成功。

总之，上述的一些引种都属于简单引种法，植物不需要经过驯化，但并不是说植物本身不发生任何变异。

2. 复杂引种法

在气候差异较大的两个地区之间，或在不同气候带之间进行相互引种，称复杂引种法。如把热带和南亚热带地区的萝芙木通过海南、广东北部逐渐驯化移至浙江、福建安家落户。

（1）逐步驯化法：将所要引种的植物，依据一定的路线分阶段地逐步移到所要引种的地区。这个方法需要时间较长，一般较少采用。如桉树，很早就从意大利引种到广州试种，逐渐用种子推广到广东汕头和福建并引到广西和云南。并先后在广东英德、广西柳州和湖南衡阳设苗圃用种子育苗，使桉树逐步北移，在京广铁路广武段沿线栽植桉树作行道树，现已在贵州、四川、云南、湖南、浙江等省开展桉树造林，目前桉树北界已扩展到江苏南京、安徽合肥和湖北武汉等地。

（2）进行实生苗多世代的选择：在两地条件差别不大或差别稍微超出植物适应范围的地区，多采用此法。即在引种地区进行连续播种，选出抗寒性强的植株进行引种繁殖。上海植物园从浙南引种毛竹，用种子播种获得成功。在引种驯化中，杂种实生苗比纯种实生苗容易适应新环境，在杂种实生苗中其亲本关系远的比亲缘关系近的适应性强。例如银白杨原产我国西北地区，是高大的乔木，但引种到南京，生长不好，呈小灌木状，南京林业大学曾用南京毛白杨等的花粉与银白杨杂交，获得了杂种。杂种的生长状况较银白杨纯种好，表现了杂种优势，增强了对南京气候条件的适应性，也解决了银白杨不能在南方生长的问题。

四、引种程序

观赏植物引种程序，系指从选择引种材料，进行引种驯化研究，栽培管理，直至适应当地生产栽培的全过程。即首先确定引种目标，开展调查研究，制定引种规划，提出引种对象与引种地区。然后通过各种途径进行引种，收集材料，育苗繁殖，并对引种植物的生物学特性给以总结评价，推广应用。

(一) 确定引种目标，开展调查研究

首先要根据生产生活需要来确定引种目标，然后开展调查研究，主要内容包括：①原分布区或原产地的地理位置（经纬度、海拔高度）、地形地势、土壤（土壤类型、pH 值、肥力等）、气候情况（年均温、各月均温、年降雨、每月平均降雨量、降雨集中期、极端最高气温、极端最低气温、霜期、霜日、冰期、冰日、相对湿度、蒸发量，大于 10℃ 和大于 20℃ 的年积温等）、耕作制度、植被类型、植物区系及物候等。②引种地区的自然条件、各种生态因子、栽培植物资源状况与分布。③被引种植物的分布情况、栽培历史、主要习性与栽培特点、经济性状与利用价值。

调查的方法应以资料收集与实地考察相结合。气象资料收集以年代长久为好，气象变化常以 50~100 年为一个大循环，有了大循环的资料，才可说明问题。其他如土壤、植物资源、栽培历史、经济性状等可通过资料查考、座谈访问、实地勘察等形式。通过调查与资料收集，再进行比较分析，从而估计引种适应的可能性。

(二) 制定引种规划与实施计划

根据调查分析，确定适宜的引种地区与植物种类之后，就要制定引种规划与具体的实施方案。规划应根据引种目标，提出引种试验、生产推广的规模与范围，土地、设备及各种条件，人员组织，完成年限与取得社会效益与经济效益的预测等。然后按规划要求分年度实施，每年订出实施方案。实施方案应包括引种植物的种类、数量、时间及引种地点。繁殖材料的收集、繁殖技术与试验内客、观察记载项目等，并作出详细安排。对于土地、劳力、技术措施、物资设备等在方案中应做周密安排。编制引种实施方案时，除了以调查分析的资料为依据外，在选择引种地区与引种材料时，还应注意以下几点：

1. 选择生态条件特殊地区

植物在系统发育过程中适应了一定的生态环境，如不能满足，则多数死亡或生长发育差，但也有少数在改变的生态条件下迫使产生变异，并不断同化新环境而适应下来，人们就可在这样的环境中有选择性地引入已产生变异的植物。云杉（*Picea asperata*）原分布于寒冷的北方与南方高山上，喜冷凉湿润环境，当原生态条件被破坏后，能适应下来的个体变为旱生类型。这说明了它的遗传保守性已经动摇、变异，把这种个体引入新地区后成功的可能性更大。

2. 选择物种的分布中心

植物种的分布无论是自然分布区或人工分布区，都可说明是它的生存最适宜范围，否

则不可能形成分布区，我们应选择这个地区引种。北京植物园引种宿根类花卉，得出的经验，认为一个物种的原产地不一定就是该种的适宜分布区，但若一个物种在原产地属于优势种，则很可能就是该种的适宜分布区。郁金香、葡萄风信子、秋水仙及风信子等，原产地集中在亚热带地中海式气候区至亚热带草原（或荒漠）气候区，它的鳞茎在土壤中以休眠状态度过当地严峻的干热气候，而在营养生长期却喜凉爽、阳光充足、适当湿润的气候，如这一段生长期较长，对生长较为有利。荷兰成为今日世界上球茎花卉生产中心，因其属于海洋性温带气候，具有多雨、温凉的区域性特点，特别适合球茎花卉生长。

3. 注意不同地理种源的收集

植物引种除了从环境生态因子来研究原产地与引种地之间相似性，以确定引种地区与引入种类外，还必须对每一种植物的地理种源进行选择。现以树木为例，过去有些地区引种树木失败，往往不是由于这个树种不适合，而是由于这个种的种源不适合。有些国家在引种中，对过去不成功的一些树种重新进行试验，寻找出合适的种源而得到成功。

（三）引种试验

用当地有代表性的优良品种为对照，对引入材料进行系统的比较鉴定，以确定其优劣和适应性。引种试验包括以下步骤：

1. 试引观察

将初引进的材料先在小面积进行试种观察，初步鉴定其对本地区生态条件的适应性和生产上的利用价值。对于多年生、个体大的观赏树木，每种引入材料可种植 3～5 株，可结合在种质资源圃或生产单位的品种园内栽植。在少量引种栽植的同时，采用高接法将引入品种高接在当地代表性种类品种的成年树树冠上，促进其提前开花结果，从而加速对多年生植物引种观察的进程。

2. 品种比较试验和区域试验

将试引观察中表现优良的，再设有重复的品种比较试验，以作出更精确的比较鉴定。再选择其中表现优异的参加区域试验，以确定其适应地区和范围。对于多年生的观赏植物，因进入开花结果期需一定年限，为加速引种试验过程，对试引观察（或高接）中经济性状及适应性表现优良的，也可采取控制数量的生产性中间繁殖，并在这一过程中对适应性作进一步的考察。等到生产性中间繁殖的植株进入开花结果时，少量试引观察的植株已进入盛果期，并大体经历周期性灾害气候的考验，这时对其中少数表现优异的引入品种，组织大规模繁殖推广就有较充分的把握。

3. 栽培性试验

经过品种比较试验和区域试验，其中表现适应性好而经济性状优异的引入品种，进入较大面积的栽培性试验，在进一步了解其种性的基础上作出综合评价，可划定其最适宜、适宜和不适宜的发展区域，并制订相应的栽培技术措施，组织推广。

（四）植物引种驯化的成功标准与鉴定的适应时期

至于引种驯化成功标准，有的学者从生物学观点认为从种子开始到获得种子，能传宗接代，无性繁殖的植物以营养器官繁殖获得后代，即是引种驯化成功。也有的从经济学观点认为，以获得经济目的为标准。有些植物，如十字花科的某些观赏植物，引入新地区后，通过栽培技术的改进，能获得经济效益，满足人民需要，但由于在该地区受气候条件的限制，不能获得种子，必须通过向外地调种来解决繁殖问题，这是否可以说引种成功呢？植物引种驯化是人类生产、生活实践的活动内容，它是按着预定目标进行，是以获得效益为依据，以效益来衡量引种驯化成功与否，将作为研究植物引种的评价。

鉴定适宜时期，一般说引种成功后，按规定程序进行鉴定。有些植物，特别是多年生见效较慢的种类，考察时间宜长一些，得出的结论更可靠些，但又不宜过长，会贻误推广时间，那么究竟在什么时间鉴定适宜？多数人认为，达到引种目的，其适应能力亦不低于同类型或同用途的当地乡土植物。但不同种类有不同的适宜时期，观赏植物是能起到观赏效果时应为鉴定适宜期。

在总结分析及成果鉴定时，必须对引种植物进行驯化程度的评价，其标准可根据中国植物引种驯化协会制定的 9 级评级制进行，见表 6-2。

驯化程度评级制   表 6-2

生长情况	种子发育优良	种子少数发育良好或以无性繁殖后代	不开花、开花不实或结实空粒
生长优良	I	IV	VII
生长中等	II	V	VIII
生长不良	III	VI	IX

观赏植物引种最后的结果是要在一定范围内取得效益，所以应对不同区域试验的植物生育及主要经济性状进行综合评价，并区划出该植物的最适宜、适宜和不适宜的发展区。

（五）应用推广

通过评价鉴定后，应按该植物的生态适应程度与生产力测定的结果，根据拟订的区划范围有计划、有步骤地推广于生产。推广时可由政府业务部门牵头，组织生产、研究单位联合负责，责任到人。在推广过程中还要继续进行大面积栽培、产量、选优的试验，以不断提高生产水平。尤其应该听取广大种植者的意见，并总结其经验。

（六）建立技术档案

技术档案应包括调查材料、登记表格、现场访问记录及各项记载的原始材料，试验设计、实施方案、图表、照片、幻灯片、分析整理材料、技术管理文件、引种试验总结，以及已刊登的论文、科普书刊等。

五、观赏植物的引种规律

观赏植物种类多，习性各异，从种类分有木本观赏树木，有草本观赏花卉；从栽培角度分有温室栽培，有露地栽培。露地园林植物又包含一二年生花卉、宿根花卉、球根花卉和观赏树木。

（一）一、二年生花卉

一年生花卉是春播秋花，二年生花卉是秋播春花。引种较易。

（二）宿根与球根花卉

宿根花卉如菊花类，多在春季发芽，秋末倒苗，以宿根越冬（变态根）。球根花卉分为春植与秋植两类。春植球根如唐菖蒲，早春植球，夏季开花，秋后起球，室内贮藏越冬；秋植球根如郁金香，晚秋植球，土壤越冬，翌春发芽、抽苔、开花，夏季倒苗、起球、冷藏越夏。可见宿根花卉、球根花卉，适应性较强，均属简单引种。

（三）观赏树木

观赏树木是园林植物的主体，是美化城市的代表，是树立城乡风貌的象征。引种一般在同一个林带范围内进行。如跨林带引种要经过驯化选择，其养护成本增加，而且观赏效果不佳，若引些适应性较大的树种，如柳树、银杏、雪松等便会获得成功。

第三节 种质资源的检疫

植物检疫是一项法制性和技术性的行政执法工作。为了使检疫工作顺利开展，必须使检疫工作制度化、标准化、规范化。

一、植物检疫范围和对象

（一）植物检疫范围

检疫范围，严格地讲是指植物检疫机构及其工作人员在什么范围内进行植物检疫。检疫范围通过立法程序，在有关植物检疫法律、法规和规章中作出明确的规定。例如，根据《中华人民共和国进出境动植物检疫法》的规定，我国进出境植物检疫范围主要是：①植物、植物产品和其他检疫物；②装载植物、植物产品和其他检疫物的装载容器、包装物；③来自疫区的运输工具；④进境供拆船用的废旧船舶。根据《植物检疫条例》的规定，我国国内植物检疫范围主要是：①种子、苗木和其他繁殖材料；②列入全国和省（自治区、直辖市）应该检疫的植物和植物产品；③可能受疫情污染的包装材料、运载工具、场地、仓库等。

（二）检疫对象

植物检疫对象，是国家法律、法规、规章中规定不得传播的病、虫、杂草，以及在贸易合同及检疫协定中规定的病、虫、杂草。《植物检疫条例》第四条明确规定"凡局部地区发生的危险性大，能随植物及其产品传播的病、虫、杂草，应定为植物检疫对象"。也就是说，确定植物检疫对象必须是国内新传入或新发现、发生分布范围较广，对农林业生产安全构成严重危害或潜在威胁，而且其传播蔓延是由人为因素造成的。根据国内植物检疫工作现行管理体制，植物检疫对象由国务院农业、林业主管部门和各省（自治区、直辖市）农业、林业主管部门分别制定公布，以此作为国内植物检疫机构执行植物检疫的依据。

二、植物检疫申报和审批

（一）申报

引种单位应在签订贸易合同或协议的 30 日之前，向检疫机构提出申请，并填写《引进种子、苗木审批申请书》。对报中央审批的，需种植地的省（自治区、直辖市）植物检疫机构签署意见，而热带作物则由农业部农垦司签署意见。

（二）审批

接到《引进种子、苗本检疫申请书》之日起 15 天内，检疫机构予以审批和答复。凡符合要求的，发给《引进种子、苗木审批单》，放行通过。对不符合规定的，讲清理由，责令减少引进数量，补充材料后再办理审批手续，否则退回引种检疫申请。

（三）疫情检测与处理

引种单位必须在审批单位指定的地点隔离种植所引种的种苗。接受检疫机构的监督和疫情检测。若发现疫情，应完全按照检疫部门的意见进行处理。

（1）检测　一年生植物不得少于一个生育周期，多年生植物不得少于2年。一般由地方各级植物检疫机构负责。而重点疫情监测则由全国农业技术推广服务中心检疫处组织进行。

（2）疫情处理　在引进植物中发现有危险性病、虫后，植物检疫部门根据疫情做出处理决定，应按照材料区别对待：①消毒后还可作种苗使用的，进行消毒处理，即可放行通过；②无法进行消毒的材料，宜设法改变其用途，以不扩散检疫对象为准；③上述都不能实现的必须进行销毁；④因疫情处理造成的一切开支、经济损失，由引种单位负担。

三、检疫方法

植物病、虫、杂草的种类不同，其特征和发生规律也不同。所以其调查方式有一定差异，应区别对待。

（一）一般性调查与重点调查相结合

一般性调查，即根据不同作物、不同生育期进行选点，要有代表性。主要是未发生检疫对象的地区和作物，属于普查性检疫。一旦发现疫情，应严加防范，进行技术处理。重点调查就是对新引种试验区重点调查，对繁殖单位明确提出的对象进行重点调查，包括相邻地区田块繁殖的种苗。此外，种植感病品种的地块，曾经发生过病、虫害的地块，还有种植名、优、特、新及经济价值高的作物，都是重点调查的对象。

（二）调查取样方法

由于作物的种类、品系，以及生育期要求不同，调查的方式和方法也不同，有对角线法、棋盘式多点法、随机取样法、"Z"形法等。

（三）记载

必须做到随时调查，随时记录，并要有统一的记录标准。例如，病害的分级标准，应统一指定，便于对"严重度"的估计，资料整理，比较分析和交流。除个别严重田块外，一般采用直接计数法即可。

四、检疫结果的处理

（一）检疫处理的原则

对应检物品的检查是为了决定其能否调运或入境，未发现限定性有害生物的物品不必处理即可放行。经检查确认有危险性病、虫、杂草时，应将这种物品做适当的处理，包括销毁、拒绝调入、遣返起运地或转运别处，或者在各种限制条件下调入后再作清除或用于加工。为了保证检疫处理顺利进行，检疫处理应遵循一些基本原则：①检疫处理必须符合检疫法规的有关规定，有充分的法律依据；②处理措施应当是必须采取的，应设法使处理所造成的损失减低到最小；③处理方法必须完全有效，能彻底消灭病虫草，完全杜绝有害生物的传播和扩展；④处理方法应当安全可靠，保证在货物中无残毒，又不污染环境；⑤处理方法还应保证植物和植物繁殖材料的存活能力和繁殖能力，不降低植物产品的品质、风味、营养价值，不污损其外观；⑥凡涉及环境保护、食品卫生、农药管理、商品检验以及其他行政管理部门的措施，应征得有关部门的认可，并符合各项管理办法、规定和标准。

处理的原则因应检物的种类以及发现有害生物的类别不同而有许多不同。对于一般性有害生物，即非限定的有害生物，原则上不予处理。但如果有害生物的种群太大，也可以采取除害处理，使之不能造成危害，对于检疫性有害生物，则应根据疫情性质、有无有效处理方法以及国际惯例等因素考虑决定。最严重的处理是退回原地或现场销毁，其次是改变用途或改变卸货地点，除害消毒或熏蒸杀灭等。

（二）检疫处理的程序

检疫处理的方法大体上有四种，即除害处理、退回或销毁处理和禁止出口处理。执法部门根据进出境或货物调运的具体要求和疫情不同，采取适当的方法处理。在检疫检验中，一旦发现疫情需作检疫处理的，要立即发出货物不合格通知，让货主知道，同时签发处理通知单，再行处理。在检疫处理的四种方法中，除害处理是主体，常用的是物理除害和化学处理两类。机械处理、温热处理、微波或射线处理等，属物理学方法；药物熏蒸、浸泡等属化学方法。

（三）检疫结果的处理及签证放行

根据我国植物检疫法规的规定，对进境、出境、过境的植物、植物产品和其他检疫物及旅客携带物、邮寄物，经检疫合格的予以放行，不合格的作除害或销毁、退货处理。

1. 进境植物检疫

（1）对进境植物的检疫根据具体情况，一般采取以下的处理方式。

A. 入境植物检验检疫结果符合我国的植物检疫要求、安全卫生项目检测标准及双边植物检疫协定、协议、备忘录和议定书及贸易合同或信用证中有关检验检疫要求的，出具《入境货物检验检疫证明》、《卫生证书》或《检验证书》，准予放行。

B. 发现我国进境植物检疫危险性有害生物、潜在危险性有害生物、政府及政府主管部门间双边植物检疫协定、协议和备忘录中证明的有害生物、其他有检疫意义的有害生物，出具《检验检疫处理通知书》，注明检疫处理意见。安全卫生或品质检验不合格的，出具不合格通知单，并注明不合格指标和处理意见。

（2）对进境检疫不合格的植物、植物产品和其他检疫物，处理途径如下：

A. 除害处理

我国植物检疫法规规定，下列两种情况，需作熏蒸、消毒、冷、热等除害处理：

第一，植物、植物产品经检疫发现感染危险性病虫害；

第二，植物种子、种苗等繁殖材料经检疫发现感染检疫性有害生物，并有条件可以除害的。

B. 退回或销毁处理

我国植物检疫法规规定，下列四种情况，作退回或销毁处理。

第一，输入《中华人民共和国进境植物检疫禁止进境物名录》中的植物、植物产品，并未事先办理特许审批手续的；

第二，输入植物、植物产品及应检物中经检验发现有《中华人民共和国进境植物检疫危险性病、虫、杂草名录》中所规定的一类或二类有害生物，且无有效除害处理方法的；

第三，经检验发现调运的植物种子、种苗等繁殖材料感染检疫性有害生物，且无有效除害处理方法的；

第四，调运的植物、植物产品经检疫发现病虫害，危害严重并已失去使用价值的。

2. 出境植物检疫

对出境植物根据检疫检验结果，采取以下的处理方式。

（1）出境植物检验检疫符合输入国家和地区的植物检疫要求、安全卫生项目检测标准、双边植物检疫协定、协议、备忘录和议定书及贸易合同或信用证中有关检验检疫要求的，出具《植物检疫证书》、《卫生证书》、《检验证书》、《出境货物换证凭单》、《出境货物通关单》等有关单证，准予放行。

（2）输出的植物、植物产品等经检疫发现进境国检疫要求中所规定不能进境的有害生物，但经有效除害处理并重新检验检疫合格的，允许出境，并出具有关单证。无有效除害处理方法的，签发《出境货物不合格通知单》，不准出境。

（3）输入国要求进行熏蒸处理的植物，经熏蒸处理后检查合格的，由当地口岸检疫机关签发检疫证书，准予出境。

（4）出境货物检疫有效期一般为21d，北方部分地区冬季可酌情延长至35d。如超过期限，应进行复检，合格后签发检疫证书。

3. 过境植物检疫

由过境口岸检验检疫机构核查装载过境检疫物的运输工具或包装物、装载容器破损、撒漏情况以及过境检疫物的数量，符合检疫要求的，准予过境；不符合检疫要求的，经检验检疫机构调查，没有产生严重后果并采取补救措施后，准予过境。否则，不准过境。

4. 植物检疫检验中应注意的问题

使用《植物检疫合格证》和处理有问题的植物时，要注意法制性和严肃性，应注意以下几点：

（1）不可转让、买卖。若发现有此行为者，要进行严肃处理，情节严重的，需追究法律责任和刑事责任。

（2）必须专用，不得将《植物检疫合格证》用于未经检验的植物；弄虚作假的行为也要受到惩罚。

（3）《植物检疫合格证》应注明有效期，一般不得超过观赏植物的生长季节，超过有效期就不得使用，过期《植物检疫证书》就不具有合法公证的作用，只能作为换取《植物检疫合格证》的依据。

本章小结

种质资源搜集的实物一般是种子、苗木、枝条、花粉，有时也有组织和细胞等，为了使搜集的资源材料能够更好地研究和利用，在搜集时必须了解其来源，在产地的自然条件和栽培特点、适应性和抗逆性以及经济特性。种质保存的方式有就地保存、种质圃保存、种子保存、离体保存、基因文库保存。只有做好种质资源的保存工作，才能为育种准备原始材料。引种驯化是将野生或栽培植物的种子或营养体从其自然分布区域或栽培区域引入到新的地区栽培。在观赏植物生产中有着重要意义。植物引种与驯化既有联系又有区别。引种驯化的遗传学原理在于植物对环境条件适应性的大小及其进化与遗传。观赏植物的引种驯化有其自身的规律，掌握这些规律要了解所引种植物的分布区域、品种适应性及其生物学特性等。引种驯化要在确定引种目标与可行性论证后，遵守植物检疫的规定，搜集引种材料，然后进行引种试验、驯化与选择，最后进行技术和经济评价。植物检疫对象，是国家法律、法规、规章中规定不得传播的病、虫、杂草，一般经过植物检疫申报和审批、疫情检测与处理等程序。

复习思考题

1. 种质资源搜集的对象和原则各是什么？
2. 种质资源搜集的方法和保存的方式主要有哪些？
3. 引种与驯化的含义有什么区别和联系？
4. 如何处理综合环境的气候相似性与主导因子的限制性作用？
5. 如何进行引种驯化的试验研究，怎样才算引种成功？
6. 植物检疫范围和检疫对象是什么？

推荐书目

[1] 景士西. 园艺植物育种学总论. 北京：中国农业出版社，2003.
[2] 张明菊. 园林植物遗传育种. 北京：中国农业出版社，2003.
[3] 沈德绪. 果树育种学. 北京：中国农业出版社，2001.
[4] 曹家树，申书兴. 园艺植物育种学. 北京：中国农业大学出版社，2002.
[5] 谢孝福. 植物引种学. 北京：科学出版社，1994.
[6] 洪霓. 植物检疫方法与技术. 北京：化学工业出版社，2006.
[7] 朱西儒，徐志宏，陈枝楠. 植物检疫学. 北京：化学工业出版社，2004.
[8] 许志刚. 植物检疫学. 北京：中国农业出版社，2003.

第七章　观赏植物种质资源鉴定、评价与创新

为了有效利用观赏植物种质资源，在搜集保存后必须对其进行鉴定、评价与创新。植物种质资源的评价与鉴定结果，需要一定的方式描述或表达出来。国际植物遗传资源委员会（International Board for Plant Genetic Resources，简称 IBPGR）就是致力于植物种质资源评价的描述内容、方法和标准的规范化等工作。但是，迄今为止观赏植物种质资源尚无统一的描述系统。

第一节　观赏植物种质资源的鉴定

一、植物形态特征鉴定

性状的鉴定是对观赏植物种质材料做出科学评价的研究手段。在观赏植物种质材料的各生长发育阶段，主要是营养生长时期和有性生殖生长时期，选择具代表性的植株，对各器官的基本形态进行观察与描述，再参照植物学形态描述的标准和术语进行记载。包括花、叶、果、枝、根、株型等外观的形状、大小、颜色、色泽等。

观赏植物形态特征鉴定中描述记载的项目因观赏植物种类、观赏部位及利用目的而异。如观花植物主要依据的鉴定性状包括：花序长短、花朵着生情况、花朵形状、大小、颜色、花瓣数量、雌蕊和雄蕊特征等。

二、生物学与生态学特性鉴定

观赏植物的各种种质材料长期生存在不同的生态条件下，经自然选择和人工选择发生类型分化，形成了各自的生物学特性和生态特点。生态特点又叫生态适应性，是指种质材料在生长发育过程中对温度、水分、日照长短、光照强度、土壤的物理结构和化学组成等环境因素的要求及对这些因素变化的忍耐程度。同一物种不同品种根据其生态特点可分成不同生态型，这对种质资源的直接利用与间接利用都有着重要的指导意义。

种质材料的生物学特性和生态型的鉴定是在自然环境或人工控制环境中测试环境条件、物候期及种质的生长发育习性。通过对三者间关系的分析，了解某一观赏植物种质材料的生育规律、生育周期及其对温度、光照、水分、土壤等环境因素的要求。鉴定的主要方法有：自然环境鉴定和人工控制环境鉴定。

1. 自然环境鉴定

（1）区域鉴定　区域鉴定是利用不同地区的地理条件、土壤条件及温度、光照、雨量等气候因素的差异，在各自然区域栽培观赏植物种质材料，并观察其生育状况，从而鉴别种质材料在不同地区的适应性及不同品种、变种和种间生物学特性的差别。

（2）季节鉴定　季节鉴定是鉴定观赏植物种质材料对季节的适应性。如在气候比较温

暖的地区对喜温和半耐寒的观赏植物进行鉴定，可分春秋两季栽培。季节间环境因子变化的差异，势必影响植物体的生长和观赏器官的形成与发育。

同一观赏植物的不同品种，有的适于春季栽培，有的适于秋季栽培。只有鉴别种质材料的季节适应性，才能进行合理利用，从而充分发挥其生产潜力。

2. 人工控制环境下的鉴定

通过对种质材料在温室、大棚等设施中生长发育状况的观察，鉴定其适于保护地设施栽培还是露地栽培。另外，栽培设施鉴定可作为季节适应性鉴定的补充手段，即人工促成类似季节变化的小气候变化。在人工气候室或人工气候箱中，各环境因子完全在人工控制下发生变化。利用这些设施，可以比较准确地鉴定种质材料对单个或复合环境因子的最适范围，及其所能忍耐的极限。

不同种、品种间对春化温度的感应和所需时间存在差异。因此人为设定不同的温度和光照可以鉴定出品种间的差异。如利用不同的低温条件和不同的持续时间，来鉴定对某一种质材料通过春化最有效的温度和时间；利用加光或遮光，调节光照强度，来鉴定种质材料对光强的适应性；利用延长光照时间、中断黑暗及延长黑暗时间等方法来鉴定种质材料对光周期的适应性。

生物学与生态学特性的记载内容包括环境因素、物候期和植物生长发育状况，重点记载种质材料在特定环境条件下或在特定物候期内的生长发育状况。

第二节　观赏植物种质资源的评价

一、观赏性状评价

观赏植物的观赏部位包括花、叶、果、枝、根和姿等。对园林植物景观效果的评价至今尚未形成公认的方法和指标体系，值得进一步探讨，也是研究的热点和趋势。评价观赏价值的高低目前多数停留在定性的描述和评判者主观判断。从多学科多角度出发，筛选出具有代表性的评价因子进行定量与定性相结合的评价将成为今后园林植物景观评价的发展方向。目前已有学者尝试对观赏植物的观赏性状进行定量评价，主要有百分制法、层次分析法、美景度评价法、比较评判法、模糊数学法、灰色关联度分析等方法。

1. 百分制法

基于百分制系统理论，有学者对忍冬科（Caprifoliaceae）、姜科（Caprifoliceae）和杜鹃花属（*Rhododendron*）的野生观赏植物进行了评价；这些评价方法多以感性认识对观赏植物来作评价，通常为定性评判，即以主观评价制定评分标准和相对的重要性权值，从而确定相对优劣。该方法直观简单，便于操作和运用，但缺点是主观性较强、可比性差，结果因人而异，且评分人员必须具有较强的专业知识。

2. 层次分析法（AHP）

美国匹茨堡大学运筹学家 Saaty T L. 于 20 世纪 70 年代初提出的系统分析方法——层次分析法（Analytic Hierarchy Process，简称 AHP 法）将定性定量评价相结合，采用量化的具体指标为标准进行评价，从客观上提高了评价结果的有效性、可靠性和可行性，并已经广泛应用于旅游景区竞争力、旅游资源价值、学生综合素质、教师教学质量、材料选优、生态环境质量、医疗卫生条件等诸多领域的综合评价。近年来，已有许多学者采用层次分析法对木本花卉、宿根花卉、木质藤本、垂直绿化植物、花卉品种性状、室内观叶植物价值、园林植物景观等进行评价。该方法具有较高的客观实用性和准确性，能够满足对观赏植物品种综合评价的需要。但是，层次分析法是通过两因素间的比较而不是以多因素同时比较来解决问题的，容易造成一定的失真。

3. 美景度评价法（SBE）和比较评判法（LCJ）

对于审美评判测量，在目前采用的多种方法中，有两种方法一般认为是最好的，其一是美景度评价法——SBE法（Scenic Beauty Estimation），其二是比较评判法——LCJ法（Law of Comparative Judgemment）。

美景度评价法由 Daniel 和 Boster 于 1976 年提出，是视觉景观的质量评价方法中最为常见的心理物理模式（Psychophysical paradigm）评价方法。他们认为评判结果是评价者对景观的知觉和判断标准两者综合作用的产物，因此需要对评判值进行标准化。①测定公众的审美态度，即获得美景度（Scenic beauty）；②将景观进行要素分解并测定各要素量值；③建立美景度与各要素之间的关系模型。经过一系列数据处理，将各景观得分值转换成 SBE 值，通过分析后认为 SBE 值是不受评判标准和得分制影响的理想的美景度代表值。近年来，已有学者采用美景度评价法评判野生蕨类观赏价值、行道树景观。

比较评判法是目前世界上公认的心理物理学派中最好的景观审美评判测量法之一。它让所有评判者对给定的样品排列一次，通过反复比较排出一个等级顺序，从而得到反映不同类型人的审美特点和反映各风景美学质量的美景度量表。

这两种方法都是从瑟斯顿和托格森的有关态度测量法演化来的。在本质上两者差别甚微，但在具体的测量程序上却有所不同，它们各有优缺点。SBE 法多以幻灯片作为评判测量的媒介，通过逐个评分（五分制或十分制）制定一个反映各风景优美程度的美景度量表；其最大优点是能对大量风景进行评价，但它有一个致命的缺点，就是各风景之间缺乏相互比较的机会，这将影响有关相关分析的可靠性。LCJ 法又有两种比较评判途径：对偶比较法与等级排列法，这两种方法都具很高的可靠性，但对偶比较法因为工作量太大而限制了样本数目，而等级排列法则因为人的辨别能力的局限性，限制了风景样本的数目，所以，LCJ 法只适用于小样本（小于 20）风景的评价。

4. 模糊数学法

模糊综合评价法是一种基于模糊数学的综合评价方法。该综合评价法根据模糊数学的隶属度理论把定性评价转化为定量评价，即用模糊数学对受到多种因素制约的事物或对象做出一个总体的评价。它具有结果清晰、系统性强的特点，能较好地解决模糊的、难以量化的问题，适合各种非确定性问题的解决，缺点是无法解决评价指标间相关而造成的信息重复问题。有学者运用模糊数学法对园林观叶植物的观赏性进行了评价。

5. 灰色关联度分析

灰色关联分析是指对一个系统发展变化态势的定量描述和比较的方法，其基本思想是通过确定参考数据列和若干个比较数据列的几何形状相似程度来判断其联系是否紧密，它反映了曲线间的关联程度。有学者以灰色关联度对石蒜属（*Lycoris*）花卉的观赏性状进行了评价，评价结果与实际运用效果相符，此法在园林树木观赏特性的评价上具有一定的实际应用价值。

二、抗逆性评价

观赏植物的整个生活周期处于不断变化的环境条件中，适宜的环境条件能保证和促进其正常生长发育，达到最高的产量和最好的品质。但在生产实践中很难满足要求，常遇到一些不利于生长发育的恶劣环境，如干旱、水涝、高温、低温、瘠薄、盐碱、台风等。这些对观赏植物生长发育不适宜甚至危害的环境条件统称逆境。在观赏植物遇到的逆境中，发生最广泛、最普遍的是温度不适。它包括冷害（Cool damage）、冻害（Freezing injury）和热害（Heat damage）。抗逆性评价是观赏植物种质资源评价的重要内容之一。

1. 植物的适应性

观赏植物对逆境的反应表现在以下几方面：

（1）避逆性　指观赏植物通过对自身生育周期的调整，整个生育过程不与逆境相遇，避开逆境的干扰与危害，而在相对适宜的环境中完成其生活史。

（2）御逆性　指观赏植物处在逆境中时，其生理过程不受或少受逆境的影响。也就是说，在逆境中植物体仍保持正常的生理活动。

（3）耐逆性　指逆境中观赏植物的各种生理过程发生相应变化。这些变化包括御胁变性、胁变可逆性和胁变修复。

2. 抗逆性评价的方法

抗逆性评价就是通过观察比较不同种类或品种的观赏植物对逆境的反应程度。种质材料的抗逆性是受遗传基因控制的，但在一定程度上与发育生理及影响发育的因素有关。在不同的季节或同一季节里的不同时间、地点，同一品种不同个体甚至不同器官的抗逆性都存在差异。在评价抗逆性时，应了解种质材料对逆境的敏感时期和器官、部位。所用的评价方法既要准确可靠，又要快速简便。常用的方法有自然逆境评价、人工模拟逆境评价和间接评价三类。

（1）自然逆境评价

自然逆境评价是在具有逆境的地区或季节种植供试种质材料，观察比较它们的抗逆性。这种评价方法通常费用较低，但每年遇到的逆境强度往往不同。即使抗逆境性评价中每年都设置对照品种，用来衡量参试种质材料的相对抗逆性，但仍难免在不同年度、不同批次之间评价结果出现差异。为了减少这种差异，自然逆境评价一般要经过 2~3 年以上重复或多点试验。

观赏植物抗逆性评价可通过植株受害程度分级法来调查统计。人为将植株对逆境敏感部位的受害程度分成若干级别，具体分级方法参照有关逆境的专著。统计各级植株数，按以下公式计算受害指数。根据受害指数判断种质材料的抗逆性：

受害指数(X)＝Σ（代表级值×调查株数）÷（最高级值×总株数）×100％

（2）人工模拟逆境评价

人工模拟逆境评价是在人工气候设备中，严格控制有关条件进行评价。这类方法不受时间和地区的限制，试验结果比较精确，但评价费用高，而且人工模拟的逆境无法完全代表自然逆境。在人工气候室内，可模拟 0℃以下的低温进行观赏植物的抗冻试验，模拟 0℃以上的低温进行观赏植物抗冷试验。用人工造成不同程度的缺水条件来评价观赏植物种质资源的抗旱性。用含盐溶液浇灌、模拟盐害逆境来评价种质材料的抗盐性，用盐溶液、盐培养基筛选抗盐的原始材料或品种等。

（3）间接评价

间接评价是选定一个或几个特定的成分或指标，分析其在逆境伤害前后量的变化，作为评价观赏植物种质材料抗逆性的一种手段。植物在受到逆境伤害后，体内的生理生化机制就会发生变化。关于逆境中植物体内甜菜碱的积累情况已有不少研究报道，其他间接评价指标的研究也取得不少进展，但至今尚未选出准确可靠、简便易行并适于评价大量植物遗传资源抗逆性的指标。间接评价主要有以下几种方法：

1）电导率测定　采用电导法检测植株浸泡液的电导率，用植株被杀死后外渗液的电导率作参照，计算相对电导率以反映渗出物的相对量。杀死植株的条件是在100℃沸水中处理15min。测定时取样要均匀，一般要求重复3～4次。待测种质材料外渗液的相对电导率用以下公式计算：

相对电导率＝低温处理后的电导率/被杀死后的电导率×100%

2）四唑法　用四唑（TTC）测定花芽中脱氢酶活性。脱氢酶活性越高，则种质材料的抗冻性越强。

3）脂肪酸测定　细胞膜脂肪酸饱和程度与种质材料的抗冻性呈正相关。

三、抗病虫能力评价

观赏植物的抗病虫能力是植物生长发育过程中的一个特性，指寄主植物与病原生物及虫害间相互作用所表现出来的抗病虫现象。对病虫害的抵抗能力是评价观赏植物种质资源的一个重要依据。观赏植物的抗病虫性与感病虫性一样早已存在，寄主植物和病原物及虫害长期的共同演化和相互斗争中保持一定的自然平衡状态。到人类进行耕作栽培的农业时代后，因为长期的人工选择，观赏植物的抗病虫能力发生很大的变化，有的丢失、退化，有的增强。实践表明，种植抗病虫品种是防治病虫害最经济、有效而简便的措施。选择具备较强的抗病虫性的种或品种的观赏植物能发挥其最佳观赏价值，且被广大栽培者栽培和应用。

（一）抗病性评价

当病原物侵染植物时，观赏植物本身要对病原物进行积极的抵抗。有病原物存在，观赏植物不一定生病，病害发生与否，通常取决于植物抗病能力的强弱。如果观赏植物本身抗病性强，虽有病原物存在，也可不发病或发病很轻。评价观赏植物抗病性的方法很多，一般分为直接评价和间接评价。

1. 直接评价

直接评价根据栽培场地又分为田间评价和室内评价。

（1）田间评价　将待测的种质材料播种或定植到自然发病率高或人工接种病原物的病圃内，在田间条件下进行自然诱发和人工诱发。自然诱发时，如果田间病原物的量较少，可在观赏植株四周栽种极易感病的品种诱发。人工接种方法因各种病原物传染方式而异，根部病害可将病原物接种于土壤中，气流传播的病害可将病原物通过喷雾附着于叶面。无论是自然发病圃还是人工接种病圃，均应具备适宜发病的自然条件，以利于病原物的侵染，从而达到评价种质材料抗病性的目的。

（2）室内评价　在温室或其他人工控制的环境下进行。因不受季节限制，可加速评价进程，同时评价每个病原物或同一病原物的多个生理小种，还能了解温度、水分、光照、气流等环境因素对种质材料抗病性的影响。室内评价必须接种病原物，因而不能显示观赏植物的避病性。如果接种过程中进行了摩擦、脱蜡、针刺、注射、切伤等措施，则破坏了种质材料抗接触、抗侵入的特性，只能得出抗扩展的评价结果。即使这类结果对分析抗病性因素颇有用处，但它们未必能代表种质材料在田间自然条件下的抗病性。人工气候室内光照、温度、湿度以及气流速度均可按需要进行调控，并能模拟自然条件下的阶段变化与周期变动，是室内抗病性评价的理想设备。室内评价还可采用植物体部分枝叶及其离体培养物在人工接种下进行。

（3）调查与统计

评价抗病的指标很多，常见的有普遍率、严重度和病情指数等。

1）普遍率是表示群体中发病情况的指标，用百分率表示，如病株率等。

2）严重度是表示个体发病情况的指标，按发病严重程度定级。一些连续症状的病害，不能简单地把感病植株和未感病植株截然分开。这时可人为将感病程度不同的植株分成若干级，分别统计各级株数。病情的严重度一般分为 4～6 级。

3）病情指数是在待评价种质材料中取一定数量的植株或器官，根据发病严重度调查标准统计发病株数或器官数，按下列公式计算病情指数。根据病情指数判断种质材料的抗病能力。

病情指数＝Σ（代表级值×调查株数）÷（株数总和×发病最严重级的代表值）×100％

2. 间接评价

观赏植物体遭受病原物侵染后，会产生一些特殊的代谢产物。检测这些物质存在的量，可作为观赏植物抗病性评价的指标，如毒素测定、酶活性测定、植物保卫素测定、血清实验、同工酶电泳等。这些间接评价方法大部分处于实验研究阶段，在实践中尚未广泛应用。因而间接鉴定只能建立在直接评价特别是田间评价的基础上，作为田间评价的辅助手段。

（二）抗虫性评价

1. 评价方法

（1）田间自然评价法　为观察各材料发生虫害的程度，可在虫口密度较大的地区和年份种植待检的种质材料。这种评价方法完全依靠自然发生的害虫群体进行，受外界条件的限制很大。

（2）增加危害压法　在虫口发生较少的地区或年份，可用人工接种虫源，以扩大害虫对待鉴定种质材料的危害程度，从而强化种质材料间抗虫性的差异。该方法适于在观赏植物种质资源种植范围较小、害虫飞翔能力较弱的情况下采用。评价过程中还需注意接种虫源后对周围其他非鉴定作物的影响。接种方法、数量和时间都应根据种质材料和害虫的不同种类分别确定。

（3）网室评价法　在田间建造的网室内种植待检的种质材料，并接种一定数量的害虫，再观察不同材料的受害程度。该方法将害虫限制在隔离的范围内，评价结果比较可靠，但网室的建造成本较高。

以上 3 种抗虫性评价方法在应用中都应注意控制其他非评价害虫的同时危害，并且避免害虫天敌的干扰。

2. 调查与统计

（1）虫口密度调查　随机取样调查统计和比较观赏植物种质材料间的虫口数量，用以衡量它们抗虫性的相对强弱。对于容易调查的害虫，可直接调查单株或单位叶面积的虫口数量。钻蛀性害虫的虫口数量通过剖开危害部位调查。数量多、个体小的害虫可用扫网法或真空吸虫法分别从不同种质材料上收集，再计算其数量和密度。虫口数量越少，密度越小，则种质材料的抗虫性越强。

（2）被害程度调查　观叶植物类可调查受害叶数；观果类调查受害果率或害虫造成的落果率。准确调查则根据不同观赏植物虫害的特点将危害程度分为若干级，一般分成 4～6 级。统计各级植株数，按以下公式计算虫害指数，再根据虫害指数判断种质材料的抗虫能力。

虫害指数＝∑（受虫害级值×本级植株数）÷（最高级值×调查总植株数）×100％

为了提高结果的可靠性，室内抗虫性评价至少重复 2 次，田间至少重复 2 年。重要的害虫最好分几个地方同时进行。

四、遗传多样性评价

1. 遗传多样性概念

广义的遗传多样性（Genetic diversity），是指地球上所有生物所携带的遗传信息的总和。但通常所指的遗传多样性是狭义的遗传多样性，即种内的遗传多样性，指种内个体之间或一个群体内不同个体的遗传变异总和。遗传多样性是生物多样性的核心。而生物多样性（Biodiversity）是指生物及其环境形成的生态复合体以及与此相关的各种生态过程的总和，包括四个层次：遗传多样性、物种多样性、生态系统多样性和景观多样性。

遗传多样性的来源主要有形态学水平上的变异、细胞水平上的变异（如染色体形态与结构变异、数目变异）、DNA 分子水平上的变异（如基因突变、新基因的产生、DNA 序列重复）等。物种的遗传多样性可以从个体或群体形态特征、细胞学特征、基因位点、DNA 序列及生理特征等不同水平和方面来体现。因此，有的遗传多样性是用肉眼难以直观感觉到的，须借助一些现代分子生物学的技术和方法加以检测。

2. 遗传多样性评价意义

遗传多样性的评价对于保护生物多样性具有十分重要的理论和实际意义。物种或居群的遗传多样性大小是长期进化的产物，是其生存和进化的前提。一个物种的遗传多样性越高或遗传变异越丰富，其对环境变化的适应能力就越强，越容易扩展其分布范围和开拓新的环境。对珍稀濒危物种保护方针和措施的制订，如采样策略、迁地或就地保护的选择等，都有赖于我们对物种遗传多样性的认识。对品种资源的遗传多样性的研究，是收集、保存、评价与利用品种的基础，无疑有助于人们更清楚地认识品种的起源和演化，进而为育种和遗传改良、种质创新奠定基础。

3. 遗传多样性评价的取样与检测

（1）遗传多样性评价的取样方法　保护生物多样性的本质就是保护生物的遗传多样性，现在对许多植物的遗传多样性进行了系统性的研究，明确了许多生物的起源演化。随着分子生物学的不断发展，遗传多样性的研究方法与技术也在不断地改进，由以前的表型遗传发展到现在的分子遗传，研究方法和手段也一直在不断地更新。但无论用哪种方法，研究时均涉及取样分级问题，需要检测一些性状指标，数据要经过数理统计分析等，才可得出科学合理的结论。

多样性是特异性之和，所以要想获得丰富的多样性，就需要尽可能地捕捉每一个特异性。因为每种生物最基本的组成单位是个体，所以在遗传多样性的研究中需要以个体为单位进行取样。个体虽然是构成物种的基本单位，但它却不是物种生存与进化的基本单位。任何生物个体特别是有性繁殖的生物个体，都离不开居群而独立存在、繁衍和进化。因此，居群才是物种生存与进化的基本单位。因为每个居群是由一个个具有特异性基因库的个体组成的，而一个物种的遗传结构不但具有个体特异性，还具有居群特异性，这些所有的特异性加起来才能构成一个物种的遗传多样性。所以，遗传多样性研究的取样方法采取以个体为单位的居群取样方法。在实施取样方案时，取样居群要尽可能跨越该种的整个分布区、各种生境和不同海拔。异花授粉的风媒植物，大多数高频率的等位基因都出现在每个居群之内，居群间的相似性较高，差异较少；而无融合生殖植物的等位基因在居群间的差异较大。因此，对于异花授粉的风媒花植物来说，可取较少的居群数。关于样本的容量，目前还没有一个精确的硬性规定，这需要根据研究的层次和水平而定。在形态学水平上的研究，因为形态特征易受环境饰变的影响，所以要尽量多地抽取样品。在染色体及分子水平上的研究，样品容量可相对少些。一方面是因为它们可以精确地反映遗传多样性，另一方面也为人力、物力和财力等因素所限。

(2) 遗传多样性评价的检测方法　随着生物科学各项重大技术的进步，生物遗传多样性检测手段的日益成熟和多样化，可从不同角度和层次来揭示物种的变异性。遗传标记是研究检测生物遗传多样性的一种手段，主要分为四种类型：形态学标记、细胞学标记、生化标记和分子标记。

用形态特征来检测遗传变异是传统且简便易行的方法。设计一套有效的采样方案，结合多元统计分析方法，针对质量性状或数量性状进行研究，可以揭示出这些性状受遗传控制的大小，进而估计群体遗传变异的样式和遗传结构。

形态表型性状可分为质量性状和数量性状。对于质量性状来说，可通过统计其在一定总体或样本内某性状出现的频率或次数来判定居群内个体间及居群间的差异，从而推断其遗传变异的程度。这样的统计结果可通过次数分布表或次数分布图直观地反映出来。此外，质量性状也可以给予相当数量的方法进行数量化处理。对于数量性状来说，因为基因作用大多表现为群体性而缺乏个体性，而且只能用称、量、数等方法对它们加以度量，所得结果也都是些数字材料，只有对它们进行适当的数理统计、估算一些遗传参数，才能反映出其遗传变异的特点并洞察其中的规律。例如，常用方差（Variance，简称 V）、标准差（Standard Deviation，简称 SD）、变异系数（Coefficient of Variability，简称 CV）等参数。V、SD、CV 的值越大，反映研究材料的变异程度大，即遗传多样性丰富度高，反之则低。尽管形态学性状是研究遗传变异简便而有效的方法，但是，植物表型是其基因型与环境共同作用的结果，因此形态标记受环境的影响较大，不稳定。

细胞学标记是通过制片在显微镜下观察染色体的结构、数目及带型等来检测遗传多样性。但由于受到制片技术及细胞分裂时期的影响，因此观察统计的难度也较大。此外，细胞学标记对同类生物的区分能力也很有限。

随着遗传多样性研究的深入和发展，遗传多样性标记已从传统的以表型识别为基础的形态标记、以染色体的结构和数目为特征的细胞学标记发展到了采用具有组织、发育和物种特异性的同工酶、等位酶标记以及 DNA 多态性为基础的 DNA 分子标记。这些标记不受环境的影响，已经在遗传多样性研究中得到广泛的应用。1980 年美国 Botstein 提出 DNA 限制性酶切片段长度多态性（RFLP）可以作为遗传标记，开创了直接应用 DNA 多态性发展遗传标记的新阶段。20 世纪 80 年代 DNA 多聚酶链式反应（PCR）技术的出现，又推动产生了许多新型的分子标记如 RAPD 标记、SSR 标记、ISSR 标记等。1993 年由 Zabeau 和 Vos 发展起来的扩增片段长度多态性（AFLP）技术被认为是一种非常有效的分子标记，既有 RFLP 的可靠性，又有 RAPD 的方便性。其后又出现了基于序列扩增多态性 SBAP（Sequnce Based Amplified Polymorphism）、表达序列标签 EST（Expressed Sequences Tags）、单核苷酸多态性 SNP（Single Nuleotide Polymorphism）、反转录转座子（Retrotransposon）、相关序列扩增多态性 SRAP 标记等新型标记方法。分子标记的迅速发展促进了真核生物遗传图谱的构建。目前，人类和各主要作物的 RFLP 遗传图谱已经基本完成，可以提供基因组各基因间相互作用的全面信息，观察到群体内和群体间由于位点间互作引起的变异分化，在基础理论、遗传育种和物种进化以及生物多样性保护等方面显示出重要应用价值。

上述各种水平上各种检测作物种质资源遗传多样性的方法均有各自的优缺点。同时，随着遗传学，特别是分子遗传学的飞速发展，已经发明、将要发明很多新的检测方法。因此，必须根据所要解决的问题，采取适宜的方法，才能使种质资源的研究逐步深入。

第三节　观赏植物种质资源创新

观赏种质资源通过调查、收集、鉴定以后，大多数都可以直接应用于育种工作，许多还可以直接应用于栽培生产。但是，还有部分种质资源尚不能完全满足上述要求，对其进行改造创新就显得尤为重要。其创新途径、方法与育种学内容相似，但因为各自目的的要求差异，故侧重有所不同。本节主要从芽变利用，杂交、倍性，诱导突变体，单胞无性系、原生质体融合和基因工程等方面讲述种质创新。

一、芽变的利用

芽变是体细胞突变的一种，即突变发生在芽的分生组织细胞中，当芽萌发长成枝条，并在性状上表现与原来类型不同，称为芽变。由变异的芽萌发成枝条和繁育而成的单株变异可看成芽变。

芽变被关注时间较早。达尔文在《家养状态下的变异》一书中就列举了很多花卉的芽变。我国早在宋代就有关于芽变选种的记载。如欧阳修在《洛阳牡丹记》中记述的牡丹芽变品种"潜溪绯"。芽变选种不仅在历史上起到改良品种的作用，而且到了近代，国内外均受到重视，由此选育出了许多新品种。我国花卉栽培历史悠久，种质资源丰富，为开展芽变选种创造了条件，采用专业研究与群众选种相结合的方法，持续深入开展芽变选种工作，不断地选育出更多更好的新品种。

1. 芽变类型

芽变的表现形式多样，既有形态特征的变异，亦有生物学特性的变异。常见的有：

（1）植株形态上的变异

①蔓性变异，如从墨红中产生藤墨红；

②扭枝变异，如'龙游'梅、'龙爪'柳、'龙桑'等；如仙人掌科中一些柱状的种类茎顶端变成岩石状、鸡冠状或带状的畸形；

③刺的变异，蔷薇科植物上就常见刺的变异。

（2）色素的变异

芽变的矢车菊（*Centaurea cyanus*）一般在一株上开 4 种不同颜色的花。金鱼草（*Antirrhinum majus*）在一株上开有桃红、白色及有带条纹的花。仙人掌类斑锦类变异从颜色上有红、黄、白、紫各色。

（3）花期变异

在花卉中常发现花期变异，如花期提前或延后，这种变异与环境因子变化造成的花期变化较难区分，需要进行人工控制环境才能较好区分开来。

（4）能育性

雄蕊瓣化，能育性降低或雌雄蕊退化，失去生育能力等。

（5）抗逆性

出现耐低温、抗旱、抗水湿、抗病虫等变异。

2. 芽变的分离保存和繁殖

对于观赏植物产生的芽变，可采用分株、扦插、分生组织培养和茎尖培养等手段进行芽变的分离、保存和繁殖。

（1）分株和扦插

观赏植物许多种类是无性繁殖的，这些材料不须经过有性繁殖，不会产生分离现象，在其生长过程发生芽变，只要将之分离繁殖，就可以保持稳定。故通过分株和扦插方式将其分离出来，从而获得稳定的突变系，可繁殖为无性变异系，供直接或间接利用。

（2）分生组织培养

这一方法是将变异植株的枝条顶端切下，用自来水反复冲洗干净后，再经酒精漂洗，然后经过升汞或 2% 次氯酸钠浸泡，无菌水冲洗后，在超净工作台上将生长点剥出，接种到特定的培养基中，诱导出愈伤组织后，转到继代培养基中，使其分化成小植株，生根后经炼苗移到自然条件下栽培。该方法仍有可能出现变异，需单株分离，性状稳定后方能作为新种质资源。

（3）茎尖培养

培养过程与分生组织培养相似，仅取材是完整茎尖，且不需要通过愈伤组织培养过程而直接产生株丛，切割后加速繁殖，经鉴定后即可作为新种质资源。

由此可见，芽变的类型繁多，其频率在观赏植物中是相对高的，如能注意观察，及时分离培育，即可产生新品种。

二、杂交种质创新

杂交育种（Cross breeding）是以基因型不同的观赏植物种或品种进行交配或结合形

成杂种，通过培育、选择，获得新品种的方法。它是培育新品种主要途径，是近代种质创新最重要的方法之一。

人类进行植物杂交授粉的最早记录是公元前 2000 多年枣椰子（*Phoenix dactyifera*）人工授粉。1870 年法国人将石竹（*Dianthus chinesis*）与香石竹（*D. caryophyllus*）杂交，培育出了四季开花香气浓郁的现代香石竹。1835～1849 年卡特内尔（Von Carttner）发现了杂种一代有优势现象。1900 年孟德尔遗传规律被重新发现以后，用人工杂交培育新品种的方法广泛应用，并创造出大量观赏植物的新类型与新品种。到 20 世纪 80 年代，培育出杂种优势的有矮牵牛（*Petunia hybrida*）、天竺葵（*Pelargonium hortorum*）、羽衣甘蓝（*Brassica oleracea* var. *acephala*）、仙客来（*Cyclamen persicum*）、万寿菊（*Tagetes erecta*）、瓜叶菊（*Pericallis hybrida*）、百日菊（*Zinnia elegans*）、报春花（*Primula malacoides*）、半支莲（*Scutellaria barbata*）、秋海棠（*Begonia* spp.）、三色堇（*Viola tricolor*）、蒲包花（*Calceolaria herbeohybrida*）、鸡冠花（*Celosia Cristata*）等，并已普遍栽培应用。

我国是最早记载观赏植物远缘杂交的国家。中国宋代范成大在专著《范村梅谱》中记载了'杏梅'品种，近些年来我国在梅花（*Prunus mume*）、牡丹（*Paeonia suffruticosa*）、月季（*Rosa chinensis*）、山茶（*Camellia japonica*）、荷花（*Nelumbo nucifera*）、兰花（*Cymbidium* spp.）、玉兰（*Magnolia denudata*）、萱草（*Hemerocallis fulva*）等方面取得一定成果，但与发达国家相比，仍存在较大差距。

1. 杂交育种类型

根据参与杂交亲本亲缘关系远近，杂交育种可分为近缘杂交和远缘杂交育种。

（1）近缘杂交育种是亲缘关系较近，分类上属于同一种的不同变种或品种类型之间的杂交。

（2）远缘杂交育种是不同种、属或亲缘关系更远的物种之间的杂交。按杂交性质不同，又可分为有性杂交和无性杂交育种。无性杂交育种是用现代生物技术将体细胞融合而形成杂种的方法。

2. 杂交方式

亲本选定以后，按照育种目标要求合理选配组合进行杂交。杂交时采用的方式有以下几种：

（1）成对杂交　又称单杂交，是指两个亲本一为母本一为父本配成一对杂交。用 A×B 表示。当两个亲本优缺点能互补，性状总体基本上能符合育种目标时，应尽可能采用单杂交，因为单交只需杂交一次便可完成，杂交及后代选择的规模较小，方法简便，杂种后代的变异较为稳定。单杂交时，两个亲本可以互为父母本，即 A×B 或 B×A，前者称为正交，后者则称反交。如有可能，正交、反交最好都做，利于比较。

（2）复合杂交　是指在两个以上亲本之间进行杂交，一般先配成单交，然后根据单交的缺点再选配另一单交组合或亲本，从而使多个亲本优缺点能互相弥补。

（3）回交　所选两亲本杂交后代 F_1 单株与原亲本之一进行杂交，即(A×B)×B，称为回交。一般在第一次杂交时选具有优良特性的品种作母本，而在以后各次回交时作父本，这个亲本在回交时叫轮回亲本。回交的目的是慢慢加强杂种后代的亲本优良特性，从而使亲本的某一优点转移到杂种中。回交的次数视实际需要而定，一般一年生花卉可回交

3～4 次，并使回交后代自交，从中选择。回交育种法近年主要用于培育抗性品种或用于远缘杂交中恢复可孕性和恢复栽培品种优点等。

（4）多父本混合授粉、自由授粉　以一个以上的父本品种花粉混合授给一个母本品种的方式，称多父本混合授粉。去雄后任其自由授粉本质上也是多父本混合授粉。这种授粉方式虽然有时父本不清楚，但比较简单易行，而且后代分离类型比较丰富，有利于选择。

三、倍性种质创新

在任何植物体细胞的细胞核中，都具一定数目和形状的染色体。这些染色体的数目是由一定基数的倍数构成的。例如牡丹 2n＝10、凤仙 2n＝14，其基数 n 分别为 5 和 7。倍数是 2，所以称为二倍体，又如有 54 条染色体的菊花，其基数是 9，倍数是 6，故称为六倍体。通过培育出异于原种染色体基数倍数的个体分方法称为倍性种质创新。一般有单倍体和多倍体育种两种方式。

（一）单倍体育种

利用观赏植物仅有一套染色体组之配子体而形成纯系的育种技术称单倍体育种。通常先形成单倍体植株，再经过染色体加倍形成二倍体植株。因单倍体母株起源不同，可分为一元单倍体和多元单倍体，后者又可分为同源多元单倍体和异源多元单倍体。

单倍体植株在自然界很早就有发现，不过它们自然发生的频率很低。20 世纪 60 年代有人对曼陀罗花药进行组织培养，首次培养出了大量的单倍体植株，这一技术上的突破，使多年来的设想成为现实，这一新生事物，广泛地引起了育种工作者的极大重视。很多国家相继对烟草（*Nicotiana*）、辣椒（*Capsicum annuum*）、水稻（*Oryza sativa*）等几十种植物分别诱导出单倍体植株，有的通过进一步培育成新品种，如水稻。我国花药培养开始于 1970 年，近十几年内，木本植物获得 26 个种的花粉植株中，有 23 个种是我国首先获得成功，在农作物方面我国首次诱导出单倍体植株，在世界上居第一位。

单倍体植物不能结种子，生长又较弱小，没有单独利用的价值。但在育种工作中作为一个中间环节能很快培育纯系，加快育种速度。在杂交育种，杂种优势的利用，诱变育种，远缘杂交等方面具有重要意义。

1. 单倍体育种的途径

单倍体育种往往是通过直接培养花药，所以又称花药培养，简称花培。由于花药和花粉都是从雄性器官产生的，因此这种不经过受精作用，直接从花粉培养成单倍体植株的过程，在植物学上又叫做孤雄生殖。

此外，也有使卵细胞不经过受精作用也直接分化成单倍体植株，这一过程，在植物学上叫做孤雌生殖。让卵细胞不经受精作用而长成单倍体植株的方法主要有两种，一是用异属花粉进行人工授粉；一是用弱化的，失去生活力的花粉进行人工授粉。

2. 用花药诱导单倍体植株的方法

（1）材料选择

用单核后期的花粉进行培养，较易取得成功。确定花粉发育时期，通常采用染色压片镜检决定，染色剂不同，染色效果不一样，大部分植物花粉可用碘化钾、醋酸洋红、卡宝品红染色。通过检测观察找出小孢子发育时期与花药外形的相关性，以便选取外植体。如金花茶（*Camellia chrysantha*）花药呈白色时，小孢子发育处在四分体以前；淡黄色时处于单核各个时期；黄色时为单核期至双核期；橙黄色时已为双核期。金花茶花药培养以淡黄色时为宜，此时花蕾横径为 1.2～1.5cm。

（2）接种材料的消毒

在消毒材料之前，用石蜡将花蕾柄断口封住，防止消毒时酒精渗入杀死小孢子。具体做法是：把石蜡放到小烧杯中，加热至 120℃左右，待石蜡全部融解，把花蕾柄断口浸入石蜡中数秒钟，使石蜡封住花柄导管，然后用自来水冲洗 4～5 次，75％酒精消毒 30s，再用 0.1％HgCl₂ 消毒处理 5～6min，最后用无菌水冲洗 4～5 次。酒精和升汞处理时间的长短，可根据材料不同而异，一般花蕾大，苞片多且厚，消毒处理时间可长一些；花蕾小，苞片少且薄的处理时间应短一些。

（3）培养基

在花药培养已成功的植物中，脱分化培养基常用 MS 培养基，或经改良的 MS 培养基。在花药培养中常用的基本培养基有 MS 培养基、B₅ 培养基、N₆ 培养基等。但无论哪一种植物，花粉形成愈伤组织再进一步分化成胚状体，大多采用 MS 培养基。至小植株形成阶段，则需将胚状体转移到无机盐浓度低的成苗培养基中。

（4）培养条件

在花药培养过程中，温度是一个十分重要的因子。目前已成功的几种木本植物花药培养适宜的温度多在 20～28℃的范围内，但不同树种在不同培养时期对温度要求又略有不同。通常在培养基中用日光灯补充光照，每日 10～12h，夜间黑暗。光照时间依不同物种以及在其花药培养的不同阶段相应调整。

（二）多倍体育种

选育细胞核中具有 3 套以上染色体优良新品种的方法，称为多倍体育种。多倍体在自然界分布是比较普遍的。据统计，在植物界里约有 1/2 的物种属于多倍体，花卉中的多倍体估计也占 2/3 以上。而禾本科，多倍体几乎占 3/4。从上述自然界多倍体的现象可以看出多倍体在自然界是普遍存在的，而且染色体加倍后在形态、生理特性上都发生巨大的改变，这说明多倍体在自然界是进化的一种方式，它使一个种在极短的时间里，以飞跃的方式产生新种。因此多倍体在植物进化上具有重要意义。另外，多倍体是克服远缘杂交当代的不孕性和远缘杂种的不结实性的一个重要方法。

研究发现，植物的生殖细胞易受外界影响而发生变异。多倍性细胞在自然条件下产生的原因之一是温度骤变，其原因可能是温度的骤然升高，而使配子减数分裂受到阻碍所致。日本松田秀雄发现紫矮牵牛的花粉中，往往混杂有巨大的花粉粒，其染色体数目比普通的多一倍。

自然界创造的多倍体类型数目少，无法完全符合人类的需求，而且，随着人们对自然界形成多倍体机理的认识逐渐深化，开始设想人为地去创造多倍体良种，并将之应用于生产。从 19 世纪末开始，人们通过模拟植物外界环境条件的剧变，来诱导多倍体。有的用人工嫁接、摘心的方法；有的用温度的异常变化来刺激；有的用反复切伤植物组织；或用 X 射线、γ 射线等方法来诱导多倍体。1937 年美国布勒克斯里（Blakeslee）与艾鸟芮（Avery）二人应用秋水仙碱处理植物的种子，一举获得了 45％以上的同源多倍体。从此开创了多倍体育种的新时代。至 1980 年，世界各地用人工选择和实验方法获得多倍体植物共达 1000 多种，如荷兰现栽培多为三倍体水仙（*Narcissus* spp.）、日本选出了三倍体樱花（*Prunus serrulata*）、欧洲普遍栽培三倍体风信子（*Hyacinthus orientalis*）。

1. 多倍体的特点

（1）巨大性　随着染色体加倍，细胞核和细胞变大，因而组织器官也多变大，一般茎粗、叶宽厚、色深、花大、色艳、果实大、种子大而少，如 4x 百合（*Lilium*）比 2x 大 2/3，4x 萱草（*Hemerocallis fulva*）比 2x 花大、花瓣厚、花色鲜艳等。但也有例外，如香雪球（*Lobularia maritima*）多倍体表现矮小。

（2）可孕性低　三倍体的性细胞在减数分裂中，染色体分配不均匀，以致形成非整倍的配子，所以表现无籽或种子皱缩，如无球悬铃木（*Platanus* spp.）、无籽柑橘（*Citrus* spp.）、无籽西瓜（*Citrullus lanatus*）等。但也有少数例外，如风信子三倍体品种（2n＝3x＝24）表现高度可孕性。

（3）适应性强　由于核体积增大表现出耐辐射、耐紫外光、耐寒、耐旱等特性，如多倍体杜鹃（*Rhododendron simsii*）及醉鱼草（*Buddleja lindleyana*）多分布在我国西南山区，而二倍体只分布在平原。

（4）有机合成速率增加　由于多倍体染色体数量增多，有多套基因，新陈代谢旺盛，酶活性加倍，从而提高蛋白质、碳水化合物、维生素、植物碱、单宁物质等的合成速率。如多倍体花卉花大香味浓等。

（5）可克服远缘杂交不育性　如英国的邱园报春系轮花报春（*Primula vertieillata*）与多花报春（*P. floribunda*）的杂交种，后代不孕，检查染色体为 2n＝18。到 1950 年在一株杂种花枝上结了饱满种子，检查染色体为四倍体 4n＝36，恢复了可孕性，并且性状稳定。

2. 人工诱导多倍体的方法

主要有物理法和化学法两种。物理法包括各种射线、异常温度、高速离心力、高温处理；化学法是用秋水仙素、水合三氯乙醛、笑气、富民隆等。被广泛采用的主要是秋水仙素。秋水仙素是从百合科秋水仙（*Colchicum autumnale*）植物的鳞茎和种子中提炼出来的一种药剂，性极毒，很早以前就在医药上应用。是一种极细的针状无色粉末，分子式为 $C_{22}H_{25}O_6N$，熔点为 155℃，易溶于酒精、氯仿和冷水中，在热水中反而不溶解。溶于水后，宜放黑暗处，如露置于日光下即变暗色。秋水仙素对植物细胞的毒害作用不大。它能阻止正在分裂的细胞纺锤丝的形成，但对染色体的构造却无显著的影响。

（1）诱导材料的选择

多倍体的遗传性是建立在二倍体的基础上的，只有综合性状优良、遗传基础较好的植物作为诱导材料，才能取得理想效果。通常原来已是多倍体的植物，要想再诱导染色体加倍就较困难，而染色体倍数较低的植物，则是多倍体育种的最好对象。

从目前来看，在多倍体育种上最有希望的是下列一些植物：染色体数目较少的植物；染色体倍数较低的植物；异花授粉植物；一般能利用根、茎或叶进行无性繁殖的观赏植物；从不同品种间杂交所得的杂种或杂种后代；从远缘杂交所得的不孕杂种。

（2）秋水仙素的浓度

秋水仙素浓度是诱导多倍体成败的关键因素之一，如果所用的浓度太大，则会引起植物的死亡，如果浓度太低，往往又不发生作用。一般有效浓度在 0.0006%～1.6% 之间。浓度大小随不同植物或同一植物不同组织而异，所以处理时要预先进行试验，找出某种植物或某种组织的最适浓度。但一般以 0.2%～0.4% 的水溶液浓度效果较好。

（3）处理时间

处理时间的长短，随着植物种类的不同、生长的快慢以及使用的秋水仙素浓度而异。通常发芽的种子或幼苗，生长快的、细胞分裂周期短的植物，处理时间可适当缩短；处理时秋水仙素浓度愈大，处理时间则要愈短，反之则延长。多数实验指出，浓度大而处理时间短的效果好于浓度小而处理时间长的。但一般以不少于 24h 或处理细胞分裂 1～2 个周期为原则。如果处理时间过长，那么染色体增加可能不是一倍而是多倍。

（4）处理的方法

①浸渍法　此法适合于处理种子、枝条、盆栽小苗的茎端生长点。

通常发芽种子处理数小时至 3d，处理浓度为 0.2%～1.6%。须经常检查，若培养皿溶液减少时即需添加稀释为原浓度一半的溶液，但不宜将种子淹没。如浸泡波斯菊种子后获得很好的结果。但浸渍的时间不能太长，以免影响根的生长。

盆栽的幼苗，处理时将盆倒置，使幼苗顶端生长点浸入秋水仙素溶液内，以生长点全部浸没为度。组织培养的试管苗也可照样浸渍，根部可用纱布或湿滤纸盖好，避免失水干燥。处理时间从数小时至数天不等，插条一般处理 1～2d 即可。

此法与滴液法相比，优点是生长点与药液接触面大，药液浓度比较好控制，缺点是用药量较大，不太经济。

②滴液法　用滴管将秋水仙素水溶液滴在幼苗顶芽或大苗的侧芽处，每日滴数次，一般 6～8h 滴一次，如气候干燥、蒸发快，中间可加滴蒸馏水，或滴加蒸馏水稀释一半的浓度。反复处理一至数日，使溶液透过表皮渗入组织内起作用。如果溶液在上面停不住而往下流时，则可搓成小脱脂棉球，放在子叶之间或用小片脱脂棉包裹幼芽，再滴秋水仙素溶液，将棉花浸湿。同时尽可能保持室内的湿度，避免很快干燥。此法与种子浸渍法相比，比较节省药液。

③毛细管法　将植物的顶芽、腋芽用脱脂棉或脱脂棉纱布包裹后，脱脂棉或纱布的另一端浸在盛有秋水仙素溶液的小瓶中，小瓶置于植株近旁，利用毛细管吸水作用逐渐把芽浸透。此法一般多用于大植株上芽的处理。

④套罩法　保留新梢顶芽，除去芽下数叶，套上一个胶囊，内盛 0.6% 的琼脂加适量秋水仙素，经 24h 便可去掉胶囊。

⑤注射法　医用注射器将秋水仙素溶液徐徐注入芽中。

⑥涂抹法　秋水仙素乳剂涂抹在芽上或梢端，隔一段时间再将乳剂洗去。

⑦复合处理　可采用物理和化学方法相结合对试验材料进行处理。

四、诱导突变体的种质创新

由于突变在自然界的频率是较低的，有时是万分之几，甚至十万分之几。通过人工提供的物理和化学手段刺激，可使观赏植物的遗传物质发生突变的频率比自然界提高 100 倍以上，再从中选择培育新品种。目前普遍应用的有辐射育种和化学诱变育种。

（一）辐射育种

利用电离辐射，使观赏植物遗传物质发生突变，从中选择培育新品种的方法。1927年有人用 X 射线处理果蝇，才发现其后代的突变频率要比自然突变大的多。与此同时，这个新发现也在应用 X 射线进行大麦辐射引变的实验中得到了证实。1936 年，德莫尔（W. E. Demol）用 X 射线处理郁金香，经过 10 多年时间育成了'法腊迪'突变品种。20 世纪 50 年代用辐射育种育成的有百合、香石竹、葱兰、杜鹃花、菊花、唐菖蒲、仙客来。20 世纪 60 年代育成的品种及数量：香石竹 1 个、杜鹃花 2 个、蔷薇 2 个、好望角苣苔 5 个、扶桑 5 个、菊花 11 个、大丽花 13 个。70 年代，辐射诱变新品种达到 196 个，80 年代达到 238 个。随着辐射技术的改进，越来越多的观赏植物突变品种被选育出来。

1. 辐射材料的选择

辐照材料的正确选择是辐射育种成功的基础。辐射诱变的特点之一是容易使原品种的一两个性状得以改变，因此在选用辐照材料时应选用：①杂合的材料。因杂合材料产生隐性突变，如 Aa-aa，其性状容易表现出来，而纯合基因（AA）则不能。②综合性状好的品种。如选用有 2 个以上缺点的，则难以育成理想的品种。③易产生不定芽的材料。如茎和根上产生的不定芽辐射效果较佳。

2. 射线的种类与剂量选择

射线按其性质可分为电磁波辐射和粒子辐射两大类。用电磁波辐射传递和转移能量的，常用的有 X 射线，γ 射线等，这些射线能量较高，可引起照射物质的离子化，故又称电离辐射。粒子辐射是一种粒子流，可分带电的（如 α、β 射线）和不带电的（如中子）两类，它们也可引起照射物质的离子化。在辐射育种中，目前应用比较多的是 γ 射线、X 射线、中子（快中子及热中子），也有用 α 射线、β 射线、紫外线、激光。

辐射剂量的选择是辐射育种成功的关键之一。有些植物适宜辐射量已有记载，但还有许多植物无资料依据，需通过试验来确定。

试验时通常设低剂量到高剂量，中间级差呈倍数性关系，如 500，1000，2000，4000 等，然后观测其诱变效应，从中选择适宜剂量。低剂量时，辐射损伤不明显，有时甚至有刺激生长的效应，随着剂量增高，辐射损伤逐渐明显，后代中出现遗传变异；高剂量时，辐射损伤严重，甚至产生劣性突变或致死。我们要选择的适宜剂量应是突变率最高的剂量。辐射损伤程度能间接反应剂量与突变率之间的关系，在剂量选定中，人们往往用辐射损伤程度来做指标，常用的损伤指标有：①幼苗高度或根长；②种子活力指数；③田间成活率；④育性。前两种指标可在实验室测得，后两种指标需在田间植物生长不同阶段测定。

3. 辐射处理的主要方法

（1）外照射：是指被照射的种子、球茎、块茎、鳞茎、插穗、花粉、植株等所受的辐射来自外部的某一辐射源。目前外照射常用的是 X 射线、γ 射线、快中子或热中子。外照射方法简便安全，可大量处理，所以广为采用。

（2）内照射：是指辐射源被引进到受照射的植物体的内部。目前常用于内照射的有 ^{32}P、^{35}S、^{14}C 等放射性元素的化合物。其方法可用放射性同位素溶液浸泡种子或枝条，或将放射同位素溶液注入植物的茎杆、枝条、芽等部位，或施于土壤中使植物吸收或者将放射性的 ^{14}C 供给植物，借助于光合作用所形成的产物来进行内照射。利用内照射诱变需要一定的实验设备；试验过程中还需要一定的防护，预防放射性同位素的污染，处理过的材料在一定时间内尚带有效射性。同时，由于涉及的因素很多，放射性同位素被吸收的剂量不易测定，效果不完全一致，因此目前在育种上应用较少。

4. 辐射后代的选育

（1）种子辐射后代的选育

一般对种子进行辐射处理时，因为种子的种胚为多细胞组织，照射后通常不是所有胚中的细胞都发生变异，变异只是在个别细胞中发生的。因此，由这样的种子发育成的 M_1，植株组织表现为异质的嵌合体。M_1 突变通常呈隐性，只有经过 1～2 代自交后，突变遗传物质植株中在出现同质结合的情况下，这时在辐射的后代中（大多从 M_2 代开始）会出现性状分离的现象，隐性突变才有可能显现出来。

（2）无性繁殖器官辐射处理后的选育

选择自然产生的芽变，是观赏植物无性繁殖的有效方法。用射线照射无性繁殖器官，可以提高芽变的频率，是加速选育新品种的有效途径之一。

无性繁殖的观赏植物诱发突变有下列特点：①无性繁殖器官照射处理后，在幼芽的体细胞里发生突变。从而发育成变异的植株或枝条，通过无性繁殖的方法，遗传给后代，不会像有性繁殖那样出现复杂的分离现象，稳定得比较快。②异变的观赏植物辐射后往往在当代就表现出来，故选择可在 M_1 代进行。

（二）化学诱变育种

利用化学诱变剂诱发观赏植物产生遗传变异，用来选育新品种的技术。该方法具备以下特点：操作方法简便易行、专一性强、可提高突变频率，扩大突变范围、有迟发效应，育种年限缩短，后代的稳定过程较短。在花卉中有用 2.5% 的 EMS 诱导麝香石竹的花色突变；1978 年美国用 4% 的 EMS 处理紫薇 1h，获得茎粗壮，叶小而厚，花小，抗白粉病、耐干旱的突变；有用化学诱变育成矮秆、大花、多花的金鱼草突变体。

1. 化学诱变剂的种类

化学诱变剂的种类较多，应用广泛。人们在筛选高效低毒化学诱变剂的过程中，从简单的无机物到复杂的有机化合物，试用了近千种的化学物质。化学诱变剂早年常用芥子气，现在新的诱变剂不断被发现和应用，约 300 多种，有特殊诱变效果的约 30 余种，主要有下列几类。

（1）烷化剂类　甲基磺酸甲酯（MMS）、甲基磺酸乙酯（EMS）、甲基磺酸丙酯（PMS）、甲基磺酸丁酯（DES）、乙基磺酸乙酯（EES）、丙基磺酸丙酯（PPS）、亚硝基乙基脲（NEH）、亚硝基乙基尿烷（NEU）、亚硝基胍（NTG）、硫酸二甲酯（MES）、硫酸二乙酯（DES）、乙烯亚胺（EI）。

（2）核酸碱基类似物　2-氨基嘌呤（2AP）、5-溴尿嘧啶（5-BU）、5-溴去氧尿嘧啶核苷（5-BUdR）、8-氮鸟嘌呤、马来酰肼、咖啡碱。

（3）吖啶类（嵌入剂）　吖啶橙、二氨基吖啶、人工合成 ICR 化合物。

（4）无机类化合物　H_2O_2、$LiCl$、$MnCl_2$、$CuSO_4$、亚硝酸等。

（5）简单有机类化合物　抗生素、链霉素、丝裂霉素、甲醛、乳酸、中性红、氧化乙烯、重氮甲烷、重氮丝氨酸、氨基甲酸乙酯等。

（6）异种 DNA　高级酚、羟胺（HA）、苯的衍生物、嘌呤及其衍生物、磺胺药物。

（7）生物碱　秋水仙碱、喜树碱、石蒜碱、长春花碱等。

2. 化学诱变处理的方法

浸渍法、注入法、滴液法、涂抹法、熏蒸法以及施入培养液培养法等。一般用诱变剂浸泡种子或枝条、块茎、鳞茎、块根，使诱变剂吸入组织内部，产生诱变作用。其步骤如下：

（1）预处理　在诱变处理前，先用水浸泡种子，使其敏感性提高。试验证明，浸泡能提高细胞膜透性，加速诱变剂的吸收，同时使细胞代谢和合成活跃起来，促进 DNA 的合成，这种现象称水合作用。在水中加入适量生长素，可提高诱变效果。

（2）药液处理　药剂的溶解度、pH 值、处理的时间、处理时的温度、诱变材料的组织结构、生长特性等，均会影响诱变效果。通常宜在 0℃～10℃ 的低温下进行，其作用在于延缓诱变剂的水解速度，使药剂在种子吸收过程中保持相对稳定的浓度，并抑制在诱变剂吸收期生物体代谢的变化。如磺酸乙酯及硫酸二乙酯水解后产生强酸，生理损伤显著提高，降低了诱变后代植株成活率。故使用时要注意选择适当的缓冲液和一定的浓度。通常认为磷酸缓冲液最好，其 pH 控制在 7～9 范围内。有人用"波动处理"即在低温下处理后短时间（0.5～2h 时）高温（25～40℃）高浓度处理可显著提高 EMS 和 DES 的诱变效应。处理时加入二甲亚砜或增大 2～5 个大气压，可提高诱变剂的穿透作用。

（3）后处理　处理后植物材料要马上漂洗，防止残留药效造成进一步生理损伤。经处理的种子须马上播种，否则应在 0～4℃ 下短期贮藏，使细胞代谢处于休止状态，避免增加损伤。

3. 诱变后代的选育

M_1 代由于有生理损伤，常表现出一些形态和生理上的畸变，通常不遗传，如有突变的 M_1 代，植株大多呈隐性，因此不宜进行 M_1 代选择，但应精心培植，尽可能多地保留变异植株。M_2 代植株出现分离，为选择的重点。为了增加有益突变出现的机率，M_2 代群体宜大，选择的单株应尽可能多些，对有些萌发能力强和能利用无性繁殖的观赏植物，可通过扦插、嫁接、修剪、多次摘心或组织培养等方法，促使内部变异体组织暴露，使嵌合体扩大并得到表现，然后进行株选或芽变选种。M_3 基本稳定，可鉴定后大量繁殖，并进行品种比较试验、生长试验、多点试验及区域试验，品种命名、登记后推广应用。

五、单胞无性系种质创新

因为自然界中生物体突变频率极低，想要找到符合需求的性状突变是很难的，即便出现了也经常是嵌合体而难以利用。所以，尽管分生组织和茎尖培养方法促进了芽变的利用，但是其作用还无法满足种质资源改造的要求。单胞培养不仅提高了突变率，还可利用细胞的全能性分离培养获得突变体。单胞培养可使大量细胞在小规模的实验室内得到选择或鉴定，并且由于细胞培养不受环境季节变化的影响，筛选可以周年进行。

单细胞培养是基于植物细胞的全能性发展起来的。植物的单细胞在特殊的条件下培养，可以通过细胞分裂形成细胞团，再进一步分化成根、茎、芽、叶或胚状体，最后获得完整植株。利用单细胞培养可以在人工控制条件下有目的地增加无性变异频率，创造符合人们需求的无性变异株，获得单胞无性系，这是人工创造变异的重要途径之一。单胞无性系的获得，一般是用分散性好的愈伤组织或悬浮培养物制备单胞，也可用纤维素酶和果胶酶直接分离观赏植物不同组织制备单胞。获得单细胞后，用适宜的培养方法，可培养获得单胞无性变异系或无性繁殖系。其在观赏植物上的应用主要集中在抗盐、抗病、抗除草剂和对温度抗耐性等突变体的筛选。

1. 单胞的获得

单胞的获得有许多方法，主要有酶分割法和愈伤组织分散法等。

（1）酶分割法　这是将观赏植物具有分生能力的茎尖、根尖、下胚轴、子叶等用酶解法分离获得游离状态单细胞的方法。即用清水将所取材料洗净后，放入 2％的次氯酸钠或 0.1％的氯化汞中浸泡 5～10min，然后用无菌蒸馏水冲洗 2～3 次，用无菌滤纸吸干，于无菌环境下，用解剖刀将其分成几毫米的小块，置于装有果胶酶和纤维素酶的悬浮培养液的锥形瓶中。培养一段时间之后，用振荡、搅拌等方法使其离散，直至在显微镜下观察到大量游离细胞后，用不同规格的细胞筛进行无菌过滤，去除未分解的细胞团、组织和器官残留物，培养液中剩下的单个游离细胞和较小的细胞团便可作为单胞培养的接种液。

（2）愈伤组织分散法　这是将愈伤组织分离获得游离单细胞的方法。把观赏植物的器官或组织采用一般的组织培养方法诱导愈伤组织，将产生的愈伤组织继代培养，然后将继代培养的愈伤组织置于悬浮培养液中。加入少量果胶酶和纤维素酶以促使愈伤组织离散，可用振荡、搅拌等方法加速离散。最后，将这种悬浮液用一定规格的细胞筛去除未分散的愈伤组织和较大的细胞团，剩下的游离细胞和较小细胞团的悬浮液便可作为接种液。

2. 单胞系的培养

经上述过程获得游离细胞或小细胞团后，可根据改造目的，使单细胞在人工设定的条件下发生变异，经条件选择实现对单胞系的筛选。单胞系培养的常见方法有看护培养、平板培养和悬浮培养等。

（1）看护培养　利用生长的愈伤组织所产生的物质来培养单细胞或者异种愈伤组织等方法称为看护培养。在无菌条件下，在固体培养基上放置几块直径几毫米活跃生长的愈伤组织，再在其上放置 1 片无菌滤纸，经过 12h 左右，用毛细玻璃管吸取接种液（单胞）滴接到滤纸上，用塑料薄膜封严瓶口，置于 25℃左右的弱光或黑暗下培养。培养 1 个月左右可形成细胞团，2～3 个月可形成球形胚。此时，应及时将其转移至新的培养基上，进行胚培养，形成小植株时，经炼苗后移出洗根并转入灭菌土中栽培。

（2）平板培养　该方法一般是用吸管取单胞悬浮液 2ml 作接种液，接种液浓度一般保持在 $(0.5～1) \times 10^4$ 个细胞/ml，在 35℃条件下接种到含有 0.6％的琼脂无菌液态培养基中，并使其与培养基充分混合，置于直径 9cm 的无菌培养皿中，在无菌环境下降温固化后，用塑料薄膜封严培养皿。使用双筒显微镜（40 倍）检查细胞分散情况，并用标记笔标出若干单胞位置。然后置于 25℃左右的弱光或黑暗下培养。在培养过程中若发现单胞已分裂为细胞群，则应及时在无菌条件下转植到装有固体培养基的锥形瓶中，进行继代培养。至出现球形胚时，再转入新培养基中培养。待植株长到一定大小时，炼苗后洗根并转入灭菌土中栽培。

在平板培养过程中，须注意以下几点：①培养的初始密度很重要，如接种的细胞数少，常导致平板上单细胞形成细胞团的百分率即植板率低；②不同植物、不同组织的单胞对同一培养基的反应不同，应当根据所取材料对选用的基本培养基中的某些成分进行调整实验，以提高培养效果；③选用分裂盛期的细胞接种效果好；④接种过程中会带有少量细胞团和组织块。

（3）悬浮培养　这是将游离细胞在液体培养液中进行培养的方法。接种好的锥形瓶应当放置在摇床上（25℃，弱光或黑暗）培养。在培养过程中，可定期或不定期将其置于倒置显微镜上，观察细胞分裂情况。当培养液中出现较大的球形胚时，在无菌条件下，将其挑接到固体培养基上进行继代培养，随后同上操作。悬浮培养常常难以确定球形胚是由单胞还是由细胞团分裂分化形成。但是，它们都能发生不同程度的变异，因而都可以作为人工创造变异的途径。

不管是平板培养，还是悬浮培养，在混有较大细胞团或愈伤组织的情况下，单胞分裂快；在悬浮培养液中，密度大的分裂速度快于单胞密度小的；在经无菌滤纸过滤的悬浮培养液（条件培养液）中，即使接种的细胞密度低于最低临界密度，它们也能生长和分裂。通常认为，出现上述现象是因为虽然每个细胞都能合成它生长和分裂所需的全部代谢产物，但是，在单胞培养过程中，由于每个细胞形成的代谢产物不断向胞外渗漏，导致胞内存留的代谢产物有时低于细胞分裂临界浓度。而当许多细胞在一起培养时，提高了培养基（液）中这类代谢产物的浓度，使之保持在实现细胞正常分裂的临界限度以上，从而促进细胞分裂。

3. 突变体的选择

通过单胞培养会产生大量突变体，其中绝大多数是有害的，但是也能产生极少量有益的突变体。通过选择有可能获得一些有益的无性突变系。一般可在单细胞的继代培养中，根据种质资源改造的目标，有目的地改变培养基（液）的成分或培养条件。如为了筛选抗寒的种质资源，可降低培养室的气温等；为了筛选耐高温的种质资源，可提高培养室的气温和光照强度；这些培养基（液）的成分或培养条件的控制原则，是使单胞系在培育过程中有一半左右发育不好或死亡，有一半左右能正常生长发育。对单胞系的筛选，除了在室内进行人工控制条件的鉴定选择外，还应在植株开花时，逐株进行染色体倍数鉴定，确定是否二倍体，分株套袋隔离进行人工控制自交。获得的单胞系还须经过对改造性状和其他性状的田间鉴定，才可获得实现改造目的的种质资源。

六、原生质体融合种质创新

原生质体融合又称细胞杂交。植物原生质体由于已去除了细胞壁，能够像动物细胞一样，在人为的条件下互相融合，获得细胞杂种植株。产生的杂种植株不只可以直接作为育种的种质材料，还可以克服远缘杂交不亲和性，扩大植物的变异范围，拓宽种质来源，选育出新种质，甚至产生新种。自 Carlson 等在 1972 年获得第一株烟草体细胞杂种植株以来，细胞融合技术的完善和发展，使获得的融合杂种植株越来越多。

1. 植物原生质体融合分类

植物原生质体融合按照所用亲本原生质体的性质可以分为三类：

（1）体细胞杂交，它是将双亲的体细胞原生质体或其衍生系统进行诱导融合，再经培养、筛选、鉴定等步骤得到细胞杂种，为目前最为常用的方法；

（2）配子间细胞杂交，它是将双亲的性细胞原生质体为融合亲本，其他步骤同（1）；

（3）配子-体细胞杂交，一个融合亲本为体细胞原生质体，另一个为性细胞原生质体，其他步骤同（1）。

由于植物细胞具有坚固的细胞壁，要进行体细胞杂交，须先获得无细胞壁的原生质体，且杂交以后要进行原生质体培养，获得完整植株才有希望成功。因此，进行体细胞杂交的过程中，还有一些问题必须注意。

2. 植物原生质体的获得

观赏植物的各个器官，如根、茎、叶、果实、种子、子叶、下胚轴及其愈伤组织和悬浮细胞等，均可作为分离原生质体的材料。不同物种、同一物种不同基因型、同一基因型不同取材部位等，对原生质体的融合和培养均有影响。植物细胞脱去细胞壁即可获得原生质体。1960 年英国植物生理学家 Cocking 首次用纤维素酶降解番茄幼苗根尖细胞得到原生质体，开创了用酶解法分离植物原生质体先河。就理论上说，只要用适当的酶处理，就能从任何植物的任何活组织或其培养的细胞系中分离得到原生质体。但要得到产量高、活性强、能进行分裂、杂交后能形成愈伤组织或胚状体，最后再生成完整植株的原生质体，则受诸多因素影响。就影响原生质体分离时的数量和质量来看，必须考虑到原生质膜的稳定剂、酶的种类及其组合、酶解时间与温度、酶液的渗透压、分离和纯化的方法等。

用于植物原生质体游离的酶组成主要是果胶酶和纤维素酶，有时再加入半纤维素酶。酶液浓度一般为果胶酶 0.5%～1%，纤维素酶 1%～2%。酶液浓度过高，原生质体破裂多，产率低，褐化严重，分裂频率低；浓度低则去壁率低，影响原生质体分裂。酶液 pH 值适宜范围 5.1～5.8，酶解时间以获得满足所需原生质体的数量为准，通常从几小时至几十小时不等，一般不超过 24h。酶解温度以 45～50℃最佳，但对植物细胞来说太高，一般在 25℃左右酶解，这有利于保持原生质体的活力。酶解处理一般静置在黑暗中进行，用手轻轻摇晃即可。对于愈伤组织、悬浮细胞等难游离原生质体的材料，可置于低速（30～50r/min）摇床上促进酶解。

植物细胞除去细胞壁后，在酶液、洗液和培养液中加入渗透压稳定剂，使其渗透压大致与原生质体内相同或相近。广泛使用的调节剂有山梨醇、甘露醇、葡萄糖、蔗糖或麦芽糖，其浓度在 $0.4～0.6mol \cdot L^{-1}$，均具有相同的稳定渗透压的作用。加入 KH_2PO_4、$CaCl_2$、MES、葡聚糖硫酸钾等均可以提高原生质膜的稳定性。

植物材料经酶解后，需将原生质体与组织残渣以及酶液分开，使原生质体纯化，方可进行融合和培养。最常用的纯化方法是过滤和离心相结合的方法。一般用 40～100μm 尼龙网或镍丝网过滤，收集滤液并离心（500～800r/min）3～5min，取上清液。转到洗液（除不含酶液外，其他成分与酶液相同）中，再次离心，取上清液，如此重复 3 次，即可获得纯净的原生质体。

3. 原生质体的融合

常规的原生质体融合是用双亲的原生质体经诱导、筛选和鉴定，然后得到杂种细胞。原生质体具有各自亲本的全部遗传信息，即双亲的细胞核、细胞质和细胞器都集中到一个融合细胞中。这与有性杂交细胞内的情况不同，原生质体融合除了涉及双亲的细胞核外，还涉及双亲的细胞质。它既可以把细胞质基因转移到全新的核背景中，还可以使线粒体基因组与叶绿体基因组重新组合。这既给遗传育种提供了新的种质资源，又带来了较为复杂的关系。

不对称细胞杂交技术的出现，使得亲本的遗传物质比较容易控制。它是将供体的部分遗传物质转入受体。其机理是控制融合产物中的染色体丢失和基因重组，将一个亲本有限的基因转入另一个亲本，从而得到不对称杂种。如果所得到的细胞杂种完全没有供体的核基因，而仅仅转入供体的叶绿体和线粒体基因，则称之为胞质杂种。采用的方法是用物理或化学因子（如 X 射线、γ 射线、IOA-碘乙酰胺、R6G 等）处理供体原生质体，影响它们的代谢功能或使之仅仅带有少量染色体，再与未经处理的受体原生质体进行诱导融合后得到细胞杂种。

原生质体融合的常用方法有化学方法和电融合方法两类。

（1）化学方法中以聚乙二醇（Polyethylene glycol，PEG）应用广泛。它的融合频率高达 $10\%\sim15\%$，且无种属特异性，几乎可诱导任何原生质体间的融合。加入融合促进剂（如伴刀豆球蛋白、15%二甲基亚砜、链霉素蛋白酶等）可以提高原生质体的融合率。

（2）电融合技术发展快，应用最多。其步骤如下：①在装有原生质体悬浮液的两电极间加高频交流电场（一般为 $0.4\sim1.5$ MHz，$100\sim250$V · cm^{-1}），使原生质体偶极化而沿电场线方向泳动，并相互吸引形成与电场线平行的原生质体链；②用一次或多次瞬间高压直流电脉冲（一般为 $3\times10\mu s$，$1\sim3$kV · cm^{-1}）引发质膜的可逆性破裂而形成融合体。国外有学者将电融合法与微培养法结合起来，建立了单对原生质体融合技术。其方法是将两个异源原生质体转移到微滴融合液中，用直径为 $50\mu m$ 的铂电极在倒置显微镜下进行融合操作，待融合后，将融合的异核体移到微滴培养液中培养，再生成杂种植株。

4. 原生质融合体的培养

两个亲本的原生质体互相融合后形成异核体，异核体在再生细胞壁进而有丝分裂的过程中发生核融合，即得到杂种细胞。原生质体融合后即可进行培养。培养的方法有固体培养、液体培养和二者的改进培养方法。用琼脂糖软包埋法，以防止原生质体聚集和增加透气性；用液体浅层培养，以改善透气性，便于观察和培养基的添加；还可用双层培养、微滴培养和看护培养等。使用的培养基有 KM8P、改良的 DPD、MS、NTH 和 Du 等。

5. 杂种细胞的筛选与鉴定

杂种细胞的筛选方法主要有三类：

（1）利用或诱发各种缺陷型（如营养缺失、叶绿素缺失）或抗性（对某种药物有抗性）细胞系，用选择培养基将互补的杂种细胞选出来；

（2）人为造成或利用两个亲本间原生质体的物理特性（如颜色、大小、漂浮密度等）差异，从而选出杂种细胞；

（3）人为造成或利用细胞生长或分化能力（如内源激素、生化抑制剂、再生能力等）的差异，从而进行选择。在实际应用过程中，这三类方法常常视具体的实验对象而互相配合使用。

虽然在杂种细胞的筛选过程中已经进行了一次间接的鉴定，但是因为选择的遗漏和融合体一方的遗传物质有可能消失，故我们仍然有必要对所获得的体细胞杂种植株进行鉴定。鉴定的方法有形态学鉴定、细胞学（染色体）鉴定、同工酶鉴定和分子标记鉴定等，实际操作应用时需要视情况选用几种方法配合进行鉴定。

七、植物基因工程种质创新

运用分子生物学的先进技术，分离提取目的基因或 DNA 片段，在离体情况下进行酶切、组合或拼接，构成重组 DNA 分子后导入受体细胞，使目的基因在受体细胞中复制增殖，经培养、鉴定获得可表达目的基因的再生植株。目的基因是可以从所有生物中获取的符合种质资源改造目标的基因或 DNA 片段。通过一定的方法将其分离出来，将其克隆到载体后可以大量增殖。将外源基因导入植物受体，除了要有目的基因外，还必须有载体系统、标记基因与合适的选择条件，使植物细胞有效再生成株的组织培养系统，以及外源基因导入受体植物的途径和方法。

基因工程从 20 世纪 70 年代初期产生之后，发展迅速，至 70 年代末运用这一技术已能通过微生物生产人的胰岛素和干扰素等药品。80 年代以来，则已经逐渐将此项技术应用到高等生物的物种改良和新品种的培育上。在花卉上先后有矮牵牛、郁金香、萱草、百合、朱顶红、水仙、唐菖蒲、花叶芋、石斛、热带兰、香石竹、金鱼草、菊花、月季等研究报道。

基因工程的基本操作步骤可以分为四大步骤：第一步分离或合成目的基因；第二步把带有目的基因的 DNA 片段与载体 DNA 体外重组；第三步将重组体转入到受体细胞；第四步重组体克隆的筛选和鉴定。在具体的基因工程操作中，还应该根据实验的目的、基因片段的来源和性质选择合适的技术路线。

1. 目的基因的分离和获得

基因工程首先要分离我们所需性状的目的基因，其取得途径主要有两个：一是从已有生物基因组中分离；二是用酶学和化学方法合成。

（1）从生物的基因组中分离基因

分离基因的重大突破是采用了限制性内切酶。这类酶可在一定的核苷酸序列上切断双链 DNA 分子，使之成为许多平均长度约几千个核苷酸的片段，并可能完整地将所需要的目的基因保存在某一 DNA 片段上。

用限制酶把组织的全部染色体 DNA 切割成许多片段，再分别与载体重组，转入到大肠杆菌中，这样形成的转化细胞群含有各种染色体 DNA 片段。繁殖其中的某一种转化细胞，就可增殖相应的 DNA 片段，分离出纯一的目的基因。这种分离某一特定基因片段的方法实际上就是典型的基因工程技术，常称为"鸟枪射击法"。在真核生物中用曾此法分离出鸡卵清蛋白、蚕丝蛋白、兔和鼠的臼珠蛋白等基因，以及人生长激素等基因片段，运用此方法还可以构建基因文库（某种生物全部 DNA 片段的克隆总体）。

除限制酶法外，还可以运用 cDNA 或 mRNA 与变性的 DNA 片段或部分变性的双链 DNA 杂交，以从生物基因组中获取含有相应基因的 DNA 片段。应用某些基因在碱基组成上与总 DNA 有些不同，因此还可以利用物理性质差别从总 DNA 中分离出特异的基因，如爪蟾的核糖体 RNA 基因就是通过 CsCl 密度离心梯度分离而得，还可用超声波获取 DNA 随机片段。

目前在花卉基因工程上所利用的花色素合成相关基因，形态建成基因抗虫基因、烯合成抑制基因、抗除草剂基因等。如金鱼草的 DFR（二氢黄酮还原酶）、CHS（苯乙基苯乙烯酮合成酶）基因，香石竹的 DFR、CHI 基因，矮牵牛的 DFR、CHS、CHI 基因，蔷薇的 CHS、CHI 基因，以及橙黄色素和黄色素合成酶基因等。随着科技进步及研究手段的完善，所分离到的目的基因会越来越多。

（2）基因的酶促合成

以 mRNA 为模板，用逆转录酶逆转录成互补的 cDNA，然后除去作模板的 mRNA，使 cDNA 加倍成双股，就可获得该 mRNA 的结构基因。由 mRNA 逆转录完成的产物是长短不一的双股 DNA 分子群，还需要用凝胶电泳分离提纯出最长的双股 DNA。此外，这种酶促合成的双链 cDNA 在转接到载体 DNA 分子之前，通常还要用同聚物 dA-dT（或 dG-dC）接尾法，在 ds-cDNA 的 3′-末端通过 T4 连接酶接上相应的同聚物。通过逆转录酶促方法合成基因是获得真核结构基因最主要而又最常用的方法。逆转录方法的缺点是取得的 cDNA 中无天然基因中所具有的调控序列以及结构基因中的插入序列。

（3）化学方法合成基因

在体外用化学合成或化学合成结合酶促合成是取得所需目的基因的另一途径。为此，必须事先知道目的基因或 mRNA 或相应蛋白质的一级结构，即核苷酸或氨基酸的顺序，以单核苷酸为原料，先合成许多寡核苷酸小片段（约为 815 个核苷酸长），使各片段间部分碱基配对，取得 DNA 短片，以后再经过 DNA 连接酶作用，将一些短片依次连接成一个完整的基因链。

2. 目的基因的导入

随着基因工程技术的飞速发展，目的基因导入方法越来越多。主要分为以农杆菌等为载体介导的载体法（Vector method）和以物理和化学方法直接导入的物化法（Physico-chemical method）两大类。每种方法都有各自的优缺点，在进行转基因工作时，应根据具体情况选择应用。

（1）载体法

载体法是运用根癌农杆菌 Ti 质粒或发根农杆菌 Ri 质粒、病毒、脂质体等作为载体将外源基因导入植物细胞的方法。载体是把外源基因导入受体细胞使之得以复制和表达的运载体，从 20 世纪 70 年代初期基因工程的产生及其以后的进展来看，有关载体的研究一直备受重视。在早期的基因工程研究中多以噬菌体和天然的质粒为载体，随着研究的发展，人们一方面不断发掘新的载体，另一方面则是改造一些天然载体，构建符合需要的新载体。

标准载体应具备的基本条件：一般载体能在体外经限制酶及连接酶的作用与目的基因结合为重组体，然后经转化进入受体细胞内大量复制及表达，因此，作为理想载体，所应具备的条件是：具有易检测对重组体 DNA 进行选择性遗传标记、有自主复制的能力、有适宜的限制酶切点、小分子量、可携带外源 DNA 的幅度较宽。目前常用载体有：质粒载体、大肠杆菌丸（*Lamda*）噬菌体及其衍生物载体和真核细胞的克隆载体。目前已报道用农杆菌介导转基因有月季、菊花、香石竹、郁金香、非洲菊、花烛属、金鱼草、矮牵牛、枸杞、龙胆、绣球等。

（2）物化导入法

①利用微弹射击法

1987 年康奈尔大学研究者们设计出一种基因枪（Particle gun），DNA 可被包被在钨粉或金粉颗粒上，借火药产生的动能将外源 DNA 打入细胞，用此方法已在水稻、玉米、小麦、土豆等作物上获得转基因植株。把直径 $14\mu m$ 的钨粉或金粉在供体 DNA 溶液中浸泡，然后用基因枪 400m/s 把微粉打入植物细胞或组织，应用该法进行转基因的植物有菊花、月季、郁金香、石斛、天蓝绣球、美国鹅掌楸等。

②电击法

在很强的电压下，细胞膜出现电穿孔现象，经过一段时间后，细胞膜的小孔会封闭，恢复细胞膜原有的特性。根据这种原理设计的电击法，可用于基因转移，但在植物中，由于细胞壁对外源基因的摄取有不利影响，因此，通常以原生质体为受体细胞，不过有人用幼嫩的分生组织作受体，取得较好的效果，如虾脊兰属、龙胆的顶端分生组织。

③PEG（聚乙二醇）介导法

PEG 介导法为我国学者高国楠首创，是借助化合物 PEG、磷酸钙及高 pH 条件下诱导原生质体提取外源 DNA 分子。目前有报道用杂交万代兰的花组织制备原生质体，用 PEG 介导的质粒吸收进行转化，以瞬时表达 GUS 报告基因，选用 pPUR 质粒含有 GUS 基因，吸收质粒 22h 能测得原生质体裂解中有 GUS 活性。

3. 转化植物细胞的筛选和转基因植株的检测

植物细胞经载体法间接或物化法直接转化后，大多数细胞是没有转化的，将这些未转化细胞与极少数转化细胞区别开来，并淘汰未转化细胞，这个过程称为筛选。再利用植物细胞的全能性在适宜的环境条件下，将转化细胞再生成可育的转基因植株。这一过程一般采用筛选标记基因（Screenable marker gene）如抗除草剂基因、抗菌素抗性基因等来进行。当受体细胞本身不含此类基因时，导入含有或构建有此类基因的供体后，只要其在受体中成功转化，便可用除草剂或抗菌素等进行筛选。由于含除草剂的基因工程植物对人畜无毒害等副作用，因此成为人们喜爱选用的筛选标记。

另外，外源基因是否导入成功，还必须对所获得的转基因植株进行检测方能确定。检测的方法较多，其目的不外乎是检测外源基因是否整合到植物基因组中，是否转录和翻译出蛋白产物，以及转译的水平。

（1）外源基因整合到植物基因组的检测 Southern 杂交、报告基因（Reporter gene）、多聚酶链式反应（Polymerase chain reaction，PCR）检测等均是检测外源基因整合到植物基因组中的有效方法。Southern 杂交是 DNA—DNA 杂交，它是将凝胶分离的 DNA 通过毛细管作用将其转移到硝酸纤维膜上，保持其相对位置不变，然后根据碱基互补原理把固定的 DNA 与标记（如同位素、生物素等）过的探针杂交，从而检测核酸中是否存在特定 DNA 序列。它不只可以验证外源 DNA 是否整合，还可初步估计插入的拷贝数。报告基因一般是编码一个在离体条件下易于检测的酶，或者最好是可以在活体条件下进行组织化学定位，这样就可以提供定性和定量的信息，显示外源基因是否导入。常用的报告基因有 Nos、Luc、Ocs 和 GUS 基因等。PCR 检测则是针对外源基因的序列，设计一对或多对特异引物，将提取的待检测 DNA 进行 PCR 扩增，进而通过凝胶电泳分离检测其特异条带的有无，来证明外源基因是否整合进入受体植株的基因组。

（2）外源基因在植物基因组中转录的检测 Northern 杂交是 DNA—RNA 杂交，它是检测特定组织或器官中外源基因是否转录出 mRNA 的一种有用的方法。其原理与 Southern 杂交是一致的。

（3）外源基因在植物基因组中翻译的检测 Western 杂交是将蛋白质电泳、印迹、免疫测定融为一体的特异性蛋白质的检测方法，它是检测特定组织或器官中外源基因是否翻译出特定蛋白质的方法。其方法是将聚丙烯酰胺凝胶电泳（SDS-PAGE）分离抗原（Antigen）固定并转到固体支持物（如硝酸纤维膜或 NC 膜等）上，用特定抗体杂交，抗原-抗体结合，经染色后，就可观察分析外源基因表达产生的蛋白质情况。此方法可检测 1ng 抗原蛋白。Western 杂交方法灵敏度高，通常可从植物总蛋白中检测出 50ng 的特异性的目的蛋白。

本章小结

观赏植物鉴定、评价和种质创新是观赏植物研究的重点。本章主要内容为观赏植物种质资源的形态学鉴定和生物学、生态学鉴定方法。经鉴定的种质需要进行观赏性状高低、抗逆性强弱、抗病虫能力等方面的评价。评价后的种质如不能完全满足园林应用需要，则可根据使用目的和材料本身特点，对其展开种质资源的改造，创造出符合需要的新种质。目前种质创新的途径有：芽变的利用、杂交、单倍体培养、多倍体诱导、辐射诱变、化学诱变、单胞无性系培育、原生质体融合、植物基因工程。观赏植物的鉴定为后期的评价和种质创新提供基础资料；对观赏植物的抗逆性、观赏性、抗病虫害能力等的评价为种质创新亲本的选择提供依据，同时也为园林应用提供基础数据；种质创新是观赏植物研究的核心。企业种质创新能力的高低，决定了其在市场上的竞争力。

复习思考题

1. 生物学与生态学特性鉴定方法有哪些？
2. 常见植物观赏性评价方法有哪些？
3. 植物抗性包括哪些内容？
4. 抗逆性评价方法有哪些？
5. 在花卉辐射育种中，如何获得较宽的突变谱和较高的突变率？
6. 分子育种与常规育种、非常规育种有何异同？
7. 把目的基因导入受体细胞常用的方法有哪几种？

推荐书目

[1] 程金水. 园林植物遗传育种学 [M]. 北京：中国林业出版社，2000.
[2] 曹家树，秦岭. 园艺植物种质资源学 [M]. 北京：中国农业出版社，2004.
[3] 廖明安. 园艺植物研究法 [M]. 北京：中国农业出版社，2005.
[4] 姜彦成，党荣理. 植物资源学 [M]. 乌鲁木齐：新疆人民出版社，2002.
[5] 戴宝合. 野生植物资源学 [M]. 北京：中国农业出版社，2003.
[6] 杨英军，扈惠灵. 园艺植物生物技术原理与方法 [M]. 北京：中国农业出版社，2007.

第八章　观赏植物种质资源原生境保护与可持续利用

由于全球人口增长，人类活动的干扰使得生物的生境日渐萎缩，过度的采挖和捕获使得生物种群的数量大量减少。据报道，"若以现在的速度继续破坏生物的栖息地，亚洲东南部的42％的物种将会在地球上消失。"植物是自然界的一个重要组成部分，目前全球约有50％的植物物种已受到灭绝的威胁，如不及时采取有效的保护措施，到21世纪末，将有2/3的维管植物消失。如何进行可持续发展的生物资源的保护是人类面临严峻形势的重要选择。

植物种质资源的保存可以按保存的地理位置分为原生境保护和异地保存。原生境保护是在自然条件下保留野生植物原有的生态环境，使其不至因环境恶化或人为破坏而随自然栖息地的消失而灭绝。原生境保护是种质资源保护最重要的和最基本的方式。通过种质资源的原生境保护能够保护植物固有的生态环境、保持完整的遗传多样性和维持生物在自然环境中的遗传进化途径。

对观赏植物来说，其相应的野生种的保护是开展种质资源保护的关键和核心。野生种为栽培和观赏提供直接或间接的种系来源。但是，野生种在长期的引种驯化过程中遭受了极为严重的破坏，如在我国兰科兰属的春兰、蕙兰等在最近100多年的商业化操纵模式下，野外种群锐减，目前，甚至在其主要的分布区如云南等省已很难觅到芳踪。

第一节　原生境保护的动因

生态系统、生物群落、种群、物种等构成稳定的生物生存环境。除物种外，其他组分尽管受到破坏，整个系统仍然有潜力恢复。而一旦物种灭绝，保存于遗传物质中的特有信息便会随之永久丧失，种群无法恢复，生态系统也终将消逝，更不可能对包括人类在内的整个生态系统、生物圈产生潜在价值。

对物种多样性构成威胁的主要因素包括：生境破坏、生境破碎化、生境退化、全球气候变化、人类过度开发、外来种入侵及疾病等。这些因素或者直接作用或者多因素交叉作用导致了物种灭绝。因此，对原生境保护的关键在于必须排除这些对物种多样性存在威胁的因素。只有消除了物种濒危与灭绝的压力，同时保持生态习性的特异性，保护生物所在的环境，才能使其在良好的环境下生存，免遭灭绝威胁。

一、物种濒危与灭绝的压力

近年来，全球范围内生物多样性遭受了严重破坏，其中因人类干扰所造成物种灭绝的速度是自然灭绝的1000多倍，其中森林面积已经从76亿 hm^2 锐减到现在的不足30亿 hm^2。中国的生物多样性居世界第8位，但却是生物多样性受到最严重威胁的国家之一。

由于我国人口剧增，对植物资源的过度开发和索取，使得植物资源受到了重大破坏。由于生态系统的大量破坏和退化，我国有许多生物物种已变成濒危种和受威胁种。在《濒危野生动植物种国际贸易公约（CITES）》中列出的 640 个世界性濒危物种中，中国就占了156 种，约占总数的 1/4，并且，其中 5％左右有可能在近十年中灭绝。

（一）物种濒危

物种濒危是指由于物种自身的原因或受到人类活动或自然灾害的影响处于危险灭绝的境地。探讨物种濒危的机制是当前生物多样性研究的热点之一，也是保护生物学的重要研究内容。研究濒危物种对生境的需求、种群生存力、濒危过程、濒危原因、物种濒危趋势和灭绝的可能性、测定种群的遗传多样性和确定存活物种所需要的最小种群数量，都是濒危物种保护的重要理论基础，是制定保护措施的科学依据。

物种濒危的原因包括自然原因和人为原因两个方面。

自然原因主要有：

（1）物种遗传力下降和进化局限　物种在自然演化过程中，由于地域限制或本身种群遗传多样性减少，发生近交衰退，造成物种对环境的适应性和进化潜能的降低，最终导致种群数量减少。

（2）自然界中存在的特化种　已经适应特化生境下的物种，在适应了局限性生活方式后，很难再获得其他栖息条件下的适应能力，因此一般分布范围狭小，易成为濒危种。

人为原因主要有：

1）生境斑块化、片断化和破坏　由于人类大规模的乱砍滥伐、毁林开荒等活动使得连续生境变成许多面积较小的小斑块，斑块间的物种不易扩散和迁移。

2）次生灭绝　群落中重要的生态学联系受到破坏，诸如寄生物种—寄主、植物—传粉者、植株—根菌等关系被破坏而导致物种灭绝。

3）过度采挖　人类的过度采掘具有经济和观赏价值的植物种类。

4）引种　主要指因有目的或无意识地引进外来物种，造成爆发性蔓延发生，破坏了当地物种的生存环境，使得原生境中其他物种受威胁，物种濒危或灭绝。例如，紫茎泽兰的入侵使得相当数量的本地种群受到威胁。

（二）物种灭绝

物种灭绝和物种濒危的区别表现为它们是某一特定物种走向消亡过程的不同阶段。生物多样性保护的对象是濒危物种而不是已灭绝的物种，然而对于在自然状况下或人类活动影响下灭绝了的物种的濒危过程和机制的认识势必对现存濒危物种的保护具有重要的启发意义。物种灭绝既有内在的因素也有外部原因，这是由生物进化发展规律所决定的。

依据世界自然保护联盟（IUCN）标准，全球物种的濒危等级划分为灭绝（Extinct，EX）、野外灭绝（Extinctinthewild，EW）、极危（Criticalrare，CR）、濒危（Elldangered，EN）、易危（Vulnerable，VU）、近危（Near threatened，NT）、无危（Low critical，LC）、数据缺乏（ Data deficienty DD）、未评估（No eualuation，NE）9 个级别。由于自然界的生物种类极为丰富，对每一个物种都采取同样的保护措施显然是不可能的，如何针对处于不同濒危状态的物种采取不同的保护策略，使濒危物种得到有效保护，最大限度地延缓物种的灭绝速度，是生物多样性保护工作中关键性的问题。因此，物种濒危状态的评定对于物种的保护具有重要意义。通过对物种濒危状况的评价，确定物种的优先保护顺序，有针对性地采取合理有效的保护措施，才能使有限的人力、物力资源得到最佳配置和发挥，使真正濒危的物种得到及时的保护。

总的来说，物种的濒危和灭绝是各种复杂因素共同作用的结果，是生物本身的发生发展与灭亡客观规律的体现。物种濒危的机制及其基于科学研究基础上的保护原理和策略的制定，是当今生物多样性保护关注的热点问题。

二、生境破碎化

生境破碎化是指大片的连续分布的生境不仅面积减小而且被分割成两个或更多的片段。生境破碎化对生物多样性的影响主要有以下几种效应：（1）丧失生境效应，从而引起生物多样性的降低，主要体现在物种丰富度、种群数量和分布、基因多样性等几方面；（2）大小斑块效应，小的斑块中物种种类少，大的斑块上的物种的组合一般是小的生境斑块中物种组合的并集。各个物种都对生境斑块的大小有一个最低限要求；（3）隔离斑块效应，很多研究都表明，隔离的斑块对物种丰富度有负面影响。

综上所述，生境破碎化对生物多样性有着强烈的负面影响。因此，为保护工作提供基础资料的研究应该注重研究物种对生境斑块的最小需求，而保护工作应该致力于现有生境的保护和恢复。

三、物种生活、生态习性的特异性

物种的生活、生态习性的特异性是生物在长期的进化过程中表现出来的外部形态特征、生活习性。

（一）生态型

有关生态型的概念，不同学者有不同的看法。最早由瑞典的生态遗传学家 Turesson 于 1922 年提出，认为生态型是物种对特殊生境发生遗传型反应而形成的产物，而 Gregor 等则认为生态型是一个种群，通过生理和形态的特征相区别。种内的生态型之间可交配繁殖，但由于生态障碍而阻止了基因交流。空间上广泛分离的生态型可以显示出由基因确定的不同特征，并且局限于它们发生的地理区域，这个概念强调了生态障碍对生态型分化的决定作用。

（二）生活型

生活型是指在同一环境中，不同种的生物在外貌上及内部生理上表现出一致性或相似性。它表明了生物在进化过程中以相似的方式来适应相似的自然地理环境条件。因此，亲缘性很远的生物在相似的自然地理环境条件下会很相像，在形态上，表现出相似的外部特征。

生态型强调的是趋异过程，同一物种的不同种群分布在不同生境中，趋异适应而产生形态上、生理上的差异；而生活型则更强调的是一种趋同过程，不同物种生活在相同的环境下，经过长期的进化，在外部形态上表现出相似结构。基于生态和生活习性的差异，在探讨物种保护和原生境保护的过程中必须考虑到原始生境的特异性和物种自身遗传多样性的差异。

四、保护的完整性

由于植物都是生活于特定生态系统中，基于整个生活史过程中都有可能受到特异性威胁，因此，在考虑原生境保护策略时，应当全面考虑整个生态系统中植物的生活史对策，尤其是繁殖策略等方面的特异性及其与环境和其他物种的相互作用关系。同时生活在附近的当地居民的生产生活也可能会对植物的生长繁衍产生影响。因此，要使实现保护的完整性应从以下几个方面考虑：

（一）生活环境的保护

植物在长期的进化过程由于适应不同的环境，其生活、生态习性存在高度的特异性，因此在对生活在同一区域的不同植物和生活在不同地域的同种植物种的保护策略的选择，应对其生态型和生活型的差异进行多样性的调查，全面合理评估的前提下，选用适当的策略进行保护。

（二）与保护物种的相关的物种保护

由于生物都是处于一定的生态系统或生物群落之中，对某一种生物进行特异性保护的同时，不能忽视与其相关的其他物种的影响。例如，具有特化传粉的兰科植物由于在长期适应进化过程中与传粉昆虫形成特化的关系，很多兰科植物的传粉依赖于唯一的传粉者，如果只对兰花进行单独保护，而忽视对其传粉者的保护，势必会对兰花的生殖成功产生影响。

（三）与当地居民的和谐相处

一些保护区内也存在着人类的活动，当地居民的生产生活会对当地环境起到一些影响。因此要对当地居民的生产生活进行调查分析，评估出可能影响到目标植物的各种活动，通过开展宣传教育和富民政策等措施，在保证植物资源不受破坏的基础上，积极引导当地居民安居乐业，并投入到植物保护的行列中。

第二节 原生境保护主要理论

原生境保护的主要理论是基于原生境保护动因的讨论而形成的。原生境保护的理论主要包括生物多样性、群体遗传平衡与变异进化理论、最小种群理论、岛屿生物学四个方面。

一、生物多样性

生物多样性通常指全部物种的所有遗传变异以及完整的生物群落和各式各样的生态系统。一般分为三个层次：物种多样性、遗传多样性、生态系统多样性。

（一）物种多样性

指地球上的所有生物（包括从原生生物到多细胞生物、植物、动物在内的所有生命体）的多样性。为了确定物种多样性的高低程度，生态学家和保护生物学家已经建立了在不同尺度上定量测量多样性的方法。

α 多样性：即物种丰富度，指群落内的物种总数。

γ 多样性：一个大的范围内其生态系统中所有物种的总数，具有更广地理范围适应性。比如海洋范围内的物种数。

β多样性：一个大区域内的物种组成沿环境梯度的变化程度，是将α多样性和γ多样性结合起来而形成的描述多样性测度的指标。

这些定量指数对于全球范围内的物种分布及区域划分具有重要的理论价值，在强调保护某地区的物种时也是非常有用的。

（二）遗传多样性

广义的遗传多样性是指地球上所有生物所携带的遗传信息的总和。但一般所指的遗传多样性是指种内的遗传多样性，即种内个体之间或一个群体内不同个体的遗传变异总和。由于一个物种的稳定性和进化潜力依赖其遗传多样性，而物种的经济和生态价值也依赖其特有的基因组成，因此遗传多样性是生物多样性的核心，保护生物多样性最终是要保护其遗传多样性。

遗传多样性不仅包括遗传变异高低，也包括遗传变异分布格局，即居群的遗传结构。一个居群遗传多样性越高或遗传变异越丰富，对环境变化的适应能力就越强，越容易扩展其分布范围和开拓新的环境。理论推导和大量实验证据表明，生物居群中遗传变异的大小与其进化速率成正比，因此对遗传多样性的研究可以揭示物种或居群的进化历史，也能为进一步分析其进化潜力和未来命运提供重要资料，尤其有助于濒危原因及过程的探讨。了解种内遗传变异的大小、时空分布及其与环境条件的关系，有助于珍稀濒危物种保护策略和措施的制订，如原生境保护或异地保护的选择等等都有赖于对物种遗传多样性的认识 。

（三）生态系统多样性

指生物与其周围的各种环境因子相互作用而形成的多样化，表现为生态系统结构多样性及生态过程（能流、物流和演替等）的复杂性和多变性。生态系统多样性的保护直接影响全球变化和物种多样性及其遗传多样性。生态系统多样性的测定包括生物群落和生态系统两个水平的多样性。由于生物群落是生态系统的核心部分，因此一般多以群落多样性代替生态系统的多样性。

二、群体遗传平衡与进化理论

（一）群体遗传平衡

群体是指同类生物群的所有个体的总和。一个群体中所有个体的全部基因称为基因库。在同一个群体内虽然不同个体的基因型可能不同，但群体的基因总是一定的。在孟德尔群体中，每个个体与其他个体以相等的概率进行交配，即随机交配。随机交配的群体标志着各个个体之间的交配是相互独立的。因此，在随机交配的情况下，两个基因型交配的概率等于各自基因型频率的乘积。Hardy-Weinberg平衡定律是指在一个大的随机交配的群体内，如果没有突变、选择和迁移因素的干扰，则基因频率和基因型频率在世代间保持不变。

群体的遗传平衡是有一定条件的。首先，群体大，产生的后代符合孟德尔比例。第二，随机交配，各种基因的配子有同等的结合机会。第三，其他因素如突变、选择迁移等不改变基因频率。

需要指出的是，遗传平衡所讲的群体是理想的群体。严格地讲，在自然界中这样的群体是不存在的，只能有近似于遗传平衡所要求条件的群体。因而在考虑遗传平衡时，也必须考虑影响遗传平衡的因素，如突变、自然选择、遗传漂变和迁移等。

（二）进化理论和新种形成

目前有关进化理论主要有以下 3 种：

1. 拉马克的获得性状遗传说

为了适应生物生长的环境，生物改变旧的器官，或产生新的痕迹器官，以适应这些要求；继续使用这些痕迹器官，使这些器官的体积增大，功能增进，但不用时，可以退化或消失。同时，这些由环境引起的性状改变是可以遗传的。

2. 达尔文的自然选择说

生物个体间存在变异，至少有一部分是由于遗传上的差异。生物体的繁育后代中由于遗传型的不同，对环境的适应能力和程度存在差别；适合度高的个体将留下较多的后代，使群体的遗传组成趋向更高的适合度，这个过程就叫做自然选择。生物居住的环境是多种多样的，并且环境条件也在不断地改变，通过自然选择过程，使群体的遗传组成产生相应的变化，从而形成生物界的众多种类。

3. 木村资生的分子进化中性学说

中性学说认为分子水平上的大量进化变化，如蛋白质和 DNA 顺序，是通过选择上呈中性或近中性的突变型的随机漂变所造成的。该学说并不否定自然选择在决定适应性进化的过程中的作用，但认为进化中的 DNA 变化，只有一小部分是适应性的，而大量不在表型上反映出来的分子替换，对生存和生殖无关轻重，只是随物种随机漂变。

那么，到底物种是如何形成的呢？①变异——物种形成的原始材料，是物种形成的基础。②自然选择——决定物种形成的方向，是物种形成的主导因素。③隔离——使群体分化，达到新种的形成。

其中，隔离是物种形成的必要条件。隔离存在着几种不同的形式，主要有：①地理隔离。两个群体占据着不连续的分布区，空间上的隔离阻止着两个群体间个体的交配。②生态隔离。是指由于食物、环境和其他生态条件的差异而发生的隔离。③生殖隔离。是指种群间不能杂交或杂交后代不能生育的现象。包括合子前的生殖隔离（阻止了杂种合子的形成）和合子后的生殖隔离（影响杂种的生活力或生殖力）。在物种形成的过程中，一般先有地理隔离，使不同群体不能相互交配，不能交流基因。这样，在各个隔离的群体中发生各种遗传变异，在自然选择和随机漂变中，这些变异逐渐累积起来，出现了生殖隔离，就完成了物种形成过程中的飞跃。

三、最小种群理论

（一）最小存活种群的概念

1981 年 Shaffer 发表了一篇在生态学中影响甚大的论文，提出了最小存活种群（Minimum viable population，简称 MVP）的概念。有关最小存活种群研究的关键问题是如何确定 MVP，这取决于从野外获得数据的可靠程度，根据最小存活种群来估算实际需要维持的种群，需要了解该栖息地的各种生活条件和种群实际情况。目前一些学者常用种群脆弱性分析各种因素对种群生存力的影响，了解和分析种群的数量减少直至灭绝的过程，以确定最小存活种群的数量。

Shaffer 把种群灭绝的原因分为两类：确定性的灭绝和随机性的灭绝。目前对种群脆弱性分析集中在对种群的随机性灭绝上。随机性灭绝有 4 种可能性：①种群统计学的随机性；②遗传学上的随机性；③环境的随机性；④自然灾害的随机性。分析这几个随机因素对种群数量增减的影响，就能够估算出 MVP，从而在保护区的建设中维持种群的生存，达到避免物种灭绝的目的。事实上，在物种灭绝的过程中，这四个方面是综合起作用的，因此在估计最小有效种群时，要考虑上述四方面的综合评价。

MVP 研究涉及如何保护物种长期生存的核心问题，这对于定量分析种群灭绝风险，维持生物多样性具有重要的意义。但在实践中要估算出 MVP 的大小是很困难的，因为当种群变得太小，某些随机因素会突然起作用，甚至是决定作用，从而导致大部分个体突然死亡。这就使 MVP 理论的实际应用遇到了阻力，最小存活种群理论在种群数量和持续时间等方面还需要进一步的定量化研究。然而，在保护区的设计中模拟物种数量的临界阈值，从而确立被保护物种的数量是必不可少的，这对于指导珍稀物种的保护具有很大的应用潜力。

四、岛屿生物学

生物生存的生境从大陆到湖泊，从海洋到岛屿以及各种自然保护区中小到一棵树的冠层等都是形状、大小、隔离程度不同的岛屿组成。例如湖泊可以看成是陆地海洋中的岛屿，林冠可以认为是森林海洋中的岛屿。岛屿性是生物地理所具备的普遍特征。有理论认为由于新物种的迁入和原来占据岛屿的物种及灭绝物种的组成随时间不断变化，当物种的迁入率和灭绝率相等时岛屿物种的数目趋于达到动态的平衡，即物种的数目相对稳定但物种的组成却不断变化和更新，这就是岛屿生物学理论的核心。

自然保护区和片断化的生态系统都可以看成是大小、形状和隔离程度不同的生境岛屿，因此岛屿生物学理论为生物多样性的保护提供了重要的理论依据。但由于该理论的局限性，仅仅根据岛屿生物地理学理论进行生物多样性的保护是远远不够的。生物的生存除了受物种本身生物学特性的影响外，环境因素、遗传因素和生物之间的相互作用也对生物的分布、繁殖、扩散、迁移、种群调节、适应等具有非常重要的影响。

第三节 保 护 策 略

一、自然保护区

自然保护区的建立是保护生物多样性、阻止生境破碎化、减缓物种灭绝速度的重要途径和有效手段。

（一）自然保护区的分类

保护区分类系统是保护区进行组织与信息交流的基础，正逐步被世界各国所普遍接受，此外，联合国国家公园和保护区名录也将此分类系统作为统计世界各国保护区数据的标准结构。1994 年出版的世界自然保护联盟（IUCN）《保护区管理类型指南》依据主要管理目标将保护区划分为 7 个类型（严格自然保护区、自然荒野区、国家公园、自然纪念物、生境物种管理区、风景海景保护地、资源管理保护地）。而中国自然保护区分类标准根据自然保护区的主要保护对象将自然保护区划分为 6 个类型，对于我国自然保护区的发展、规划以及信息统计起到了重要作用。下面主要介绍中国自然保护区的划分：

1. 典型自然生态系统保护区

为保护不同自然地带中具有代表性的保持完好的生态系统而建立的保护区。自然生态系统中与人类关系最密切而且受威胁最大的是森林生态系统，因此这类保护区大多是森林生态保护区。

2. 主要生物物种保护区

这类保护区主要为保护珍贵、稀有、濒危物种及其栖息生境而建的。如保护大熊猫的四川卧龙保护区，保护兰科植物的广西雅长兰科植物国家级保护区。

3. 森林公园

我国的好多名山大川，如泰山、黄山等，既是自然生态系统、天然林区，具有重要的科研价值，又分布有较多的人文、历史遗迹，是旅游胜地。鉴于森林生态系统是其景观的主体，同时照顾我国群众的称呼习惯命名为森林公园。其主要任务是保护自然生态系统，开展科研、科普教育、旅游观光等。如张家界国家森林公园。

4. 自然遗产保护区

为保护具有重要意义的自然景观和地质遗迹，在具有特殊科研价值、游览价值的自然遗产地建立的保护区，如浙江新昌硅化木国家地质公园。

5. 山地水源保护区

为保护山地集水区植被和江河中上游或湖泊、水库水源中上游植被建立的保护区。这类保护区以涵养水源为主要目的，也可以进行有控制的林业生产，相当于国际上的"多种经营管理保护区"，如江西鄱阳湖国家级自然保护区。

6. 自然资源保护区

这类保护区可以是单项自然资源的保护地或储备地，如江西省水杉松林禁伐区、伊犁黑蜂自然资源保护区等。同时也可是综合自然资源的整体性保护区，如以保护温带山地生态系统及自然景观为主的长白山自然保护区，以保护亚热带生态系统为主的武夷山自然保护区和保护热带自然生态系统的云南西双版纳自然保护区等。

（二）自然保护区的建立和分区

1. 建立自然保护区的条件

建立自然保护区是保护自然资源和生态环境的战略性措施，它的根本目的是达到环境效益和社会效益的统一。要建立自然保护区必须具备如下条件：①典型自然生态系统，或已遭破坏但经保护预期能够恢复的。②珍稀濒危野生生物的集中分布区或繁殖区域。③具有重要保护价值的水源涵养地。④具有特殊保护意义的自然风景区。⑤具有特殊保护意义的水域湖泊、沼泽、森林、荒漠等。⑥具有特殊保护价值的地质地貌、地层剖面、岩溶、化石产地火山等重要历史遗迹。⑦其他需要保护的自然区域。

2. 建立自然保护区的程序

（1）实地科学考察

组织相关的科研和管理人员对保护区进行实地考察，掌握拟建自然保护区社会经济概况和自然情况，包括主要保护对象的历史追溯和现状，生物资源分类及储量，自然群落分布，自然地理情况，土地利用现状，边界走向及内部结构划分等。

（2）编制可行性报告

在调研社会概况和自然地理概况的基础上，根据具体自然保护区主要保护对象依据类型划分原则确定自然保护区类型，并根据主要保护对象、类型和所在地点对保护区进行命名，明确建立自然保护区的可行性评价。

3. 自然保护区的分区

我国的自然保护区内部大多划分成核心区、缓冲区和试验区3个功能区。

核心区是保护区内未经或很少经人为干扰过的自然生态系统，或虽然遭受到破坏，但有可能逐步恢复成自然生态系统的地区。该区以保护种源为主，又是取得自然本底信息的所在地，而且还是为保护和监测环境提供评价的来源地。核心区内严禁一切干扰。

缓冲区是指环绕核心区的周围地区。它是试验性和生产性的科研基地，是对各生态系统物质循环和能量流动等进行研究的地区，也是保护区的主要设施基地和教育基地。

试验区位于缓冲区周围，是一个多用途的地区。除了开展与缓冲区相类似的工作外，还包括有一定范围的生产活动，还可有少量居民点和旅游设施。

这是目前我国保护区主要的功能分区方法，实践证明，合理分区和区别管理不仅保护了生物资源，而且又将保护区建成集教育、科研、生产、旅游等多种目的于一体、为社会创造财富的场所。

二、原生境保护区（点）

（一）保护物种的选择

目前需要保护的野生植物很多，但由于受人力、物力和财力的限制，不可能全都进行原生境保护。因此，要选择那些亟需进行原生境保护的物种，实行优先保护，然后逐步扩大。优先保护的物种应是列入《国家重点保护野生植物名录》的国家一级或二级保护的濒危珍稀植物。原生境保护区（点）建立应遵循分批分期建立的原则，对那些濒危状况严重的或具有重大影响的物种，应先期启动。

（二）原生境保护区（点）的选择

1. 选择的原则

由于观赏野生植物各物种的地理分布不同，多数物种分布比较广泛，但对植物进行原生境保护的面积是有局限性的，所以必须科学地选择原生境保护区的位置。总的原则是以国家重点保护的野生植物生物多样性和遗传多样性丰富、具有代表性的分布地，作为观赏野生植物原生境保护区（点）。

2. 选择的方法

首先，对拟建立原生境保护区（点）的野生植物进行全面调查，了解地理分布和遗传多样性。第二，根据调查结果和遗传多样性的分析数据，确定该野生植物遗传多样性分布中心。第三，根据该野生植物遗传多样性分布中心，结合当地政府和农民对野生植物保护的意识、科学素养等因素，确定该野生物种保护区（点）的具体地理位置。

3. 野生植物原生境保护区（点）的管理

观赏野生植物原生境保护区（点）的管理，是一项长期而艰巨的任务，需建立固定的管理小组，管理人员必须具有极强的责任心，负责保护区的各项设施日常维护，观察被保护植物的保育情况并建立档案，防止破坏和偷盗保护区设施和被保护植物。同时协助监视和评估保护区周边的环境质量，定期报告保护区的管理情况。

4. 建立野生植物原生境保护区（点）相关保障机制

各观赏野生植物原生境保护区（点）每年将所有的记录资料上报国家林业局保护司，林业局或委托科研单位将上报的资料输入计算机，形成原生境保护区（点）管理数据库，对各原生境保护区和被保护物种的类型、分布、环境、遗传变异、消长情况的数据，以及保护区周边环境的动态监测数据，建立完整的数据库档案予以保存，并分析建立野生植物原生境保护信息网络系统和预警系统。事实上，野生植物原生境保护在中国尚属起步阶段，各方面的规章制度均不健全。虽然国家颁发了《中华人民共和国野生植物保护条例》，但是具体到观赏野生植物原生境保护区管理，还没有制定相关的专项法规。观赏野生植物原生境保护区（点）的建设和管理，是一项长期而艰巨的任务，目前已建的大多数原生境保护区的投资均较少，要达到十分理想的保护效果是很困难的。因此，应加大此方面的资金投入。

（三）生态恢复

生态系统在遭受自然灾害造成损失后，可以通过生态系统的自然演替恢复到原来的群落结构，甚至相似的物种组成。然而，对于由于人类活动（旅游、过度采挖等）毁坏的生态系统可能已经丧失了自然恢复的能力。因此就要寻求一种生态恢复措施进行生态系统中物种与生境的复原或修整，这些过程就是恢复生态学所关注的问题。

1. 生态恢复研究的内涵

有关生态恢复的定义有很多，不同的学者持有的观点各不相同。较有代表性的定义是美国生态学认为生态恢复就是有目的地把一个地方改建成定义明确的、固有的、历史上的生态系统的过程，目的是竭力仿效那种特定生态系统的结构、功能、生物多样性及其变迁过程。

2. 生态恢复技术

生态恢复应用的技术主要有生态恢复规划技术（遥感技术 RS、地理信息系统 GIS、全球定位系统 GPS，简称 3S 技术）及生态恢复工程技术和生态恢复生物技术。在大的空间尺度上，生态恢复研究所需要的许多数据往往是通过遥感手段获得的，而在收集、存贮、提取、转换、显示、分析这些容量庞大的空间数据时，地理信息系统是一个极为有效的计算机工具，因此 3S 技术是生态系统重要的规划技术。

生态恢复工程技术与生态恢复生物技术有机结合应用于生态恢复，不同类型和不同退化程度的生态系统应选用不同的生态恢复技术。根据生态系统类型的不同，生态恢复技术包括土壤生态恢复技术、湖泊水体生态恢复技术、退化及破坏植被的生态恢复重建技术、水土保持与小流域开发生态恢复技术和自然保护区生态恢复工程与技术，其中自然保护区生态恢复工程与技术是生态恢复中重要的技术手段，自然保护区的建设对濒危物种的保护、对生物多样性保护、对景观和生态系统多样性的保护具有十分重要的意义。

第四节　濒危植物再引入技术

20 世纪以来，全球生物多样性面临着自身进化和人类活动严重干扰的双重威胁。随着人类社会工业化进程的加速，消费需求的增加，森林资源受到不同程度的破坏，这些致使一些植物种类受到威胁甚至趋于绝灭，大量具有重要农、林、医药、园艺等价值及具有潜在价值的植物种类正在迅速消失，如兰属植物（*Cymbidium*）、天麻（*Gastrodia elata*）和铁皮石斛（*Dendrobium officinale*）等兰科植物。因此濒危物种的保护和研究已经成为世界普遍关注的热点问题，重建种群和原有的生境及生态系统，积极开展濒危植物的保护生物学研究迫在眉睫。

目前，珍稀濒危植物的保护主要有就地保护、迁地保护和再引入三种常见的保护方式（表8-1）。稀有、濒危植物的再引入也称"回归"、"重引入"，是指有意地将某些已经在野外消失或者由于某种原因而灭绝的物种及稀有物种重新引入到它们原来的自然和半自然的生态系统或适合它们生存的野外环境中，以使其最终成为或强化为可长期成活的、自行维持下去的种群。再引入是一项长期的生态恢复工作，是联系稀有濒危植物迁地保护与就地保护的一座重要桥梁，也是迁地保护的稀有、濒危植物的最终归宿。根据再引入区域该种的分布情况，人们将再引入的技术类型划分为增强型再引入、引种型再引入及重建型再引入等方式。目前，再引入是稀有濒危植物就地保护的一种重要的辅助方法，尤其是对那些由于人类干扰、过度采集和捕获及栖息地破坏等原因趋于绝灭的种类，通过积极提高和促进各学科信息、政策的交流，再引入迅速成为恢复广泛多样的动植物种类和种群的重要手段，唤起了大众对濒危植物保育工作深切的关怀。然而，当前关于再引入技术的研究却开展较少，全球生物多样性亟需一套将濒危植物再引入其原生生境的有效技术路径。

珍稀濒危植物的三种主要保护方式　　　　　　　　　　　　表8-1

	目标	保护对象	保护地形式	保护类型	材料来源	三者关系	现实意义
再引入	提高生态系统生物多样性及群落稳定性，建立可自我维持种群	已经在野外消失或灭绝的物种及珍稀濒危物种	历史区域、现有生境及相似生境	增强、重建、引种	主要源于迁地保护的种质保存和繁殖	生物多样性保护的重要形式，就地保护的重要辅助方法	恢复生态系统，为多种其他生物提供生存与发展的条件，同时唤起公众保护自然的热情
就地保护	保护野生生物种群及生境	珍稀濒危物种、特有种以及生态系统关键种	现有自然环境，如自然保护区、森林公园等	原地保护	自然生态系统中本地的种子或芽	生物多样性保护的最重要形式	保护有价值的自然生态系统和具有珍稀濒危植物分布的区域及关键物种
迁地保护	收集、保护、开发和利用多样性的植物，为重建野外种群做准备	极度濒危或已灭绝物种及珍稀、重要的植物资源	自然生境之外，如活体栽培、种子库、离体种质保存、DNA库等	异地栽培及离体种质贮藏	收集，引种	生物多样性保护的重要形式，就地保护的重要补充，再引入材料的收集和培养	珍稀濒危植物的避风港，物种重返自然的来源以及今后栽培物种繁殖计划的主要遗传物质储存库

一、濒危植物再引入研究现状

近年来，国际上许多野生动物保护组织在积极地进行物种的再引入工作，以挽救濒临灭绝的珍贵野生物种。1987年美国恢复生态学会成立，决心兴起重建、再生、再创和再占据的生态工程。目前已有 25 个国家正在进行着 250 个再引入的项目，涉及的物种有鱼类、两栖类、爬行类、鸟类、哺乳动物、植物等濒危种类，其中植物种类约有 35 科，涵盖菊科 Asteraceae、豆科 Leguminosae、梧桐科 Sterculiaceae、仙人掌科 Cactaceae、龙胆科 Gentianaceae 等。植物的再引入在全球刚起步，是一项新兴的且长期有效的生物多样性保护工程。世界自然保护联盟（IUCN）编印的第一本《物种回归指南》距今仅 10 余年。相比而言，发达国家的再引入开展得相对较早，尤其是美国、澳大利亚、新加坡、英国、法国等国家，在植物的再引入研究中作了许多探索和较大的贡献。凤尾藓（*Fissidens pauperculus*）的再引入组织认为了解其生物学特性是选择适生环境和恢复其种群的基础。而从再引入材料方面考虑，多选择野生残余植株的种子及块茎或种子萌发的幼苗。如：花毛茛（*Ranunculus aestivalis*）的种子、幼芽和根经过在试管内增殖大量的个体，保存在试管内运送到植物园，然后再引入至保护区，通过多级适应性炼苗驯化，第一个夏天后原地数量增加约 6 倍，存活率达 92.8%；但花毛茛再引入出现部分苗的死亡是由于试管苗生根不够充分，且受病虫害干扰，然而组织培养这种克隆繁殖途径在初期的精心管护（如补水）和监测下对维持小种群却是可行的。此外，再引入种群的选址一般选择该稀有种群的邻近地或者历史区域，必要时做一些人为干扰以营建适生生境并便于后期管理。如：松果菊（*Echinacea laevigata*）在被再引入前 18 个月就开始对选择的 3 个生境进行了火烧处理，并于 3 个月前清理竞争性林木，然后才引入了 100 株一年生植株和 300 粒种子及该物种的其他 4 种人工繁殖的同生境植物，以期营建一个合适的生境和合理的生态群。再引入后的管理和监测中的定期水分管理也很必要，一般前 6 周每周灌水一次，唇形科植物（*Dicerandra immaculata*）则是用与水化合的凝胶颗粒（类似于保水剂）一起种植于可以吸收足够水分的地点，根据当地降雨情况持续近 2 个月的定期灌溉。再次，再引入前的植物病虫害检疫非常重要，引入后还需与现存种群隔离，防止杂交。因此，引入大量的苗，优化植株的最初大小，并了解该种的生境需求以仔细选址，再选择适当的时机再引入，这些构成再引入成功的重要影响因素。再引入结果的评价是一项长期的工作，除了评价其适应性和成活率，更应包含开花、结实过程以及随着时间的推移出现较大数量的新苗作为补充，建立可自我维持的种群。马缨丹（*Lantana canescens*）在再引入后 15～18 个月时，成活率最大，达到 84%，新苗的补充也是最多。

我国濒危植物的再引入研究工作起步较晚，开展的多是保育生物学中的种群恢复或重建及再引入的初期探索性研究。陈芳清等对濒危植物疏花水柏枝（*Myricaria laxifflora*）设多个移栽地，分别从不同的地点采集移栽材料，以生长旺盛、繁殖力强、遗传性状稳定的 3～10 年生植株为主，在三峡库区开展种群重建研究，经长期监测发现种群恢复较好。随着生物技术的迅速发展，近年来，组培快繁技术为再引入工作的开展提供了快捷、方便且质量优良的种苗，进一步推动了再引入工程的发展。中科院华南植物园科研人员模拟国家一级濒危植物报春苣苔（*Primulina tabacum*）的野外生长环境，解决了诱导生根的难题，再将利用生物克隆技术培育出的 400 多株报春苣苔再引入到其原生地广东连州地下河景区开展重建种群，这对保存该物种及我国其他珍稀植物的"解濒危"有非常重大的意义。深圳市兰科植物保护中心的科研人员经过 5 年多的试验，采用原产地野外生态观测与迁地保护-繁育-再引入原产地相结合的技术手段来恢复杏黄兜兰（*Paphiopedilum armeniacum*）野生居群，将我国国际一级保护濒危物种杏黄兜兰在世界上首次成功再引入大自然，探索出濒危物种保护的有效途径。2007年12月，国家林业局把仙湖植物园成功扩繁的恐龙时代"活化石"——德保苏铁（*Cycas debaoensis*）再引入到广西的自治区级黄连山自然保护区。德保苏铁回归自然工作的正式启动，标志着我国珍稀濒危植物的保育工作已由单纯的就地保护发展到以迁地保护促进就地保护的新阶段，而且迁地培育的成熟经验可以确保再引入栽植的成活。2009年11月，国际植物园保护联盟（BGCI）资助的我国特有树种、珍稀濒危植物珙桐（*Davidia involucrata*）再引入项目正式启动，在湖北佛宝山再引入500株珙桐，以此改变其目前的生存状况，维护生物多样性。尽管先前的再引入只是对这些优先保护的物种开展的零散工作，且高度成功的较少，但随着濒危物种消失的脚步加速，人们已经开始深刻认识到人与自然和谐共存的真谛，从此，在原生分布区域重建物种种群的呼声日益高涨，继而引发了一系列的濒危物种繁殖和移入工作的尝试和探索。

二、濒危植物再引入技术体系

（一）可行性研究

濒危物种的再引入涉及到重建种群的生理生态适应性、遗传风险、基因污染及资金投入等一系列的问题，因此，再引入前的可行性分析非常重要。详细的生态学研究为评价该种与再引入生境的关系及该种灭绝后其生境变迁的程度提供基本依据。涉及到再引入的植物必须是原种，或者和原种最近缘的种群和分类群，最好是该区域以前同族的种类。对那些已经灭绝很久的种群，调查已丧失个体的历史信息，结合分子遗传学研究来确定这些个体的分类地位；如果再引入区域尚存在野生种群，要对其生物学特性及分类详细研究，包括生物学及非生物学栖息地的需求、扩散机制、繁殖生物学、共生关系（如共生关系及传粉者）、捕食昆虫及病害等；对于已经得到人工培育和栽培的种类需考虑其个体的适应性变化，以确定它们重新适应其传统栖息地的能力。如：National Parks and Wildlife Service 对濒危蜘蛛兰属植物（*Caladenia concolor*）及其同属的2种兰花通过详细调查其生理生态、生境、伴生物种及人口少的地方潜在种群情况等，确定了扩大该物种再引入到其他潜在生境的可能；南澳大利亚在12种全国性濒危的地生野生兰花种群恢复前，对其进行严格的历史分布点和适生生境调查，并建立生境数据库和GIS模型，定位其潜在生境及其种群分布；杏黄兜兰在次生林、人工林、人工迹地、草坡中甚至裸露岩面上再引入的植株生长较好，表现了一些杂草的特性，在生长中需要人为地给予一定扰动，作为濒危物种的保护要充分考虑这些生物学特性。此外，再引入个体种群的建立应在多种条件下建模，以便确定每年再引入的最佳数量和每年可自我维持种群的个体数量，必要时需深入研究先前相同或相似种类的再引入，广泛与相关专家交流，从而改进再引入计划。另外，尤其是因人为破坏而开展的再引入还需通过解释和宣传教育来改善周边社区群众的认识和态度，从而认同再引入的社会意义和生态价值，当然，获得较多的资金支持对完成项目计划及后续阶段的工作非常关键。

（二）再引入的类型和方法

BGCI（国际植物园保护组织）根据自然生境是否分布有要再引入的植物，而把再引入分成三类，即增强型再引入、重建型再引入和引种型再引入。增强型再引入是通过再引入增大生境中的现有种群；重建性再引入是以再引入的手段扩大原生境中已经消失的种类的分布范围；引种型再引入是把物种再引入到合适的生境中，不需清楚该生境以前是否有再引入物种分布。在再引入的实践中究竟采用何种类型的方法，应该以再引入物种、再引入的自然生境以及项目支持强度而酌定。

BGCI 根据植物材料将再引入的方法归纳为在自然生境中直接播种、经苗圃繁殖的苗木移植和在生境中创造条件以促进土壤中残存种子的萌发、生长或有利于外来物种的传入等。近年来植物克隆繁殖技术已经很成熟，足以为再引入提供种苗支持，但组培苗基因源缺乏多样性，野外生存能力比较脆弱。植物与环境因子是相互依赖、彼此制约的，研究证实，共生真菌可以通过根际激发效应影响植物的 C、N 利用效率，改变营养元素在地上和地下的分布格局，从而有效促进植物的生长。兰科植物的种子储藏的养分极少，自然条件下，在果实开裂的五个月内，只有当种子具有适合的气候条件并遇到有益真菌的侵染时才能萌发，即便是可以进行光合作用的成年植株，也多寄生于 VA 菌根获得营养。菌根技术无疑成为具有典型菌根特性的兰科植物再引入技术中的一个突破点，Ramsay 通过集中调查有潜在共生真菌的生境再引入杓兰（*Cypripedium calceolus*）来提高小苗成活率，但此种方法的工作量较大且周期长。采用组织分离法从兰科植物的肉质根中分离出内生真菌，通过与种子共生萌发和试管栽培等试验来评估所分离菌的有效性，回接有益共生菌到兰科植物试管苗中，极大地提高了移栽到野外的成活率。Batty 等认为共生萌发是产生苗的最好方法，精心培养优质的种苗及休眠球茎，可有效地提高地生兰移栽成活率。此外，在培养瓶中无菌培养与土壤栽培之间增加一中间阶段（温室内），能够有效提高实验室内共生萌发的地生兰幼苗移栽到土壤中的成功率。短唇绶草（*Spiranthes brevilabris*）在接菌后的改良的燕麦培养基（MOM）中种子最早可在第 10 天萌发，在 41 天时萌发最多，而不接菌的萌发率小于 2%，并且种胚形成后不再发育。此外，他用无菌播种 55 天并有叶长出的短唇绶草移入温室的灭菌土壤中接菌，再继续培养 78 天后再引入到现有区域、历史区域及适生区域的自然灌丛中，一个月内成活率达 100%，6 个月内已经有 9.9% 的植株开花。北美已经尝试了少量种类的共生繁育技术研究，甚至把它作为长远的指导本土其他兰花的恢复计划的重要手段，虽然目前成功的指数不高，但它为提高再引入的成活率提供了一道技术保障。因此，通常在兰花种质保存的同时还应保存这些有益真菌。但也有研究发现在一个地区移栽的地生兰科植物实生苗的存活率与该地区本种植物的丰富度和是否有合适的共生菌关系不大，这可能与兰科植物的种类、生活型及其移栽地土壤的营养丰富度等特性有关。

（三）再引入的植物种苗的质量要求及最佳再引入时机选择

理论上讲，濒危与非濒危植物都可以开展再引入，而珍稀濒危植物是生物多样性的优先保护对象，且以全球范围内稀有和具有重要经济、文化或生态意义的种类优先。除了IUCN 建议的那些珍稀濒危植物，必须是原来种类的相同种系，还需注意其遗传组成。因此，再引入一般由就地保护和迁地保护提供种源，以健壮的实生苗或种子为再引入的载体进行植物资源的生物学、生态学特性以及它们的保护和持续利用的研究，因为它们具有较强的生命力，能较好地保持其遗传多样性及保证其正常生长，且可较大程度上避免对再引入生境的危害。较早些的再引入多尝试以种子扩繁其植物种群，种子借助风力传播到适合生存的生境，但近年来多通过无菌播种扩繁种苗。种苗的形式及质量对再引入的成活率有着极大的影响。异交授粉的种子更有利于再引入的成功；苗的大小对其成活率也有很大的影响，一般大的植株产生的球茎的数目最多且球茎较大，更易度过夏季休眠，James 则选择一年中不同时期、不同龄段的幼苗及球茎进行比较来确定合理的再引入途径；雷莉亚兰（*Laelia crispa*）的再引入选择 6 个月大的试管苗在严格的高山气候下炼苗 2 个月，生长旺盛后取 25 株再引入亚特兰大高山雨林里靠近母株的森林灌丛腐殖质土中；Alley 等证实裸根苗也可以开展再引入，不过后期的管理难度较大些；老虎兰（*Grammatophyllum speciosum*）的再引入发现，30~40cm 高，具有 16~20 片叶，至少带有 3 个芽且具有良好根系和肉质假鳞茎的组培驯化苗更易成活。究竟选用何种种苗形式，应根据兰科植物的生物学特性，并以最大的野外成活率和生理生态适应性为标准，多角度衡量和选择。

迁地保护中的珍稀濒危植物在人工条件下经过多代繁殖，可能会丧失一定的繁殖和自卫能力，或因种群太小而产生的基因漂变等削弱了它们的生命力。因此，珍稀濒危植物再引入的时机也很关键，一般选择迁地保护很成功的时候再引入，借助迁地保护的成熟经验，制定科学合理的再引入技术规程，在繁殖的植物材料准备充足的情况下，即可选择合适的生境和恰当的时机将珍稀濒危植物再引入到自然环境，一般在雨季前或者雨季再引入种苗。在鼎湖山，桫椤（*Alsophila spinulosa*）、格木（*Erythrophloeum fordii*）、观光木（*Tsoongiodendron odorum*）、长叶竹柏（*Podocarpus fleuryi*）、鸡毛松（*Podocarpus imbricatus*）等经过迁地保护大量繁殖再引入到森林的各种自然生境中。

（四）再引入地选址要求

1984 年 IUCN 对于植物再引入的生境提出了要求，即优选致濒因素已经解除或大部分解除的地方及满足该物种生存需要的生境进行再引入。因此，为了保证再引入物种正常的生长、发育和自我维持，最好是选择它们原来的生态系统，或者尽量选择与原来的生态系统相似的群落或生境，即一般选择该种的历史分布区域、现有生境及相似生境。人工繁殖的紫纹兜兰（*Paphiopedilum purpuratum*）植株在 400~500m 海拔范围内选择与三洲田紫纹兜兰原产地相似的环境进行驯化，经定期观察表明，其生长状况，特别是新根生长、分蘖芽的萌发、开花结果等均与原产地相同。此外，再引入地区还应有足够的容纳量，来承载再引入种群的增长，并在达到繁殖年龄后利于在此生境中自我更新。一般选择公园、自然保护区、市中心道路旁的大树上及岛屿开展再引入试验，在通风利于种子传播的地方引入选定的植物。若引入次生林则要考虑地面湿度、伴生物种及有其他附生植物（如蕨类、地衣苔藓等）出现的微环境。此外，引入的地点必须有传粉昆虫出现，*Diuris fragrantissima* 的花期与其伴生的同期开花植物相似，开花时双方可共用传粉者。微环境的选择也应科学合理的规划，在野外海拔、温度及透光度差异较大的两个区域，万代兰（*Vanda spathulata*）植株固定于树木的不同高度，来确定适合的再引入微环境。总之，再引入地选址需遵循光温、水湿条件等"气候相似"的原则，及一定的气候条件下遵循"生境相似"的原则和一定的生境中的"植物群落"的原则。

（五）再引入后的管理和监测

再引入后要进行必要的人工调控，定期监测其成活情况及适应性，使进入自然群落中的稀有、濒危植物能与其他物种协调、互利，表现出一定的竞争力，及时对幼苗更新受阻的再引入物种开展种群的补值和增援。长期监测是长远释放及确定再引入计划成功与失败的需要，监测的目的除了为再引入的最终效果的评价提供依据，还要为改进后期管理措施提供指导，也是今后人工模拟野外生境大规模繁殖有经济价值的濒危物种的生物学基础研究。监测时间要根据再引入植物种类的生活型特征决定，可能要延续至再引入的种群达到正常繁殖的年龄。目前野生动植物的保护和管理，多结合"3S技术"、网络技术、计算机技术和数学模型联合研究种群时空动态、潜在数量，预测适宜生境，以便个体定位，实现远程长期监测、管理。动物具有移动性，初期和长期监测难度大，再引入研究中多通过无线电遥测技术对释放的个体进行跟踪监测，借鉴动物再引入的某些成熟技术指导植物再引入是非常有现实意义的。植物再引入后可以通过探针、遥测、微气候监测等方式，对其数量统计、生态学和性状研究，如成活率、生长量、生物气候及再繁殖等因素以及再引入植物到达繁殖年龄后的自然传粉的发生过程，检测个体及居群的长期适应性和成活率。在必要时还需人工协助其生存。例如对再引入地进行生态环境的优化，清除杂草，防治病虫害，定期补植，人工动态监测，花期适当人工授粉等，以实现从"苗—种子—苗"的过渡和正常的繁衍生息，重新建立稳定的种群。老虎兰引入野外后，每年进行监测，待到新芽冒出，根系扒紧树干，则已经预示本次再引入会有较好的效果。经过试验室培养5个月的六种兰科植物实生苗再引入到澳大利亚西部的灌丛林中后，在生长期由于昆虫等原因，野外存活率下降到21％至49％之间，而且那些不具地下茎或块茎的种类在旱季生存率急剧降低，个别种在旱季之后的生存率仅达到10％。*Caladenia arenicola* 和 *Pterostylis sanguinea* 在开始移到野外时成活了，但是在第二个生长季再监测时只有 *P. sanguinea* 仍幸存，说明随着再引入时间的递增，受生存环境和种苗自身素质的影响，其成活情况和适应能力都可能出现不同程度的变化。因此，再引入后的监测是一项长期的管护工作，适时的跟踪其健康状况，数量变化等指标，研究一般不少于5年。

三、濒危兰科植物再引入评价标准

稀有、濒危植物再引入的效果评价以是否达到再引入的目标为标准，并以再引入时的形态学基础数据记录和监测结果为主要依据。最基本的标准是在植株达到繁殖年龄时可以实现从种子到种子的过渡，对生境无害且能自我维持，还有利于增加群落的生物多样性。最终标准是在再引入后较长时间中具有维持其遗传多样性的足够大种群且种群结构合理，而再引入植物也能够正常参与群落的生态系统过程。植物专家许再富针对再引入自然生态系统和物种本身提出了衡量植物再引入工程的成功指标，即恢复野性，能够在野生自然环境中自我生长，繁殖后代，并能够融入自然形态，参与生态系统，不危害现存环境。因此，一般要过10年左右的时间才能鉴别出此次植物的再引入是否成功。

影响兰科植物成活的外界因素很多，例如移栽地点（如坡向、荫蔽度等）、杂草遮盖度以及兰科植物自身生物学特点等，小生境如微气候（湿度等），寄主树干的质地，有无其他附生植物以及种质基因是否具有多样性等。一般而言，高湿度的区域更易促进苗的成活，粗糙且保水的树皮更适合兰花的生存，同时，有其他附生植物的树干更受兰科植物喜爱，而且种苗基因型多样有利于植物更好地适应野外环境。兰科植物的再引入评价标准随植物的种类、特性及其适应性表现不一，基本要求是要体现生命和生长特征。雷莉亚兰在再引入3个月后已有12株的假鳞茎生长明显，2年后有17株开花并与母株的个体回交，无需人工授粉；万代兰在雨季开始生长，再引入4个月基本长出1～2片新叶。

四、应用前景

(一) 再引入迅速成为野生动植物管护的工具

兰科植物的保育事业正备受瞩目，目前全世界所有的野生兰花种类均被列入了濒危野生动植物国际贸易公约（Convention on International Trade in Endangered Species of Wild Fauna and Flora，CITES），同时我国已将兰科植物全部物种纳入了《中国物种红色名录》，并已经被列为国民经济和社会发展第十个五年计划纲要中野生动植物拯救工程中的15 大物种之一，第一个以兰科植物为主要保护对象的自治区级自然保护区——广西雅长兰科植物自然保护区也于 2005 年成立。然而，就地保护和迁地保护都只是一个暂时的挽救措施，要使兰科植物"集体走出"濒危行列，再引入技术无疑是解决问题的根本并逐渐成为国际上行之有效的保护方式，该保育方式不仅保护了目标植物，也保护了一个生存境地和一个合理的群落系统。如今，再引入正迅速地被用作野生动植物管理的工具，逐渐覆盖广泛多样的植物种类，未来将出现再引入数量和植物种类的剧增，生境恢复和多元化种类的再引入会越来越普遍，公众对自然保护问题的意识将逐渐提高。

(二) 再引入技术渐成体系

保护野生种群数量是前提，消除其周边的威胁因子是重要的辅助，其野外历史区域和现在区域分布的详细调查是基础。再引入技术的难点在于生存空间的保证、生境恢复、改造和植被控制、种群和生境监测等，因此研究中需要侧重于再引入地的选择和生境评价、生境适应性因素的探讨。此外，针对人工繁殖的克隆后代在野外适生性差的现状，动物的再引入多采取"软释放"（soft release）——在释放地点放置让其适应环境的笼舍，也叫预释放。同理，组培快繁的植物幼苗在实现真正的再引入之前也要适当地给予再引入地半野生栽培，或者先在苗圃内模拟野外小生境的附主或者基质开展适度驯化，人工可控地逐步引导其适应环境，以提高再引入的成功系数。兰科植物的再引入技术还处于探讨阶段。针对兰科植物种子的特性，多采用无菌播种获得大量组培苗引入野外。但组培苗定植难，成活率低，较难适生于当地生态系统，这时兰科菌根真菌可以为其提供部分矿物质营养和水分，而对于石斛等药用兰花，共生真菌的侵染及其代谢物还可以提高药效。故此，分离筛选出优势的功能性内生真菌，如壮苗的、生根的、促分蘖的及具有与药用兰花相似药效等特性的优势菌，再回接到组培苗根部，等到侵染成功后选择适于菌根苗生长的环境开展再引入，这种菌-苗互惠共生的体系将是提高再引入的种苗质量和后期成活率的一个技术亮点。

(三) 植物再引入的现实意义及可能存在的问题

一套有效的再引入工序及原产地种群长期监测系统一旦建立，其初期的种群动态反映了种群发生发展的基本规律，同时也预示种群的发展趋势。通过对恢复种群动态的研究，可以加深对物种生物学特征的了解，并对恢复的结果进行初步评价。蜘蛛兰属及兜兰属等兰科植物的再引入研究，不仅对这些兰科植物本身的保护和将来的持续利用有深远的意义，而且向全世界公众表达了人类与大自然协调发展的可能性和必要性。再引入技术是一门新的正在摸索的技术，其中动物的再引入已经有了一定的进展，而大多数植物对环境条件的要求并不苛刻，并且植物具有多样化的繁育系统，其自然生殖和人工繁殖都比动物容易，因此再引入阻力较小。然而，遗传风险问题不容忽视，盲目的引种、不合理的定植以及材料的来源不清则会导致稀有濒危植物的遗传混杂、近交衰退或杂交衰退；人为选择和生长环境的改变也容易造成濒危物种对迁地保护的遗传适应，当7种稀有植物从富钙的石灰岩地区引种到植物园的酸性土壤中后，在形态和生活史等方面发生了不同程度的变化，这些改变会对物种的再引入产生什么样的影响还是未知。IUCN建议再引入前要在濒危物种的原产地就近进行迁地保护并避免人为的选择。因此，找到一个平衡点，将再引入过程中可能遇到的各种遗传风险控制在最低限度将是今后需长期关注的问题。

第五节　有关生物资源保护的国际公约、政策与法规

保护生物物种资源与人类切身利益息息相关，很多国家和政府以及相关组织都认可这一观点，并且发挥着积极作用，制定了大批有关物种保护及持续利用的政策法规，使人们认识到保护生物资源的重要性，严厉打击盗取生物资源的违法犯罪行为。

由于存在生物制品的国际贸易，物种在国家间可以进行迁徙。因此对生物多样性和生物资源的威胁是国际性的，用国际机构和公约来保障生物资源和生物多性的保护是十分必要的。

《濒危野生动植物国际贸易公约》（CITES，又称华盛顿公约）于1975年7月1日生效，截至2009年有175个国家对本公约达成一致，是保护濒危物种的重要机制。缔约方同意限制包括兰科植物、苏铁、仙人掌、食肉植物、树蕨等园艺植物和用材树种，野外采集的种子也纳入了管制范围。其他重要的国际公约还有《国际重要湿地公约》、《世界文化及自然遗产保护公约》和《生物多样性公约》等。除了国际性公约外，一些按地理位置等结成的结盟体还设立了一些区域性公约，如《欧共体自然栖地及野生动植物保育公约》、《西半球自然及野生物保育公约》、《非洲自然及自然资源保育公约》、《东南亚自然及自然资源保育协议》、《东南亚及太平洋地区植物保护协议》、《加勒比海地区保护区及野生物协议》和《南太平洋地区自然资源及环境保护公约》等。

比较而言，我国野生植物资源保护方面的法律法规的制定和执行比较迟，最主要的法规是始于1997年1月1日开始实施的《中华人民共和国野生植物保护条例》，主要目的是保护、发展和合理利用野生植物资源，保护生物多样性，维护生态平衡。《条例》所保护的野生植物，是指原生地天然生长的珍贵植物和原生地天然生长并具有重要经济、科学研究、文化价值的濒危、稀有植物，同时包括药用野生植物和城市园林、自然保护区、风景名胜区内的野生植物的保护。《条例》还规定在中华人民共和国境内从事野生植物的保护、发展和利用活动都必须遵守该《条例》。《条例》的公布实施，使我国野生植物保护工作纳入了法制管理轨道。

此外我国对于植物资源保护的法律法规还有很多，如：（1）野生动植物资源管理制度；（2）中华人民共和国森林法；（3）中华人民共和国草原法；（4）中华人民共和国自然保护区保护条例；（5）森林和野生动物类型自然保护区管理办法；（6）自然保护区类型与级别划分原则；（7）植物检疫条例及其实施细则（农业部分）；（8）植物检疫条例及实施细则（林业部分）；（9）农业野生植物保护办法；（10）国家重点保护野生植物名录（第一批）；（11）国家重点保护野生药材物种名录；（12）中华人民共和国植物新品种保护条例；（13）中华人民共和国海洋环境保护法；（14）中华人民共和国种子法；（15）风景名胜区

管理暂行条例；（16）水产资源繁殖保护条例；（17）中华人民共和国国境卫生检疫法；（18）中华人民共和国国境卫生检疫法实施细则；（19）中华人民共和国食品卫生法；（20）森林植物检疫对象和应施检疫的森林植物及其产品名单的通知；（21）中华人民共和国进出境动植物检疫法；（22）农业转基因生物安全管理条例；（23）进出境邮寄物检疫管理办法；（24）中华人民共和国进出口商品检验法。

第六节　观赏植物资源的可持续利用

我国是世界上观赏植物资源多样性最丰富的国家之一，具有悠久的观赏植物栽培与应用的历史，是世界观赏植物文化最发达的国家之一。我国原产的观赏植物种类达 1.2 万种，其中有很多是我国特产的优良种类，如全世界 200 种蔷薇中，我国原产 82 种；全世界 900 余种杜鹃花中我国原产的有 530 种，占 60%。但目前我国对野生花卉资源仍以直接利用为主，由于人类干扰和过度采挖，野生植物资源生境萎缩和数量锐减，如兰花、苏铁等花卉资源遭到严重破坏，甚至某些种类在野外已经很难发现。

一、观赏植物资源的再生性与可持续利用

（一）观赏植物资源保护存在的主要问题

（1）资源本底不清，对我国原产花卉及观赏植物的具体数目和分布至今没有权威的名录和报告。

（2）重要花卉资源破坏严重。一些经济价值较高的花卉资源遭到严重破坏，如我国兰花在所有产区均受到毁灭性破坏，以四川、云南和贵州等省最为突出。

（3）原产花卉利用率低。我国野生花卉资源开发利用程度极低。目前真正得到开发利用的野生花卉资源种类有限，不足总数的 5%，一些珍贵的野生花卉品种还未开发利用。

（4）国产花卉产业化水平低。我国野生花卉应用开发研究工作滞后，在野生花卉种质资源的收集、整理、保存、新品种选育、规模化生产技术应用等方面的研究较少，在人工繁育和产业化技术方面正在起步阶段。

因此，目前在我国可持续利用野生植物资源的思想并没有树立起来，具体表现在三个方面：①经济落后地区因急于脱贫，而滥挖和低价出卖野生植物资源，如一些偏远地区有人把野生兰花以每年 10t 左右的速度卖到国外。②以"短、平、快"为特征的科技资助政策和急功近利的思想的存在。我国科研人员大量引进原产我国而国外培育的优良品种，而对野生观赏植物的研究不够的情况大量存在。③保护种质资源相关的有效法律、法规仍未健全。

（二）观赏植物资源再生性

能够循环使用或在损坏后能够快速恢复的叫做再生性资源。植物资源的可再生性是建立在一定生态环境条件下的植物种群的健康发展、持续进化的基础上的。种群的大小、生存力、与其他物种和环境的相互作用关系等都成为影响物种长期发展的决定性因素。要做好观赏植物的可持续保护，应对其可再生性进行探讨。再生性可分为自然再生和人为辅助再生。自然再生是指受自然灾害损伤不是很严重的野生观赏植物种群可通过自身修复更新达到原初水平。人为再生过程是指由于盗采野生观赏植物种群可能已经丧失了自然恢复的

能力，要寻求一种生态恢复措施进行修整，以达到过去的状态。我国目前对于观赏植物的人为辅助再生的开展工作较迟缓，主要原因在于各方面资金技术的欠缺，再加上人们对于保护野生观赏植物的认识还不够，使得在保护过程中不能与当地居民协调平衡，使得保护过程比较艰难。

二、观赏植物资源可持续利用的方法与途径

（一）对野生花卉原生境实施就地保护

预计到 2020 年，在全国范围内新建 50～100 个野生花卉保护区或保护点，重点区域有长白山区、秦巴山区、冀南太行山区、甘肃南部、青岛崂山、舟山群岛、云南、藏东南和新疆等地，保护重点有兰科植物、苏铁属植物、野生玫瑰、百合科植物，以及山茶、杜鹃、报春花、蕨类、木兰科、蔷薇属、菊属、牡丹、芍药、攀援植物、高山花卉、虎耳草科、毛茛科观赏植物等。

（二）加强异地保存设施建设

对于天然群体遗传组成发生较大变化的花卉植物，以及适应性差，对环境、气候等生态条件要求严格的种类，或存在潜在破坏威胁的野生花卉，需要在其群体中收集种子或繁殖材料，并在其原生境附近营建异地保存园（圃）进行集中保存，或建立花卉种质资源库。预计到 2015 年，建成"国家野生花卉种质资源保存库"，收集保存优良的野生花卉种质资源，并通过人工繁育扩大种群数量，使一些珍贵的野生花卉资源得以长期保存和市场开发。

（三）推动国内原产花卉的产业化生产

优先开发具有栽培历史和文化基础并适合大众消费的国内原产花卉种类，因地制宜地发展具有地方特色的野生花卉商业化生产。

（四）引种驯化野生花卉

野生花卉多数具有特殊的观赏特性，有些种类的生态适应性广，容易繁殖和栽培，可以直接应用到城市园林绿地中，提高城市绿地的植物多样性。预计到 2015 年，开发 100 种野生花卉用于全国城市园林绿化。

（五）利用野生花卉基因资源培育新的花卉品种

选择具特别遗传性状的花卉植物作为亲本材料，利用传统育种技术和分子生物学的手段，培育新的优良品种。预计到 2015 年，挖掘 30 个优良基因，培育 50 个优良花卉品种。

（六）利用野生花卉资源发展花卉旅游

野生花卉资源群落常形成优美的自然植物景观，可将保护野生花卉资源与花卉观赏旅游结合起来。

本章小结

观赏植物已成为人们日常生活陶冶情操和文化交流的重要组成部分，但目前其种质资源正在遭受大面积和大尺度的毁坏，对观赏植物种质资源进行原生境保护与可持续利用势在必行。本章主要从原生境保护的动因、主要理论、保护策略以及相关的国际公约、政策与法规和可持续利用方面阐述了观赏植物原生境保护的迫切性和具体实施方案。观赏植物资源保护方面、可持续性和再生过程等仍需要加大投入和关注。

复习思考题

1. 何谓原生境保护？原生境保护区（点）应当如何选择？
2. 何谓生物多样性？物种多样性的测度方法有什么应用？
3. 生境破碎化对生物多样性的有哪些影响？
4. 何谓岛屿性？岛屿生物学的基本理论有哪些？
5. 试列举有关植物资源保护的国际公约、政策与法规？
6. 观赏植物资源的再生性与可持续利用存在的主要问题？

推荐书目

［1］ Richard B. Primack，马克平. A Primer of Conservation Biology.（第 4 版 中文版）. 北京：高等教育出版社. 2009.
［2］ 李典谟. 物种濒危机制和保育原理. 北京：科学出版社，2005.
［3］ 徐兴淮. 中国珍惜濒危动植物保护技术实务全书. 北京：中国林业科技出版社，2008.
［4］ 张大勇. 植物生活史进化与繁殖生态学. 北京：科学出版社，2004.

第九章　观赏植物种质资源异地保存

观赏植物种质资源是培育新品种的重要原始材料，是可持续发展和生物多样性保护的基础，它们是经过长期进化而来，一旦失去不能恢复。近年来，随着人类活动的干扰和对自然界的大规模开发及生态环境的破坏，每年都有多个物种消失或濒临灭绝。只有做好种质资源的保存工作，才能为育种准备原始材料，为生产提供优良品种，并为研究植物分类、起源、发生与演变提供材料。因此，世界各国政府和国际组织都从战略高度重视种质资源多样性的收集保存工作，并对相关的理论和经验进行了相应的总结，以指导实践。

第一节　概　述

影响种质流失的因素可概括为自然和人为因素两个方面。通常如森林的砍伐、沙漠的扩大，耕地的开垦等造成生态平衡的破坏，轻者能使资源减少，严重的则使一些物种毁灭。其他生物的影响包括野生动物的危害，或是昆虫、真菌和细菌类的危害，也造成种质的流失。另外，人们在观赏植物引种时，往往考虑经济性状，而忽略了其他性状，这种有限目标的选择，会减少某些遗传性状的贮备，那些原有的抗性种质可能因此而流失。值得注意的是，在人工育种和新品种大面积推广过程中，也会减少物种的遗传多样性，造成种质的贫乏。

一、种质保存的方法

种质资源的保存可以按保存的地理位置分为原生境保存和异地保存。原生境保存指利用保护植物原来所处的自然生态环境来保护植物种质，如建立自然保护区和天然公园来保护野生物种。异地保存是将种子或植株保存于该种质资源原产地以外的地区，简单地说异地保存是指把植物体迁出其自然生长地进行保存，如植物园、种质圃和种质离体库等。

二、种质保存的原则

种质资源的保存必须遵循一定的原则，必须确保所保护的濒危物种不灭绝，并得以适当发展，保证物种的遗传基因不丢失，并能够满足人类利用的需要。而对于不同物种保存方法的选择，取决于不同物种的生物学特性。原生境保存是生物多样性保护中最为有效的一项措施，而异地保存是对原生境保存的有利补充。一般情况下，对于原生境保存有一定困难或有特殊价值的观赏植物，异地保存成为种质资源保护的重要手段。

三、种质保存的范围

保存种质资源需要花费大量的人力、物力和土地。因此，应该根据物种保护的目标，进行合理规划安排。一般地，进行异地保存的物种主要有以下几类：

（1）可能灭绝的稀有种和已经濒危的种质，特别是栽培种的野生祖先；

（2）具有经济利用潜力而尚未被开发的种质；

（3）进行遗传和育种研究的所有种质，包括主栽品种、当地历史上应用过的地方品种、原始栽培类型、野生近缘种、其他育种材料等；

（4）在普及教育上有用的种质，如分类上的各个栽培植物种、类型、野生近缘种等。

第二节　种子保存技术

一、种子贮藏寿命及其影响因素

种子寿命是种子从完全成熟到丧失生活力所经历的时间。所谓种子活力，依照1977年在国际种子检验协会的代表大会上通过的定义，即"种子活力是决定种子或种子批在发芽和出苗期间的活性水平和行为的那些种子特性的综合表现。种子表现良好的为高活力种子"。事实上，种子的寿命因植物种类的不同而异。除此之外，在同一批种子中由于母体植株所处的环境条件、植株的营养状况、种子着生部位以及种子在发育期间所处环境不同，种子个体间寿命存在着很大的差异。因此，应以种子群体的平均寿命来表示种子寿命，即一种子批的寿命，是指在一定环境条件下，一种子批的从种子收获后至发芽率降为50%所经历的时间。当一种子批的发芽率降至50%时，这一种子批实际上已失去保存价值。而作为种质资源的种子，一般要求发芽率达到80%以上。

种子寿命主要是受到水分和温度等外界环境因子的影响。水分因素包括种子含水量和种子贮藏环境的空气相对湿度。当种子含水量低时，细胞的原生质体处于凝胶状态，只能进行微弱的呼吸作用，物质转化也很缓慢，生活力丧失慢。而种子贮存环境的空气湿度直接影响着种子的含水量，当外界湿度增加时，种子的含水量也会随之上升，当达到一定程度时便出现游离水，此时，种子内水解酶、呼吸酶等酶的活性加强，代谢速度加快，种子很容易丧失生活力。但需要明确的是，种子对含水量降低存在一个忍耐范围，这个指标也是因种子种类而异的。

种子贮存中会发生呼吸作用和一系列酶促物质转化，这些过程的进行与温度直接相关。因此，温度是影响种子寿命的主要因素之一。在低温状态下，种子细胞内代谢活动水平很低，物质和能量消耗少，细胞的衰老进程也很缓慢，因而可以长时期保持种子生活力。在高温状态下，情况则相反。因此，降低种子贮藏环境的温度可以延长种子寿命。这是低温种子库保存种子的基本理论依据。

应该明确的是水分和温度这两个影响因子是互相作用，相辅相成的。低温保存种子必须结合较低的含水量和空气相对湿度。种子对低温的适应性，主要取决于细胞液浓度。种子含水量低，则细胞液浓度高，在冷冻条件下受伤害的可能性小。而高含水量的种子在低温条件下可能会遭到伤害。低温种质库延长种子寿命，是在维持种子低含水量的前提下实现的。目前被普遍认可的种子安全贮藏的指标应是哈林顿提出的空气相对湿度（%）和环境温度（℃）之和不超过100。

二、种子低温贮藏设施

低温种子库是种质资源保存的主要方式。1954年，美国建成了世界上第一个低温种子库——国家种子贮存实验室，走在了种子低温保存技术运用的前列。之后，世界各国都纷纷建立了各式各样的低温保存库，开始了通过种子保存实现种质资源保存的探索和实践。我国也积极致力于此方面的研究，从20世纪70年代末以来，我国的种质库建设得到了迅速的发展，至今全国建成了十余座中、长期冷藏种质库。如1978~1984年在中国农业科学院建成了国家种质资源中期库；1984~1987年在北京建成低温（-18℃±2℃），低湿（RH<50%），容量达40万份的国家种质资源长期库；1995年在青海西宁建成了国家种质资源复份库，库温-10℃。

三、种子入库程序

为保证作为种质资源保存的种子质量，在进入种质库之前要经过一系列严格的筛选过程和处理程序，其中任何一个环节都必须严格执行。

第一步，检查即将入库的种子，对有害虫种子要在密闭条件下用熏蒸剂进行熏蒸处理。具体操作是把适量的磷化铝放在箱底，关闭熏蒸箱和管道阀门，并用胶条密封，72h后再打开排风扇，待毒气排净，才开箱取种。因熏蒸剂磷化铝有毒，熏蒸箱须密闭且具备排风通气管道。

第二步，进行种子清选，即是去除破碎、虫蚀粒、霉粒、无胚粒、清瘪粒的种子以及混杂的其他种子。

第三步，对入库前的种子生活力检测，确保入库的种子生活力达到入库标准，保证较高的初始生活力，并为种子繁殖更新提供参考。目前采用的入库种子的活力标准是发芽率要求在90%以上。发芽率试验每次取种子量为300粒或150粒，进行3次重复实验，取其平均值，作为该样本的发芽率。同时，发芽技术人员还需对发芽率结果再次检查，确保在计算统计的过程中没有错误。

第四步，编号入库。完成了种子活力检测后对合格的可以贮存在种质库的种子要进行种子鉴定编号。每个品种给一个库号，不得有误，这一步是种子处理程序中最重要的一个环节。以我国国家种质库为例，其对各种作物采用三级分类编号方法：首先将栽培植物划分为4大类：Ⅰ代表农作物；Ⅱ代表蔬菜；Ⅲ代表绿肥、牧草；Ⅳ代表园林、花卉。每一大类分为若干小的类型，用单个阿拉伯数字表示。具体作物编号用大写英文字母表示。品种用5位阿拉伯数字表示。在编库号的过程中同时逐份核对种子性状，核对的项目包括粒色、粒形、大小、饱满度、整齐度、有无表面附属物、有无特殊气味等。

第五步，含水率测定。前面已经指出种子的含水量与种子的安全储藏和发芽力有密切关系。为了安全贮存，必须降低种子的含水量，在方法上要使用不损害种子生活力的技术。应该根据不同的作物选择适应的干燥温度和方法。含水量测定方法遵循《农作物种子检验规程》。

第六步，包装。种子包装就是将含水量达到入库要求的种子放入容器中，随后密封以备贮藏。包装尽可能在3h内完成。种子装入种质库专用容器内，如种子盒等，加上标签，立即密封。标签上注明材料名称、种子量、入库时间。入库种子样品量有种子计数法和称重法两种，但前者应用较广。我国国家库种子入库数量要求是：小粒种子（千粒重＜5g）50g；中粒种子（千粒重20～100g）6000粒；大粒种子（千粒重100～400g）2500粒；个别特大粒种子（千粒重＞1000g）1000粒。考虑种子贮藏期间的检测损耗，每份材料可增加15％的入库数。

四、种子生活力监测与繁殖更新

种质库为种子提供了适宜的环境，但种子毕竟是活的生命体，在贮藏过程中会逐渐衰老死亡。因此，对所保存的种子进行生活力监测具有重要的意义，若低生活力的种质得不到及时更新就会导致遗传资源的丧失，而频繁的种质更新又会增大遗传漂移的频率，造成种质丧失原有种性的危险。因此必须对种质资源进行及时、有效的生活力监测，以保证种质资源的安全保存。

（一）种子生活力监测

1. 发芽试验　常用的种质库种子发芽率监测有标准发芽率测定法和序列测定法。标准发芽率测定法操作简单，一旦更新标准确定，依据试验结果很容易做出正确的判断。但每次试验用种子数量较大，被认为太浪费种质材料而不适宜应用于种质库进行生活力监测。序列测定法可在不影响监测准确性的前提下，把一次试验的种子数减少到20～40粒。其最大优点是可大大减少监测用种量，其次，基本上能反映固定样本量测定的结果，即对贮藏种子作出更新判断的结果与标准发芽法基本一致。因此，被国际植物遗传资源委员会（IBPGR）推荐为种质库贮存种子的生活力监测方法。

2. 生活力测定　种子生活力测定方法有十多种，根据其测定原理可大致分为4类：①生物化学法，如四唑测定法、溴麝香草酚蓝法、甲烯蓝法、中性红法和二硝基苯法等。②组织化学法，如靛蓝染色法和红墨水染色法等。③荧光分析法，如紫外线荧光法、纸上荧光圈法和荧光染剂法等。④离体胚测定法。其中四唑测定法（所用试剂 TTC.2，3，5—氯化三苯基四氮唑）是国际通用的种子生活力快速测定法。具体操作是用蒸馏水配制浓度为0.25％～0.5％的TTC溶液，然后把种子沿种胚切成两半（对于很小的种子，则不需要切开），取其中一半浸入溶液中，2～4h后，取出种子用清水冲洗数次，逐粒观察，凡是种胚全部或主要构造染成鲜红色的为有生活力种子，种胚染成淡红色、不染色或其主要构造不染色的为生活力弱或无生活力种子。一般进行两次重复的实验，取平均数表示所检测物种或品种的生活力。四唑测定法具有原理可靠、简便快速、结果准确、不受休眠限制以及成本低廉等特点。而荧光分析法等可以在既不破坏种子结构也不影响种子原有生活力的前提下，间接测定种子生活力。

（二）种子繁殖更新

随着种质在种质库贮藏时间的延长，种子生活力下降（降到85％以下），或由于鉴定、分发、监测及研究利用的消耗（种子数低于完成繁殖该物种三次所需的种子量），需要对库存种子进行定期或不定期的更新繁殖，以免失去该样本。更新繁殖的最主要目标是通过一种经济有效的方式，获得更新样品并保持其原有种质的遗传完整性。但在更新繁殖过程中，由于频繁繁种会丧失原有的遗传完整性。一般来说，低温种质库保存的种子在2年内生活力不会有很大的下降。因此，繁殖更新可以分年度逐批进行。另外更新繁殖首先要考虑更新繁殖的标准，包括发芽率标准和数量标准。但目前国际上有关基因库种质更新繁殖的生活力指标间存在着较大的差异，其中印度的更新发芽率标准为 75%；英国的更新发芽率标准为 70%；美国的更新指标是发芽率降到初始发芽率的 50%，联合国粮农组织（FAO）和国际植物遗传资源研究所（IPGRI）认为种质更新的发芽率标准应选择较高些，推荐 85% 作为更新繁殖的生活力指标。

繁殖时从低温库中取出装待繁殖种子的容器至除湿的房间内，当温度升到室温后再打开，取出种子，装入编号标记的种子袋内。确保取样量不超过现有该材料种子的半数，将余下的一半种子放回库中，待新繁殖的种子经检验合格后，入库替换库存的种子。繁殖过程必须严格按计划进行，防止混杂。在繁殖的过程中，必须保证适应的环境，否则可能不会开花结实，无法获得种子，给繁殖更新工作带来严重损失。另外若待繁殖的种子处于休眠状态，必须对种子进行处理，打破休眠再播种。繁殖的种子成熟后，收获不同植株上相同重量的种子进行混合，从而使母本效应降至最低限度。

五、顽拗型种子保存

1973 年，英国的罗伯兹依据种子对脱水的反应及贮藏特性，将自然界中的种子分为正常型和顽拗型两类。

正常型种子又称含水量不变的种子，其生理成熟时含水量为 30%～50%，然后通过脱水，到收获期的含水量为 15%～20%，并能进一步干燥到 5%～7%，甚至更低且不受伤害。它的主要特性是适于干燥低温贮藏的，当种子水分和贮藏温度越低，越有利于延长种子寿命。大多数农作物、蔬菜和牧草种子属于这一类型。顽拗型种子又称为含水量变化的种子，其生理成熟脱离母株时含水量较高，为 50%～70%，顽拗型种子具有不耐干燥的基本特性，其种胚对脱水敏感，脱水后生活力显著下降。研究结果表明，其脱水敏感的部位是膜。另外，顽拗型种子不耐低温，许多顽拗型种子在低于 10℃ 的温度时会受到伤害或者死亡，甚至在 10℃ 以上，也会因温度下降而受伤害。目前认为对低温敏感的原因可能是膜脂发生过氧化作用，膜的结构和功能受到损伤。同时，顽拗型种子寿命短暂，即使在较适宜的温暖和潮湿环境中，通常也只能存活几个月或几年。

由于顽拗型种子不耐脱水及低温，因此，对于顽拗型种子保存条件，在不影响种子活力的前提下，通过降低种子贮藏过程中的温度及其含水量，以降低种子贮藏过程中的代谢强度，并添加杀菌剂保存种子，从而达到短期贮藏的目的。采取一定措施使种子含水量保持在临界值以上，可延长种子的贮藏寿命。而对于长期保存则采用超低温的方法。在超低温的条件下，组织代谢趋于停止，且不发生遗传变异，能够长期保存种质，这也是目前被公认的保存种质最有希望的途径。在保存的形式上，由于顽拗型种子不同部位对失水的反应差别很大，因此对于不同的部位应该单独保存，如对一些种子的胚可干燥到较低含水量，另外，还可以将胚成功地在保存在加冷冻保护剂的液态氮中保存，成活率达 80%。

第三节　植物园与种质圃

一、植物园

植物园是保存物种的方舟。它和公园不同，其主要功能是进行植物研究、保护和科普教育。所以，不能将植物园建设成仅供人们观赏游览的人造公园。植物园不能仅要为人类服务，更多的应该是为植物服务。因此，植物园最重要的功能是从事植物物种资源的收集、比较、保存和育种等科学研究的园地。我国早在汉武帝时代，即公元前138年在秦朝遗留的上林苑内栽培奇花、异草和名果，这应该算作植物园的雏形。到北宋时期司马光的独乐园应该可以称作是小型的植物园。我国现代植物园从20世纪初开始发展，建成了庐山植物园、南京中山植物园、台北植物园等早期植物园。到20世纪60年代，全国还只有30座植物园，如今已达到140余座，并处于稳定发展和扩充中。不仅仅在我国，世界范围内植物园也具有悠久的历史和迅猛发展的势态。目前，全世界设有植物园1600多所，其中约60％分布在欧洲，在1600所植物园中有700所具有保存植物种质资源的作用。在植物园的分类上，可按其性质分为综合性植物园和专业性植物园。通常综合性植物园具有物种保护和基础研究、经济植物开发利用、提供休闲游览服务、科普教育、技术推广性生产活动等五大功能。在我国的综合性植物园中，归科学院系统管理的以科研为主，如中国科学院北京植物园、华南植物园、武汉植物园、西双版纳植物园；归园林系统管理的以观光游览为主的，如北京植物园、上海植物园、杭州植物园、厦门植物园等。专业性植物园又称为附属植物园，指根据一定的学科、专业内容布置的植物标本园、树木园、药圃等，如广西药用植物园、南京药用植物园、华南热带经济植物园。

二、种质圃

种质圃指在植株正常生长状态下保存植物种质资源的基地。因此，一般来说种质圃主要用于栽培植物、种质资源保存以及分类和引种的研究。其功能高度专一，一般不提供休闲游览服务。全世界拥有的植物种质资源8.7％是以种质圃的形式保存的。在中国科学院北京植物园内设有野生果树种质圃和各种园林植物的种质圃，如牡丹园、芍药园、月季园等。我国种质圃的建设从20世纪80年代开始，最初由农业部投资建立和完善了15个果树种质圃。之后，又建立了用于保存野生稻、甘薯、水生蔬菜、花生、茶、桑、苎麻、牧草、甘蔗、野生棉、多年生小麦野生近缘植物、葡萄、橡胶等的种质圃。目前国家种质圃已将原分散在全国的大部分资源材料进行了主要农艺性状的鉴定和编目，入圃保存的作物种质资源约200种，共约40万份材料。

三、保存技术

（一）扦插

扦插也称插条，是营养体繁殖的主要方法之一，是一种培育植物的常用繁殖方法。有繁殖速度快、方法简单、操作容易等优点，作为一种既经济又简便的繁殖方法在生产上已得到了广泛应用。

扦插的生物学原理是指利用植物营养器官能产生不定芽和不定根的特性，将其根、茎、叶、芽的一部分或者全部剪切下，再插入基质中，在适宜的环境条件下使其生根发芽，从而成为一个完整独立的新植株的繁殖方法。被取用的部分称为插穗。根据插穗的不同，扦插可以分为枝插、叶插、芽插和根插四种。其中枝插又可分为绿枝扦插和硬枝扦插两种。绿枝扦插也叫嫩枝扦插，是利用半木质化或尚未木质化的枝条在植物的生长期间（以雨季最适宜）所进行的带叶扦插，选择当年生发育充实的半成熟枝条作插穗，长度一般为 10cm 左右，保证每个插穗带 2～3 个叶片，以便它们能进行光合作用制造养分，促进生根。绿枝扦插多用于常绿木本花卉、草本花卉和仙人掌类与多肉植物，一些半常绿的木本花卉也常用嫩枝进行扦插繁殖。硬枝扦插是指选取一、二年生落叶、苗壮、无病虫害的枝条，剪成长 10cm 左右 3～4 节的插穗，插入繁殖床进行培育苗木的方法。

对于不同的植物种类，在实际操作过程中对扦插的各个环节存在不同的要求。只有理解和满足不同的需求，才能获得更高的繁殖成功率和做好种质资源的保存。总的来说，为了提高插条的成活率，保证扦插的成功，必须注意以下关键性的问题：第一，插穗的选择和处理。插条要求节间较短，枝叶粗壮，芽尖饱满，没有病虫害。并且在选好插穗后要精心处理，如用激素处理插条的基部，可使生根更快更多。另外用草木灰等对插条切口处进行防腐处理。第二，要创造适合生根的环境条件。让插条处于适宜的温度、水分、空气湿度和光照下。其中，一般植物的扦插在 20～25 ℃生根最快。温度过低生根慢，过高则易引起插穗切口腐烂。自然条件下，以春秋两季温度为宜。在人为控制温度的条件，一年四季均可扦插。第三，扦插后要切实注意使扦插基质保持湿润状态，但也不可使之过湿，否则引起腐烂。第四，还应注意空气的湿度，湿度较高能防止插条和保留的叶片不发生凋萎，有利于制造养分，促进生根，提高扦插成活率。可用覆盖塑料薄膜的方法保持湿度，但要注意在一定时间内通气。第五，光照也是插条是否生根的一个重要因素。光照时间长短与强弱对插条生根能力影响大，插条以接受散射光为好，强烈的光照对插穗成活不利，温度过高、蒸发量过大，可导致凋萎。因此，扦插初期要及时遮阳，待新根产生后，要逐渐加大光照量。

（二）嫁接

嫁接也是植物的人工营养繁殖方法之一，即把一种植物的枝或芽，嫁接到另一种植物的茎或根上，使接在一起的两个部分长成一个完整的植株。简单地说就是将两个植物体部分结合起来成为一个整体，并像一株植物一样继续生长下去。

嫁接组合中，接上去的枝或芽称为接穗，承受接穗的部分叫做砧木或台木。接穗一般选用具 2～4 个芽的苗，嫁接后成为植物体的上部或顶部，砧木嫁接后成为植物体的根系部分。

嫁接的生物学原理是利用植物受伤后具有愈伤的机能，也就是植物的再生能力来进行繁殖的方法。而植物的再生能力最旺盛的地方是位于植物的木质部和韧皮部之间的形成层，这部分的细胞具有强烈的分裂能力。嫁接时使接穗和砧木各自削伤面形成层靠近并扎紧在一起，因创伤而分化愈伤组织，发育的愈伤组织相互结合，填补接穗和砧木间的空隙，使营养物质能够相互传导，形成一个新的植株。

影响嫁接成活的主要因素是接穗和砧木的亲合力，因此接穗与砧木要选择亲缘关系和系统位置相近的植物，如同科的植物，这样在植物的内部组织结构上、生理和遗传上，彼此相同或相近，从而能互相结合在一起。其次，嫁接的技术如嫁接时间的选择、嫁接时的操作要领（先削砧木、后削接穗以缩短水分蒸发时间；工具要锋利切口要平滑；形成层要对准，薄壁细胞要贴紧，接合处要密合，绑缚要松紧合适）等都影响着嫁接的成活率。另外，嫁接后要及时检查和合理管理。如对已接活了的植株，应及时解开包扎物，否则幼苗易受勒，影响正常生长。

第四节　离体保存技术

20 世纪 60 年代以来，世界各国对植物种质资源的收集和保存工作都加大了研究力度和投入，建立了比较完善的植物园和种质圃体系。但是 30 多年的实践经验表明，这些保存方式由于占地广，需要耗费大量的人力、物力和财力，易受自然灾害危害，技术人员不稳定，同时受国家的宏观经济政策和城市化进程加快等因素影响，保存的结果并不十分理想。这些问题不是仅靠经费的投入就可以解决，因此，保存技术的完善和更新显得更为重要，许多科技工作者一直致力于寻求更经济、实用、安全的保存方法。

离体保存可在离体条件下保持植物物种，使之在任何时候都具有生命力，并在保存后仍然能稳定地保持其遗传性状，并在需要利用时可迅速恢复正常生长的技术。植物种质离体保存的意义在于：第一，长期保存无病原的茎尖分生组织以及稀有珍贵的植物组织，便于进行国际间交换。第二，离体保存的各类种质资源的遗传多样性，是植物育种和作物改良的基础。第三，离体保存植物种质所占空间小，维持较简单和经济。第四，避免了田间条件下存在的遗传侵蚀问题。第五，保存无性繁殖的植物种质，繁殖潜力大。第六，克服组织培养和细胞培养过程中不断的继代培养会引起染色体和基因型的变异和在培养中发生的选择性遗传变异，保持组培物细胞全能性、含有特殊产物的细胞系和抗逆性的细胞系等。第七，防止植物种质衰老。第八，提高细胞的抗寒性。

一、试管苗保存

试管苗保存也叫分生组织保存，也是植物种质资源保存的一种方式。适用于无性繁殖的植物，诸如大部分果树和球根花卉等。常见的试管苗保存有以下几种：

（一）常温下试管保存

可利用试管苗继代培养保存，但需要经常更换培养基。

（二）常温抑制生长保存

在试管苗保存中为了延长继代周期，在培养基中添加生长抑制剂或生长延缓剂来抑制保存材料的生长。常见的离体保存生长调节物质有脱落酸（ABA）、矮壮素（2-氯乙基三甲基氯化铵，简称 CCC）、二甲氨基琥珀酸酰胺（简称 B9）、多效唑（PP333）、MH（青鲜素）等。一般情况下几个月继代一次，而添加这些物质后，可达到一年甚至一年以上。另外，提高培养基渗透压也可以抑制培养材料的生长。最常用的方法是加入蔗糖、甘露醇或山梨醇等不易被外植体吸收的惰性物质，通过提高培养基的渗透势负值造成水分逆境，使细胞吸水困难，减弱新陈代谢，延缓细胞生长。

（三）中低温调控生长保存

采用控制培养温度来降低或完全抑制保存材料生长是试管苗保存中最常用的方法，其基本原理是生命活动随着温度的降低而减弱甚至几乎完全停止。通常认为温带植物在 1～9℃保存，热带、亚热带植物调至 10～20℃保存。

（四）常温抑制生长保存与中低温调控生长保存相结合

在试管苗保存的实际运用中，通常将常温抑制生长保存与中低温调控生长保存二者结合起来，起到了较为显著的保存效果。

二、超干燥贮藏

超干燥贮藏是近年来种子种质保存技术的新突破。适当降低种子含水量和贮藏温度，可有效延长种子寿命。联合国粮农组织和国际遗传资源委员会制定的长期保存种子种质的条件是含水量5%～7%，以往的研究认为，种子含水量低于这个限定时将不适宜保存。但我国科学家最新的研究成果，通过开展种子种质超干燥保存的研究，打破了5%～7%这个含水量下限的束缚，为种子保存新技术的开发提供了理论基础和应用依据。将几种芸薹属植物种子的含水量降至2%以下，甚至1%以下，种子的生理生化特性和种子超微结构都没有发生异常变化，而种子在常温下的耐贮性却大大地提高。通过实验测试，经超干燥处理可延长贮藏寿命的植物种类主要有向日葵、芝麻、油菜、松树等植物的种子。不难看出这些种类大多数属于油质种子。而关于淀粉种子和蛋白质种子超干燥贮存则报道各异，有人认为淀粉种子不可能进行超干燥贮存，但国内也有不少研究表明，淀粉种子和富含蛋白质的种子经超干燥后，对发芽率和活力均无害，而且耐贮性均有较大提高，但更明确的结论仍需进一步的科学研究才能确定。

综上所述，超干燥保存的确是一种比较经济实用的贮藏方法，应用前景较好，在植物种质资源保存方面具有很大的潜在利用价值。然而，超干燥技术投入实际应用还有许多问题需要研究解决，诸如种子含水量限值的确定和不同类型种子对此种贮存方法的适应性等。

三、超低温保存

种质资源超低温保存是将植物的细胞或组织经过防冻处理后，在-80℃以下保存的方法。自从1973年Nag等首次成功地利用超低温保存技术保存了胡萝卜悬浮细胞以来，国内外已对近200种植物材料实现了超低温保存。我国从"七五"时期开始把超低温保存技术列入国家科技攻关项目。超低温技术已成功地应用于许多粮食作物、观赏植物和药用植物种子、花粉、试管苗等种质材料的保存。在极端低温下，活细胞内的物质代谢和生长活动几乎完全停止。因此，细胞、组织和器官在超低温保存过程中不会引起遗传性状的改变，也不会丢失形态发生的潜能。同时，由于超低温条件下，生物的代谢和衰老过程大大减慢，甚至完全停止，因此可以长期保存植物材料。在具体的操作上，超低温保存技术一般先将种质材料进行预冷，然后再放入液态氮中。除了种子外，其他种质材料的保存研究也正在进行。Knowlton等最早报道了花粉的超低温保存，迄今已进行花粉超低温保存的植物达30余种。花粉在液态氮中存活率与含水量关系密切。Ichikawa等在33种植物花粉的贮藏试验中发现，当花粉的含水量在11%～25%时得到较高的存活率，但若含水量超过40%的花粉将在液态氮中全部死亡。此外，花粉的耐贮性与核型也有关系。二核型花粉具有很强的抗脱水能力，它们的天然寿命长，也较容易进行超低温保存，而三核型花粉对脱水敏感，天然寿命短，超低温保存难以成功。

种质资源低温保存的意义在于：第一，防止资源灭绝、节约人力物力。采用液态氮保存比用机械制冷保存节省能源，保存的费用比低温种质库低。如超低温保存大约每年的费用仅为冷库的40%。第二，可以在有限空间内保存大量资源。第三，与普通的种子保存相比，可以不受时间和高含水量的限制。超低温保存的种子只需常规干燥，而存入低温种子库中的种子含水量必须控制在5%±1%。第四，与试管苗相比，可以避免频繁继代而带来的变异。种质低温库中保存的种子需定期进行生活力监测和繁殖更新，而在液态氮中，理论上种子可以"无限期"存活下去。

四、建立植物 DNA 库

种子植物和非种子植物的种质资源均可采用 DNA 库保存。对于种子植物来说，主要收集保存以下七类：①难以收集到种子的材料。如长期不开花，或开花后难结种子的植物。②虽然收集到种子，但难以繁育更新的材料，如对生态条件要求苛刻的植物。③不能检测种子活力的材料。有的种质材料保存的种子量太少，或者无适宜的活力检测方法，不能检测，同时也无法预知其种子贮藏状况。④顽拗型种子植物。⑤珍稀濒危植物。⑥核心样品材料。⑦基因工程的中间材料。对于藻类、苔藓、蕨类等非种子植物来说，种类繁多，绝大部分处于野生状态，而且包含着十分丰富的遗传多样性，通过建立 DNA 库进行此类植物的保存具有重要的意义。

要建立植物 DNA 库，需要经过复杂的步骤。首先，植物样本的采集和干燥，并制作蜡叶标本和记录原始标记作为凭证标本，并由植物分类学家确认植物的科、属、种名。其次，提取并保存基因组 DNA，克隆重要的基因，建立 DNA 或 cDNA 库。对于部分 DNA 提取技术还不成熟的材料，妥善保存植物材料，待生物技术进一步发展了再提取。第三，通过 PCR 扩增 DNA。

建立完备的植物 DNA 库是进行种质资源保存的重要渠道之一，而且具有越来越大的重要性和必要性。首先是生物多样性保护的需要。目前，自然保护区、自然公园、植物园、种质资源圃等设施都在很大程度上受自然条件的限制，而且面临着人类和自然灾害的严重威胁。因此，需要发展一些容量大、技术先进、安全有效的方法。第二，虽然保存种子是一种很有效的方法，但目前低温种子库保存的绝大多数是栽培植物的种子，很多野生植物种质资源尚未实行种子保存。随着世界低温库的发展和超干燥保存技术的逐渐投入应用，以种子形式保存种质资源的植物种类有所增加，但相比较于庞大的植物种类可以说，也仅仅是冰山一角，况且还有顽拗型种子和非种子植物的种质资源保存的问题。因此，建立 DNA 库是拯救和保护植物资源的一条快速有效途径，并且将在生物多样性保护中发挥越来越大的作用。第三，随着人们对基因定位和重组研究的不断深入，建立 DNA 库将成为现代生物技术中一项十分迫切的任务。

通过种质的离体保存，打破了植物生长季节限制，节省了贮存空间，并且便于运输和交流，很好地实现了种质长期保存的目的，而在需要利用时可迅速恢复正常生长。同时，将为保护植物遗传多样性及长期稳定地利用植物生产更多的产品提供了可能，保证了种质的优良性和遗传稳定性能，为植物遗传性的改良和系统发育研究提供了样品。

第五节　核心种质库的建立与管理

种质资源工作者关注于所保存的种质资源的数量，而育种者则往往只对其中很少一部分种质资源感兴趣。于是在搜集与利用种质资源之间就会产生矛盾，人们难以从种质库（圃）保存的大量资源中及时有效地找到所需的材料。当前，我国及世界各国在继续进行作物种质资源收集与保存的前提下，更加重视有效管理和持续利用。建立核心样品可以较好地缓解这一矛盾。Frankel 首次提出"core collection"一词，是指从一种植物中一个种及其有亲缘关系的大量种群中，经过研究后，精选出一定比率的少量资源样本，能基本代表其大量资源的遗传多样性，组成核心样品，构建成核心基因库。通过近年来的摸索，已初步总结出了一套建立核心样品的方法，依据的基本原则是既要保证最大可能的遗传多样性，又要避免过多的遗传同一性材料；既便于管理，更有利于利用和交流；既是数量上的精炼，又是特色性优异种质研究成果的集中体现。

一、核心样品的建立

在建立核心样品的过程中，首先，从整个库存种质中搜集有关资料，在建立核心样品之前完成资料收集工作，包括基础资料、评价和鉴定资料以及生物化学研究资料等。接下来，在所获资料的基础上，把具有相似性状的样品归为一类。其次，依据分类学、地理起源、生态起源、遗传标记和农艺性状等归类的收集品分成若干小组，并依此方法逐级分组，直到同一组内种质材料比组间差距小为止。然后，从每组中选取固定比例的样品数。最后，对于某些基因库及某些作物，要把数据库中被选为核心样品的材料划归核心样品库，并鉴定它们是否来自不同组的代表。除此之外，在大多数情况下，还需进行种子繁殖，以保证核心样品的合适群体。对于无性繁殖或顽拗型种子作物，核心样品可以保存在不同的种质圃或试管苗库。

二、核心种质的管理

在建立了核心样品后，必须对所选出的核心样品进行合理地管理，因为其保存情况关系到种质资源的考察与收集、评价与鉴定、交换与利用等种质资源工作各阶段的活动。而将这些活动连贯在一起的，是种质信息。种质信息管理是种质资源工作中一项非常重要的工作。

目前，世界上不少国家和国际农业研究机构都相继建立了种质信息计算机管理系统。尽管不同的种质信息管理系统在规模、组成和功能方面存在差异，但它们所起的作用大体相同。

第六节　种质资源信息系统

种质资源的信息管理工作，包括种质资源收集、鉴定、保存、登记、利用、国际交流等动态信息，为有关部门提供信息服务，保护国家种质资源信息安全，有义务向国家农作物种质资源委员会办公室提供相关信息，保障种质资源信息共享。

在我国，中国作物种质资源信息系统（CGRIS，http：//icgr.caas.net.cn）于 1988 年初步建成并开始对外服务，目前拥有 180 种作物（隶属 78 个科、256 个属、810 个种或亚种）、39 万份种质信息、2400 万个数据项值，是世界上最大的植物遗传资源信息系统之一，包括国家种质库管理和动态监测、青海国家复份库管理、32 个国家多年生和野生近缘植物种质圃管理、中期库管理和种子繁种分发、农作物种质基本情况和特性评价鉴定、优异资源综合评价、国内外种质交换、品种区试和审定、指纹图谱管理等 9 个子系统，700 多个数据库，130 万条记录。CGRIS 的建立，为全面了解作物种质的特性，拓宽优异资源和遗传的使用范围，培育丰产、优质、抗病虫、抗不良环境新品种提供了新的手段，为作物遗传多样性的保护和持续利用提供了重要依据。

尽管我国作物种质资源保存取得迅速发展，但应该看到，与国外相比仍存在不少差距，应在以下五方面采取相应的对策：

第一，妥善解决种质圃的运转经费，稳定种质保存队伍。种质资源的收集保存是一项造福子孙后代的千秋伟业，收集入圃的资源是我国宝贵的物质财富，可以说是维持下世纪我国农业可持续发展的战略资源。但是，据了解目前绝大多数种质圃都没有固定的专项运转经费，即使有运转经费也是微乎其微。因此，建议遵循国家级的种质圃由中央财政负责，地方中期库由地方财政负责的原则，妥善解决种质圃的运转经费。

第二，有计划地建立起我国种质资源保存和利用体系。种质保存不是最终的目的，重要是如何充分利用这些保存的种质资源，为生产服务。因此，一方面有必要建立种质资源权威机构来协调组织全国植物遗传资源的保存工作，减少保存设施方面不必要的重复建设。另一方面，应效仿美国、印度等国，在全国范围内按不同气候生态类型区域建立几个品种资源综合工作站，负责一些作物种质资源的中期保存和分发中心，又负责新引进、新搜集种质的评价鉴定、繁种优异及贮存材料的更新，并在这些保存设施和工作站基础上建设我国种质保存和利用运行体系，从而使各种各样优异资源得到充分利用。

第三，加强种质资源立法和政策研究。尽管我国对种质资源交换已制定一些政策，但有必要加强种质资源立法和政策的制定，既能使种质资源得到充分利用，又能保证具有战略性资源不流失国外。

第四，种质安全保存技术和方法的研究。种质资源入库的保存只能说暂时避免人为或自然灾害破坏而在异地得到保护。但是，种质在种质库的保存过程中，种子生活力仍会下降，并会诱导遗传变化。因此，加强生活力和遗传变化的监测技术以及种质更新标准和繁种方法等方面研究，才能确保种质资源的长期安全保存。

第五，加快建设种质信息网络建设。应建立全国性的种质信息网络系统，扩大种质资源信息的利用范围，提高种质信息的利用效率。与此同时，也应加强种质信息应用技术的研究，如数据采集技术、图像自动识别技术、数据分析模型和方法及网络技术，以促进种质资源的充分利用。我们有理由相信，在信息时代里作物种质资源信息系统必将大大发展。作物种质资源与生物技术和生物信息学相结合必将产生无穷的威力，为人类生存创造更美好的未来。

本章小结

种质资源的保存可以按保存的地理位置分为原生境保存和异地保存。种质资源异地保存的主要方式是低温种子库，这是种质资源保存中的重要力量。为保证作为种质资源保存的种子质量，在进入种质库之前要经过一系列严格的筛选过程和处理程序，对于保存于种质库中的种子，需要进行及时和有效的生活力监测，以保证种质资源的安全保存。通过种质资源的考察与收集、评价与鉴定、交换与利用等工作，对所选出的核心样品进行合理的管理，形成种质信息。在此基础上做好种质资源的信息管理工作为有关部门提供信息服务，保护国家种质资源信息安全。

复习思考题

1. 种子贮藏寿命的计算及其影响因素。
2. 正常型种子和顽拗型种子的区别以及保存过程中的注意事项。
3. 简述植物园和种质圃的异同点。
4. 何种植物适合采用建立 DNA 库进行保存？
5. 什么是核心样品？如何进行核心种质的管理？
6. 结合实际，谈谈种质资源信息系统在种质资源保存中的意义。

推荐书目

［1］ 曹家树，秦岭. 园林植物种质资源学. 北京：中国农业出版社，2005.
［2］ 韩振海. 园艺作物种质资源学. 北京：中国农业大学出版社，2009.
［3］ 刘旭. 中国生物种质资源科学报告. 北京：科学出版社，2003.

第十章　地带性植被与热带观赏植物资源

地球的热带地区（the tropics），是指天文学上的低纬度地带，即南北回归线之间的纬度带，由赤道带（0°~5°纬度之间）和热带（5°~23.5°纬度之间）两带组成，包括热带界、东洋界、大洋洲界和新热带界。此外，有学者将各月平均温度在20℃以上者称为热带核心区，全年月均温20℃以上达8~11个月者称为热带边缘区。

世界热带雨林以赤道为中心呈带状分布，并向南、北各延伸23.5°至南、北回归线，被赤道分割为面积不相等的两部分，北半球较南半球略多些。由于山脉、高原、海洋的存在，有制约作用的气候因子便成不规则分布，使得热带雨林的分布带在几个地方被隔断了，因此也导致了热带雨林在南北界限上并没有和纬度极限完全吻合。有些地方未达到地理上的热带（23.5°），而另一些地方超出了热带界线。例如，中国西藏喜马拉雅山南侧河谷地带，由于有印度洋暖湿气流沿河谷北上，北面的干冷气团被喜马拉雅山阻隔，因而在北纬28~29°还有热带林的分布（图10-1）。

热带地区全年高温，昼夜长短的季节变化不大；"四时皆夏，一雨即秋"。除海洋外，热带地区陆地总面积约占地球陆地总面积的1/3，主要包括：①亚洲：南亚和东南亚地区（中国的海南、两广、云南、台湾等地、印度尼西亚、印度等），阿拉伯半岛南部；②非洲：除南非和北部非洲之外的大部分地区（布隆迪、卢旺达、刚果民主共和国、乌干达、几内亚、埃塞俄比亚等

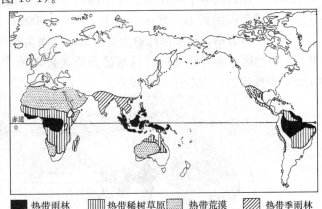

图10-1　世界热带森林分布示意图

地）；③大洋洲：澳大利亚北半部，巴布亚新几内亚及一些太平洋岛国如斐济等；④北美洲：墨西哥南部和中北美洲及加勒比地区；⑤南美洲：本洲的中部和北部地区，如巴西、哥伦比亚等地。

我国地域辽阔，热带区域地处全球热带北缘，纬度在23.5°回归线以南地区。美国国家大气研究中心公布的数据表明，热带地区正入侵北回归线以北地区。由此将导致我国湖南省南部一些地区从目前的亚热带变为热带地区。这样，我国的热带花卉资源将进一步扩大。我国热带地区主要包括云南西双版纳、思茅地区，台湾南部兰屿岛、恒春半岛和海南全岛，蕴藏着丰富的观赏植物资源。

第一节　热带地区植被类型

一个国家或地区植被和生物资源的形成和特点是在一定的自然地理条件，特别是自然历史条件的综合作用下，植物界本身发展演化的结果。特别是水热条件的剧烈变化，高山或高原的大规模隆起，一定区域生态环境的分布、迁移、兴亡，以至新物种的形成与演化等。

一、热带地区的气候

热带地区一年四季的气候都适合植物生长。热带地区的主要气候类型有热带雨林气候（也称赤道多雨气候）、热带草原气候（也称热带干湿季气候）、热带荒漠气候（也称热带干旱与半干旱气候）、热带季风气候和热带海洋性气候（图10-2）。全球绝大部分热带地区1月平均气温都在20～30℃，但澳大利亚北部大部分地区气温高达30℃以上，有的地方甚至高达53.1℃。非洲、亚洲及北美洲回归线地区1月平均气温为10～20℃。全球大部分热带地区7月平均年气温为20～30℃，但非洲北回归线地区、亚洲阿拉伯半岛，气温多在30℃以上。而澳大利亚回归线地区则为10～20℃。

全球热带地区的年平均降水多在1000mm以上。亚马逊地区、加勒比地区、西非沿海地区、热带亚洲的大部分地区，则为2000～3000mm；西非沿海地区、印度半岛西海岸、印支半岛西海岸、印度尼西亚大部分岛屿、南美洲的西北部降水量高达5000mm。但非洲回归线地区、澳大利亚回归线地区及南美洲西海岸回归线地区，年降水量仅为0～100mm，少量地区在100～500mm。

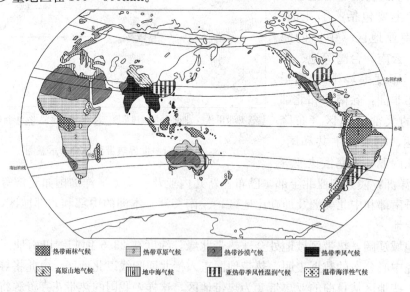

图10-2　世界热带地区气候类型

二、热带植被

热带植被类型的划分体系较多，一般分为热带雨林、热带常绿阔叶林、旱季落叶阔叶疏林、热带常绿针叶林、热带稀树灌木草原、常绿灌木和有刺肉质植物荒漠、草甸和沼泽等7个类型：

（1）热带雨林

主要分布在西非、东南亚和澳大利亚北部沿海地区、拉丁美洲热带地区，号称"世界三大热带雨林"。热带雨林又可细分为常绿阔叶季雨林、常绿针阔叶混交季雨林、山地云雾林（高山矮林）、赤道沼泽林、海岸红树林等亚型：a. 热带常绿针阔叶混交季雨林，主要分布在西非赤道两侧常绿阔叶雨林的外侧地带、印度次大陆及印度支那一些地区、中国热带地区、澳大利亚北部热带地区、加勒比地区、南美洲东南部热带地区；b. 赤道沼泽林，主要分布在亚马逊河干流和主要支流地区、印度尼西亚雨林深处以及中部非洲赤道地区；c. 山地雨林主要分布在东南亚；d. 海岸红树林，主要分布在西非沿海、孟加拉湾北部及东部沿岸、南美洲东北沿海地区，中国热带泥质海岸也有少量分布。

（2）热带常绿阔叶林

主要是热带山地常绿阔叶林，主要分布在南美洲中南部地区。

（3）旱季落叶阔叶疏林

主要分布在非洲东部的赤道以北地区，及赤道以南的非洲中部地区（这里面积相当大）；印度半岛大部分地区、印度支那南部大部分地区，澳大利亚北部地区，以及南美洲回归线以北的中部地区。

（4）热带常绿针叶林

主要出现在北美洲的墨西哥，东非亦有少量分布。

（5）热带稀树灌木草原

主要包括热带典型稀树草原和热带荒漠化稀树草原，其中：a. 热带典型稀树草原大面积地分布在非洲赤道以北热带雨林的北部地区、东非赤道以南地区、澳大利亚中西部广大地带、南美洲巴西东部地区，亚洲的印度半岛德干高原和缅甸中北部高原也有一些分布；b. 热带荒漠化稀树草原则主要分布在非洲热带典型稀树草原外围地带、非洲南回归线中部以北地区，其他大洲的热带地区极少出现。

（6）常绿灌木和有刺肉质植物荒漠

主要包括热带灌木草类荒漠、热带禾草灌木荒漠、热带肉质植物灌木草类荒漠及热带灌木草类沙漠，其中：a. 热带灌木草类荒漠主要分布在北非回归线中部以南地区、澳大利亚回归线中部以北地区；b. 热带禾草灌木荒漠主要分布在东非赤道以北沿海地带及阿拉伯半岛回归线以南地区；c. 热带肉质植物灌草类荒漠主要分布在南部非洲西海岸回归线以北地区、北美洲墨西哥高原中部的南北狭长带，及南美洲西海岸狭长地带；d. 热带灌木草类沙漠主要星状散布在北部非洲广大地区。

（7）热带草甸和沼泽

主要散布在非洲赤道以北，基本位于热带典型稀树草原分布区内。南美洲的回归线以北中部巴拉圭河流域潘帕斯大草原的北端也有很大一块。

三、热带森林

由于山脉和高原的存在，有制约作用的气候因子呈不规则分布，热带雨林的分布带在几个地方被隔断了，其实热带森林南北界限并不是和回归线完全吻合。有些地方未达到回归线，有些地方却超过了回归线。根据联合国粮农组织（FAO）估计，全球森林约有 34.54 亿 hm²，覆盖着大约 25％的陆地。其中 60％为热带雨林，40％为疏林（疏林指林木覆盖 10％～40％的土地）。

（1）亚洲热带森林

热带亚洲有 3.26 亿 hm² 森林，占该区陆地面积的 34.5％，另外还有 0.36 亿 hm² 的灌木林和 0.78 亿 hm² 的稀树草原，总计 4.4 亿 hm²，占该区陆地面积的 46.5％。亚洲热带林分为 5 种类型：阔叶雨林、红树林、针叶林、竹林和疏林（主要分布于印度半岛）。

亚太地区的热带森林中的物种资源非常丰富，仅次于世界上热带雨林面积最大的拉丁美洲。印度尼西亚现有热带雨林面积 114.840 万 hm²，热带季雨林面积 3.074 万 hm²，是亚太地区热带森林面积最大的国家和世界上热带森林面积第三大的国家，拥有亚太地区将近半数的热带雨林，也是亚太地区生物资源最丰富的国家及世界上生物资源最丰富的国家之一。

（2）非洲热带森林

非洲热带分布着 6.85 亿 hm² 森林，占该地区陆地的 36％，另有 4.43 亿 hm² 灌木林及 1.78 亿 hm² 稀树草原，总计 13.06 亿 hm²，占非洲热带陆地面积的 60％。共分 5 个森林类型：低地雨林、红树林、山地针叶林、竹林和阔叶疏林。

非洲热带森林的物种多样性在世界三大热带雨林区是最低的。与亚洲相比，非洲原有的热带森林面积和亚洲相当，但保存下来的较少。非洲保存了超过原有森林面积一半以上的国家多集中在赤道地区热带雨林分布的中心地区，其中加蓬保存的比例最大，接近九成。刚果（金）现有热带森林面积 119.074 万 hm²，是非洲地区热带森林面积最大的国家和世界上热带森林面积第二大的国家，拥有非洲地区超过半数的热带雨林；也是非洲地区生物资源最丰富的国家，拥有世界上面积最大的热带雨林保护区，面积 3.2 万 km² 的萨隆加国家公园和非洲生物多样性最高的维隆加国家公园。

（3）拉丁美洲热带森林

拉丁美洲 3/4 的陆地属于热带范围之内，在世界各大洲中，它的气候条件最优越。从气温来看，大部分地区年平均气温 20℃以上，对比其他州，具有暖热的特点，它既没有亚洲那样寒冷，也不像非洲那样炎热。全洲年降水量平均多达 1342mm，相当于大洋洲的 3.2 倍，是世界上最湿润的洲。气候类型主要是热带雨林和热带草原气候。热带雨林气候主要分布在亚马逊平原，热带草原主要分布在巴西高原。

拉丁美洲约有 8.68 亿 hm² 热带森林，占该区陆地面积的 51.7％，此外，还有 1.43 亿 hm² 灌木和 1.79 亿 hm² 稀树草原，总计有 11.9 亿 hm² 有林木的植被，占该区陆地面积的 71％。其森林植被有 4 个类型：阔叶雨林 6.29 亿 hm²；针叶林 0.23 亿 hm²；红树林 0.05 亿 hm²；疏林 2.19 亿 hm²。

（4）大洋洲热带森林

大洋洲约有 8509 万 hm² 的热带森林，主要分布在澳大利亚北部、巴布亚新几内亚、所罗门群岛等地，占该区陆地面积的 9.5％，约占世界热带林面积的 4.5％，并约有 7000 万 hm² 的疏林。主要植被类型有：a. 低地雨林，主要树种有桉树、斐济贝壳杉、大叶檀木、胡桐属、蒲桃属、印尼漆树属、相思等；b. 高山雨林，主要树种有桉树、龙脑香、榄仁属、罗汉松属、栎类、山毛榉、五果、澳洲柏木等；c. 疏林，主要树种有桉树、相思、木麻黄等；d. 红树林，主要树种有十雄角果木、澳洲角木、红茄冬、槽叶木榄、澳洲白骨壤、澳洲正红树、澳洲木榄等。

（5）中国热带森林

中国现有热带雨林的面积为 0.715 万 hm²，热带季雨林面积为 1.705 万 hm²，是亚洲物资源最丰富的国家之一，全国植物约 3 万种，其中森林植物约 1.5 万种。中国的热带森林地处热带北缘，属于干湿交替型的热带向干热带过渡地带，按区域划分大体可分为 2 个地带：a. 东部过渡性热带季雨林、雨林区，包括两广南部和台湾省中北部；b. 西部过渡性热带林、热带季雨林、雨林区，包括云南省西双版纳地区、海南省全境在内的地区。

中国热带地区森林类型极为复杂。大陆部分包括一部分华南沿海地带和云南南部、云南东南部，北与辽阔的亚热带林区相接壤，并且通过南北向的山岭与北方温带林区和西南高山林区有一定联系；南部则与东南亚以及南亚有直接间接相互渗透。台湾岛北部与日本列岛有联系，东与太平洋岛屿相通；海南岛及南海诸岛处于南太平洋地域之内，本区树种十分丰富多样。

主要森林类型是热带季雨林，既具有干湿季的交替特色，而且旱季又是比较低温的季节，主要树种具有革质叶和较耐干旱的形态特征。山地丘陵常绿阔叶林的主要树种有壳斗科、樟科、金缕梅科、木兰科、山茶科、楝科、无患子科、梧桐科、桑科、藤黄科等。海南岛和台湾岛有较高的山体，热带山地的森林植被垂直分布大体相似。台湾北纬 20°45′ 以南一些海拔 500 m 以下的河谷是典型的热带雨林，但由于冬季干燥风的影响，仍带有一些季雨林特征的树种渗入。

中国热带森林 2 级区可划分为：广东沿海平原丘陵山地季风常绿阔叶林及马尾松林区，粤西桂南丘陵山地季风常绿阔叶林及马尾松林区，滇南及滇西南丘陵盆地热带季雨林雨林区，海南（包括南海诸岛）平原山地热带季雨林雨林区，台湾南部热带季雨林雨林区。

第二节　我国热带地区的植被类型与观赏植物资源

一、云南西双版纳的热带植被与观赏植物资源

云南热带地区在古生代（5.7 亿年前）以前属于康滇隆块的组成部分，为古代生物的生息繁衍场所。随着喜马拉雅造山运动，古地中海的消失，经历了"沧海桑田"的特殊地质历史变迁。古老的地质历史，特殊的地理位置，南北向的地形地貌和复杂的自然环境，造就了云南西双版纳热带丰富的生物资源。

西双版纳的植物区系属于古热带植物区系，并与东南亚热带植物区系有极密切的关系。热带性显著，如具有丰富的龙脑香科（Dipterocarpaceae）、四数木科（Tetrameleaceae）、肉豆蔻科（Myristicaeae）、藤黄科（Guttiferae）、棕榈科（Palmae）、山榄科（Sapotaceae）等植物。由于西双版纳具有热带北缘的性质，植物区系中含有许多南亚热带的成分，如山毛榉科、樟科、山茶科等。根据热带植物的原生性和生态适应性，云南西双版纳热带植被主要为热带季节性雨林（Tropical seasonal rain forest）和热带季雨林（Tropical monsoon forest）两大类型。

1. 热带季节性雨林

这是一类具有热带低地雨林（lowland rain forest）特征的热带植被。它们一般分布在800～900m以下的山涧沟谷、盆地阶地、浅丘及石灰岩的山地上。有些地方由于水湿条件较好，也可分布至1100m的小溪的两侧。这类热带植被在气候的影响下具有明显的季节性变化，在上层树种中混有少数的落叶树种，因而可以认为它是东南亚热带雨林延伸到本区的一个地理变型。按照它们在本区分布的地形、水湿条件、群落的结构及成分，又可划分为：

（1）湿性季节性雨林（Wet tropical seasonal rain forest）。主要分布在湿润的沟谷两侧的下部，盆地附近的阶地。林下阴湿，群落高度一般在30～40m，最高可达70m。植物成分最复杂，在2500m²的样方中一般有高等植物120种左右，上层中有少量的落叶树种，优势群落有望天树（*Parashorea chinensis*）、版纳青梅（*Vatica xishuangbannaensis*）、千果榄仁（*Terminalia myriocarpa*）、绒毛番龙眼（*Pomentia tomentosa*）、常绿刺桐（*Erythrina lithosperma*）、老挝天料木（*Homalium laoticum*）等。

（2）干性季节性雨林（Dry tropical seasonal rain forest）。主要分布在低海拔丘陵、山地的下部及河谷盆地两侧的阶地。这类植被立地的水湿条件比前者较次。旱季时林内较干燥，群落的高度一般在25～30m。植物成分比较复杂，在2500m²的样方中一般有高等植物110种左右，上层中有少量的落叶树种。在本区中，这类植被很难找到单优势的植物群落类型，通常是以见血封喉（*Antiaris toxicaria*）、麻楝（*Chukrasia tabularis*）、白颜树（*Gironniera subaequalia*）、常绿臭椿（*Ailanthus fordii*）、盆架树（*Winchia calophylla*）等，为多优势的各种群落类型。

（3）石灰岩季节性雨林（Limestone tropical seasonal rain forest）。主要分布在勐腊县境内的二叠纪的石灰岩山上，在海拔800～900m以下的地方。上有森林，下有"石林"。林内溶岩裸露，土层很薄，有时仅见于岩石间及石缝中，土壤过度排水，林内干燥，因而不仅上层中有一定成分的落叶树种，而且中下层也有一些落叶树的成分。由于较干燥，加上林内石灰岩林立，植物成分的复杂性不如湿性及干性季节雨林，在2500m²的样方中，高等植物一般100种以下。这类植被常有以四数木（*Tetrameles nudiflora*）、油朴（*Celtis wightii*）、嘉榄（*Garuga floribunda* var. *gamblei*）、闭花木（*Cleistanthus sumatranus*）、半枫荷（*Pteraspermum lanceaefolium*）为多优势的各种群落类型。

2. 热带季雨林

热带季雨林主要分布在宽阔的河谷、台地，这些地方水湿条件比较差。有些因地势平缓，多被开垦为农田，很难找到大片完整的森林。这些地方在冬季半年受干暖季风的影响较大，植被以落叶树种为主，生长呈明显的季节性变化。由于立地条件及代表树种不同，又可划分为：

（1）河谷季雨林（Valley tropical monsoon forest）。这一类型分布在宽广的河谷地带，由于土壤缺乏流水灌溉而尚未被开垦成农田的地方尚零星地存在着此类季雨林。上层树种几乎由落叶树种组成，如木棉（*Bombax malabarica*）、毛紫薇（*Lagerstroemia tomentosa*）、劲直刺桐（*Erythrina stricta*）、重阳木（*Bischofia javanica*）、酸枣（*Spondias pinnata*）等。

（2）河岸季雨林（Bank tropical monsoon forest）。这一类型分布在河岸两侧的狭长地带，这一带在若干年中常被河水短期淹没，是河谷季雨林与河滩灌木林的过渡地带。此类季雨林常以东京枫杨（*Pterocarya tonkinensis*）为主，也有木棉、八角枫（*Alangium chinensis*）、黄果朴（*Celtis bodinieri*）及大叶合欢（*Albizzia meyeri*）等落叶树种。

（3）河滩灌木林（Beach tropical shrub forest）。这一类型分布在河岸季雨林的下部，近河边的砂质河漫滩及砂石滩上。这些地方雨季时几乎全部被水淹没，干季时才露出水面。这是在周期性的淹水条件下所形成的特殊的植被类型。其主要成分都是耐水淹没和冲刷的灌木，多年生草本植物，如水杨柳（*Homonoia riparia*）、甜根草（*Saccharum spontaneum*）、水竹蒲桃（*Syzygium fluviatile*）等。

二、台湾的热带植被与观赏植物资源

台湾位于欧亚大陆东南缘的海洋中，地处热带北部和亚热带南部；是中国最大的岛屿，也是受季风气候强烈影响的地区之一。热量丰富，雨量充沛，干湿季明显，具有非常丰富的岛屿和山区植物资源多样性。种子植物约有 186 科，1201 属，3656 种，包括热带属 742 属，温带属 346 属，其中绝大部分都可用于观赏。

台湾南都的恒春半岛位于地球热带的北界，植被带生境非常复杂，类型多样。特殊的生境条件，构成特有的植被类型，包括：①东半部分布有榕属和重阳木等落叶树为主的平地季雨林；②西半部分布有山地季风常绿阔叶林；③以棋盘脚树（*Berringtonia asiatica*）和莲叶桐（*Hernandia Ovigera*）为优势的热带海岸林；④高位珊瑚礁群落；⑤珊瑚礁海岸群落。这些群落体现了恒春半岛的植被群落的热带属性。丰富的热带花卉资源给台湾带来机遇和强大的动力，目前观赏植物达 4000 多种，是亚洲著名的天然植物园。适宜的自然地理条件为台湾花卉产业发展奠定了良好的基础。20 世纪 80 年代以来，台湾大量培植各种用于观光、制作菜肴、配制饮料和精深加工等不同用途的花卉和种苗，取得了巨大的成功。花卉业的发展不仅带动出口增长，同时促进了岛内观光、休闲农业的发展。

三、海南岛的热带植被与观赏植物资源

海南岛是我国唯一的低纬度热带岛屿，具有典型的热带季风气候特征。地貌类型多样，地形中高周低、呈环状结构。全岛气候东湿西干，南暖北凉；中部有五指山相隔，形成大环境中的地域性和生境的多样化。全省平均气温 23～25℃，最冷月平均气温 17～20℃，大于 10℃积温 8200～9200℃，年日照时数 1750～2750h。光温资源特别丰富，是"天然大温室"。雨量充沛，年降水量 964～2400mm。

海南岛植物资源丰富，素有"热带植物宝库"之称。拥有热带植物 4500 余种，花卉种质资源近 1000 种，其中野生种约 500 种。乔木花卉如美丽梧桐（*Firmiana pulcherrima*）、毛萼紫薇（*Lagerstroemia balansae*）、南亚杜鹃（*Rhododendron klossii*）、木荷（*Schima superba*）、银珠（*Peltophorum tonkinense*）、刺桐、长叶木兰（*Magnolia paenetalauma*）、槟榔、鱼尾葵等，灌木花卉如海南杜鹃、映山红、虎舌红（*Ardisa mamillata*）、钝叶紫金牛（*A. obtusa*）、华南苏铁（*Cycas rumphii*）等，藤本花卉如羊蹄藤、海南鹿角藤（*Chonemorpha splendens*）、鱼黄草（*Merremiahederacea*）、大花翼萼藤（*Porana spectabilis* var. *megalantha*）等，草本花卉如铜锤玉带草（*Pratia nummularia*）、狭叶钩粉草（*Pseuderanthemum couderci*）、扭序花（*Clinacanthus nutans*）、钟花草

（*Codonacanthus pauciflorus*）等。

海南岛热带植被类型大致可分为以下六种类型：

（1）高山矮林。分布在海拔 1000m 以上，但随各主要山岭海拔不同而有差异，如五指山的山顶矮林分布于海拔 1500m 以上，尖峰岭则在 1000m 以上。在海拔较高的山顶地段，由于风力强劲，土壤瘠薄，不利于林木生长，在这种特殊的环境下形成高山矮林，植物区系成分和森林结构简单，乔木仅一层，多矮小，分枝多，弯曲而密集，叶片革质较厚，且多被毛，并具旱生结构，为小型叶或中型叶。在海拔较高处，由于空气湿度较大，地表、树干和树枝上常有许多苔藓植物，因此山顶矮林又称为苔藓林、高山云雾林。

（2）山地常绿针、阔叶混交林。分布在琼中山地的上部，海拔 1000～1500m，树种复杂，密度很大。面积不大，除了常绿阔叶树种以壳斗科、樟科、山茶科和金缕梅科等为优势，针叶树有陆均松、海南油杉和海南五针松等。

（3）山地雨林。主要分布于中山区低海拔的山坡上，垂直分布带的下限约为海拔 500m 左右，上限约为 1000～1100m。海南山地雨林是一个混合的、没有分化的原始森林，是海南岛热带森林植被中面积最大、分布集中的垂直自然地带性的植被类型。林层结构与低山雨林相似，特点是没有茎花植物、层间植物较少以及缺少坡垒（*Hopeahainanensis*）等龙脑香科植物。主要分布在吊罗山、五指山、尖峰岭、黎母岭和霸王岭等林区的山地。

（4）低地雨林。雨林外貌高大、茂密而终年常绿，是热带低海拔地区的典型植被类型。分布海拔一般在 500m 以下，林内阴暗潮湿。层间植物丰富，林层结构达 6 层之多；林内茎花植物多，如大果榕（*Ficus auriculata*）；有热带指示植物龙脑香科植物，伴有野荔枝（*Litchi chinensis*）和母生（*Homalium hainanense*）等。

（5）季雨林。为低山雨林和山地雨林过渡带，海拔 600～800m。海南的热带季雨林包括：①常绿季雨林如东方峨贤岭地区；②落叶季雨林如海南岛西部霸王岭国家级自然保护区。根据地貌类型，可分河溪两侧的河滩林和山涧谷地的沟谷雨林。

（6）滨海台地，石灰岩、火山岩地区。火山岩地区的植被为禾本科杂草和灌丛，这一地区的附生兰如美花兰、白点兰等多附生于火山石的缝隙中，靠石缝中堆积的腐殖土提供养分维持生命。东方峨贤岭为我国分布最南端的喀斯特地貌地区，保亭毛感乡仙安石林为新发现的针状石林。

第三节　常见热带草本观赏植物

一、凤仙花（*Impatiens balsamina*）

凤仙花是对凤仙花科 Balsaminaceae 的总称，其花色丰富，花期集中春夏，南方地区栽培得当，可长期开花。开花时花型奇特，如飞凤展翅，绿叶红花互相陪衬，分外动人。其中平顶凤仙类因花开枝顶，花型又多重瓣如牡丹山茶，十分艳丽，观赏价值尤高。

1. 形态特征与生态习性

（1）形态特征

一年生草本。茎多汁，近光滑，呈淡绿、紫红至黑褐等色（常与花色相关）。叶互生，披针形。花单朵或数朵簇生于上部叶腋，或呈总状花序状。蒴果尖卵形，外被绒毛，熟时爆裂，将种子弹出。种子丸状小球形，棕褐色。花期 6～9 月上旬，果熟期 7～9 月。染色体数 $2n=2x=14$。

（2）生态习性

原产于温暖地区。喜温暖湿润气候，不耐寒，冬季枯死。畏高湿环境，不耐积水，亦不太耐旱。喜强光，遮阴则植株高大，节间变长，开花减少。高温高湿易患白粉病，需注意通风。

2. 地理分布

凤仙花属约有 900 多种，分布于旧大陆热带和亚热带及非洲，少数分布于欧洲，亚洲温带和北美。我国约有 200 多种，占世界总数的 1/4，集中分布于西南和西北山区，尤其云南、贵州、四川、西藏分布最多。凤仙花分布的特异性很强，除少数广布种如凤仙、华凤仙 *I. chinensis* 等外，大多数种为狭窄区域的特有种，如四川峨眉山产 14 种凤仙花科植物，12 种为特有种。

3. 栽培起源及简史

我国记载凤仙花栽培与应用的历史，可追溯至唐代（618～907 年），如吴仁璧《凤仙花》诗云"香红嫩绿正开时，冷蝶饥蜂两不知。此际最宜何处看？朝阳初上碧梧枝"（《广群芳谱》），记载为红色品种。至宋代（960～1279 年）花色品种增多，如杨万里《金凤花》诗云"雪色白边袍色紫，更饶深浅四般红"。明代（1368～1644 年）品种续增，《本草纲目》提及凤仙有花色多种，并说"其花头翅尾足、俱翘然如凤状，故以名之"。《华夷花木鸟兽珍玩考》谓凤仙有红、白、紫、蓝四色。《三才图会》称凤仙有五色、双台、洒金者，或一本开二色花；高濂《草花谱》提及凤仙有单瓣、重瓣之分，花则有六色，即红、白、粉红、紫色、浅紫如蓝、白瓣上生红点凝血（俗名洒金）。清朝赵学敏 1790 年著《凤仙谱》，记载了当时名品 242 个，是我国也是世界上第一部凤仙花专著。凤仙花约 1596 年向西传入欧洲，1694 年前向东传入日本，现已在全球很多国家栽培应用。

4. 主要品种与变种

从凤仙品种的记载来看，凤仙花的花色演化应该是从红色至白、紫、蓝等多色，而洒金则出现较晚。瓣形上的演化，应该是从单瓣演化至重瓣，重瓣的演化则是从蔷薇型至茶花型至平顶型。枝姿方面，应以直立类较为原始，平展类次之，拱曲类、虬枝类出现较晚。将凤仙品种依树姿、株高和花的重瓣性作如下分类：

（1）枝姿。分为拱曲类、平展类、直立类和虬枝类。

（2）株高。分为超矮群（Extra Dwarf Tom Thumb），高 20cm；矮生群 Nana，高 25～35cm；中高群（Medium-High），高 35～65cm；高大群（Tall），高 70～80cm 及以上。

（3）花型及重瓣性

三级标准，包括：单瓣型（Single）——最原始、较小，开单瓣花；蔷薇型（Rose Double）——较进化、花较大，复瓣至普通重瓣；茶花型（Camellia Double）——更进化、花特大，高度重瓣，瓣层叠如'文瓣'山茶之状，叶腋开花，观赏价值高，一般花期较迟，难结实；平顶型（Rat-Topped）——通称'平顶凤仙'，最进化，花大型，极重瓣，似茶花，开于全株主茎及分茎之顶端，致花朵密排于株丛表面，而腋花则呈蔷薇重瓣状。

5. 同属主要种类

（1）温室凤仙（*I. walleriana*）

玻璃翠，原苏丹凤仙 *I. sultanii* 与何氏凤仙 *I. holstii* 合并。多年生草本，株高 20～60cm。茎多汁，光滑，节间膨大，多分枝，在株端呈水平开展状。叶有长柄，叶片卵形，边缘钝锯齿状。花腋生，1～3 朵，花形扁平，径 4～4.5cm，四季开花不绝。染色体数 2n＝2x＝16。原产非洲。性喜温暖湿润。花多色丽，连续开放，是优美的盆花，也常用于花坛、路边或院内。长江及以北行温室栽培，南方可露地栽种。有花叶、重瓣、矮生品种。

（2）华凤仙（*I. chinensis*）

一年生草本，高 30～60cm。茎下部伏地，生根，上部直立，节上有 2 至多枚托叶状的刺毛。叶对生，线形或线状长圆形至倒卵形，叶柄极短或无柄。花粉红色或白色，腋生，单生或数个聚生，径约 1～2cm；花梗长，外面的萼片延伸成细尾状，并内弯成钩形。蒴果椭圆形，中部膨大。花期夏季。生于潮湿地或水边、田边。分布于广东、广西、浙江、江西、福建、云南等地。

（3）大叶凤仙花（*I. apalophylla*）

多年生草本，高 30～60cm。根茎长，茎粗壮，直立，不分枝。叶大互生，长圆状卵形或长圆状倒披针形，长 10～22cm，宽 4～8cm。总花梗顶生或生于上部叶腋，4～10 朵排成总状花序；花大，黄色，长达 5 cm。蒴果棒状，光滑。花期 8～9 月，果期 9～10月。桂、黔有野生，是凤仙中黄色大花的主要来源。

（4）海南凤仙花（*I. hainanensis*）

多年生草本，高 30～50cm，全株无毛。茎粗壮，肉质，中部以上叉状分枝或不分枝，下部节膨大、长裸露。叶互生，具柄，通常密集于茎枝上端，节间长 5～15mm。叶片薄纸质，基部宽楔形或近圆形，两侧有 2 个卵圆形无柄的腺体，两面无毛，中脉在下面明显突起。总花梗腋生，极短或近无梗，具 1～2 花；花较大，乳黄色或淡黄色，长 2.5～3mm，顶端具小尖，约有 12 条细脉，具疏紫色斑点；唇瓣短囊状，长 15～20mm，口部斜上，宽 15 毫米，先端尖，基部急收缩成 5～6mm，上弯顶端 2 裂的距；子房纺锤状，长约 5 毫米。蒴果棒状，长 2～2.2cm，上部膨大，顶端具喙。花期 6～7 月。

二、长寿花（*Kalanchoe blossfeldiana*）

长寿花，为景天科 Crassulaceae 伽蓝菜属植物，由德国人自非洲南部引入欧洲，但直到 20 世纪 30 年代才在欧洲广泛用于栽培观赏，荷兰、丹麦已产业化生产，在荷兰盆花中居第三位，在丹麦产值、产量均居第一位，是国际市场上发展最快的盆花之一。原产于非洲马达加斯加岛阳光充足的热带地区。

1. 形态特征与生态习性

（1）形态特征

多年生肉质草本，株高 10～30cm。茎直立。叶肉质，交互对生，椭圆状长圆形，深绿色有光泽，边略带红色。圆锥状聚伞花序，花色有绯红、桃红、橙红、黄、橙黄和白等；花冠长管状，基部稍膨大。花期 12 月至翌年 4 月底。

（2）生态习性

原产非洲。喜温暖稍湿润和阳光充足环境。不耐寒，生长适温为 15～25℃；夏季高温超过 30℃，则生长受阻；冬季室内温度需 12～15℃，低于 5℃，叶片发红，花期推迟。冬春开花期如室温超过 24℃，会抑制开花；如温度在 15℃左右，长寿花开花不断。耐干旱，对土壤要求不严，以肥沃的砂壤土为好。为短日照植物，对光周期反应比较敏感。生长发育好的植株，给予短日照（每天光照 8～9h）处理 3～4 周即可出现花蕾。

2. 主要类群与品种

常见品种有：卡罗琳 'Caroline'，叶小，花粉红；西莫内 'Simone'，大花种，花纯白色，9 月开花；内撒利 'Nathalie'，花橙红色；阿朱诺 'Arjuno'，花深红色；米兰达 'Miranda'，大叶种，花棕红色；块金 'Nugget' 系列，花有黄、橙、红等色；四倍体的武尔肯 'Vulcan'，冬春开花，矮生种。另外还有新加坡 'Singapore'、肯尼亚山 'MountKenya'、萨姆巴 'Sumba'、知觉 'Sensation' 和科罗纳多 'Coronado' 等流行品种。

3. 同属主要种

伽蓝菜属又称高凉菜属，有 200 种，主要分布在马达加斯加岛和热带非洲，少数在亚洲。肉质草本、亚灌木或藤本；叶轮生或交互对生，光滑或具毛，很多种的叶尖具不定芽，能发育成小植株；顶生圆锥花序或聚散花序，花瓣萼片均为 4 枚。常见的栽培种有：

（1）大叶落地生根（*K. daigremontiana*）

植株高 50～100cm。茎单生，直立，褐色。叶交互对生；叶片肉质，长三角形，长 15～20cm，宽 2～3cm 以上，具有不规则的褐紫斑纹，边缘有粗齿，缺刻处长出不定芽。复聚伞花序，顶生；花钟形，橙色。

（2）玉吊钟（*K. fedtschenkoi*）

植株高 20～30cm，最高达 1m。叶淡绿色，具有紫褐色斑点，轮生于主茎上，水平排列。叶片交互对生，肉质扁平，缘具齿，蓝或灰绿色，上有不规则的乳白、粉红或黄色斑块，新叶色彩更丰富。松散聚伞花序，小花红或橙色，状如下垂之钟。

（3）落地生根（*K. daigremontiana*）

株高 50～100cm。茎单生，直立，褐色。叶交互对生；叶片肉质，长三角形，具不规则的褐紫斑纹，边缘有粗齿，缺刻处长出不定芽。复聚伞花序，顶生；花钟形，橙色。蓇葖果，包于花萼及花冠内。种子细小，多数，有条纹。花期 3～5 月，果期 4～6 月。

（4）唐印（*K. thyrsifolia*）

多年生肉质草本植物。茎粗壮，灰白色，多分枝。叶对生，排列紧密；叶片倒卵形，长 10～15cm，宽 5～7cm，全缘，先端钝圆，淡绿或黄绿色，被有浓厚的白粉。秋末至初春的冷凉季节，在阳光充足的条件下，叶缘呈红色。小花筒形，黄色，长 1.5cm。

三、一串红（*Salvia splendens*）

一串红隶属唇形科 Labiatae 鼠尾草属。花序修长，色红鲜艳，花期长，适应性强，为城市和园林中最普遍栽培的草本花卉。一串红盆栽布置大型花坛、花境，景观效果特别好。尤其近年来的新品种，具有花序长、花多密集、花色纯正、颜色丰富、植株紧凑、叶色浓绿等特点，使其应用效果产生了质的变化。矮生品种还可以盆栽用于窗台、阳台美化和房旁、阶前点缀。

一串红在国际上栽培很普遍，特别是在欧美国家和日本，虽然未列入产值的排位，但美国、日本、意大利、法国和英国的种子公司每年销售的一串红种子十分可观。新品种不断出现，尤其是矮生的盆栽品种更新得极快，使一串红的面貌有了很大的改变。我国一串红栽培历史虽然不长，但在环境布置等方面应用最普遍，用量最多。每年盛大的节日，一串红还是主打品种。近年来，国外在鼠尾草属观赏植物的应用方面有了新的发展，红花鼠尾草（朱唇）、粉萼鼠尾草（一串蓝）等均已培育出许多新品种。我国已有引种并进行小批量生产，在景观布置方面已起到了较好的效果。

1. 形态特征与生态习性

（1）形态特征

多年生草本，常作一年栽培。茎四棱。叶对生。总状花序顶生，遍被红色柔毛。小花2～6朵，轮生；苞片红色；花萼钟状，鲜红色；当花瓣衰落后花萼宿存，花冠唇形筒状，伸出萼外。成熟种子为卵形，浅褐色。染色体 2n＝44。

（2）生态习性

性喜温暖和阳光充足的环境。畏寒，忌霜雪和高温，耐半阴，怕积水和碱性土壤。夏季高温期，需降温或适当遮阴。长期在 5℃低温下，易受冻害。要求疏松、肥沃和排水良好的沙质土壤，对用甲基溴化处理和碱性土壤反应非常敏感，土壤的酸碱度在 5.5～6.0 较适合。种子易散落，应在早霜时前采收。

2. 起源演化与地理分布

原产南美巴西，主要分布于热带和温带。19 世纪初引入欧洲，100 年前育种出的早花矮生品种，首先在法国、意大利、德国等国家栽培，1900 年左右育出的火球（Fireball），至今仍是园艺栽培中的佳品。此后，相继培育出白、淡紫、紫、深紫、粉、橙红和红白双色、红粉双色等个品种，并已有矮生紧凑型、花序长、着花多而密集、有对光周期不敏感等特点的新品种出现。

3. 主要类群与品种

按开花时间分为早、中、晚花。按植株的高矮又分为矮生型（株高 25～30cm）、中型（30～40cm）、高型（65～75cm）。园艺品种花色丰富，有鲜红、红、粉、紫、淡紫、白色等。常见的变种有：一串白（var. *alba*），花萼和花冠均为白色；一串紫（var. *atropurpurea*），花萼和花冠均为紫色；矮一串红（var. *nana*），株高 20cm，花亮红色，花朵密集在总花梗上；丛生一串红（var. *compacta*），株型矮，花序密生。

4. 同属主要种类

同属约 700 余种，我国有 78 种。本属染色体基数 x＝6、7、8、9、10、11，常见的栽培种主要有：

（1）红花鼠尾草（S. *coccinea*）

又称朱唇，一年生或多年生亚灌木。株高 60cm，全株被毛，叶卵形或三角形。花多密集，花萼筒状钟形，鲜红色；花冠紫蓝或白色。花期 7～10 月。染色体 2n＝20。

（2）一串蓝（S. *farinacea*）

又称粉萼鼠尾草，多年生做一年生栽培。原产北美南部。株高 60～90cm，多分枝。花多密集，花冠紫蓝或白色。花期 7～10 月。染色体 2n＝2x＝18。

（3）黄花鼠尾草（S. *flava*）

又称黄花丹参，分布于云南西北部、四川西南部。

（4）丹参（*S. miltiorrhiza*）

多年生草本。茎高 40～80cm。轮伞花序 6 至多花，组成顶生或腋生假总状花序；苞片披针形；花萼紫色，2 唇形；花冠蓝紫色。花期 4～6 月，果期 7～8 月。生于山坡草地、林下、溪旁。主产我国四川、河北、江苏、安徽。

四、卡特兰（*Cattleya hybrida*）

兰科 Orchidaceae 卡特兰属植物，是国际上最有名的兰花之一。原产于美洲热带，为巴西阿根廷、哥伦比亚等国的国花。花大、雍容华丽，花朵芳香馥郁，花色娇艳多变。品种在数千个以上，除黑色、蓝色外，几乎各色俱全，姿色美艳，有"兰花之王"的称号。

20 世纪中叶以来，卡特兰在亚洲的泰国、新加坡、印度尼西亚、马来西亚、菲律宾和我国台湾都有规模性的生产，而且这些地区已经成为世界卡特兰的主产区。欧洲由于卡特兰生产成本高，能源消耗大，生产周期长，生产面积逐年减少，近年来已把投资转向非洲。在美洲，卡特兰在南美、中美国家栽培日益兴旺起来，生产的卡特兰主要出口美国、加拿大。因此，国际卡特兰的销售竞争日趋激烈。

我国栽培卡特兰的时间不长，规模性生产是在 20 世纪 80 年代以后，主要在广东和云南两地，大多是合资企业生产。目前，我国栽培的卡特兰基本能够满足国内需求，并有少量出口。随着人民生活水平的提高，卡特兰的需求量会大幅度上升。

1. 形态特征与生态习性

（1）形态特征

多年生常绿草本植物，附生。假鳞茎呈纺锤形，具 1～3 片革质厚叶。花单朵或数朵，着生于假鳞茎顶端；花大，径约 10cm，具特殊香气；花萼与花瓣相似；唇瓣 3 裂，基部包围雄蕊下方，中裂片伸展而显著。一般秋季开花一次，有的能开花 2 次，一年四季都有不同品种开花。

（2）生态习性

野外多附生于大树的枝干上。性喜温暖湿润，生长时期需要较高的空气湿度。适当施肥和通风，通常用蕨根、苔藓、树皮块等盆栽。需保持较大的昼夜温差，越冬温度夜间约 15℃，白天 20～25℃。要求半阴环境，春夏秋三季应遮去 50％～60％的光线。

2. 起源演化与地理分布

原产南美巴西，可能是人类最早栽培的洋兰之一。据有关资料记载，卡特兰于 1818 年被英国人用来作为捆扎材料，从巴西带到了英国。英国园艺学家威廉卡特里（William Cattley）将这些假鳞茎栽培起来，并于 1824 年开花。植物学家林奈看到卡特兰的美丽花朵，认为这是兰科植物的新种，于是用卡特里的名字命名了该兰科新属（卡特兰属，*Cattleya*）。卡特兰属有 60 多个种。经近 200 年的栽培育种，现在的园艺品种十分繁多，已经成为一类重要的兰科观赏植物。

3. 主要类群与品种

（1）主要类群

按假鳞茎上着生的叶片数目，可分为单叶种和双叶种两大类群。①单叶类：每一假球茎上只有一片大而阔的叶片；假球茎形如倒卵状，下与匍匐走茎相连；花朵较大，通常一个花鞘开 1～3 朵花。②双叶类：每一假球茎上有 2 片或 2 片以上的叶片；假球茎多为长筒形；叶片较短小；大多开群花，花径相对较小。根据花朵颜色分为单色花和复色花两大类，也可根据花型的大小分成大、中、小、微型四大类。

（2）品种

目前盆栽或用作切花的大多为杂交种，其中有卡特兰属内种间的杂交品种，如'红蜡'；也有卡特兰属与近缘属间杂交品种，如'粉极'和'美丽'等。

不同的栽培品种，花期有较大的区别。①冬花及早春花品种：花期多在 1～3 月间，品种有'大眼睛'、'三色'、'加州小姐'、'柠檬树'、'洋港'、'红玫瑰'等。②晚春花品种：花期在 4～5 月间，品种有'红宝石'、'闺女'、'三阳'、'大哥大'、'留兰香'、'梦想成真'等。③夏花品种：花期在 6～9 月间，品种如'大帅'、'阿基芬'、'海伦布朗'、'中国美女'、'黄雀'等。④秋冬花品种：花期在 10～12 月间，品种如'金超群'、'蓝宝石'、'红巴土'、'黄钻石'、'格林'、'秋翁'、'秋光'、'明之星'、'绿处女'等。⑤周年开花品种：花期不受季节限制，如'胜利'、'金蝴蝶'、'洋娃娃'等。

4. 同属主要种

该属原生种约有 50 种，杂交种近千种。目前市场上广为流传的种类有：

（1）紫唇卡特兰（*C. amethystoglossa*）

假鳞茎柱状，长 50～75cm。叶长椭圆形，硬革质，长 15～22cm。花序有 5～10 朵花；花白色，有许多红色斑点，唇瓣紫红色。花期夏季。原产巴西。

（2）红花卡特兰（*C. aurantiaca*）

假鳞茎丛生，长达 30cm。叶 2 枚，卵形，长 15～18cm，革质。总状花序有 5～8 朵花；花深橙红色，唇瓣喉部有深红色条纹。花期秋季。广泛分布于中、南美洲热带国家。

（3）王冠卡特兰（*C. rex*）

植株高大，高约 50cm。假鳞茎柱状，长达 35cm。叶长卵形，与假鳞茎等长。花序 3～10 朵花；花大、白色，唇瓣白色有黄色花边，喉部黄色油红色脉纹，边缘强烈皱波状，花期冬季。原产秘鲁和哥伦比亚，野生于山地雨林中的大树上。

（4）莫氏卡特兰（*C. mossiae*）

假鳞茎棒状，长 12～30cm，稍扁。叶卵形，长 15～25cm。总状花序着花 3～5 朵；花茎 12～20cm，花白色或淡红色，唇瓣白色，喉部黄褐色，唇瓣边缘皱波状。花期春节。原产委内瑞拉，生于山地雨林中的树上。

（5）大花卡特兰（*C. gigas*）

植株高大，达 40cm。假鳞茎棍棒状，长达 30cm。叶革质，长卵形，可达 25cm。总状花序着花 3～7 朵；花径可达 12.5cm，花白色或淡红色，唇瓣白色有许多红色脉纹。花期冬春季。原产厄瓜多尔和秘鲁，附生于山地雨林中的树上。

（6）劳氏卡特兰（*C. lawrenceana*）

假鳞茎扁平，棍棒状，外皮具纵沟，长约 20cm。叶长椭圆形，革质，长 15～20cm。花序着花 3～7 朵；花径 12cm 左右，淡红色，唇瓣喇叭状，深紫红色。花期春季。原产委内瑞拉和圭亚那，生于海拔 1200～1400m 的山地雨林中的树上。

五、蝴蝶兰（*Phalaenopsis amabilis*）

兰科 Orchidaceae 蝴蝶兰属。单茎性附生兰，茎短，叶大，花姿婀娜，花色高雅繁多，花形似蝴蝶而得名，有"兰中皇后"之美誉，在世界各国广为栽培。蝴蝶兰属虽属气生兰，但却没有肥大的假鳞茎。有的品种在叶上有美丽的淡银色斑驳，下面为紫色。花梗由叶腋中抽出，开花数朵至数百朵，花期长达一个月以上。为著名的切花种类，也是洋兰中的高档盆花。以人工杂交的方法选育蝴蝶兰品种在 1886 年首次获得成功，当时是用蝴蝶兰与桃红蝴蝶兰杂交产生了第一代杂种中型蝴蝶兰。至今人工杂交育出的品种已数以千计，各种不同花色和花型的品种日新月异。

1. 形态特征与生态习性

（1）形态特征

茎短，常被叶鞘所包。花序侧生于茎的基部，长达 50 厘米，不分枝或有时分枝；花序轴紫绿色，常具数朵由基部向顶端逐朵开放的花；唇瓣 3 裂，基部具长约 7～9mm 的爪；侧裂片直立，倒卵形，长 2cm，具红色斑点或细条纹，在两侧裂片之间和中裂片基部相交处具 1 枚黄色肉突；中裂片似菱形，先端渐狭并且具 2 条长 8～18mm 的卷须；花粉团 2 个，近球形。花期 4～6 月。

（2）生态习性

性喜高温、高湿、通风透气的环境；不耐涝，耐半阴环境，忌烈日直射。生长适温为 18～30℃，冬季 15℃以下就会停止生长，低于 10℃容易死亡。在岭南各地如要进行批量生产，必须有防寒设施，实行保护性栽培。如果家庭小量种植，在遇冷时立即移入室内保持温度便可以安全过冬。

2. 地理分布

蝴蝶兰是在 1750 年发现的，迄今已发现七十多个原生种，大多数产于潮湿的亚洲地区，自然分布于缅甸、印度洋各岛、马来半岛、南洋群岛、菲律宾等低纬度热带海岛。我国台湾、海南和华西地区有分布，台东的武森永一带森林及绿岛所产的蝴蝶兰最著名。

3. 主要品种与变种

蝴蝶兰属花卉自 19 世纪 40 年代开始引种栽培，最初是从野外采集野生植株进行培育。由于蝴蝶兰属单轴型兰花，难以通过分株来繁殖。进入 20 世纪 80 年代，组织培养等生物技术的发展，使得蝴蝶兰工厂化生产成为可能，短期内可使大量性状一致的品种供应市场，从而使这一热带奇葩得以普及。原生种大多花小不艳，作为商品栽培的蝴蝶兰多是人工杂交选育品种。蝴蝶兰的品种根据花色可分为红色系、白色系、黄色系、粉色系等类型，根据线纹可分环纹型、线纹型、点纹型、无纹型等。

4. 同属主要种类

（1）台湾蝴蝶兰（*P. aphrodita*）

茎很短，常被叶鞘所包。叶片稍肉质，长 10～20cm，宽 3～6cm，具短而宽的鞘。花序侧生于茎的基部，长达 50cm，不分枝或有时分枝；花白色，美丽。花期长，4～6 月。

（2）版纳蝴蝶兰（*P. mannii*）

同属常见种。叶长 30cm，绿色，叶基部黄色。萼片和花瓣橘红色，带褐紫色横纹；唇瓣白色，3 裂；侧裂片直立，先端截形；中裂片近半月形，中央先端处隆起，两侧密生乳突状毛。花期 3～4 月。

（3）华西蝴蝶兰（*P. wilsonii*）

簇生。气生根发达。茎很短。叶稍肉质，先端钝并且一侧稍钩转，基部稍收狭并且扩大为抱茎的鞘。花时无叶或具 1～2 枚存留的小叶。萼片和花瓣白色带淡粉红色的中肋或全体淡粉红色。花期 4～7 月，果期 8～9 月。产我国西南部，生于海拔 800～2150m 的山地疏生林中树干上或林下阴湿的岩石上。

（4）海南蝴蝶兰（*P. hainanensis*）

茎长 1～1.5cm，被叶鞘包裹，常具 3～4 枚叶。叶在花期常凋落，有时仅存留 1 枚。花序轴长 27～30cm，疏生 8～10 朵花。花期为 7 月。海南特产，生于林下岩石上。

（5）小兰屿蝴蝶兰（*P. equestris*）

茎很短，被叶鞘所包，具 3～4 枚叶。叶稍肉质，淡绿色，先端钝或稍不等侧 2 裂，基部楔形并且扩大为抱茎的鞘。花期 4～5 月。原产于我国台湾。

（6）滇西蝴蝶兰（*P. stobariana*）

同属常见种。花茎长约 60cm，下垂；花棕褐色，有紫褐色横斑纹。花期 5～6 月。

5. 同属主要种杂交属

由于蝴蝶兰与近缘属杂交较容易，因此产生一些新属：

（1）五唇蝴蝶兰属（*Doritaenopsis*）

由五唇兰属 Doritis 和蝴蝶兰属杂交产生，在园艺上通常用缩写 Dtps. 来表示。由于五唇兰属具有紫红色的花，与蝴蝶兰属杂交后便产生了许多紫红色浑圆花瓣种。

（2）蛇舌蝴蝶兰属（*Diplonopsis*）

由蛇舌兰属 Diploprora 和蝴蝶兰属杂交产生，在园艺上通常用缩写 Dpnps. 来表示。这个杂交属具花朵质厚、花形星状和花期较长等特点。

（3）火焰蝴蝶兰属（*Renanthopsis*）

由火焰兰属 Renanthera 和蝴蝶兰属杂交产生，在园艺上通常用缩写 Rathps. 来表示。这个杂交属具有花朵多、花朵排列紧密和花期长等特点。

（4）狭唇蝴蝶兰属（*Sarconopsis*）

由狭唇兰属 Sarcochilus 和蝴蝶兰属杂交产生，在园艺上通常用缩写 Srnps. 来表示。该属的特点是蝴蝶兰属少有的紫蓝色。

（5）万代蝴蝶兰属（*Vandaenopsis*）

由万代兰属 Vanda 和蝴蝶兰属杂交产生，在园艺上通常用缩写 Vdnps. 来表示。该属的特点是花瓣质地厚实、花期较长等。

（6）蝴蝶拟万代兰属（*Phalandopsis*）

由拟万代兰属 *Vandopsis* 和蝴蝶兰属杂交产生，在园艺上通常用缩写 Phdps. 来表示。这个杂交属具有花瓣质厚、鲜红色的唇瓣以及花期较长等特点。

六、夏堇（*Torenia fournieri*）

玄参科 Scrophulariaceae 蝴蝶草属植物。其花朵小巧，花色丰富，花期长，为夏季花卉匮乏时期的优美草花。植株丰满，习性强健，适合阳台、花坛、花台、盆栽等种植，也是优良的吊盆花卉。

1. 形态特征及生态习性

（1）形态特征

一年生草本，株高约 30cm。茎四棱。叶对生，边缘有锯齿。花在茎上部顶生或腋生，花冠唇形，花萼膨大，萼筒上有 5 条棱状翼。蒴果。种子细小如尘。花期 4～9 月或 5～10 月。花后 2 月果实成熟。

（2）生态习性

性喜光照充足，耐半阴，耐热耐湿，不耐严寒，对土壤要求不严，生长强健。多春播，南方地区亦可秋播，播种后约 40 天移栽。栽培场所应光照充足，土壤疏松肥沃。生长期施用 1～2 次追肥，可使开花绵绵不绝。

2. 地理分布

原产于越南。我国南方地区广泛栽培。现代园艺栽培品种花色丰富，有白、紫红、紫蓝、粉红等多种颜色，热带地区常年开花。

3. 同属主要种类

（1）单色蝴蝶草（*T. concolor*）

一年生匍匐草本。茎具 4 棱，节上生根；分枝上升或直立。叶片三角状卵形或长卵形。花单朵腋生或顶生；花冠蓝色或蓝紫色，超出萼齿部分长 1～2cm；花冠筒状，5 裂，二唇形，稀排成伞形花序。蒴果长圆形。种子多数，具蜂窝状皱纹。花、果期 5～11 月。分布于我国浙江、台湾、广东、广西、贵州等地。

（2）二花蝴蝶草（*T. biniflora*）

一年生草本。茎匍匐或上升，全体疏被极短的硬毛。叶片卵形或狭卵形，边缘具粗齿。花序着生于叶腋中、下部，花序顶端的一朵花不发育，使花序呈二歧状；花冠黄色。蒴果长椭圆状。花果期 7～10 月。

（3）紫萼蝴蝶草（*T. violacea*）

一年生草本。茎四方形，叶片卵形，茎叶疏生硬毛。伞房花序顶生或侧生，无总花梗，有花 2～4 朵，侧生的常退化为单朵；花萼长卵形；花冠紫色或淡蓝色，有时为白色，上唇截形，下唇 3 浅裂。果实包于花萼内。花期 7～8 月。分布于我国长江以南及台湾，生于海拔 800～1200m 的山坡、路边草地上。

七、鸡冠花（*Celosia cristata*）

苋科 Amaranthaceae 青葙属植物。花色丰富，有鲜红、橙黄、亮黄等颜色；花序奇特，穗状花序似塔形或呈圆柱形状的凤尾鸡冠形、扁平鸡冠形和回环卷曲的绒球鸡冠形，是园林中最常见的盆栽和花坛花卉。盆栽点缀庭院、篱边、墙角，翠绿光润，鲜艳耀眼。群体摆放城市中心广场、公园主道花坛、商厦入口处，可烘托热烈气氛。由于花期长，花色丰富鲜艳，栽培容易，已在城市环境布置中起到重要作用。矮生种用于花坛或盆栽，高生种用于花境、点缀树丛外缘、作切花和干花等。

1. 形态特征及生态习性

（1）形态特征

一年生草本，株高 40～90cm。茎直立粗壮。穗状花序顶生及腋生，扁平鸡冠状、卷冠状或羽毛状，多分枝，分枝圆锥状、短圆形，花多数，极密生；花被片有红、黄、橙黄或红黄相间等色。种子黑色有光泽。花期夏、秋至霜降。染色体数 2n＝36。

（2）生态习性

性喜温暖、干燥和阳光充足环境。生长适温为 18～24℃，花开期适温 24～26℃。冬季温度低于 10℃，植株停止生长，逐渐枯萎死亡。耐干燥，怕水涝，尤其梅雨季节雨水多，空气湿度大，对鸡冠花的生长极为不利。对干旱也非常敏感，缺水则茎叶极易凋萎下垂，影响正常生长。若光线不足，茎叶易徒长，叶片淡绿，花朵变小。喜肥沃疏松、排水良好的沙质土壤，忌黏湿土壤。

2. 起源演化与地理分布

原产印度等亚洲热带地区，非洲、美洲和亚洲的热带和亚热带均有分布。早在 1570 年，鸡冠花首先被英国引入，随后逐步在欧洲流传开来。我国栽培鸡冠花已有上千年的历史。早在唐代（898～901 年）就有关于《鸡冠花》的诗，到宋代时已被广泛栽培。鸡冠花在我国的栽培品种，在 1950 年前都是十分单调的，茎秆高，花色暗淡，花型杂，退化严重。直到 1970 年后从日本引进羽状鸡冠和 1990 年左右从日本和美国引进矮生、头状的鸡冠花以后，我国鸡冠花的盆栽、地栽面貌才有了质的变化。目前我国鸡冠花栽培应用的类型和品种已十分丰富。

3. 主要类群与品种

主要依穗状花序形状分头状鸡冠 Cristata group 和羽状鸡冠 Plumosa group 两种类型。穗状花序鸡冠状扭曲折叠酷似鸡冠的称头状鸡冠型；穗状花序细穗呈芦花状，型似火炬，称为羽状鸡冠型。根据株高可分为适用于切花、地栽、盆花等不同的品种。其中切花品种有：

（1）头状鸡冠型

久留米（Kurume）系列：株高 70～100cm；中型花序，有红、绯红、橙、黄和红黄相间等色，是优良的切花材料。

（2）羽状鸡冠型

1）世纪（Century）系列：株高 60cm，花穗长 30cm，有黄、红、玫红和红叶红穗品种。开花早，播种后 50d 开花。株型和开花整齐一致，适用于切花和大面积花坛栽培。

2）金字塔（Pyramid）系列：又名芦花鸡冠，穗状花序，着生于主枝及侧枝顶部，有红、黄、玫红等色。高者可达 1.8m，低矮者株高仅 30cm，适用于花坛。

4. 同属主要种类

青葙属植物全世界约有 50～60 种，产于非洲、美洲和亚洲的热带和亚热带，其中有许多是观赏植物。本属中国产 3 种。

（1）青葙（*C. argentea*）

与鸡冠花类似，但穗状花序较小，顶生，花初开时淡红色，后变白色，花被片 5，披针形，干膜质，白色或粉红色。花期 6～9 月，果期 8～10 月。

（2）台湾青葙（*C. taitoensis*）

叶片长 19cm；花被片蓝色，短圆状卵型。

八、大丽花（*Dahlia pinnata*）

菊科 Compositae 大丽花属多年生球根类植物，其属名源于瑞典著名植物学家 M. Andreas Dahl 的名字。大丽花是墨西哥的国花，是世界著名的花卉。其花型多变，花色艳丽，品种很多，应用较广，无论布置花坛、花境、盆栽观赏或庭院、街道绿地栽植均适宜，是重要春植球根。也是切花和制作花篮、花圈、花束的理想材料。

1. 形态特征与生态习性

（1）形态特征

多年生草本。地下肉质块根纺锤形或圆球形，新芽只能在根茎部萌发。茎直立，有分支。叶对生。头状花序由中央无数黄色的管状小花和边缘长而卷曲的舌状花组成；管状花两性，多为黄色；舌状花单性，色彩艳丽，有白、黄、橙、紫等色。瘦果长椭圆形。花期很长，可于5～11月陆续开放，每朵花可延续一个月。

（2）生态习性

性喜温暖凉爽、阳光充足的环境，畏涝，不耐高温和干旱。生长适宜温度在15～25℃之间。以扦插或分株繁殖为主，也可嫁接或播种繁殖。

2. 地理分布

原产墨西哥、危地马拉、哥伦比亚高原地带和中美洲其他国家。19世纪后期引入我国上海，并逐步传播到东北、华北，现在全国各地均有栽培。

3. 主要类群与品种

目前全世界大丽花品种已超过3万种，几乎任何色彩都有。中国栽培的大丽花约有700个种。依瓣型分重瓣和单瓣。重瓣品种'千瓣花'，白花瓣里镶着红条纹，如白玉石中嵌着一纹纹红玛瑙，妖艳非凡；而单瓣品种'红世纪'，花瓣虽少，却显得简单朴素，别有一种情趣。按花朵的大小划分为：大型花（花径20.3cm以上）、中型花（花径10.1～20.3cm）、小型花（花径10.1cm以下）等三种类型。按花朵形状划分为葵花型、兰花型、银莲花型、芍药花型、仙人掌花型、莲座花型、重瓣波斯菊花型、双色花型、波褶型、圆球型等花型。

4. 同属主要种类

大丽花属约30种，多数分布在海拔1500m的高原地区，现在世界各国均有栽培。有1种在我国广泛栽培。本属中参与杂交的重要原种有：

（1）红大丽花（*D. coccinea*）

株高约1.2m。花单瓣，花径7～11cm，花瓣深红色，管状花两性。花期8～9月。2n＝32。本种在我国广为栽培。

（2）树状大丽花（*D. imperialis*）

株高大，高达1.8～5.4m。茎截面呈4～6边形，先端中空。管状花橙黄色，花径大，花头下垂。商业用的都是杂交种，2n＝32。

（3）卷瓣大丽花（*D. juarezii*）

株高1.2m。花重瓣或半重瓣，红色，舌状花瓣细长，两侧向外反卷，花径18～22cm。天然杂种4倍体。

（4）光滑大丽花（*D. merkii*）

株高60～90cm。茎细，分支多。花瓣圆形，堇色，花径2.5～5cm；花梗长。是单瓣和仙人掌型的原种，2n＝36（2n＝16）。

九、睡莲（*Nymphaea tetragona*）

睡莲科Nymphaeaceae睡莲属花卉。外形与荷花相似，荷花的叶子和花挺出水面，而睡莲的叶子和花浮在水面上。睡莲的花叶俱美，花色丰富，深受世界各国人民的喜爱。因其花色艳丽，花姿楚楚动人，在一池碧水中宛如冰肌脱俗的少女，而被人们赞誉为"水中女神"。睡莲的用途甚广，可用于食用、制茶、切花、药用等。其根能吸收水中的铅、汞和苯酚等有毒物质，是难得的水生体净化的植物材料，因此在城市水体净化、绿化和美化建设中备受重视。我国庭院水景中广为种植，或盆栽，或池栽，与其他植物配置。

1. 形态特征与生态习性

（1）形态特征

多年生水生花卉。根状茎粗短。叶丛生，具细长叶柄，浮于水面。花单生于细长的花柄顶端，漂浮于水面；花瓣通常白色，雄蕊多数。聚合果球形，内含多数椭圆形黑色小坚果。浆果球形，为宿存的萼片包裹。种子黑色。长江流域花期为5月中旬至9月，果期7～10月。

（2）生态习性

性喜强光，通风良好。对土质要求不严，pH值6～8，均生长正常，但喜富含有机质的壤土。生长季节池水深度以不超过80cm为宜。3～4月萌发长叶，5～8月陆续开花，每朵花开2～5天，日间开放，晚间闭合。花后结实。10～11月茎叶枯萎。翌年春季又重新萌发。

2. 地理分布

原产于东南亚东部，大洋洲、西伯利亚亦广为分布，各地均有栽培。其品种繁多，形态各异。黄岳渊、黄德邻在《花经》（1949年）中就记载睡莲约20多个品种，并将睡莲依据花色和瓣形进行了品种分类，而此后由于园艺上栽培品种多数为杂交种，在植物学上已不可能置于某一自然种之内了。

3. 主要类群与品种

（1）墨西哥黄睡莲（*N. mexicana*）

中午开花，傍晚闭合，挺水。单朵花期2～3天，群体花期5月下旬至9月上旬。花杯状而后星状，花瓣深黄色，甜香。叶卵形，边缘稍具锯齿；叶表绿色，新叶橄榄绿色，密布紫色或红褐色斑点；叶背铜红色，具小的紫色斑点。直立型根茎，跑鞭。适宜水深45～75cm。

（2）洛桑（*N.* 'Rose Arey'）

花上午开放，午后闭合，浮水。单朵花期3～4天，群体花期5月中下旬至9月上旬。花杯状，浅粉色，浓香。叶近圆形，叶表绿色；叶背紫红色。马利列克型块茎。适宜水深35～75cm。

（3）白仙子（*N.* 'Gonnere'）

花上午开放，午后闭合，浮水。单朵花期4天，群体花期5月下旬至9月下旬。花球型，白色，芳香。叶卵圆形，叶表绿色，叶背深紫铜色。马利列克型根茎。适宜35～75cm的水深。

（4）日出（*N.* 'Sunrise'）

花晨开午合，挺水。单朵花期2～3天，群体花期5月下旬至10月上旬。花星形，黄色，淡香。叶圆形，叶长稍大于叶宽，叶表绿色，叶背黄色。马利列克型根茎。适宜水深45～90cm。

（5）火冠（*N.* 'Fire Crest'）

花晨开午合,挺水。单朵花期 3 天,群体花期 6 月上旬至 9 月上旬。花星形,淡紫粉色,微香。叶圆形;叶表绿色,新叶深紫色;叶背深紫色。香睡莲型根茎。适宜水深 30～60cm。

(6) 霞妃(*N.* 'Sunshine Princess')

花上午开放,下午闭合,浮于水面。单朵花期 4～5 天,群体花期 6 月上旬至 9 月下旬。花先杯状后星形,深玫瑰红色。叶马蹄形;幼叶暗红色,有少量深红色斑点;成叶绿色。适宜水深 45～90cm。

4. 同属主要种类

(1) 白睡莲(*N. alba*)

叶革质,近圆形,基部深裂至叶柄着生处,全缘,稍波状,两面无毛,幼叶红色。花白色而大,径 10～13cm。变种很多,如大瓣粉 *N. alba* var. *rubra*;大瓣白 *N. alba* × *N. oborata*;大瓣黄 *N. alba* × *N. mexicana*;娃娃粉 *N. alba* × *N. oborata.* var. *rosea* 等。

白睡莲是著名的水生观赏花卉,原产于我国黄河下游等地,现广为栽培。花瓣洁白如玉,淡黄色雄蕊居中,尤"出污泥而不染"。不仅花美,而且叶圆,有光泽,置于水面亦富有观赏意义。

(2) 红睡莲(*N. alba* var. *rucra*)

叶圆形或近圆形,基部深裂,叶缘有浅三角形齿牙;幼叶紫红色,老时上面转为墨绿色,有光泽,下面暗紫红色。花大,径 30～34cm,玫瑰红色。主要分布于中国及日本、朝鲜、印度、苏联、西伯利亚及欧洲等地。较耐寒,江南地区冬季不加保护能安全越冬。喜强光、通风良好、有树阴的池塘。

(3) 柔毛齿叶睡莲(*N. lotus* var. *pubescens*)

齿叶睡莲的变种。叶近革质,叶缘有不等的三角状锯齿;叶面深绿色、无毛,叶背红褐色,密生柔毛或近无毛。花浮于水面,弊色或粉红色;花萼绿色,具纵条纹。

(4) 黄睡莲(*N. mexicana*)

叶圆形或卵形,具不明显的波状缘;上面深绿色,有褐色斑纹;下面红褐色,有黑色小斑点。花黄色,径约 10cm。中国、日本、朝鲜、印度、苏联、西伯利亚及欧洲等地有分布。

(5) 延药睡莲(*N. stellata*)

叶圆形或近圆形,正面绿色、无毛,背面粉红色或淡紫色。花淡蓝色;花瓣 15～18枚,呈星状放射,尖部狭窄,基部稍宽,有香味;雄蕊金黄;花萼上有黑色小斑点;花梗挺出水面。上午开花,下午闭合。我国湖北、广东、海南、云南南部均有分布。

十、文殊兰(*Crinum asiaticum* var. *sinicum*)

石蒜科 Amaryllidaceae 文殊兰属花卉。花色淡雅宜人,且有较为浓郁的清香。叶片青翠,四季常绿,富有光泽。植株秀丽挺拔,令人赏心悦目,具有较高的观赏价值。广泛应用于南方,可作为各种绿地、草坪的点缀品,也可作为庭院装饰花卉,还可作房舍周边的绿篱;也可用作盆栽,布置于会议厅、宾馆、宴会厅门口等。文殊兰还具有特殊的佛教文化含义,在云南西双版纳地区广泛栽培。

1. 形态特征及生态习性

（1）形态特征

多年生常绿草本。叶片宽大肥厚，常年浓绿，长可达 1m 以上，前端尖锐，好似一柄绿剑。花葶约与叶片等长，一般有花 10～24 朵，呈伞形聚生于花葶顶端；花瓣 6 片，线形，白色，中间紫红，两侧粉红，盛开时向四周舒展，甚至会向后弯曲，花香浓郁，盛花期在 7 月。蒴果。种子大，绿色。

（2）生态习性

性喜温暖、湿润。耐盐碱。不耐寒，生长适温 15～20℃，冬季需在不低于 5℃的室内越冬。不耐烈日曝晒，稍耐阴，夏季需置荫棚下。生长期需大肥大水，特别是在开花前后以及开花期更需充足的肥水。分株繁殖为主。

2. 地理分布

原产印度尼西亚、苏门答腊等，我国福建、台湾、广东、海南等地有分布。南方热带和亚热带省区广为栽培。文殊兰被佛教寺院定为"五树六花"之一，在云南西双版纳傣族地区广泛种植，或野生于河边、村边、低洼地草丛中，或栽植于庭园。

3. 同属主要种类

本属约 100 多种，分布于热带和亚热带地区，我国仅 1 种及 1 变种，即文殊兰和西南文殊兰，分布于华南之西南各地。

（1）西南文殊兰（*C. latifolium*）

多年生粗壮草本。具鳞茎。伞形花序有花数朵至 10 余朵；佛焰苞状总苞片 2 枚，苞片多数；花被近漏斗形的高脚碟状，白色，有红晕；花被筒长约 9cm，常稍弯曲；花丝比花被裂片短。蒴果。花期 6～8 月。分布于越南、印度、马来西亚以及我国贵州、广西、云南等地，多生在河床及沙地。与文殊兰的主要区别是其花瓣裂片较宽，约 1cm 以上，顶端常骤然收缩成短渐尖，花被管稍弯曲。

（2）红花文殊兰（*C. amabile*）

多年生常绿草本花卉。植株高 60～100cm。叶片为大型宽带形，全缘。顶生伞形花序，每花序有小花 20 余朵；花被筒暗紫色，花瓣 5 枚，长条形，红色，边缘为白色或浅粉色的宽条纹，具芳香。为红色文殊兰花卉资源。原产印度尼西亚。

（3）美洲文殊兰（湿地百合）（*C. americanum*）

多年生常绿草本花卉。具肉质鳞茎。叶线形革质。花白色或带粉红条纹，有香味。春、夏、秋俱可开花。分布于美国南部诸地，耐水湿，是优良的多季开花资源。

（4）南非文殊兰（*C. bulbispermum*）

具鳞茎。花型和普通文殊兰差异较大，花呈漏斗型，形似百合。原产南部非洲和美国南部。

十一、大花美人蕉（*Canna generalis*）

美人蕉科 Cannaceae 美人蕉属花卉。叶片翠绿，花朵艳丽，花色有乳白、淡黄、橘红、粉红、大红、紫红和洒金等，宜作花境背景或在花坛中心栽植，也可成丛或成带状种植在林缘、草地边缘。矮生品种可盆栽或作阳面斜坡地被植物。在园林中，群体栽培效果甚佳，可作花坛、花带或丛植于草坪、湖岸、池旁。

1. 形态特征与生态习性

（1）形态特征

多年生直立草本。株高 1～2m。地下茎块状。茎、叶和花序均被白粉。总状花序顶生，花大，每 1 苞片内有花 1～2 朵；萼片绿色或紫红色；花冠裂片披针形；唇瓣倒卵状匙形，长约 4.5cm，宽 1.2～4cm；子房球形，直径 4～8cm。蒴果近球形，有瘤状凸起。种子黑色而坚硬。花、果期 7～10 月。

（2）生态习性

性喜阳光充足和温暖湿润的环境，畏寒。在华南亚热带地区为常绿植物，新老植株自然更迭，四季生长开花，无休眠。在长江流域，凡土壤不结冻的地区，冬季落叶后根茎可在土层中越冬，但宜加覆盖物防寒保护。北方需将根茎放在 0℃ 以上的室内贮藏。对土壤要求不严，但在土层深厚而疏松肥沃、通透性能良好的沙壤土中生长特别好。

2. 地理分布

原产于美洲热带，亚洲热带亦早有栽培，在我国南北各地栽培极为普遍。该属植物种间杂交容易，能产生变异丰富的杂交后代。

3. 主要类群与品种

全世界大花美人蕉的品种有 1000 多个，中国栽培的有百余个。目前在园艺界有几种分类方法，使用较多的是将美人蕉分为两大系统：法国美人蕉系统和意大利美人蕉系统。前者花大而矮生，高度 60～150cm，花瓣直立而不翻卷，易结实；多为二倍体，可育。后者植株较高，约 1.5～2m，花茎更大，花开后花瓣向后卷曲，花很美，但不结实；多为三倍体，败育。有学者根据《国际栽培植物命名法规》（ICNCP）建立美人蕉属品种分类新系统，首先根据花冠、瓣化雄蕊和叶片的形态特征划分种系，再按株高划分品种群，最后根据叶色、花色、花型、花茎等的差异划分品种。即根据 Mass 等美人蕉植物学分类标准，现有的美人蕉品种大多可归类为美人蕉、柔瓣美人蕉、粉美人蕉、大花美人蕉和兰花美人蕉等 5 个种系和杂交种系：

（1）美人蕉

包括美人蕉及它的各种变型（紫叶美人蕉和蕉芋等）和品种，形态特点为株型高、叶片宽大、花小、结实，适合作为观叶植物栽培。

（2）兰花美人蕉

包括意大利美人蕉等，形态特点为花茎大、花冠管长、花时花冠裂片反折、瓣化雄蕊柔软下垂，多数品种不结实。

（3）柔瓣美人蕉

包括有黄花美人蕉（*C. flaccida* 'Yellow Canna'）等，其花的形态与兰花美人蕉相似，但花为黄色。

（4）大花美人蕉

包括依可曼美人蕉和克鲁兹美人蕉等，是品种数量最大的一群，形态特点是花径大、花冠基部不成管状、花时花冠裂片不反折、瓣化雄蕊直立或伸展，部分品种结实。兰花美人蕉和大花美人蕉的瓣化雄蕊发达，色彩丰富且艳丽，均适合作为观花植物栽培。两者再按株高分为 3 个品种群。

（5）粉美人蕉

是指粉美人蕉和与之相似的 Londwood 美人蕉品种,形态特点是叶片为蓝绿色、长披针形,根状茎细小、节间伸长。这个种系适合在水中生长,可营造优美的水景。

4. 同属主要种类

美人蕉属约 50 种,除大花美人蕉外,作观赏栽培的主要还有:

(1) 美人蕉(*C. indica*)

多年生草本。株高可达 100~150cm。根茎肥大;地上茎肉质,不分枝。茎叶具白粉。总状花序自茎顶抽出,花径可达 20cm;花瓣直伸,具四枚瓣化雄蕊。花色有乳白、鲜黄、橙黄、橘红、粉红、大红、紫红、复色斑点等 50 多个品种。花期北方 6~10 月,南方全年。能吸收二氧化硫、氯化氢以及二氧化碳等有害物质,抗性较好,是绿化、美化、净化环境的理想花卉。叶片虽易受害,但在受害后又重新长出新叶,很快恢复生长。由于它的叶片易受害,反应敏感,所以被人们称为监视有害气体污染环境活的监测器。

(2) 柔瓣美人蕉(*C. flaccida*)

多年生草本。株高 1.5~2m。茎绿色。总状花序直立;花朵排列疏松,苞片极小。在原产地无休眠性,周年生长开花。性喜温暖炎热气候,好阳光充足及湿润肥沃的深厚土壤。适应性强,几乎不择土壤,具一定耐寒力。可耐短期水涝。本类茎叶茂盛,花大色艳,花期长,适合大片的自然栽植,或花坛、花境以及基础栽培。

(3) 粉叶美人蕉(*C. glauca*)

多年生草本。株高 2m。根茎长,有匍匐枝。茎叶均被白粉。总状花序上花朵少且排列疏松,花序直立单生或分叉;花较小,黄色或具有红色斑点;唇瓣狭,倒卵状长圆形,顶端 2 裂,中部卷曲,淡黄色。蒴果长圆形。花期夏秋。原产南美及西印度。

(4) 意大利美人蕉(*C. orchiodes*)

多年生草本。株高 1~1.5m。花瓣于开花后第一天即向外反卷;外轮退化雄蕊 3 枚,倒卵状披针形,长达 10cm,质薄,端部柔软下垂,基部合成漏斗状,鲜黄至深红,具红色条纹和斑点,无纯白或粉红色;发育雄蕊与退化雄蕊相似,稍小;子房长圆形,密被疣状突起。花期 8~10 月。原产欧洲。

十二、红掌(*Anthurium andraeanum*)

天南星科 Araceae 花烛属多年生附生常绿草本。经过百余年人工选育,已逐渐成为著名的热带花卉名品。佛焰苞硕大,肥厚,覆有蜡层,光亮如漆,色彩鲜艳,且叶形秀美,是优美的观花观叶植物。可全年开花,切花在常温下水养 30 天之久,故可作为高档切花。目前红掌的贸易量仅次于热带兰。

1. 形态特征及生态习性

(1) 形态特征

多年生常绿附生草本花卉。株高 50~80cm,因品种而异。具肉质根,无茎。叶从根茎抽出,叶脉凹陷。花腋生;佛焰苞蜡质,正圆形至卵圆形,鲜红色、橙红肉色、白色;肉穗花序圆柱状,直立;小花两性,花被具 4 窄裂片,雄蕊 4;子房 4 室,每室具 1~2 胚珠。小浆果内有种子 2~4 粒,粉红色,密集于肉穗花序上。花期全年。染色体 $2n=2x=30$。

(2) 生态习性

性喜温热多湿而又排水良好的环境，畏干旱和强光暴晒。对温度较敏感，适宜生长温度 14～35℃，最适温度 19～25℃，昼夜温差 3～6℃，即最好白天 21～25℃，夜间 19℃左右，有利于养分的吸收和积累，对生长开花极为有利。要求排水、通气良好的基质，不耐盐碱；光强以 1.6 万～2 万 lx 为宜，空气相对湿度以 70%～80% 为佳。如果栽培条件良好，可终年开花不断。分株繁殖，规模生产多采用组织培养方法。

2. 地理分布

原产于南美洲热带雨林潮湿、半阴的沟谷地带，通过引种改良和用光、温、水调节系统的大棚栽培，现在欧洲、亚洲、非洲皆有广泛栽培。

3. 主要类群与品种

现代栽培品种佛焰苞颜色多变化，依此可分为：①鲜红色类，如 'Magic Red'，肉穗花序粗壮，全红，佛苞焰浓红色；'Tropical'，肉穗花序先端绿色。②绯红色类，如 'Magic Orange'，肉穗花序粗壮，橙红色；'Passion'，肉穗花序红粉色。③酱红色类，如 'Cognac'，佛焰苞上浅酱红色，肉穗花序先端深绿色，中、下部为肉粉色；'Safar'，佛焰苞上有整齐的浅色脉纹，肉穗花序浅酱红色。④粉红色类，如 'Rose'，肉穗花序先端黄绿色；'Spirit'，肉穗花序先端黄色。⑤粉色类，如 'Splash'，佛焰苞浅粉白底上有红色斑驳，肉穗花序先端浅黄色；'Twin-go'，大佛焰苞上有小佛焰苞，肉穗花序上绿、中黄、下肉粉色。⑥紫色类，如 'Rapido'，花全为深紫红色。⑦绿色类，如 'Pistache'，肉穗花序先端绿色，下部红色；'Queen'，肉穗花序上、中部红色，下部乳黄色。⑧绿红色类，如 'Amigo'，肉穗花序先端绿色；'President'，肉穗花序先端绿色，下部粉红色。⑨绿白色类，'Simba'，佛焰苞大部分白色，两侧基部绿色，肉穗花序先端橙色，中、下部肉粉色。⑩白色类，如 'Carnival'，佛焰苞具红色细边缘，肉穗花序先端橙黄色。

4. 同属主要种类

本属植物共约 600 种，原产热带美洲。

（1）火鹤花（A. scherzerianum）

多年生草本。茎极短。叶近丛生，叶片椭圆状长圆形倒披针形，暗绿色。总花梗红色，长约 30cm；佛焰苞反卷，宽椭圆形，有短尖，近心形，鲜红色，无光泽；佛焰苞花序螺旋状卷曲，朱红色；花多数。花期 12 月至翌年 6 月。原产哥斯达黎加、危地马拉。本种经杂交选育出大量的品种，较为独特的有红色苞片上密布有白点的 'Ruthschidianum' 和白色苞片上布满玫瑰红色小斑点的 'Minutepunctatum'。

（2）水晶花烛（A. crystallinum）

多年生附生常绿草本植物。茎叶密生。叶阔心脏形，幼时紫色，后变成有丝绒光泽的碧绿色，叶背淡红色；叶脉粗，银白色。佛焰苞细窄；肉穗花序圆柱形，常绿色。是优良的观叶植物，宜室内盆栽观赏。原产哥伦比亚的新格拉纳达。

（3）绒叶花烛（A. magnificum）

多年生草本。叶心形，革质，橄榄色，具丝绒般光泽；叶脉细，银白色。佛焰苞反转，绿色，略带红色；肉穗花序绿色。为美丽的观叶种，适合温室盆栽。原产哥伦比亚。

（4）攀援花烛（A. scandens）

多年生草本。植株矮小，半蔓生。叶基部生出小花，结浅紫色果实，后期变成白色，美丽可赏。原产厄瓜多尔。

（5）狭叶花烛（A. baker）

多年生草本。叶细长，叶柄短，浓绿色。佛焰苞绿色；肉穗花序圆柱形，长 10cm，浅紫色。早春开花，观赏期超过 1 个月。原产哥斯达黎加。

（6）长叶花烛（A. warocgueanum）

多年生草本。茎绿色，纤细。叶深绿色，肥厚，有天鹅绒光泽，长椭圆形，基部心形；叶脉白色。佛焰苞鲜绿色。观叶。原产哥伦比亚。

十三、曼陀罗（*Datura stramonium*）

茄科 Solanaleae 曼陀罗属植物。植株高大，枝叶扶疏，花朵硕大，呈喇叭状，下垂，花期较长，具有较高的观赏价值。我国栽培应用比较广泛，可用于工厂绿化、盆栽观赏等。曼陀罗花不仅可用于麻醉，而且还可用于治疗疾病，能去风湿、止喘定痛，可治惊痫和寒哮。花瓣的镇痛作用尤佳，可治神经痛等。叶和籽可用于镇咳镇痛。

1. 形态特征及生态习性

（1）形态特征

在热带为木本或半木本，在温带地区为一年生直立草本植物。茎粗壮直立，在温带地区一般高 50～100cm，热带长成高达 2m 亚灌木。花萼筒状，有 5 棱角，长 4～5cm；花冠漏斗状，长 6～10cm，上部白色或略带紫色。蒴果直立，具长短不等的坚硬短刺，成熟时四瓣裂。种子黑色。

（2）生态习性

性喜温暖、湿润、向阳环境，畏涝。对土壤要求不甚严格，但以富含腐殖质和石灰质土壤为好。适应性较强。

2. 地理分布

原产热带及亚热带，我国各省均有分布。

3. 同属主要种类与品种

主要根据花色分为白色和紫色不同种类，此外亦有重瓣类群。同属植物约 16 种，常见栽培的还有香花曼陀罗 D. inoxia 和红花曼陀罗 D. sanguinen 等。我国常见种有曼陀罗 D. stramonium、毛曼陀罗 D. innoxia 和白花曼陀罗 D. metel 三种，花均为白色或微带淡黄绿色，单瓣。原产地尚有绿、紫、红、蓝及重瓣等种或品种。

（1）白花曼陀罗（D. metel）

与曼陀罗的区别是：全体近无毛；花冠白色、黄色或浅紫色，在栽培类型中有重瓣；蒴果横向生长，圆球形，疏生短硬刺。栽培种较多，常见的如夜香曼陀罗 'Evening Fragrance Datura'，花白色，有淡紫色花边，夜晚开放，香味浓郁，耐刮风下雨；重瓣金黄曼陀罗 'Double Golden Yellow Datura'，花重瓣，金黄色，香味浓郁；重瓣紫花曼陀罗 'Double Purple Datura'，花重瓣，紫色，外瓣反卷，花香浓郁，夜间尤胜。

（2）毛曼陀罗（D. innoxia）

与白花曼陀罗类似，但全株密被细毛，果俯垂生。

（3）紫花曼陀罗（D. tatula）

与曼陀罗类似，主要区别是花紫色，茎枝淡紫色。

（4）无刺曼陀罗（*D. inermis*）

与曼陀罗类似，主要区别是果表面无刺。

（5）重瓣曼陀罗（*D. fastuosa*）

一般认为是白花曼陀罗的重瓣类型。

（6）木本曼陀罗（*D. arborea*）

小乔木。花俯垂生。果为浆果，无毛，俯垂生。

十四、四季秋海棠（*Begonia semperflorens*）

秋海棠科 Begoniaceae 秋海棠属。四季秋海棠枝姿秀丽，叶片碧绿光洁，花朵繁茂艳丽，是良好的观花观叶的植物。可用作花坛、花境、盆栽等观赏，也是重要的花柱、花球等立体绿化的花材，在我国应用十分广泛，亦是美国用量最大的盆花种类。

1. 形态特征及生态习性

（1）形态特征

肉质草本植物。高 15～30cm。茎直立，光滑无毛，基部多分枝。叶卵形或宽卵形，两面光滑，主脉红色；托叶大，膜质。雌雄同株；雌花一般较小而数目少，雄花较大而数目多；花几朵聚生在腋生的总花梗上，有白色、粉红、大红诸色。花期 4～12 月。蒴果有红翅 3 枚。种子细微，褐色。

（2）生态习性

性喜阳光，稍耐阴，喜温暖，怕寒冷，喜湿润的土壤，但怕热及水涝。夏天注意遮阴，通风排水。

2. 起源演化与地理分布

主要分布在非洲、亚洲、中美洲热带和亚热带地区。我国秋海棠属植物分布较广，在全国 21 个省市区都有发现。西南地区是中国秋海棠属植物主要分布地区，大部分种类分布于海拔 700～2000m 的地区。

四季秋海棠种群是 19 世纪七八十年代由园艺家贝纳莱（Benary）和他人合作，采用施密特秋海棠 *B. schmidtiana*、朱红秋海棠 *B. foliosa* var. *miniata*、小秋海棠 *B. minor*、罗埃兹秋海棠 *B. roezlii* 和异叶秋海棠 *B. gracilis* 经过反复杂交而育成的。

3. 主要类群与品种

（1）花单瓣类 ①铜叶型四季秋海棠（Bonze Foliage Begonia），叶色为铜色。如'烈酒'系列（Bongo Series）、'鸡尾酒'系列（Cocktail Series）、'和谐'系列（Harmony Series）、'维多利亚'系列（Semperflore Series）。②绿叶型四季秋海棠（Green Foliage Begonia），叶色为绿色。如'大使'系列（Ambassador Series）、'天使'系列（Varsity Biclgr）、'序曲'系列（Prelucle Series）等。

（2）花重瓣类 ①'樱桃海棠'系列（Cherry Series），为昆明植物研究所育成新类群。花径较小，高度重瓣，花朵集生在柔软的花梗上，形如串串樱桃下垂，周年开花，观赏价值较高。②'皇后'系列（Queen Series），叶绿色，重瓣，形如玫瑰，花期长。③重瓣四季秋海棠（杂交种），叶棕红色，花重瓣性强，兼有玫瑰和山茶花型，花朵硕大，分枝力强，花期长。

4. 同属主要种类

秋海棠属植物按其形态特征，可以分为球根类、根茎类和须根类3大类，现栽培种除上述四季秋海棠种群外，还包括以下几大类群：

（1）球根秋海棠（*Tuberous Begonia*）

地下根茎缩短呈块茎，一般花多、花大、颜色艳丽，如朝鲜的"金正日花"。球根类秋海棠只要是以观花为主要育种方向。主要有三种类型：

1）大花型　茎直立，花径8cm以上；有单瓣、半重瓣和重瓣，瓣缘有条纹、波皱状或鸡冠状。主要品系或品种有'常丽'系列（Nonstop Series）、'富丽'系列（Magnificence Series）、'东方'系列（Orient Series）、'复色'系列（Bicolor Series）、金正日花（'Kimiongilhua'）等。

2）多花型　花繁茂；花茎长5～10cm，半垂；花径8～10cm，有单色和复色；花型丰富，有月季型、茶花型、牡丹型，尤以康乃馨型最为名贵。常见品系或品种有'克瑞帕'系列（Cripa Series）、'菲布瑞塔'系列（Fimbrita Series）、贝提妮（'Bertini'）、鞭炮（'Fire Cracker'）等。

3）垂吊型　枝条柔软下垂，多花重瓣，花径6～10cm，花梗长10cm以上。花色有橙黄、鲑粉、白色、橙红、玫红等。适合作吊盆或挂篮。常见品种或品系有：'辉煌'系列（Lllumination Series）、'幻境'系列（Panorama Series）、极品（'Collec Tion'）等。

（2）根茎类秋海棠（*Rhizomatous Begonias*）

多数常绿。根茎匍匐，直立或半露地面，有根状茎。叶色、叶型变化极多，花色不一，观赏价值很高，是重要的观叶类型。主要有以下类群：

1）蟆叶类　由蟆叶秋海棠*B. rex*原种与各种秋海棠杂交而成，一般被称为蟆叶秋海棠类。大多数为观叶类型。叶大型，叶色变化极多，叶面有鲜明的各色图案，观赏价值极高。常见栽培品种有安洛德（'Annold'）、灰叶（'Cultorum'）、银叶皇后（'Silves Qeen'）等。

2）基生叶类　植株紧凑，叶基生，茂密，叶片形态、质地、色彩、光泽等有较高的观赏价值，部分种类花朵绚丽，也十分吸引人们的目光，可谓花叶兼美的类型。以这些原种为亲本杂交，获得了许多观赏价值高的杂交种。常见的种和品种有：美丽秋海棠*B. algaia*、香花秋海棠*B. balansana*、双花秋海棠*B. biflora*、枫叶秋海棠*B. heraclerfolia*、铁十字秋海棠*B. masoniana*等。

3）直立茎类　有较明显的茎，直立生长，叶片具各种深浅不同的分裂或形成裂片，叶片性状和色彩变化丰富多彩，其茎、叶、花等有很高的观赏价值。常见的种有：无翅秋海棠*B. acetosella*、花叶秋海棠*B. cathayana*、槭叶秋海棠*B. digyna*、掌叶秋海棠*B. hemsleyana*等。

（3）须根类秋海棠（*Fibre Begonias*）

1）灌木状秋海棠（*Shrub-like Begonia*）

灌木或半灌木状，多年生常绿须根类；茎木质化或半木质化，直立或半直立。适合盆栽，或作为林下地被材料。常见的如兜状秋海棠*B. cucullata*、多叶秋海棠*B. foliosa*、灌木秋海棠*B. fruticosa*、茸毛秋海棠*B. lepeotricha*等。

2）竹节秋海棠（*Cane-stemmed Begonia*）

须根性秋海棠的另一流行种群。一般为杂交种，亲本包含竹节秋海棠的特征，其共同特点是须根，全株光滑无毛，节明显，竹节状。叶多型，花多红色，为观花和观姿的优良种类。但适应性较差，适合于温暖湿润的气候。常见的种类与品种有：乌头叶秋海棠 *B. aconitifolia*、斑叶竹节秋海棠 *B. maculata*、红花竹节秋海棠 *B. occinea* 以及北斗七星（'Hokutoshichisei'）、幸运星（'Lucky star'）等。

（4）冬花类秋海棠（*Winter-Flowering Begonia*）

全为杂交种。多年生常绿，耐寒性强；叶绿色或青铜色；花单瓣、半重瓣或重瓣，数量多。花期长，在冬季主要有两种栽培类群：

1）圣诞秋海棠（*B. ×cheimantha*）

南非槭叶秋海棠 *B. dregei* 和阿拉伯秋海棠 *B. socotana* 杂交的品种。株高 10～20cm；茎枝嫩脆；叶呈不规则心形或肾形，叶缘有皱状齿；花顶生或腋生，桃红色，花色绚丽悦目，盛开时花多叶少，花朵密集成簇，几乎掩盖了本来就占少数的叶片。冬至翌年春季开花，尤其以圣诞前后最盛。花期极长，耐阴性强，为秋海棠类中上品。常见品种如麦克少女（'Lady Mac'）、爱我（'Love Me'）等。

2）丽格秋海棠（'Rieger'）

冬季开花的阿拉伯秋海棠 *B. socotrana* 与许多种球根类秋海棠杂交得出的一群冬季开花的杂交品种。这些杂交品种结合了阿拉伯秋海棠短日开花的特征和球根秋海棠花朵大且色彩丰富的优点，具有冬季开花且多花、大花、抗病、没有块茎形成和明显的休眠期等特性，是难得的温室盆栽花卉，非常适合盆栽观赏。常见品种或品系为'彩丽'系列（Chailly Series）、安佳（'Anja'）等。

十五、花叶芋（*Caladium bicolor*）

天南星科 Araceae 花叶芋属多年生草本植物。其叶形极像芋叶。绿叶嵌红，白斑点，似锦如霞，艳丽夺目。夏秋之日色彩斑斓，构成一幅天然图案，颇为美观，是盆栽观叶植物中的名品。作室内盆栽，巧置案头，极为雅致。

1. 形态特征与生态习性

（1）形态特征

多年生草本植物。叶片膜质，暗绿色，叶面有红色、白色或黄色等各种透明或不透明的斑点；主脉三叉状，侧脉网状；叶柄纤细，圆柱形，基部扩展成鞘状，有褐色小斑点。佛焰状花序基出；花序柄长 10～13cm；肉穗花序稍短于佛焰苞，具短柄；花单性，无花被。浆果白色。花期 4～5 个月。

（2）生长习性

性喜高温、多湿和半阴环境。不耐寒，适温 18～27℃，10 月至翌年 6 月为块茎休眠期。喜散射光，不宜过分强烈，烈日暴晒叶片易发生灼伤现象，使叶色模糊、脉纹暗淡。要求肥沃、疏松和排水良好的腐叶土或泥炭土。土壤过湿或干旱对花叶芋叶片生长不利，过湿则块茎易腐烂。

2. 地理分布

本属现有 16 种。其中花叶芋（2n=30）和箭叶芋（2n=30）用于育种和栽培，起源于美洲，包括巴西、哥伦比亚、厄瓜多尔、秘鲁、西印度洋群岛等热带地区。花叶芋在欧洲栽培较早，从 18 世纪 70 年代开始从南美采集引种，19 世纪以后欧洲许多著名植物园均已温室栽培作盆栽观赏。到 20 世纪 70 年代，由于高科技的介入，花叶芋的新品种不断问世。至今欧美均将花叶芋列为重要观赏植物之一。美国福罗里达州是世界上花叶芋种球的最大供应基地，其他如澳大利亚、以色列也有生产，主要出口到欧洲和日本。20 世纪初我国引入栽培的有花叶芋 *C. bicolor* 和箭叶芋 *C. picturatum* 2 种，1970 年后引进较多新品种，在沿海地区和南方推开，但尚未形成规模生产。

3. 主要类群与品种

本属中矛状或带状叶品种起源于箭叶芋。后者叶鞘绿色而短，叶片箭头形，茎部脉占叶片 1/6～1/4。另一个种为小叶花叶芋，株型较小，叶片有浅绿色条纹和白斑。常用于盆栽。一般分球繁殖，种子繁殖后代变异很大。在欧洲，栽培品种分为 Fancy 大叶型和 Lance 小叶型两类，我国按叶脉颜色分为绿脉、白脉、红脉三大类。

（1）绿脉类

主脉边缘呈绿色，叶片有白色、玫瑰红色或叶色为米白色，带血红色斑纹或斑块。主要品种有：白鹭 'White Candium'、白雪公主 'White Princess'、德德比 'Lord Derby'、克里斯夫人 'Lady Chris'、玛丽．莫伊尔 'Marie Moir' 等。

（2）白脉类

主要有以下品种：穆菲特小姐（'Miss Muffet'），叶淡绿色，主脉白色，叶面具深红色小斑点；主题（'The Thing'），叶中心为乳白色，叶缘绿色，主脉白色，叶面嵌有深红色斑块；荣誉（'Citation'），叶常披针形，叶面呈粉红至乳白色，叶缘绿色，基部玫瑰红色，主脉白色；乔戴（'Jody'），叶小，心脏形，叶脉白色，脉间具红色斑块，叶缘绿色。

（3）红脉类

主要有：雪后（'White Queen'），叶白色，略皱，主脉红色；冠石（'Key Stone'），大叶种，叶深绿色，具白色斑点，主脉橙红色；阿塔拉（'Attala'），大叶种，叶面具粉红和绿色斑纹，主脉红色；血心（'Bleeding Heart'），叶片中心为玫瑰红色，外围白色，叶缘绿色，脉深红色；红美（'Scarlet Beauty'），大叶种，叶玫瑰红色，主脉红色，叶缘绿色；红色火焰（'Red Flare'），叶玫瑰红色，中心深紫红色，周围具白色斑纹，主脉红色。

4. 同属主要种类

同属约有 16 种，其中 12 种分布于热带美洲；我国有 1 种，分布于云南、广州、台湾。常见栽培观赏种有：

（1）小叶花叶芋（*C. humboldtii*）

叶小，丛生，卵圆心形，叶脉深绿色，叶面具乳白色不规则斑纹。原产委内瑞拉、巴西。

（2）箭叶芋（*C. picturatum*）

叶披针形，先端稍狭，有 4～7 条侧叶脉，基角锐尖，表面有各种色彩，园艺品种多。原产巴西和秘鲁。

（3）杂种花叶芋（*C. hortulanum*）

花叶芋和小叶花叶芋的杂交种，有很多园艺品种，叶脉、叶面斑块或斑点的颜色及形状变化多样。

192

十六、鸟巢蕨 (*Asplenium nidus*)

铁角蕨科 Aspleniaceae 巢蕨属，多年生阴生草本观叶植物。其叶辐射状环生于根状短茎周围，中空如鸟巢，故名之。其叶片密集，碧绿光亮，为著名的附生性观叶植物。常用以制作吊盆（篮）。在热带园林中，常栽于附生林下或岩石上，以增野趣。

1. 形态特征与生态习性

（1）形态特征

中型附生蕨，株高 60～120cm。根状茎短而直立，具粗壮而密生大团海绵状须根，能吸收大量水分。叶阔披针形，革质，两面滑润；簇生，辐射状排列于根状茎顶部，中空如巢形结构，能收集落叶及鸟粪；叶脉两面稍隆起。孢子囊群长条形，生于叶背侧脉上侧达叶片的 1/2。

（2）生态习性

常附生于雨林或季雨林内树干上或林下岩石上。性喜高温湿润，不耐强光。团集成丛的叶能承接大量枯枝落叶、飞鸟粪便和雨水。这些物质可转化为腐殖质，作为鸟巢蕨的养分，同时还可为其他热带附生植物，如兰花和其他的热带附生蕨，提供定居的条件。

2. 地理分布

原产热带亚热带地区，我国广东、广西、海南和云南等地均有分布。

3. 主要品种与变种

皱叶鸟巢蕨（var. *plicatum*）为巢蕨的变种，整个叶片呈波状皱折，比原种稍矮，是理想的盆栽植株。近年来国际上培育出许多园艺品种，如圆叶巢蕨 'Avis'，叶片较短且宽，叶全缘微波浪状，株型紧密，是优美的盆栽品种；羽叶巢蕨 'Fimbriatum'，叶较短，且叶缘呈羽状刻裂，适合小盆栽；卷叶巢蕨 'Volulum'，株高 70～120cm，叶簇生，厚纸质，宽带状，叶全缘，深卷曲波浪状，叶自中脉至叶缘有淡黄色或灰绿色斑条，叶背绿色，有时有斑条，株型、叶形、叶色均极为美丽，是高档的观赏蕨类。此外，还有波叶巢蕨 'Crispafolium' 等。

4. 同属主要种类

本属为重要的观赏蕨类，有 30 余种，分布于热带亚热带雨林中；我国有 11 种，以桂、滇、黔三地交界处的石灰岩地区为分布中心。常见栽培品种有：

（1）狭基巢蕨（*A. antrophyoides*）

株高 40～50cm。根状茎粗短，直立。叶辐射状丛生于根状茎顶部；叶柄极短或无柄；叶片带状披针形至带状倒披针形，顶端尖，两面光滑，有软骨质的边，干后略反卷，长 50～90cm，中部最宽处 5.5～6.5cm。孢子囊群线性，生于侧脉上侧，至小脉基部以上外行，向叶边伸达离叶边 2/3，彼此接近。分布于我国广东、广西、云南和贵州等地。

（2）大鳞巢蕨（*A. antiguum*）

株高 60～100cm。叶柄长 2～3cm；叶片带状披针形，长 60～95cm，中部最宽 5.5～8cm，先端渐尖，下部稍变窄并短下延。孢子囊群线形，彼此以较宽的间隔分开，长 2.5～3.5cm，着生于小脉上侧，自小脉基部以上外行达离叶边 2/3 或不远处。附生于林下岩石上或树干上。分布于我国台湾、海南、云南，及韩国、日本等地。

十七、鹿角蕨 (*Platycerium wallichii*)

水龙骨科 Polypodiaceae 鹿角蕨属植物。其孢子叶十分别致，形似梅花鹿角，是观赏蕨中叶形最奇特的一种。天然生长在树木的树皮和树枝上，靠吸收树皮表面的腐烂有机质为营养，若将鹿角蕨贴生于古老枯木或装饰于吊盆，点缀书房、客室和窗台，更添自然景趣。目前，鹿角蕨在欧美栽培较为普遍，是室内立体绿化的好材料。

1. 形态特征与生态习性

（1）形态特征

多年生附生草本。根状茎肉质，短而横卧，有淡棕色鳞片。叶2列，二型；基生叶（腐殖叶、营养叶、不育叶）厚革质，直立或下垂，无柄，贴生于树干上，先端截形，不整齐3～5次叉裂，裂片近等长，全缘，两面疏被星状毛，初时绿色，不久枯萎，褐色，宿存；可育叶（孢子叶）常成对生长，下垂，灰绿色，分裂成不等大的3枚主裂片，内侧裂片最大，多次分叉成狭裂片，中裂片较小，两者均能育，外侧裂片最小，不育，裂片全缘，通体被灰白色星状毛，叶脉粗突。孢子囊散生于主裂片的第一次分叉的凹缺处以下，不到基部，初时绿色，后变黄色，密被灰白色星状毛；成熟孢子绿色。

（2）生态习性

性喜高温、高湿的雨林环境。附生于季雨林树干和枝条上或林缘、疏林的树干及枯立木上。以腐殖叶聚积落叶、尘土等物质作营养。雨季开始，在短茎顶端上长出新的腐殖叶及能育叶各2片。上一年的腐殖叶在当年就枯萎腐烂，而能育叶至第二年春季才逐渐干枯脱落。

2. 地理分布

原产澳大利亚东部波利尼西亚等热带地区，我国各地常见温室栽培。

3. 主要品种

栽培品种有荷兰 'Netherland'，营养叶较短，掌状；马居斯 'Majus'，孢子叶直立，裂片下垂；罗伯特 'Robert'，孢子叶厚，下垂；齐森哼尼 'Ziesenhenne'，孢子叶小而下垂等。

4. 同属主要种类

鹿角蕨属全球约18种，主要分布于非洲、亚洲、大洋洲和南美洲的热带、亚热带雨林中，属于附生状气生型植物。本属其他种类有：

（1）二歧鹿角蕨 (*P. bifurcatum*)

株高40～50cm。叶二型，叶顶端分叉呈凹状深裂，形如"鹿角"；不育叶圆形而凸出，边缘波状，新叶绿白色，老叶棕色，主要功能除了抓住支承物之外，还可收集从树上掉下来的碎屑，把它分解成养分，并包裹存根周围，保护蕨根和贮蓄水分；可育叶丛生，灰绿色，分叉成窄裂片。孢子囊在凹处下开始上延至裂片的顶端。主产大洋洲热带地区，各地温室常见栽培。

（2）三角叶鹿角蕨 (*P. stemaria*)

全株灰绿色。孢子叶和营养叶向上生长；营养叶长圆形，顶部呈波浪状；孢子叶有2个部分，一个分叉和楔形，另一个是比较小而窄。

（3）肾形鹿角蕨 (*P. ellisii*)

孢子叶直立生长，营养叶肾状。

（4）银叶鹿角蕨（*P. veitchii*）

孢子叶被有白色细毛，直立生长。

（5）美洲鹿角蕨（*P. andinum*）

孢子叶表面密被细毛，呈白色，长达 3m，十分壮观。原产秘鲁、玻利维亚。

（6）非洲鹿角蕨（*P. angolense*）

孢子叶大，形似象耳；营养叶呈扇形。分布于非洲乌干达、扎伊尔和尼日利亚。

（7）马达加斯加鹿角蕨（*P. madagascariense*）

营养叶拱起深褶，有明显脉纹，形如蜂巢。

十八、龙舌兰（*Agave americana*）

龙舌兰科 Agavaceae 龙舌兰属植物。叶片形如剑，粗犷挺拔，株型美观，四季常绿，一些种类还具有金黄或银白色条纹，观赏价值较高。我国南方广泛应用于庭院栽培、街道绿化等，也可盆栽置于室内观赏。

1. 形态特征及生态习性

（1）形态特征

大型肉质草本，无茎。叶倒披针形，莲座式排列；叶基部表面凹，背面凸，至叶顶端形成明显的沟槽；叶顶端有 1 枚硬刺叶缘具向下弯曲的疏刺。大型圆锥花序高 4.5～8.0m，上部多分枝；花簇生，有浓烈的臭味；花被基部合生成漏斗状，黄绿色；雄蕊长约为花被的 2 倍。蒴果长圆形，长约 5cm。开花后花序上生成的珠芽极少。

（2）生态习性

性喜温暖湿润，不耐寒，较耐旱，不耐湿涝。喜强光，耐一定荫蔽环境。不择土壤，但要求排水良好。

2. 地理分布

美洲热带地区尤其是墨西哥地区为其起源与分布中心。我国引入栽培多种，常见的有龙舌兰 *A. americana*、狭叶龙舌兰 *A. angustifolia*、剑麻 *A. sisalana* 和马盖麻 *A. cantula*等。用作观赏的主要是龙舌兰和狭叶龙舌兰。

3. 主要类群与品种

栽培中除常见绿色种外，还有金边类型，即金边龙舌兰 *A. americana* var. *Marginata*。

4. 同属主要种类

（1）狭叶龙舌兰（*A. angustifolia*）

大型肉质草本。茎短。叶剑形，肉质，长 45～60cm，宽约 7.5cm，灰绿色。花序粗壮，高 5～6m，分枝；花淡绿色。果近球形，具柄而有喙。

（2）剑麻（*A. sisalana*）

须根系。茎粗而短。叶无柄，剑形，无刺或偶有刺，表面有白色蜡粉。圆锥花序顶生，花黄绿色，雌雄同花，花后通常不结实而产生大量珠芽。

（3）鬼脚掌（*A. victoriae-reginae*）

株高 20～30cm。叶基生，呈莲座状，暗绿色，边缘具白色纵纹。龙舌兰中植株较小的类型。

（4）维多利亚女王龙舌兰（*A. victoriae-reginae*）

叶在短茎上形成紧密的莲座丛；叶面上有不规则微凸的内线纹，多集中在边缘；叶全缘，先端坚硬锐利。生长非常缓慢，每年只长 1～2 片新叶，因此成熟植株非常名贵。龙舌兰中最美丽的品种。

第四节　常见热带灌木观赏植物

一、一品红（*Euphorbia pulcherrima*）

大戟科 Euphorbiaceae 大戟属植物。又名为圣诞红，是著名的盆花。因其鲜艳的红色，用于圣诞节以烘托喜庆圣诞气氛。最顶层的叶呈火红色、红色或白色，通常被人们认为是花朵部分。一品红育种公司和种苗供应商主要有美国保罗艾克（Paul Ecke）公司、德国菲舍（Fischer）公司和都门（Dümmen）公司，其中保罗艾克公司是世界上历史最悠久和最有规模的育种公司，其品种广泛地种植在全世界。美国一品红产量每年约 12000 万盆，75％的品种来自保罗艾克公司；欧洲一品红的产量也约有 12000 万盆，40％的品种来自保罗艾克公司；亚洲一品红年产量约 2000 万盆，保罗艾克的品种占 80％左右。我国早在 20 世纪 20 年代就从欧美引种一品红。新中国成立后，我国各地公园、风景区和企事业单位都引进一品红作为冬季盆花栽培。直到 1980 年代以后，我国逐渐有规模性的商品化生产。

1. 形态特征与生态习性

（1）形态特征

常绿灌木，高 50～300cm。茎叶含白色乳汁。茎光滑，嫩枝绿色，老枝深褐色。单叶互生，有毛，叶质较薄，脉纹明显，顶部叶片较窄，披针形；靠近花序之叶片呈苞片状，开花时朱红色，为主要观赏部位。杯状花序聚伞状排列，顶生；总苞淡绿色，边缘有齿及 1～2 枚大而黄色的腺体；雄花具柄，雌花单生。自然花期 12 月至翌年 2 月。

（2）生态习性

性喜温暖、湿润及充足的光照。强光直射及光照不足均不利其生长。忌积水，土壤过湿容易引起根部腐烂、落叶等。不耐低温，为典型的短日照植物。短日照处理可提前开花，如每天光照 9 小时，5 周后苞片即可转红。对土壤要求不严，但以微酸型的肥沃、湿润、排水良好的沙壤土最好。耐寒性较弱，生长适温为 18～25℃，4～9 月为 18～24℃，9 月至翌年 4 月为 13～16℃；冬季温度不低于 10℃，否则会引起苞片泛蓝，基部叶片易变黄脱落，形成"脱脚"现象。

2. 起源演化与地理分布

原产墨西哥塔斯科（Taxco）地区，在被引入欧洲之前很久就被当地的阿芝特克人（Aztecs，美洲印第安人一支）用作颜料和药物。1825 年由美国驻墨西哥首任大使约尔·罗伯特·波因塞特（Joel Roberts Poinsett）引入美国。我国两广和云南地区有露地栽培，植株可高达 2m。

3. 主要类群与品种

1926 年培育出叶片卷曲的球状一品红（Plenissima Eckes Flaming Sphere），1967 年育成三倍体品种埃克斯波音特 C-1（Eckespoint C-1）。至今新品种不断上市，一品红在欧美市场上经久不衰。常见品种有：①一品白（Ecke's White），苞片乳白色。②一品粉（Rosea），苞片粉红色。③一品黄（Lutea），苞片淡黄色。④深红一品红（Annette-Hegg），苞片深红色。⑤三倍体一品红（Eckespoint C—1），苞片栎叶状，鲜红色。⑥重瓣一品红（Plenissima），叶灰绿色，苞片红色、重瓣。⑦亨里埃塔·埃克（Henrietta Ecke），苞片鲜红色，重瓣，外层苞片平展，内层苞片直立，十分美观。⑧球状一品红（Plenissima Ecke's Flaming Sphere），苞片血红色，重瓣，上下卷曲成球形，生长慢。⑨斑叶一品红（Variegata），叶淡灰绿色，具白色斑纹，苞片鲜红色。⑩保罗·埃克小姐（Mrs. Paul Ecke），叶宽、栎叶状，苞片血红色。近年来上市的新品种有喜庆红（Festival Red），矮生，苞片大，鲜红色。⑪皮托红（Petoy Red），苞片宽阔，深红色。⑫胜利红（Success Red），叶片栎状，苞片红色。⑬橙红利洛（Orange Red Lilo），苞片大，橙红色。⑭珍珠（Pearl），苞片黄白色。⑮皮切艾乔（Pichacho），矮生种，叶深绿色，苞片深红色，不需激素处理。

4. 同属主要种类

同属约 200 种，主产热带、亚热带、温带。我国 60 种以上，广泛分布。包括一、二年生草本（如银边翠）、多年生草本（霸王鞭）和木本植物。常见的有：

(1) 紫锦木（*E. cotinifolia*）

常绿灌木，株高 2~3m。树皮灰白色，分枝多，嫩枝和叶片呈红褐色或暗紫红色。叶具长柄，叶片卵形或广卵形。花顶生，淡黄色，四季开花。原产印度及热带非洲。汁液有毒。叶片极其美丽，为优良的园林景观植物，可露地栽培或盆栽。

(2) 虎刺（*E. splendens*）

茎稍攀援性，分枝，长可达 2m 多。茎上有灰色粗刺。叶片卵形，老叶脱落。花小，成对着生成小簇，各花簇又聚成二歧聚伞花序；外侧有两枚苞片，淡红色、深红色或黄色。原产于马达加斯加。四季均开花，在北半球冬季开花最盛。是受欢迎的室内植物，热带地区种植于庭园。

(3) 金刚纂（*E. antiquorum*）

灌木或乔木，高可达 7m，含白色乳汁。树皮灰白色；小枝有 3~5 条厚而波浪形的翅，翅的凹陷处有一对利刺。聚伞花序由 3 个总苞构成；花单性，无花被，雌雄花同生于总苞内；雄花多数，有 1 具柄的雄蕊；雌花无柄，生于总苞的中央。蒴果球形，径约 1cm。花期 3~4 月。多生于村舍附近或园边，可作观赏栽培及绿篱用。

(4) 光棍树（*E. biatirucalli*）

灌木或矮小乔木，全株多分枝。茎枝绿色，粗圆而有节，但脆弱易断，断口常流出大量白色乳汁。叶多生枝端，细小，线形，早落。花单生，开于枝顶或节上。蒴果。种子卵形，平滑。开花结果率甚低。

5. 同科近缘属种类

大戟科植物全世界约 300 属，5000 多种，广布全球，以热带和亚热带地区为多。我国大戟科植物分为 4 个亚科，分别是叶下珠亚科（Phyllanthoideae）、大戟亚科（Euphorbioideae）、铁苋菜亚科（Acalyphoideae）、巴豆亚科（Crotonoideae）。我国含引入栽培的共约有 70 多属，约 460 种，但主产于西南至台湾地区。

大戟科植物生活型多样，园林用途也非常广泛，既可观形、观花，又可观叶、观果。

197

该科红桑类（*Acalypha* sp.）、变叶木类（*Codiaeum* sp.）以其多变的叶形和明快的叶色深受大众青睐，狗尾红（*Acalypha hispida*）和猫尾红（*Acalypha pendula*）则以鲜艳、奇特的花序成为园林绿化的新品。该科植物野生植物资源异常丰富，不但有极高的园林应用价值，而且一些种类还具有很高的药用价值和工业价值，前者如巴豆 *Croton tiglium*，后者如乌桕 *Sapium sebiferum*。

二、海南杜鹃（*Rhododendron hainanense*）

杜鹃花科 Ericaceae 杜鹃花属观花灌木，目前尚未在园林中栽培应用，但其花期早而长，花量大，花色艳丽，株型适中，非常适合用作盆栽观赏，是年宵花的极佳材料。其喜湿，耐阴，可配置于林下和林缘等处。

1. 形态特征及生态习性

（1）形态特征

常绿灌木，高 1～3m。分枝多，纤细；枝叶密被棕褐色扁平糙伏毛。花 1～3 朵，顶生；花梗长 5～8mm，密被棕褐色糙伏毛；花冠漏斗形，长 3.5～4.5cm，红色。花期 10 月至翌年 3 月，果期 5～8 月。

（2）生态习性

性喜温暖湿润气候，耐阴，喜沙质至沙壤土，在海南岛常分布于海拔 300～800m 的溪流两岸，在 1200m 以上的山地林下也可见。

2. 起源演化与地理分布

原产中国，为我国杜鹃花属植物中热带性状最突出的种类，主要分布于海南岛的琼中、保亭、乐东、陵水、万宁、定安、东方、乐东、昌江等地，在广西也有分布。

3. 同属主要种类

杜鹃花属植物是极负盛名的野生高山花卉，其种类繁多，花色绚烂，具有极高的观赏价值。杜鹃花属共 9 亚属，约 960 种，广泛分布于亚洲、欧洲和北美洲，主产于东亚和东南亚。中国是世界杜鹃花属植物最为重要的起源和分布中心，共有约 560 种，占世界总数的 59%，集中分布于西南和华南一带。

（1）岩谷杜鹃（*R. rupivalleculatum*）

附生常绿小灌木，高 20～60cm。叶革质，匙状倒卵形，顶端微凹缺，有凸尖；叶柄很短，长约 3mm，或无柄。花黄色，常单朵生于枝顶；花萼浅盘状，被微柔毛，裂片 5；花冠短钟状。花期 7～9 月，果期 11～1 月。产于我国海南、湖南等地，常生于海拔 1200～1850m 的山顶灌丛或疏林下。

（2）凹叶杜鹃（*R. davidsonianum*）

常绿灌木，高 1～3m。叶披针形或长圆形，叶面成 "V" 内折，无毛或沿中脉有微毛，下面密被鳞片。花序具花 3～6 朵，顶生或同时有腋生；花冠宽漏斗状，长 2.5～3cm，淡紫白色或玫瑰红色，花期 2～4 月，果期 9～10 月。产于我国海南鹦哥岭、四川省西南及西北部，海拔 1200～1800m。

（3）南华杜鹃（猴头杜鹃）（*R. simiarum*）

常绿乔木或灌木，高可达 15m。树皮暗灰色，小枝粗壮。叶厚革质，具光泽，背面常密生土黄色短柔毛。伞形花序呈总状，有花 4～6 朵；花萼小而狭或呈杯状，具不明显的

5 齿，被黄褐色绒毛；花冠漏斗状钟形，白色，常具少数玫瑰红色斑点，长 4.5cm，芳香。花期 3～4 月，果期 10 月。产于我国海南、广东、广西、福建、湖南南部、浙江南部和江西南部等地，常生于海拔 1200～1850m 的山顶灌丛或疏林下。

(4) 折角杜鹃（*R. simiarum* var. *deltoideum*）

南华杜鹃变种，为常绿灌木，高约 4m。花萼盘状、裂片三角形，外折。分布于我国海南五指山和定安等地的山顶杂林。

(5) 映山红（*R. simisii*）

落叶或半常绿灌木，高 4～5m。小枝密被平贴、红褐色糙伏毛，具光泽。叶二型；春发叶椭圆形或卵状至长圆状椭圆形，顶端尖或有时渐尖；夏发叶倒卵形至倒披针形。花序有花 2～4 朵；花梗长 5～10mm，密被糙伏毛；花冠阔漏斗状钟形，稍歪斜，红色至猩红色，有深红色斑点，长 4～4.5cm，花径 4～5cm。花期 2～4 月，果期 7～9 月。在我国分布广泛，海南为其分布最南缘，分布海拔约 400～1400m。

(6) 南海杜鹃（韦氏杜鹃、六角杜鹃）（*R. westlandii*）

直立灌木或近小乔木，高 3～5m。小枝粗壮，无毛。花芽卵球形，鳞片长卵形，长约 2cm，除边缘及先端密被白色微柔毛，其余无毛。伞形花序，有花 5～6 朵；花萼杯状，5 深裂；花冠上部裂片具深黄色斑。漏斗状钟形，粉红至淡紫色，蒴果长圆柱形。花期 3～4 月，果期 8～9 月。产于我国海南、广东、香港、广西、福建、湖南、江西和贵州等地，生于海拔 400～1400m 的灌丛及山顶疏林。

(7) 毛棉杜鹃（*R. moulmainense*）

常绿小乔木，高 5～8m。小枝淡绿色，幼时密被白色刺毛，后脱落。花通常 1～2 朵腋生，或数朵组成腋生的伞形花序，芳香；花冠淡紫色、粉红色或淡红白色，狭漏斗形，长 4.5～5.5cm，无毛，裂片 5，开展。花期 2～4 月，果期 8～9 月。产于我国海南、广东、广西及云南、湖南等省区，海拔 400～1500m。

(8) 羊角杜鹃（*R. cavaleriei*）

常绿灌木，高 2～4m。叶坚纸质，无毛。伞形花序顶生，具小花 3 朵；花萼小，裂片不明显，近无毛；花冠白色或玫瑰红色，狭漏斗形，长 4cm。花期 4～5 月，果期 10～11 月。产于我国海南、广东、广西、湖南、贵州等省区。

(9) 西施花（鹿角杜鹃）（*R. ellipticum*）

常绿灌木，高 2～3m。叶革质，无毛。花序侧生枝顶叶腋，具花 1～2 朵；花梗粗壮，基部关节明显；花冠漏斗形，粉红色至白色，长 4.8cm。花期 3～4 月。产于我国华南、华东、贵州、台湾等省区，生于海拔 800～1800m 山坡林缘或杂木林内。

4. 同科主要种类

杜鹃花科（Ericaceae）约 75 属 1350 余种，广泛分布于南北半球的温带及北半球的亚寒带地区，在热带高山地区也有生长。我国约有 20 属 700 余种，分布于全国各地，以四川、云南和西藏三省区相邻的山区种类最多。该科中的许多属、种为著名的园林观赏植物，具有重要的观赏价值。分布于热带具有较高观赏价值的除杜鹃花属外还有吊钟花属 *Enkianthus*（吊钟花 *E. quinqueflorus*、台湾吊钟花 *E. taiwanianus* 和齿缘吊钟花 *E. serrulatus*）、马醉木属 *Pieris*（美丽马醉木 *P. formosa* 和长萼马醉木 *P. swinhoei*）和珍珠花属 *Lyonia*（红脉南烛 *L. rubrovenia* 和珍珠花 *L. ovalifolia*）等。

三、茉莉花（*Jasminum sambac*）

木樨科 Oleaceae 茉莉属植物。叶色翠绿，花色洁白，香味浓厚，为常见庭园及盆栽观赏芳香花卉。多用盆栽，点缀室内，清雅宜人，还可加工成花环等装饰品。提炼的茉莉油，是制造香精的原料。其花、叶、根均可入药，还可熏制茶叶，或蒸取汁液，以代替蔷薇露。

1. 形态特征与生态习性

（1）形态特征

常绿直立或攀援灌木。枝条柔软细长，常呈藤状；小枝绿色，老枝灰白色。顶生聚伞花序，花白，单瓣或重瓣。花期 5～8 月；果期 7～9 月。浆果球形，成熟时为蓝黑色。

（2）生态习性

性喜温暖湿润，在通风良好、半阴环境生长最好。土壤以含有大量腐殖质的微酸性沙质壤土为最适合。畏寒，畏旱，不耐湿涝和碱土。

2. 起源演化与地理分布

原产印度、阿拉伯一带，中心产区在波斯湾一带，现广泛植栽于亚热带地区。希腊首都雅典称为茉莉花城。菲律宾、印度尼西亚、巴基斯坦、巴拉圭、突尼斯和泰国等把茉莉和毛茉莉 *J. multiflorum*、大花茉莉 *J. grandiflorum* 等列为国花。美国南卡罗来纳州将其定为州花。泰国人把它作为母亲的象征。在花季，菲律宾到处可见洁白的茉莉花海，使整个菲律宾都散发着浓浓的花香。我国广东、福建、苏杭南方诸省均有广泛栽培。目前我国茉莉花的种植主要集中在广西横县，全县种植茉莉花 10 万多亩，年产鲜花 8 万多吨，产量占到全国总量的 80％以上，占世界总产量的 60％。横县因此有"中国茉莉之乡"的美誉。

3. 主要类群与品种

（1）单瓣茉莉

植株较矮小，高 70～90cm。茎枝较细，呈藤蔓型，故有藤本茉莉之称。花蕾略尖长，较小而轻；花冠单层，花瓣少，7～11 片，表面微皱，顶端稍尖，所以又称尖头茉莉。我国的单瓣茉莉，经各地多年选育，形成较多的地方良种，产量高、品质好的有福建长乐种、福州种、金华种、台湾种。单瓣茉莉花耐旱性较强，畏寒，不耐涝，抗病虫能力弱，适于山脚、丘陵坡地种植，但产花量不及双瓣茉莉，亩产 150～200kg。

（2）双瓣茉莉

我国大面积栽培的主要品种。直立丛生灌木，株高 1～1.5m，为多分枝。聚散花序，顶生或腋生，每个花序着生花蕾 3～17 朵，多的可达 30 朵以上。花蕾卵圆形，顶部较平或稍尖，也称平头茉莉。通常带尖头的品质较好，花朵比单瓣茉莉肥硕，含水量也略低。双瓣茉莉枝干坚韧，抗逆性较强，较耐寒、耐湿，易于栽培，单位面积产量高。目前我国各地种植的主要是双瓣茉莉。栽植 5 年以上者一般亩产 800～1000kg。

（3）多瓣茉莉

枝条有较明显的疣状突起。叶片浓绿。花蕾紧结，较圆而短小，顶部略呈凹口；花冠裂片（花瓣）小而厚，且特别多，一般 16～21 片。开放时间长，香气较淡，产量较低；但其耐旱性强，在山坡旱地生长健壮。

4. 同属主要种类

同属约 300 种，分布于亚洲、非洲及大洋洲热带和亚热带地区。我国有 44 种，常见的栽培种有：①红素馨 *Jasminum beesianum*，攀援灌木。单叶对生。聚伞花序顶生，花冠红色至玫瑰紫色，芳香。花叶同放，花期 5 月。②探春 *J. floridum*，多年生木本植物。枝条多分枝。花白色，浓香。花期 5～10 月。③云南黄馨 *J. mesnyi*，常绿灌木。拱形枝条。花单生于叶腋，单瓣或重瓣，花冠黄色。自然花期为 3 月～5 月。④毛茉莉 *J. multiflorum*，常绿灌木。叶片卵形，对生；茎叶具黄褐柔毛。复聚伞形花序，花白色，高脚蝶形，具芳香；花谢后萼片宿存。冬、春季开花，花期较长，宜于室内盆栽。⑤迎春花 *J. nudiflorum*，落叶灌木。与梅花、水仙和山茶花统称为"雪中四友"，是中国名贵花卉之一。花期 3～5 月，可持续 50 天之久。⑥浓香探春 *J. odoratissimum*，常绿灌木，高 0.5～3m。聚伞花序排为圆锥状，顶生，有花多朵，芳香。果球形或椭圆形。花期 3～7 月，果熟期 8 月。⑦素方花 *J. officinale*，小枝细而有角棱。聚伞花序顶生，有花数朵，白色，有芳香。花期 6～7 月。

5. 同科近缘属种质资源

木樨科植物全世界约 27 属，400 多种，广布于两半球的热带和温带地区，亚洲地区种类尤为丰富。我国木樨科植物分为 2 个亚科，分别是木樨亚科（Oleoideae）和素馨亚科（Jasminoideae）。我国共有 12 属，178 种，6 亚种，25 个变种，25 个变型，其中 14 种，1 亚种，7 变型属栽培种，分布于南北各地。木樨属（Osmanthus）、女贞属（Ligustrum）、丁香属（Syringa）和连翘属（Forsythia）大多种类分布在我国，故我国也是上述各属的分布中心。

木樨科植物在庭园绿化中应用历史久远。该科植物桂花（Osmanthus fragrans）以其浓郁的香味和其悠久的文化底蕴深受古今中外文人骚客的喜爱，现在园林绿化中常用的桂花分为四个品种群，即金桂（Osmamthus fragrans var. thunbergii）、银桂（Osmanthus fragrans var. latifolius）、丹桂（Osmanthus fragrans var. aurantiacus）和四季桂（Osmanthus fragrans var. semperflorens），每个类群都有自己的特色，各地可根据需要进行应用。此外，花香色艳的丁香、四季常青的女贞也深受大众的宠爱。该科野生植物资源非常丰富，不仅可用于园林绿化，一些植物还具有重要的药用价值、香料价值、油料价值及经济价值，如连翘（Forsythia suspensa）是我国常用的传统中药之一。

四、龙船花（*Ixora chinensis*）

茜草科 Rubiacea 重要的木本观花植物，在美国、荷兰、日本等国广泛栽培。其株形美观，开花密集，花色丰富，终年有花可赏，被人们称为"百日红"。夏秋季节盛花时，成千上万朵小花组成一个个火球，娇艳夺目，非常壮观。广泛应用于园林绿化，列植、群植或丛植均可，也常用于布置花坛、花境。盆栽龙船花，多小巧玲珑、花叶繁茂，适合窗台、阳台或客厅摆放；团状的花朵具有稳重和强烈的凝聚力，还可以用于布置会场。

1. 形态特征及生态习性

（1）形态特征

常绿灌木。叶对生，革质，有时由于节间距离极短几成 4 枚轮生。花序顶生，多花；总花梗长 5～15mm，与分枝均成红色；花冠鲜红色至橙色，盛开时长 2.5～3cm，顶部 4

裂。果近球形，双生，成熟时红黑色。花期5～7月。

（2）生态习性

性喜温暖、湿润和阳光充足环境。尤其是茎叶生长期，充足的阳光下，叶片翠绿有光泽，有利于花序形成，开花整齐，花色鲜艳。耐旱，耐半阴，不耐寒，不耐湿。土壤以肥沃、疏松和排水良好的酸性沙质壤土为佳。耐高温，32℃以上照常生长。生长适温为15～25℃。冬季温度不低0℃，过低易遭受冻害。

2. 起源演化与地理分布

原产我国广东、广西、香港、福建、台湾等地。越南、菲律宾、马来西亚及印度尼西亚也有分布。本种于17世纪被引种到英国，后传入欧洲各国，广泛用于盆栽观赏，并与原产印度等地的其他种类杂交选育出了不少的新品种。从20世纪80年代开始，我国陆续从欧美引入了杂交新品种，使我国龙船花的栽培品种更加丰富。应用形式也从单纯的庭院观赏更多的转向了盆栽观赏。

3. 主要类群与品种

龙船花类植物广泛在应用于世界热带地区，除龙船花之外，还有约30个常见栽培的种或品种。如红仙丹（红龙船花）I. coccinea、大王龙船花 I. duffii 'Super King'、黄花龙船花 I. lutea、洋红龙船花 I. casei、杏黄龙船花 I. coccinea 'Apricot Gold'、大黄龙船花 I. coccinea 'Gillettes Yellow'、白花龙船花 I. paruiflora、宫粉龙船花 I. x westii、矮龙船花 I. williamsii 'Sunkist'、矮白龙船花 I. x williansii 'Dwarf Alba'、矮黄龙船花 I. x williamsii 'Dwarf Yellow'、矮旭龙船花 I. xwilliamsii 'Dwarf Salmon'、矮粉龙船花 I. xwilliamsii 'Dwarf Pink'等。花色也有朱红、橙红、洋红、粉红、黄、杏黄、白等，还有重瓣型的栽培品种。

4. 同属主要种类

龙船花属约300～400种，大多分布于亚洲热带地区和非洲、大洋洲，热带美洲较少。其中我国产19种，分布于东南部和西南部。原产于我国的部分种类如下：①海南龙船花 I. hainanensis，聚伞花序宽达7cm，花极多，花冠白色，冠管长2.5～3.5cm。花期5～11月。产海南，常见于低海拔至中海拔密林中，多生于溪边或林谷中湿润的土壤上；广东也有分布。②团花龙船花 I. cephalophora，聚伞花序顶生，多花。花冠白色，长2～3.5cm，花期5月。产海南，在低海拔至中海拔密林中略常见，多见于林谷中或溪边；越南也有分布。③白花龙船花 I. henryi，聚伞花序长约5cm，多花。花冠白色或红色，花期全年。产于海南、广东、广西、云南、贵州等地；越南也有分布。④泡叶龙船花 I. nienkui，花冠白色或浅红色。花期9～10月。产海南、广东和广西。⑤散花龙船花 I. effusa，花冠白色或淡紫色，花序极广展，直径7～11cm。花期4～5月。产海南保亭及广东，较少见；越南也有分布。⑥薄叶龙船花 I. finlaysoniana，花冠白色，纤细，长约2cm。花期4～10月。产海南、广东和云南等地；国外分布于中南半岛至菲律宾。⑦小仙龙船花 I. philippinensis，灌木或小乔木，花冠白色至淡红色。花期6～8月。产台湾；菲律宾也有分布。

5. 同科近缘属种

茜草属属于茜草科咖啡族，该族共有14属约900种，主产非洲；我国产4属，引入栽培1属。

（1）咖啡属（*Coffea*）

约 90 种，主要分布于亚洲热带和非洲，我国华南和西南引种栽培 5 种，即大粒咖啡（*C. liberica*）、中粒咖啡（*C. canephora*）、刚果咖啡（*C. congensis*）、小粒咖啡（*C. arabica*）和狭叶咖啡（*C. stnophy11a*），其中小粒咖啡的栽培最为广泛。咖啡类植物是世界著名的经济作物，具有一定的观赏价值，如花洁白芳香的小粒咖啡，果实繁密鲜艳的大粒咖啡等，都可是良好的园林绿化材料。

（2）大沙叶属（*Pavetta*）

约 400 种，分布于非洲南部、亚洲热带地区和澳大利亚北部；我国产 6 种 1 变种，分布于南部和西南部。本属植物花红色或白色，形态与龙船花属植物较为近似，可应用于园林绿化。①大沙叶 *P. arenosa*，灌木，高 1～3m。叶膜质，长圆形至倒卵状长圆形。聚伞花序伞房状，顶生，花白色，具香味。花期 4～5 月。产广东和海南，生于低海拔疏林内。越南也有分布。本种具变型光萼大沙叶 f. *glabrituba*，萼管无毛，产广东、广西、海南等省区。②多花大沙叶 *P. polyantha*，灌木。叶膜质，狭倒卵形或披针形。花序疏散，花枝密被柔毛。产广东、广西、云南和贵州，生于海拔 900～1200m 的疏林或溪旁。印度、缅甸、印度尼西亚和菲律宾也有分布。③香港大沙叶 *P. hongkongensis*，灌木或小乔木，高 1～4m。叶膜质，长圆形至椭圆状倒卵形。花序侧生，花枝无毛，多花，花白色。花期 3～4 月。产广东、香港、海南、广西、云南等地，生于海拔 200～1300m 的灌丛内。越南也有分布。

五、变叶木（*Codiaeum variegatum*）

大戟科 Euphorbiaceae 变叶木属，其叶色、叶形十分丰富多变，故名"变叶木"，是著名的热带观叶植物。在园林中主要用作彩叶篱和公园（庭院）观赏，通常修剪成球状、块状，或保持自然株型，配置手法有列植、对植和群植等。也可用作盆栽，但其汁液有毒，误食会导致肚痛和腹泻，加之其不耐阴，故不宜用作室内观赏。

1. 形态特征及生态习性

（1）形态特征

常绿灌木或小乔木，高 0.5～2m，最高可达 6m。单叶互生，革质，叶形和叶色依品种不同而有很大差异，叶形有线形、披针形、椭圆形等，边缘全缘或者分裂，波浪状或螺旋状扭曲，叶绿色常具有白、紫、黄、红等各色斑块、斑点或斑纹。总状花序生于上部叶腋，花白色不显著。花期 9～10 月。

（2）生态习性

原产亚洲至大洋洲一带的热带地区，喜高温，喜光照充足环境，不耐阴，在荫蔽环境条件下则叶色暗淡；喜湿，不耐旱。对土壤要求不严，但以富含腐殖质、疏松肥沃、排水良好的沙质至轻黏质的土壤为最佳。

2. 起源演化与地理分布

原产地为亚洲南部马来半岛直至大洋洲，属热带亚洲至热带大洋洲的地理分布类型，现广泛栽植于全世界热带地区。

品种较多，多系品种间相互杂交而成。但由于目前尚无关于变叶木品种间演化关系的系统研究，故其详细的演化关系目前尚不得而知。而采样随机扩增多态 DNA（RAPD）

技术对海南栽培的 7 个变叶木类型品种的遗传关系研究可知，细叶型品种与角叶型品种的亲缘关系最近，戟叶型品种、阔叶型品种与螺旋叶品种之间的亲缘关系较为接近，而复叶型品种和阔叶型品种间的亲缘关系最远，但仅据此似乎仍难于将其系统的演化关系排列清楚。

3. 主要类群与品种

品种繁多，其品种分类主要以叶形为第一级分类标准，以叶色为第二级分类标准进行。常见栽培于我国热带地区的变型主要有复叶型、长叶型、角叶型、戟叶型、螺旋叶型、阔叶型及细叶型等 7 种。

（1）复叶型变叶木（Appendiculatum Form）

叶片细长，其上部缢缩而形成一汤匙状小叶，叶上下两部分仅由主脉连接，形似单身复叶状。常见的品种有：飞燕（'Interruptum'）：小灌木，株高 60～80cm。在叶的顶端附以小叶，小叶披针形或卵圆形，有些小叶叶脉在基部盾状着生，叶色浓绿。五彩蜂腰（'Applanatum'）：株高 80～120cm。叶披针形，先端渐尖，基部阔楔形，长 15～20cm，宽 1～1.5cm，全缘；叶中脉黄色或淡红色；叶面有红、淡红、黄等各色。

（2）长叶型变叶木（Ambigum Form）

叶片细长，带状，全缘，不裂，不缢缩，也不旋曲，叶缘平直或微波曲。常见的品种有：①绯颊（'Evolutum'）：叶长窄线形，长约 20cm，宽 1.5～2.5cm，叶色变化多，有绿底金脉、金边、红边等。②乳点（'Estriatus'）：株高 1～2m。枝粗壮灰色。叶常集生枝端，长披针形，长约 10cm，宽 1cm，先端渐尖而钝，叶绿色，有不规则的大或小的金黄色斑点。③雉鸡尾（'Pictum Muell-Arg'）：株高 1～2m。叶呈长带状，内卷成"V"字形，叶至中部下弯，稍有扭曲，全缘，长 30～35cm，宽 2～3cm，革质，有光泽；新叶绿色，散生稀少黄斑，老叶具大面积黄斑。④维多利亚女皇（'Queen Victoria'）：株高约 1.5m。叶长披针形，长 25～35cm，宽 2～3cm，中脉黄色或褐色；新叶呈绿色，老叶渐变为红褐色。

（3）角叶型变叶木（Cornutum Form）

叶披针形至阔披针形，叶缘常明显波状并卷曲，叶先端由于中脉延长伸出而成一翘起的角状物（芒）。常见的品种有：①金边小螺丝（'Podorcarp Leaves'）：株高 1～2m。叶密集着生，长 10～15cm，宽约 1cm，叶片先端渐尖或钝，中脉延长伸出而成一翘起的角状物，叶片螺旋作 2～3 回旋卷，叶缘波状；叶片浓绿色，叶中脉及叶缘黄色。②金边大螺丝（'Spriale'）：株高 1～2m。叶较稀疏，长 15～25cm，宽 2.5～3cm。形态与前种相似，但旋卷只有 1～2 回，多集中于叶的前端。

（4）戟叶型变叶木（Lobatum Form）

叶缘 3 裂而似戟状。常见的品种有：①裂叶银星（'Irregulare Variegata'）：株高 0.8～1m。分枝较多。叶片多集于枝端；叶椭圆形，3 裂，中裂片戟形，侧裂片先端钝圆，基部楔形，具短柄，绿色，满布散生的黄色不规则的斑点；叶脉不明显。②砂子剑（'Katonii'）：株高 1～2m。叶集生枝端，长戟形，长 15～30cm，宽 3～4cm，先端渐尖，基部楔形，叶缘窄，金黄色或红色；叶脉宽，金黄色或带红色，侧脉黄色或红褐色。③琴叶彩（'Philippe Gedildig'）：株高 60～70cm。叶大，3 浅裂，长 15～18cm，宽 10～12cm；中裂片宽而短，先端突尖；侧裂片圆，基部阔楔形；叶柄长 1～1.5cm；整个叶片色彩艳丽，形似提琴；叶片绿色，叶脉及叶缘金黄色，或叶片为淡橙黄色，中脉红色。

(5) 螺旋叶型变叶木（Crispum Form）

叶片细长，叶缘波浪起伏，呈不规则的扭曲与旋卷；叶形与角叶型类似，但叶先端无角状物。常见的品种有：织女绫（'Warrenii'）：株高 1～2m。叶柄粗壮，长 1～1.5cm；叶片阔披针形，长 15～20cm，宽 2～3cm，先端渐尖而钝，基部宽楔形，叶缘皮状旋卷，叶脉黄色，叶缘有时黄色，叶片常杂以彩色斑纹。

(6) 阔叶型变叶木（Platyphyllum Form）

叶卵形、卵状椭圆形、倒卵形或倒卵状椭圆形，有大、中、小型品种，叶长 5～20cm，宽 3～10cm，叶缘不裂。主要品种有：①红宝石（'Baronne Jamesdo Rothschild'）：株高 1～2m。叶柄粗壮；叶片椭圆状披针形，长 15～25cm，宽 6～8cm，先端渐尖，基部阔楔形，全缘或稍波状；叶色变化大，有绿底金脉、金边、红褐色底、主侧脉红色等。②五彩（'Variegata Rinbow'）：株高 50～60cm。叶倒卵形，长 8～10cm，宽 3～5cm，先端浑圆，基部楔形，具短柄；叶片绿色或淡红褐色，有黄色、红色等斑块。③喷金妆（'Golden Queen'）：株高 1～2.5m。叶阔倒卵形，近圆形或倒卵状矩圆形，长 4～8cm，宽 2～4cm，先端短尖，基部狭，全缘；叶片绿色，局部金黄色。④乳斑（'Eburneum'）：株高 1～1.2m。叶柄长 1.2～1.5cm；叶片披针形，长 10～12cm，宽 3～4cm，先端渐尖，基部楔形；叶片绿色，密布大小不规则的黄色斑点。⑤长金汤匙（'Long Gloriosum'）：株高 1～2m。叶柄长约 1cm；叶片长披针形，长 15～20cm，宽 6～8cm，先端渐尖，基部阔楔形，全缘；叶片绿色，叶脉淡绿色，有时淡黄色，有时在主脉上有一条红线。⑥黑姬（'Newmannii'）：株高 40～50cm。叶浅 3 裂，中裂短阔，先端渐尖，侧裂浑圆，基部阔楔形，具长 1～1.5cm 的叶柄；叶片带黑褐色，有散生朱红色斑。

(7) 细叶型变叶木（Taeniosum Form）

叶极狭长，线形，宽通常不及 1cm，为叶长的约 1/10，叶缘通常平直，不波曲、不旋曲亦不缢缩，叶先端无角状物。常见的品种有：①柳长（'Lineare'）：株高 1～1.5m。分枝多而细，叶较密。叶柄长约 1cm；叶片细长，长 10～15cm，宽 0.6～1cm，先端渐尖，基部楔形，灰绿色；中脉带白色；具疏生淡黄色斑点。②虎尾（'Majesticum'）：株高 1～1.5m。节间短，叶密生。叶片细长，长 10～15cm，宽 0.6～1cm，先端尖锐，基部狭楔形；叶片浓绿色，有明艳的散生黄色大小不等的斑点。

4. 同属主要种类

变叶木属共有 15 种，分布于亚洲东南部及大洋洲北部；我国引入 1 种，即变叶木。

5. 同科主要属种

大戟科为世界性的大科，共约 300 属 5000 种，广布全球，但主产于热带和亚热带。我国连同引入栽培共约 70 余属，460 种，分布于全国各地，主产地为西南至台湾。该科部分属种具有较高观赏价值，主要有：

(1) 大戟属（*Euphorbia*）

约 2000 种。枝叶具乳汁，在观赏植物种质中以盛产多肉多浆植物著称，主要种类有绿玉树（*E. tirucalli*）、三角火殃簕（*E. antiguorum*）、金刚纂（*E. neriifolia*）、麒麟掌（*E. neriifolia* var. *cristata*）等，也包括一些重要的观花、观叶植物，如虎刺梅（*E. milii*）、一品红（*E. pulcherrima*）和猩猩草（*E. heterophylla*）等。

（2）麻风树属（*Jatropha*）

约175种，主产美洲的热带和亚热带地区。本属植物常见栽培的有佛肚树（*J. podagrica*）、珊瑚花（*J. multifida*）和琴叶珊瑚（*J. pandurifolia*）等，前两者可观干、观花，后者是美丽的观花灌木。此外本属还有著名的能源树种麻风树（*J. curcas*）。

（3）铁苋菜属（*Acalypha*）

本属共3亚属，约450种，广布于世界热带及亚热带地区。在园林中常见应用的有红桑（*A. wilkesiana*）、金边红桑（*A. wilkesiana 'Marginata'*）、镶边旋叶铁苋（*A. wikesium 'Hoffmanii'*）、花叶青桑（*A. hamiltoniana*）等，都是热带地区常见的彩色叶灌木，而狗尾红（*A. hispida*）为观花灌木。

（4）五月茶属（*Antidesma*）

约170种，广布于东半球热带及亚热带地区。我国产17种，1变种，分布于西南、中南及华东。在热带地区常见栽培的有五月茶（*A. bunius*）、山地五月茶（*A. montanum*）和方叶五月茶（*A. ghaesembilla*），观果、观叶效果皆佳。

（5）秋枫属（*Bischofia*）

共2种，即秋枫（*B. javanica*）和重阳木（*B. polycarpa*），分布于亚洲南部及东南部至澳大利亚和波利尼西亚。我国2种皆产。其中秋枫为常绿或半常绿大乔木，高可达40m，主产于西南、华南及华东，而重阳木为落叶乔木，高约15m，产秦岭至淮河以南至福建和广东北部，在长江中下游流域常见。二者皆具三出复叶，在园林中常用作行道树和园景树，其中重阳木还是著名的秋色叶树种。

（6）海漆属（*Excoecaria*）

约40种，分布于亚洲、非洲和大洋洲热带地区。我国有6种和1变种，产西南部经南部至台湾。常见栽培的有红背桂（*E. cochinchinensis*）和绿背桂（*E. cochinchinensis var. viridis*）等，皆为观叶灌木。

（7）红雀珊瑚属（*Pedilanthus*）

共15种，产美洲。我国南部常见栽培1种，即红雀珊瑚（*P. tithymaloides*），为直立亚灌木，高40~70cm，小型聚伞花序生于枝顶或叶腋，聚伞花序为鲜红色或紫红色的鞋状总苞所包被，花期12月至翌年6月。

（8）响盒子（虎拉）属（*Hura*）

2种，产美洲热带地区。我国引入栽培1种，即响盒子（*Hura crepitans*），也名美国虎拉。为常绿乔木，枝干密被瘤状锐刺；叶近心形、先端尾尖；花单性，雌雄同株，雄花序穗状，雌花单生。蒴果圆盒状。本种为奇特而优美的庭园观赏树种。

六、翼叶九里香（*Murraya alata*）

芸香科 Rutaceae 九全香属植物。树姿优美，枝叶茂盛，花香宜人，为良好的园林绿化植物，可作绿篱或道路隔离带植物，因其耐修剪，也适作各种造型或盆景。

翼叶九里香作为一种野生的植物资源，目前尚未开发利用。

1. 形态特征及生态习性

（1）形态特征

灌木，高1~2m。小叶互生，基部狭而钝或急尖，边缘具不规则细齿缺或近全缘；叶轴具狭窄的叶翼。聚伞花序腋生；花瓣 5 片，倒披针形，白色；雄蕊 10 枚，长短相间。浆果阔卵形或近球形或倒卵形，朱红色。种子球形，种皮具棉质毛。花期 5～7 月，果期 10～12 月。

（2）生态习性

性喜高温湿润气候，喜光。耐旱，不耐积水，栽植土质以富含腐殖质、肥沃湿润和排水良好的壤土为佳。为阳性树种，宜植于阳光充足、空气流通的地方。最适宜生长温度为 20～32℃，不耐寒，冬季气温低于 5℃时，需移入室内越冬。

2. 起源演化与地理分布

原产我国广东雷州半岛、海南南部、广西北部附近。常生于距海岸不远的沙地灌木丛中。越南东北部沿海地区也有分布。

3. 主要类群或品种

为乡土植物，尚未开发利用，故暂无培育新的园林品种。

4. 同属主要种类

同属约 12 种，主要分布于热带、亚热带及澳大利亚东北部。我国有 9 种 1 变种，主产于南部地区。常见的有以下几种：

（1）九里香（*M. exotica*）

小乔木或灌木，高可达 8m。叶具小叶 3～7 片，两侧常不对称，小叶柄甚短。花序常顶生，偶尔兼腋生，花多朵形成聚伞状，为短缩的圆锥状聚伞花序；花白色，芳香；花瓣 5 片，长椭圆形，盛花时反折。果橙黄色至朱红色。种子具短棉质毛。花期 4～8 月，果期 9～12 月。产于我国台湾、福建、广东、海南、广西。常见于海岸附近的砂地、丘陵灌木林中。南方地区已广泛应用，多做绿篱或大型盆栽。

（2）调料九里香（*M. koenigii*）

灌木或小乔木，高达 4m。嫩枝被短柔毛。小叶 17～31 片，长 2～5cm，基部钝或圆，一侧偏斜，两侧极不对称，小叶两面中脉被短柔毛，全缘或叶缘具钝裂齿。伞房状聚伞花序常顶生，花多；花序轴和花梗均被短柔毛；花瓣 5 片，倒披针形或长圆形，白色，具油点。果长椭圆形，蓝黑色。花期 3～4 月，果期 7～8 月。产于我国海南南部距海岸不远的沙地灌木丛中以及云南南部西双版纳至耿马一带。常见于阔叶林中、河谷沿岸。越南、老挝、缅甸、印度也有分布。

（3）小叶九里香（*M. microphylla*）

与调料九里香比较相似，但小叶较小，长不超过 2.5cm，顶端钝或圆，有时稍凹缺，基部狭而钝，两侧稍不对称，边缘具明显裂齿。花序具花 10～30 朵；花瓣 5 片，白色。果长椭圆形，蓝黑色。花期一年两次，4～5 月或 7～10 月；果期 7～8 月。产于我国海南沿海岸的村庄附近。生于沙质土的灌木丛中。

5. 同科近缘属种质资源

芸香科植物全世界约有 150 属，1600 种，广布全世界，以热带和亚热带地区为多，少数分布至温带。我国芸香科植物分为 4 个亚科，分别是芸香亚科（Rutoideae）、巨盘木亚科（Flindersia）、飞龙掌血亚科（Toddalia）、柑橘亚科（Aurantioideae）。我国含引入栽培的共约有 28 属，约 151 种 28 变种，占世界种数的 11.2%，属数的 18.7%，分布于全国各地，主产西南和南部地区。

芸香科植物中除了九里香被广泛用于园林绿化外，大多尚未在园林绿化中开发利用。但是，该科植物多具有重要的经济价值，如黄皮（*Clausena lansium*）、柑橘（*Citrus reticulata*）、柚（*C. grandis*）等是有名的热带水果；花椒（*Zanthoxylum bungeanum*）果实可作调料；两面针（*Zanthoxylum nitidum*）含有多种生物碱，是重要的中草药，具有消炎镇痛和抗癌的作用。芸香科植物生活型多样，为常绿或落叶乔木、灌木或草本，或为援性灌木。芸香科植物可观花、观叶、观果，具有分枝低、树冠饱满、香花美果的特性，可用于高档小区的园林绿化，值得大力开发利用。

七、朱蕉 (*Cordyline fruticosa*)

龙舌兰科 Agavaceae 朱蕉属观叶植物。其株形美观，叶色华丽高雅，具有很高的观赏性。在园林中常丛植于公园及庭院等处，并配合假山石、水体及其他园林植物以展示其绚丽的色彩，有时也孤植观赏。也可盆栽，布置于阳台及客厅等处。

1. 形态特征及生态习性

（1）形态特征

直立灌木状多年生草本，高约 1～3m。茎多少呈木质，不分枝或常稍有分枝。叶常聚生于茎或枝的上部，披针状椭圆形至长圆形，绿色或紫红色，基部鞘状、抱茎。圆锥花序腋生，花淡红色、青紫色至黄色。花期 11 月至翌年 3 月。

（2）生态习性

性喜温暖湿润，不耐寒，喜稍荫蔽的环境（光照 60%～70%），对光照适应性较强。

2. 起源演化与地理分布

原产亚洲南部。于 19 世纪初传入欧洲，随即又传到美洲。至 20 世纪初，在欧美已十分流行，成为重要的室内装饰植物。在我国具有悠久的栽培历史，在出书于清代的《本草纲目拾遗》、《岭南杂记》、《南越笔记》和《植物名实图考》等古籍中都有翔实的记载。长江流域和北方城市相继引种作温室栽培，至今已广泛用于庭院观赏及盆栽观赏，在新品种的引进和生产数量上都有较大的发展。

3. 主要类群与品种

经过多年在世界各国的育种，目前已经有了较多的观赏品种，主要有：①三色朱蕉（'Tricolor'）：新叶淡绿色有乳黄色和红色的不规则的斑点。②五彩朱蕉（'Goshikiba'）：叶椭圆形，绿色，具不规则红色斑，叶缘红色。③细叶朱蕉（'Bella'）：叶小，紫色，有红边。④库氏朱蕉（'Cooperi'）：叶暗葡萄红色，背曲。⑤巴氏朱蕉（'Baptitii'）：叶宽，反曲，深绿色，有淡红色和黄色条纹；叶柄有黄斑。⑥云氏朱蕉（'Youngii'）：叶宽，开展，幼时鲜绿色，有暗红色和粉红色斑纹，后变为青铜色。⑦美丽朱蕉（'Aamabilis'）：叶宽，幼时深绿色，后出现白色及黄色的条纹和斑纹。⑧圆叶朱蕉（'Rrainbow'）：叶宽阔卵圆形，老叶深绿色，新叶淡红色、乳黄绿色。⑨娃娃朱蕉（'Dolly'）：矮生种。叶椭圆形，呈丛生状，深红色，叶缘红色。⑩黑叶朱蕉（'Negri'）：叶披针形，褐铜色，接近黑色。⑪杂种朱蕉（'Hybrida'）：叶深绿色，叶缘红色。

4. 同属主要种类

朱蕉属约 15 种，分布于亚洲南部至大洋洲，以及南美洲等地。除朱蕉外，其他常见的种类还有：

（1）澳洲朱蕉（*C. australis*）

别名巨朱蕉、白菜树（Cabbage tree）。为常绿乔木，高可达20m，胸径1.5～2m。叶为窄剑形，长约1m，簇生于茎的顶端，老时下垂，绿色，并杂以其他色彩。大型圆锥花序长达60～100cm，花穗密集，花具香气。花期在原产地为春至初夏。种子为鸽子及当地其他鸟类上佳的食物。原产澳大利亚及新西兰，为当地独有的风景园林树种。品种有紫叶澳洲朱蕉（'Atropurpurea'），叶片紫色；斑叶澳洲朱蕉（'Variegata'），绿叶上具米黄色斑纹。

（2）蓝朱蕉（*C. indivisa*）

也名山白菜树（Mountaincabbage tree）或阔叶白菜树（Broad-leavedcabbage tree）。常绿乔木，高可达8m，树径40～80cm。茎通常不分枝，或偶有分枝。叶剑形，长1～2m，宽10～30cm，蓝绿色，中脉鲜红、橙红或金黄色。原产新西兰至澳大利亚一带。

（3）剑叶朱蕉（*C. stricta*）

别名小朱蕉、小叶铁树。枝干纤细，栽培条件下株高约1.5m，单干或叉状分枝。叶密生，剑形，绿色，先端尖，长约30～60cm，叶缘有不明显的齿牙。花淡蓝紫色，顶生或侧生总状花序。常见品种有立叶小朱蕉（'Tachiba'），叶片直立，不弯垂，窄长。原产澳洲，广东、广西等地有栽培。

八、朱槿（*Hibiscus rosa-sinensis*）

锦葵科 Malvaceae 木槿属植物。别名扶桑、赤槿、宋槿、佛桑、大红花、花上花、假牡丹等。其花色艳丽，开花繁密，品种丰富，花期极长，是我国华南地区观赏价值最高、园林应用最广泛的观花灌木之一，为南宁市、玉溪市市花和高雄县县花，也是马来西亚、巴拿马和斐济群岛共和国的国花及美国夏威夷州州花。是原产中国的传统名花，具有悠久的栽培历史，在园林中常用作公园和庭院观赏、花篱及植物造型等，在我国北方多行盆栽。此外，因其对 SO_2 等有害气体抗性较强，可用于工厂绿化；并因其较耐水湿，也是滨水绿化的良好材料。

1. 形态特征及生态习性

（1）形态特征

常绿灌木，高1～4m。小枝无毛。叶缘具粗锯齿，近基部则全缘；羽状三出脉。花单生叶腋，最大可达25cm，单瓣或重瓣，花色有红、紫红、粉、橙、黄、白等。花期几全年，尤以5～10月为盛，但单花花期通常仅1天。蒴果长圆形，常不结实。

（2）生态习性

性喜光，稍耐阴；喜温暖至高温气候，不耐寒，露地越冬需在5℃以上；对土壤要求不严，但在肥沃、疏松的微酸性土壤中生长最好，较耐水湿。对 SO_2 等抗性较强。

2. 起源演化与地理分布

原产中国南部、中南半岛和非洲一带。在我国的栽培历史达1700年以上，早在晋代的《南方草木状》（304年）中就有朱槿的记载，我国是朱槿的起源中心之一。现广泛栽培于世界热带地区，尤以中国华南地区、东南亚、热带美洲为栽培中心。

红色的朱槿应是最原始的品种之一。据考证，古代广植于华南地区的朱槿品种中以开红色花者居多，开其他花色者较少。事实上，朱槿最初仅指开红色花的品种（明代，李时珍，《本草纲目》)。到清代时则有较多的黄色、白色和粉色的朱槿品种的记载（清代，李调元，《南越笔记》等)。

爱尔兰籍植物学家查理斯·戴斐尔博士（Dr. Charles Telfair）被认为是现代朱槿杂交育种的开创之人，他于 1820 年将原产于毛里求斯的百合朱槿（*Hibiscus liliiflorus*）与传入的中国朱槿杂交，成功培育出新的朱槿品种，开启了现代观赏朱槿杂交育种的先河。而现代花色繁杂的朱槿品种，是 19 世纪以后，由源于中国的品种与原产于印度洋和太平洋岛屿上不同颜色的朱槿品种杂交改良而来的，其花色和花型都有了很大的改变。在历经了大规模的杂交育种后，初期的花色大致可归类为红、橙、黄、白、淡紫及棕色等六大基本颜色。此后，澳洲朱槿协会（Australian Hibiscus Society，AHS）作为国际园艺学会朱槿品种登录权威（机构）（International Cultivar Registration Authority of *Hibiscus rosa-sinensis*）在办理朱槿品种的命名注册时，在朱槿品种的花色分类中又添加了灰、绿、粉红和紫等四种颜色，使朱槿品种的分类颜色达到 10 种之多。

3. 主要类群与品种

栽培历史悠久，品种十分丰富，目前全世界达 3000 种以上。朱槿的品种分类通常以花型为一级，花色为二级，花径为三级分类标准进行。按花型有单瓣、复瓣和重瓣，按花色有红、橙、黄、白、棕、灰、绿、粉、紫、淡紫及各式复色，按花径有大花类（直径在 12cm 以上）、中花类（花径在 10～12cm）和小花类（10cm 以下）等。常见的园艺品种有：①锦叶扶桑（'Cooperi'）：花单瓣，小，深红色；叶绿色，具白、粉、红色斑纹，以观叶为主。②迷你白（'Mini-White'）：花单瓣，小，白色。③丹心黄（'Crinkle rainbow'）：花单瓣，橙黄色。④紫荆粉（粉喇叭）（'Kermesinus'）：花单瓣，花冠粉红色，基部及瓣脉红色；小枝红绿色。⑤洋红（'Carmintus'）：花单瓣，红色。⑥绒红（'Scarlet'）：花单瓣，鲜红色；叶柄具短柔毛。⑦乳斑（风车红）（'Albo-Strip'）：花单瓣，大，粉红色，花瓣基部一侧白色。⑧马坦（'Matensis'）：花单瓣，大，粉红色；花梗及嫩枝等为紫红色。⑨金色加州（'Califorlia gold'）：花单瓣，金黄色，具深红色花心。⑩纯黄（'Lute'）：花单瓣，橙黄色。⑪花上花：中国传统品种。花红色，复瓣类，部分雄蕊瓣化而形成第二轮花瓣，见于清代李调元所著的《南越笔记》。⑫重瓣玫红（'vanhouttwei'）：花重瓣，小，玫瑰红色。⑬美丽美利坚（'American beauty'）：花重瓣，深玫瑰红色。⑭红龙（'Red dragon'）：花重瓣，深红色。⑮黑骨牡丹（'Double rainbow'）：花重瓣，粉红色；小枝红色。⑯大花朱红（'grandiflorus'）：花重瓣，大，朱红色。⑰艳红（'Carminato-plenus'）：花重瓣，深红色。⑱朱砂红（'Kermesinplenus'）：花重瓣，鲜红色。⑲重瓣柠檬黄（'Mist'）：花重瓣，柠檬黄色。⑳泰国黄（金球）（'Flavo-plenus'）：花重瓣，柠檬黄色。㉑锦球（'Kapiolani'）：花重瓣，大，橙黄色。

4. 同属主要种类

木槿属约 220 种，分布于热带和亚热带地区，我国含栽培的种类约 24 种，主要有：

（1）红叶槿（*H. acetosella*）

常绿灌木，高达 3m。全株暗紫红色。枝条直立，长高后弯曲。花单生于上部叶腋，直径 8～9 cm；花冠绯红色，有深色脉纹，中心暗紫色；花瓣 5 片，宽倒卵形。蒴果圆锥形，被毛。花期夏至秋季。

（2）高红槿（*H. elatus*）

小乔木或灌木，高5m。幼枝带白霜。叶互生，近圆心形；两面被星状绒毛。花单生叶腋或顶生，有2片托叶状苞片，有10～12片披针形的小苞片；花萼钟状，长约4cm，具5裂片；花冠钟状，红色，两面被星状柔毛。

（3）美丽芙蓉（*H. indicus*）

落叶灌木或小乔木，高2～4m。全株密被星状短柔毛。叶卵圆状心形或宽卵心形，掌状5～7裂，裂片三角形。花单生于枝上部叶腋，花梗、苞片和花萼均密被星状绒毛；花大，直径达10cm，粉红色或白色。蒴果。花期7～12月。

（4）木芙蓉（*H. mutabilis*）

落叶灌木或小乔木，高2～5m。全株被毛。花单生枝端叶腋，初开时白色或淡红色，后变深红色。蒴果扁球形，被淡黄色刚毛和绵毛。花期8～10月。变型重瓣木芙蓉（*f. plenus*），花圆球形，重瓣，初为白色，渐深玫瑰红色。

（5）吊灯花（*H. Schizopetalus*）

常绿灌木。小枝细瘦，常下垂。叶柄被星状柔毛。花单生于枝端叶腋，灯笼状；花瓣5片，红色，裂成流苏状，向上反曲，雄蕊柱长而突出，下垂。蒴果长圆柱形。花期全年。

（6）木槿（*H. syriacus*）

落叶灌木，高4m。花单生于枝上部叶腋，单瓣或重瓣，具淡紫、桃红、白、粉红等色。蒴果，密被黄色绒毛。花期5～10月。

5. 近缘属种与种质资源

锦葵科植物全世界约50属，约1000种，分布于热带至温带。我国锦葵科植物主要分为3族，分别是锦葵族（Malveae）、梵天花族（Ureneae）、木槿族（Hibisceae）。我国有16属，81种，36变种，占世界种数的11.7%，属数的32%，分布于全国各地，但主产于西南至台湾地区。

（1）悬铃花属（*Malvaviscus*）

垂花悬铃花（*M. arboreus* var. *penduliflorus*）常绿小灌木，高约2m。花单生叶腋；花冠漏斗形，下垂，长5～6cm，鲜红色、粉红色或白色。花期全年。原产墨西哥至秘鲁及巴西，现分布于世界各地热带及亚热带地区，我国南部各省引种栽培。

（2）苘麻属（*Abutilon*）

金铃花（纹瓣悬铃花）（*A. striatum*）：常绿灌木，高1m。花腋生，下垂，有长而细的花柄；花钟形，橘黄色，具紫色条纹。花期5～10月。原产于南美洲的危地马拉、巴西等地，云南、福建、广东等地有栽培。

（3）肖槿属（*Thespesia*）

1）肖槿（*T. lampas*）：常绿灌木，高1～3m。花单生叶腋或排列成聚伞花序；花冠钟状，黄色。花期9月至翌年1月。原产我国海南、广西、云南等地，印度、越南和马来半岛也有分布。

2）杨叶肖槿（*T. populnea*）：常绿灌木或小乔木，高4～8m。花单生叶腋；花冠黄色。花期几全年。原产于我国海南、广东南部和台湾，亚洲、美洲和非洲的热带海岸有分布。

九、木槿（*Hibiscus syriacus*）

锦葵科Malvactae木槿属植物，是优良的木本花卉之一。夏秋开花，花期长，花朵

211

大、艳丽且有许多不同花色、花型的变种和品种，园林绿化用途非常广泛，可用作花篱，丛植于草坪、路边或是林缘，或是用作于街道行道树。木槿对二氧化硫、氯气等有毒气体抗性较强，因此是很好的工厂绿化树种之一。

1. 形态特征与生态习性

（1）形态特征

落叶灌木或小乔木，高3~4m。树冠长圆形，枝幼小时密生绒毛后脱落。叶柄长0.5~2.5cm。花单生叶腋，径5~8cm，单瓣或重瓣，有淡紫、红、白等颜色。蒴果卵圆形。成熟种子黑褐色。花期6~9月，果3~11月成熟。变种长苞木槿 *H. sgriacus* var. *longibracteatus* 小苞片与花萼近等长，长1.5~2cm，宽1~2mm；花单瓣，花冠淡紫色，中心紫红色。

（2）生态习性

性喜光，耐半阴，喜温暖湿润气候。适应性强，能耐一定低温，在华北和西北大部分地区均能露地越冬。对土壤要求不严，耐干旱和瘠薄土壤，能在碱性和黏性土壤中生长。不耐干旱，生长期需勤浇水。萌蘖性强，耐修剪；对二氧化硫、氯气等抗性较强。

2. 起源演化与地理分布

原产我国中部地区和印度、叙利亚，世界各国广泛栽培。我国北至辽宁，南至广东，西及四川、陕西，东至东南沿海各省份均有分布，江西庐山牯岭发现仍有野生种。我国栽培历史悠久，自唐朝就有记载。唐代诗人李商隐的《槿花》中借木槿花之易落，喻红颜之易衰。有学者研究了紫花单瓣木槿、紫花重瓣木槿和牡丹木槿在叶和花部性状上的发育可塑性，发现3个种下类群花部性状的发育可塑性则相对要小得多，但紫花单瓣木槿和牡丹木槿在叶部性状上的发育具有很大的可塑性，这视乎暗示着花部性状较叶部性状具有更大的分类价值。

3. 主要类群与品种

按花色可分紫、红、粉、白等，按花型有单瓣、半重瓣、重瓣花。常见的品种有：① 'Admiral Dewe'，花白色，单瓣。② 'Ardens'，紫色花，半重瓣。③ 'Blue Bird'，堇蓝色花，基部花眼暗红，单瓣。④ 'Coelestis'，紫罗兰色，蕊柱红色，单瓣。⑤ 'Coerulis'，亮紫色，半重瓣。⑥ 'Diana'，纯白色花，晚上开放。⑦ 'Duc de Brabant'，深粉色，重瓣。⑧ 'Hamabo'，淡粉色，花眼深红，单瓣。⑨ 'Lady Stanley'，花白色，渐渐变粉红，近重瓣。⑩ 'Lucy'，深粉色，重瓣。⑪ 'Meehadenii'，紫红色花，花心栗色，叶缘乳白色。⑫ 'Monstrosus'，单瓣白花，栗色花眼。⑬ 'Pink Giant'，花大粉色，暗红色花眼。⑭ 'Red Heart'，白花具有非常明显的红色花心。⑮ 'Sovenir de Charles Breton'，花亮紫色，半重瓣。⑯ 'Totus Albus'，纯白色，单瓣。⑰ 'William R. Smith'，花大白色，直径可达10cm，花多。⑱ 'Woodbirdge'，玫瑰红色花，洋红色花眼，单瓣。⑲ 'Dorothy Crane'，花深红色心。⑳ 'Flore-plenus'，白花，重瓣。㉑ 'Speciosus Plenus'，粉花重瓣，中间花瓣小。㉒ 'Albo- Plenus'，白花，重瓣。㉓ 'Elegantissimus'，白花褐心重瓣。㉔ 'Speciosus'，白花红心重瓣。㉕ 'Amplissmus'，花桃色而带红晕，重瓣。㉖ 'Purpureus'，花半重瓣。㉗ 'Pulcherrimus'，花桃色而混合白色，重瓣。㉘ 'Violaceus'，青紫重瓣。

4. 同属主要种类

同属其他常见种类有：

（1）樟叶木槿（*H. grewiifolius*）

小乔木，高达 7 m。叶纸质，两面均无毛，近基部具 3～5 条基出脉。花单朵腋生；花萼钟形；花冠黄色，中央紫色。蒴果卵圆形。种子肾形，背部被绵毛。花期 10～12 月。

（2）锦球朱槿（*H.* × *hawaiiensis* 'Kapiolani'）

常绿灌木，高约 1～3m。叶先端渐尖，基部圆形或宽楔形，边缘具粗齿。花单生于上部叶腋间；花冠深橙红色，重瓣。蒴果卵形。花期全年。

（3）红秋葵（*H. coccineus*）

多年生直立草本，高 1～3m。茎红色，基部半木质化。花单生于枝端叶腋，有 12 枚线形的小苞片；花冠玫瑰红色或洋红色；花瓣倒卵形，外面疏被毛。蒴果球形，具尖短喙。花期 7～9 月。性较耐寒，主产美洲。

（4）大花秋葵（*H. moscheutos*）

多年生草本，高约 1.5m。花大，花瓣较平展，有白、粉、红等色。产于美国，我国也有栽培。

（5）玫瑰茄（*H. sabdariffa*）

一年生草本，高达 2m。花单生叶腋，黄色，径 6～7cm。主产亚洲及非洲。

（6）中华木槿（*H. sinosyriacus*）

粗壮直立灌木。花大而开展，堇紫色。花期 7 月。产于江西庐山。

（7）黄槿（*H. tiliaceus*）

常绿小乔木。树冠圆形。花顶生或腋生；花冠钟形；花瓣黄色，内面基部暗紫色。蒴果卵圆形，被绒毛。花期 6～8 月。

5. 同科近缘属种质资源

锦葵科植物自古就被应用到庭园绿化之中。该科植物木芙蓉（*H. mutabilis*），株形优美，清新雅致，常栽植于庭园、池塘供观赏；垂花悬铃花（*Malvaviscus arboreus* var. *penduliflorus*）花色娇艳，朵朵下垂如响铃，奇特别致，深受大众喜爱。该科植物的野生植物资源非常丰富，具有极高的园林应用价值。一些种类还具有重要的工业价值，还有少数种类则具有食用价值和药用价值。该科植物生活型多样，为乔木、灌木至草本。其园林用途非常广泛，既可观花又可观叶。该科众多植物已被广泛应用，但还有一些植物尚未开发利用。

十、紫金牛（*Ardisia japonica*）

紫金牛科 Myrsinaceae 紫金牛属植物。花瓣粉红色或白色。果球形，鲜红色至黑色。该植物果色红艳，着果繁密，观果期长，其花、叶等也常具一定的观赏价值，兼其耐阴性强，宜引种作为林下灌木或地被，或片植、丛植于庭前、角隅、假山旁、草坪等处，也可用作室内盆栽。本种自然分布于我国陕西及长江流域以南各省区，日本及朝鲜也有分布。当前紫金牛在园林上有良好的应用效果且应用范围在逐步扩展，是该属的主要园林植物之一。

1. 形态特征及生态习性

（1）形态特征

小灌木或亚灌木，近蔓生，具匍匐生根的根茎。叶近革质，椭圆形至椭圆状倒卵形，长 4～7cm，宽 1.5～4cm，边缘具细锯齿及腺点。聚伞形花序腋生，常下弯；花瓣粉红色或白色，密被腺点。果球形，熟时鲜红色转黑色，多少具腺点。花期 5～6 月，果期 11～12 月。

（2）生态习性

性喜温暖、湿润的环境，耐阴，忌阳光直射，在炎热的夏季要注意遮阴和浇水。适生于肥沃、排水良好的土壤中。

2. 起源演化与地理分布

紫金牛属植物主要分布于美洲、亚洲及南太平洋诸岛的广大热带及亚热带地区，少数分布于大洋洲。我国滇缅泰地区、北部湾地区为我国紫金牛属植物的现代分布中心，其分布的主要植被类型有亚热带常绿阔叶林区、热带季雨林区。

3. 主要类群与品种

该种尚未培育出系列类群和品种。

4. 同属主要种类

紫金牛属约 300 种，分布于热带美洲、太平洋诸岛、印度半岛东部及亚洲东部至南部，少数分布于大洋洲，非洲不产；我国 68 种，12 变种，分布于长江流域以南各地。

（1）椭圆叶紫金牛（A. elliptica）

常绿灌木或小乔木，株高可达 3m。叶互生，常丛生枝端，倒卵形或披针形，先端钝或锐形，厚肉质，全缘。伞形花序，花冠粉红至淡紫色。果实扁球形，熟时呈黑色。

（2）矮紫金牛（A. humilis）

灌木，高 1～2m。圆锥花序，花瓣粉红色或红紫色。果球形，暗红色至紫黑色。生于海拔 40～1100m 的山间、坡地疏、密林下，或开阔的坡地，是优良的地被植物。

（3）莲座紫金牛（A. primulaefolia）

亚灌木。茎短近无。叶基生呈莲座状；叶片厚纸质，椭圆形，两面被红褐色长毛。花序伞形或聚伞状，花冠淡红色。果球形，熟时鲜红色。花期 6～7 月，果期 11～12 月。

（4）虎舌红（A. mamillata）

矮小灌木，具匍匐的木质根茎。叶片坚纸质，两面绿色或暗紫红色，被锈色或有时为紫红色糙伏毛，毛基部具腺点。伞形花序；花长 5～7mm，花瓣常粉红色。果球形，鲜红色。生于山谷密林下，阴湿的地方。产自我国华南、华东、西南。叶、果均具较高观赏价值，可盆栽或作地被植物。

（5）大罗伞树（A. hanceana）

灌木，株高 0.8～1.5m。复伞房状伞形花序；花枝长 8～24cm；花长 6～7mm，花瓣白色或带紫色。果球形，深红色。生山谷、山坡林下，阴湿处。产自我国华东、华南。果色艳丽、果期长，具有较高观赏价值。可盆栽观赏或用作绿篱，亦可植于林下隐蔽处。

（6）罗伞树（A. quinquegona）

灌木或灌木状小乔木，高约 2～6m。聚伞花序，花枝长达 8cm，花瓣白色。果扁球形，具钝 5 棱。产自我国云南、广西、广东、福建、台湾。生山坡疏、密林中，或林中溪边阴湿处。叶、果观赏价值高，在园林上可用作观叶、观果植物，可盆栽或片植成绿篱。

（7）东方紫金牛（A. squamulosa）

常绿灌木或小乔木，株高可达 4m。叶柄紫红色。伞形花序，花冠桃红或紫白色。核果扁球形，成熟后红转紫黑色，玲珑可爱。

(8) 朱砂根（A. crenata）

常绿小灌木，高 1～3m。花序伞形或聚伞形，顶生，花瓣白色或略带粉红色。果实球形，红色，几乎全年有果。变种红凉伞 A. crenata var. bicolor，叶背、花梗、花萼及花瓣等均带紫红色，有的植株叶片两面均为紫红色。主要栽培品种有：白果朱砂根（'Leucocarpa'）、黄果朱砂根（'Xantocarpa'）、粉果朱砂根（'Pink'）及斑叶朱砂根（'Variegata'）等。

(9) 郎伞木（美丽紫金牛）（A. elegans）

灌木，高 1～3m。叶近边缘具疏且不明显的腺点。复伞形花序或由伞房花序组成的圆锥花序，着生于侧生特殊花枝顶端；花瓣粉红色，稀红色或白色。果球形，深红色，具明显的腺点。花期 6～7 月，果期 12 月至翌年 3～4 月。产自我国广西、广东、海南等地。

(10) 钝叶紫金牛（A. obtusa）

灌木，株高 1～6m。全株无毛，小枝光滑。圆锥花序；花冠淡紫色或粉红色，无腺点。花期 2～4 月，果期 4～7 月。产自我国广东、海南。生于灌木丛中或疏林中。

(11) 轮叶紫金牛（A. ordinata）

小灌木，高 35cm 以上。叶轮生或簇生，卵形或椭圆状卵形。花序近伞形，侧生于节间；花冠粉红色至紫红色。果红色至紫红色。海南特产，生于林下阴处。

(12) 弯梗紫金牛（A. retroflexa）

灌木，高 1～2m。圆锥花序，顶生或生于侧生花枝顶端；花序总轴呈"之"字形弯折；花冠白色。果球形，红色。花期 4 月，果期 8 月。海南特产，生于海拔 150～250m 的密林下阴湿的地方。

(13) 紫金牛（A. virens）

灌木，高 1～3m。复聚伞花序或伞形花序，顶生于特殊的花枝上；花冠粉红带白。果球形，红色或暗红色，具黑色腺点。产于我国云南、广西、台湾、海南等地。

(14) 走马胎（A. gigantifolia）

灌木或亚灌木，通常高 1～3m。叶通常集生于枝顶，背面通常紫红色。大型总状花序长 20～35cm；花白色或粉红色。果球形，红色。花期 4～6 月，果期 8～11 月。产自我国江西、福建、广东、广西、海南等省。

5. 同科近缘属种质资源

紫金牛科植物全世界约 35 属，1000 多种，主要分布于南、北半球热带及亚热带地区，南非及新西兰也有分布。我国有三个亚科，即紫金牛亚科（Myrsinoideae）、杜茎山亚科（Maesoideae）和蜡烛果亚科（Aegiceratoideae）。我国紫金牛科植物共有 6 属，约 129 种，18 变种，占世界种数的 14.7%，属数的 17.1%，主产于长江流域以南各省区，以西南部至台湾地区为多，常见的有紫金牛属、杜茎山属、蜡烛果属和密花树属等。

该科植物是这几年流行起来的园林植物。如朱砂根（A. crenata）株形玲珑巧致，四季常绿，秋冬季果实累累，鲜红艳丽，晶莹可爱，经久不落，被形如小伞的叶丛所覆盖，是珍贵的观果植物。该科植物用途较多，大多数为药用，有的植物是民间常用的中草药，有的植物树皮和叶子可提取鞣料，还有一些可供食用。多为木本植物，乔木、灌木或攀援灌木，稀为藤本或近草本。其果实鲜艳，具有极高的观赏价值，但大多植物尚未开发利用。

(1) 杜茎山属（Msesa）

约 200 种，主要分布于东半球热带地区。我国产 29 种，1 变种，分布于长江流域以南。本属植物部分种类较为喜湿耐阴，可用作林冠下木或地被。主要有杜茎山（*M. japonica*）、拟杜茎山（*M. consanguinea*）和鲫鱼胆（*M. perlarius*）等。

（2）蜡烛果属（*Aegiceras*）

共 2 种，分布于东半球热带海边污泥滩地带，为红树林树种。我国产 1 种，即蜡烛果（*A. corniculatum*），也名桐花树。灌木或小乔木，高 1～4m；伞形花序，生于枝端，花冠白色，钟形；蒴果圆柱形，弯曲如新月形。产于我国海南、广东、广西、福建及南海诸岛，印度，中南半岛至菲律宾及澳大利亚南部皆有分布。

（3）密花树属（*Rapanea*）

约 200 种，分布于热带和亚热带地区。中国有 7 种，产于东南部至西南部。常见的有密花树·（*R. neriifolia*），为大灌木至小乔木，高 2～12m；叶互生，革质，长圆状披针形至披针形；伞形花序或花簇生，花瓣白色或淡绿色；果球形或近卵形，灰绿色或紫黑色。产自我国云南、海南、台湾等南部、西南部各省，日本、缅甸、越南亦有分布。

十一、野牡丹 （*Melastoma candidum*）

野牡丹科（Melastomataceae）野牡丹属直立灌木。高度适中，株型紧凑、丰满，耐修剪，萌发力强，花繁叶茂，花色艳丽，是优良的庭园观赏植物，可孤植、群植或种植于道路两旁，也是驯化成为盆花的好材料。目前国内对野牡丹的开发，尚处于初级阶段。广东、福建等省已经对其种植资源开展调查、收集和繁育研究，并有少量被应用于道路、街头绿地、公园、居住小区等场所。因其适应性强、观赏效果好而逐渐被园林工作者认可、推广和应用。

1. 形态特征及生态习性

（1）形态特征

常绿灌木，株高可达 1.5m。茎钝四棱形或近圆柱形，密被紧贴的鳞片状糙伏毛。叶全缘，基出脉 7，两面被糙伏毛及短柔毛。伞房花序生于枝顶，近头状，有花 3～5 朵；花瓣玫瑰红色或粉红色，倒卵形，长 3～4cm，密被缘毛。蒴果坛状球形，种子镶于肉质胎座内。花期 5～7 月，果实成熟期 10～12 月。

（2）生态习性

性喜半阴环境，适宜疏松肥沃酸性土壤。常生于海拔 120～600m 以下的山坡灌丛中，是酸性土壤指示植物。

2. 起源演化

根据化石和地下孢粉推断，野牡丹科植物"起源中心"可能在古地中海区接近美洲的暖亚热带至热带地区。其"现代分布中心"在热带中部、南美洲及亚洲至非洲的东部与南部和热带西非洲地区，分布区的"密集中心"在巴西及南美洲的北部其他国家和中美洲，而东半球的我国西南、华南地区至中南半岛及马来西亚则是该科另一"密集中心"。

3. 主要类群与品种

该种尚未培育出系列类群和品种。

4. 同属主要种类

野牡丹属全球有 100 多种，分布于亚洲南部至太平洋诸岛。我国 9 种 1 变种，分布于长江以南各省区。即细叶野牡丹 *M. intermedium*、多花野牡丹 *M. polyanthum*、展毛野牡丹 *M. normale*、野牡丹 *M. candidum*、大野牡丹 *M. imbricatum*、紫毛野牡丹 *M. Penicillatum*、毛菍 *M. sanguineum*、地菍 *M. dodecandrum* 等。本属植物果形坛状、花形优美、花色艳丽，在园林应用中，不但可以丰富开花植物的种类，还可以给园林观赏者带来强烈的视觉享受。

（1）细叶野牡丹（*M. intermedium*）

灌木或亚灌木，高 30～60cm。叶片细小，椭圆形或长圆状椭圆形。花序顶生，少花，花大；花瓣玫瑰红色。花期 7～9 月。植株矮小，分枝多，花色艳丽，可驯化成为中小型盆栽花卉，亦可作地被植物或布置花坛。主要分布在我国福建、广东、广西、台湾等地。

（2）多花野牡丹（*M. polyanthum*）

灌木。花大，2～7 朵簇生于枝顶；花瓣粉红带紫色。花期夏季。花多且大，花色鲜艳，是很好的观花植物。分布于我国福建、广东、云南、贵州、台湾、海南。野外较常见。

（3）展毛野牡丹（*M. normale*）

直立灌木。叶片较大。花瓣紫红色。花期春夏间。花大色艳，是优良的观花植物。分布于我国福建、广东、广西、云南、四川、西藏、台湾。生于高山密林中，不常见。

（4）大野牡丹（*M. imbricatum*）

灌木或小乔木。花中等，通常 12 朵生于枝顶，构成伞房花序；花瓣淡红或红色。花期夏季。该种花团紧簇，花期长，花色艳丽，是优良的庭园观赏树种。分布于我国云南、广西。生于密林下湿润处，不常见。

（5）紫毛野牡丹（*M. penicillatum*）

灌木，高达 1m 以上。花 3～5 朵簇生；花瓣紫红色。花期 3～4 月。叶大，花大，果大，全株呈紫色或紫红色，色泽亮丽，是优良的观花、观果植物。分布于菲律宾、我国海南。生于高山密林中，不常见。

（6）毛菍（*M. sanguineum*）

直立灌木或小乔木。叶大，光亮。花极大，1～3 朵生于枝梢，直径可达 7～8cm；花瓣 5～7 片，紫红色。花朵硕大，叶色亮丽，花期几乎全年，十分引人注目。该种分布广，容易驯化，是最具开发利用价值的野生观赏植物之一。通过园艺手段控制株型，可培育成优良的盆栽。该种尚有一变种，宽萼毛稔 *M. sanguineum* var. *latisepalum*。分布于福建、广东、广西、海南等省区。在海南荒野间极常见。

（7）地菍（*M. dodecandrum*）

匍匐小灌木。叶小，卵形或椭圆形。花小，1～3 朵聚生于枝顶；花瓣淡紫红或紫红色。经驯化后可用于庭园孤植、群植或种植在园路两旁。如通过园艺手段控制株型，可培育成优良的盆栽。分布于福建、贵州、湖南、浙江、江西等省。为酸性土壤的指示植物，生于山坡矮草丛中。

（8）枝毛野牡丹（*M. dendrisetosum*）

灌木。花大，花瓣紫红色。可驯化后用于庭园孤植、群植。为中国特有植物，仅分布于海南省。生长于海拔 70～100m 的地区，常生于疏、阳处路旁、密林缘及沟边。目前尚未进行人工引种栽培。

5. 近缘属种与种质资源

野牡丹科植物全世界约 240 属，3000 余种，分布于各大洲热带及亚热带地区，以美洲最多。我国野牡丹科植物分为 3 个亚科，分别是野牡丹亚科、褐鳞木亚科和壳木亚科。其中野牡丹亚科又分为野牡丹族（Melastomateae）、尖子木族（Oxysporeae）、蜂斗草族（Sonerileae）、藤牡丹族（Dissochaeteae），全科共有 25 属，160 种，25 变种，占世界种数的 10.42%，属数的 5.33%，产自我国西藏、台湾，长江流域以南各省区。

野牡丹科是近年来国际上新流行的花卉。该科粉苞酸脚杆（*Medinilla magnifica*）以其独特的花形，银毛野牡丹（*Tibouchina aspera* var. *asperrima*）以其独特银色毛，蒂牡花（*T. urvilleana*）以其超长的花期和明快的色彩受到大众的青睐。该科植物具有广阔的开发应用前景，不但有极高的园林应用价值，而且不少种类还具有很高的药用价值。野牡丹科植物生活型多样，为草本、灌木或小乔木；植株直立或攀援，多数地生，也有少数为附生。大致可分为观花类型、观叶类型、观果类型。该科植物作为乡土植物在城市园林绿化中的应用，在能充分反映当地植物特色的基础上，还具有生态适应性强、管理便利、性价比高等特点。

十二、海南龙血树（*Dracaena cambodiana*）

舌兰科 Agauaceae 龙血树属植物，亦名小花龙血树、海南不老松。幼时叶丛密集，老时枝干苍劲，株形优美，为优良观叶、观形植物。在园林中常用作园景树，孤植、对植或丛植效果俱佳。其幼时较耐阴，加之叶片青翠、株丛密集，是良好的盆栽观赏树种，常用于布置会场及家庭居室。是世界上最长寿的树种之一，存活年限可达 6000 年以上，为长寿的象征，可用于专类园或主题公园配置。此外，本属植物中的部分种类，其茎和枝可提取著名的中药——"血竭"，具有补血、止血的功效，是治疗跌打损伤的特效药。

1. 形态特征及生态习性

（1）形态特征

常绿大灌木或乔木，高 3～4m。树皮灰白色。叶簇生于分枝顶部，线状披针形，基部抱茎。圆锥花序长达 2 m，有多数分枝；花黄色。浆果直径约 1cm。花期 7 月。

（2）生态习性

性喜高温多湿，喜光，生于林中或干燥沙壤土等处。不耐寒，冬季温度约 15℃，最低温度 5～10℃。温度过低，因根系吸水不足，叶尖及叶缘会出现黄褐色斑块。抗逆，适应性强。喜疏松、排水良好、含腐殖质丰富的土壤，生长期间需充足水分与养分。繁殖可采用播种、压条、扦插及插干等方法。

2. 起源演化与地理分布

产自我国海南岛，多见于西海岸昌江、乐东和三亚等地。越南和柬埔寨等东南亚国家也有分布。

3. 同属主要种类

龙血树属共约 40 种，分布于亚洲和非洲的热带及亚热带地区，多数为美丽的热带观叶植物。我国产 5 种，分布于南部地区。

（1）剑叶龙血树（柬埔寨龙血树）（*D. cochinchinensis*）

乔木，高可达 5～15m。叶剑形，薄革质，无柄。圆锥花序长达 40cm 以上；花 2～5 朵簇生，乳白色。浆果橘黄色。花期 3 月，果期 7～8 月。产自云南南部和广西南部，分布于海拔 950～1700m 的石灰岩上。越南和老挝也有分布。耐旱、喜钙。茎和枝可提取中药"血竭"。

(2) 长花龙血树（槟榔青）（*D. angustifolia*）

灌木，高 1～3m。茎不分枝或稍分枝。圆锥花序长 30～50cm，2～3 朵簇生或单生。浆果。花期 3～5 月，果期 6～8 月。产自我国海南、台湾南部（高雄、台南）和云南河口，在东南亚各国广泛分布。

(3) 细枝龙血树（*D. gracilis*）

灌木，高 1～5m。茎分枝多且细。圆锥花序长 10cm 以下，花常单生。产自广西南部，东南亚也有分布。

(4) 矮龙血树（*D. terniflora*）

小灌木，高不到 1m，具粗厚的根。茎不分枝或偶稍分枝。叶柄长 3～6cm。总状花序，长约 15cm，花 1～3 朵着生。产自云南南部（允景洪），孟加拉、印度至马来西亚也有分布。

(5) 香龙血树（巴西铁）（*D. fragrans*）

灌木，株高可达 4m。叶片长椭圆状披针形，绿色，叶缘波状。花浅紫色，具香气。主要品种有：①金边香龙血树（'Lindenii'），又名金边巴西铁，叶缘及中间分别具宽和窄的金黄色条纹。②中斑龙血树（'Masangeana'），又名金心巴西铁，叶中间具宽的金黄色条纹。③花叶龙血树（'Victoriae'），叶具金黄色宽边及银灰色至乳白色的斑纹，叶缘波状起伏。④厚叶香龙血树（'Rothiana'），叶厚，深绿色，叶缘具细的黄白色及白色的镶边。

原产于非洲西部的加那利群岛。现世界各地广泛栽培，我国于 20 世纪 50 年代开始引种栽培。为著名的室内观叶植物，常用于布置会场、客厅、书房和起居室等处，热带地区也可用作园景树。

(6) 缘叶龙血树（彩纹竹蕉）（*D. marginata*）

常绿灌木，株高达 3m。茎单干直立，少分枝。叶片细长，新叶向上伸长，老叶下垂，叶中间绿色，叶缘有紫红色或鲜红色条纹。原产非洲马达加斯加，我国引种栽培。主要栽培品种有三色龙血树 'Tricolor' 和彩虹龙血树 'Rainbow' 等。其中，三色龙血树也名三色千年木，叶片线形，中间绿色，边缘紫红色，红绿之间具黄白色纵条纹。彩虹龙血树叶中脉淡黄色，边缘深红色，中脉与边缘间呈淡褐色。

(7) 德利龙血树（银纹铁）（*D. deremensis*）

常绿小乔木或灌木，高可达 5m。叶狭披针形，生于茎端，深灰绿色。原产非洲热带地区。主要栽培品种有：①银线龙血树（'Warneckii'），叶面具 1 至数条黄白色线状窄条纹。②白纹龙血树（'Longii'），叶浓绿色，叶面具纵向的白色条纹，在白斑条中常有绿色细线条。③大白纹龙血树（鲍西）（'Bausei'），叶片深绿色，中央具乳白色宽条带。④密叶龙血树（'Compacta'），别名太阳神和阿波罗千年木，叶浓绿，节间短，叶丛密集。⑤乳缘龙血树（'Souvenirde angschryver'），叶缘具乳黄色宽纵条纹。

(8) 星点龙血树（星点木）（*D. godseffiana*）

常绿小灌木，株高可达 1m。叶面上布满乳白色或黄色小斑点。原产非洲西部刚果共和国。

(9) 富贵竹（万年竹）（D. sanderiana）

常绿亚灌木状，高达 2m 以上。叶长披针形，互生或近对生，浓绿色。主要品种有金边富贵竹（'Virescens'），叶缘具黄色纵条纹；银边富贵竹（'Margaret'），叶缘具白色纵条纹。原产于非洲西部的喀麦隆。从 20 世纪 70～80 年代开始被大量引进中国，现为常见的观赏植物。主要用于家庭瓶插或小型盆栽，也常截取不同高度的茎秆并堆叠成塔状（即"开运塔"或"开运竹"），或利用其向光性使茎秆螺旋状弯曲而成"弯竹"，极富趣味。

(10) 百合竹（短叶朱蕉）（D. reflex）

常绿灌木或小乔木，高可达 9 m，盆栽常高约 1～2m。叶线形或披针形，浓绿有光泽，有金边和金心等斑叶品种。原产非洲马达加斯加，我国引种栽培。常用于室内盆栽，也可作庭院观赏。

4. 同科近缘属种

龙舌兰科植物全世界约 20 属，670 余种，分布于热带及亚热带地区。我国原产约 2 属，6 种，产南部地区，引入栽培 4 属，约 10 种。

龙舌兰科是花叶俱美的观赏植物。该科植物酒瓶兰 Nolina recurvata 以其独特的酒瓶状茎和婆娑的枝叶深受大众青睐，丝兰 Yucca filamentosa 以其洁白的花序、虎尾兰 Sansevieria trifasciata 以其斑斓的叶色深受园林爱好者的喜爱。该科植物具有极高的园林应用价值，已被广泛开发利用。此外，不少种类具有很高的药用价值和工业价值。该科植物生活型较为单一，为多年生肉质灌木状草本，稀为小乔木状。该科植物不仅观赏价值高，而且适应性强，一些植物具有吸附有毒气体、抗污染的能力，是节约型园林绿化建设的首选植物。

(1) 虎尾兰属（Sansevieria）

约 60 种，主产非洲，少数种类也见于亚洲南部。本属植物具粗短、横走的根状茎，叶基生或生于短茎上，粗厚，坚硬，常稍带肉质。代表植物为虎尾兰（S. trifasciata），叶基生，常 1～2 片，直立，厚革质，长 30～120cm，叶面具深绿色横条纹。原产于非洲西部，我国常见栽培，供观赏。常见品种有：① 金边虎尾兰（'Laurentii'），叶具金黄色边纹。② 短叶虎尾兰（'Hahnii'），叶丛矮小，叶片宽短、回旋重叠，叶面具黄白色横纹。同属还有柱叶虎尾兰（S. canaliculata），也名原叶虎尾兰和葱叶虎尾兰，叶圆柱形有纵槽，叶面具灰白和深绿详见的横条纹。原产非洲及亚洲南部。喜温耐旱，喜光又耐阴，对土壤要求不严。

(2) 朱蕉属（Cordyline）

约 15 种，分布于大洋洲、亚洲南部及南美洲。我国产 1 种，分布于华南。代表植物为朱蕉 C. fruticosa，常绿灌木状，叶色鲜艳，为我国热带地区重要的庭院观叶植物。

第五节　常见热带藤本观赏植物

一、炮仗花（Pyrostegia venusta）

紫葳科 Bignoniaceae 炮仗花属植物。其花期长且正值春节前后，开花时橙红色的花朵密集成串，酷似成串的鞭炮，故名"炮仗花"。既可栽植于花棚、花架、院墙等处作顶面及周围墙面的绿化，也适合种植于花坛、花墙、覆盖土坡、石山等，或用于高层建筑的阳台作垂直或铺地绿化，能营造出一片艳丽喜庆热烈的氛围，是华南地区重要的攀援藤本花木。其矮化品种，可盘曲成图案形，作盆花栽培。

1. 形态特征及生态习性

（1）形态特征

攀援藤本。具3叉丝状卷须。羽状复叶对生，顶生小叶常变态成分叉的丝状卷须。顶生圆锥花序，长约10～12cm；花多，花冠筒状，橙红色；裂片5，长椭圆形，花蕾时镊合状排列，花开放后反折。蒴果线形，成熟后开裂。种子具翅，薄膜质。冬至春季开花，约11月至翌年4月。

（2）生态习性

性喜温暖、阳光充足和湿润、疏松、肥沃的土壤，生长迅速，适合生育适温约18～28℃，可露地越冬。栽培应选阳光充足、通风凉爽的地方。对土壤要求不严，但若栽培在富含有机质、排水良好，土层深厚的肥沃土壤中，则生长更苗壮。扦插繁殖易于成活。

2. 地理分布

原产于巴西，在热带亚洲已广泛用作庭园观赏藤架植物栽培。我国广东、海南、广西、福建、台湾、云南等地均有栽培。

3. 同属主要种类

炮仗花属共约5种，产南美巴西、巴拉圭、玻利维亚、乌拉圭、阿根廷等国。我国南方引种栽培1种，即炮仗花。

二、珊瑚藤 （*Antigonon leptopus*）

蓼科 Polygonaceae 珊瑚藤属植物。花期很长，粉红色的花成串簇生于花序上，耀眼夺目；枝条具卷须，蔓延力强，适合花廊、花架、花墙、围篱或荫棚美化，为园林中空中垂直绿化美化的理想材料。

1. 形态特征与生态习性

（1）形态特征

多年生草质藤本。稍木质，长可达10m以上；具卷须，成株地下有肥大块根。叶纸质，互生，全缘或边缘有浅细齿，叶面粗糙。花多数密生成串，总状花序，长约30cm；花苞粉红色。瘦果圆锥状卵圆形。花期3～12月，以夏秋为盛。

（2）生态习性

性喜阳光、温暖湿润环境，在热带及亚热带南部凉爽季节生长繁茂。以土壤肥沃、排水良好的地点为佳。在肥沃之酸性土壤中生长良好。春暖后发芽长叶；冬季气温10℃以下时，叶色会变成墨绿有时微枯。枝蔓较长，栽植不宜太密，一般作为篱垣垂直绿化。繁殖以播种及扦插为主。

2. 地理分布

原产墨西哥，热带地区广为种植。我国台湾、海南及广州、厦门常见栽培。

3. 同属主要种类

珊瑚藤属约8种，产自热带美洲，我国仅引种珊瑚藤1种，有白花品种 'Allbum'，但较少见。

三、首冠藤 (*Bauhinia corymbosa*)

别名深裂叶羊蹄甲，为豆科 Fabaceae 苏木亚科 Caesalpinioideae 羊蹄甲属植物。其植株枝叶茂盛，花芳香美丽，是一种优良的观赏藤本植物，可攀附于花架、廊道栽植，或作为地被植物植于坡地、堤岸或林缘处，也可作绿篱。

1. 形态特征与生态习性

（1）形态特征

常绿木质藤本。嫩枝、花序被红棕色粗毛，卷须单生或成对。叶纸质，近圆形，先端深裂达叶长的 3/4；裂片先端圆，基部截平或浅心形；基出脉 7 条。伞房花序式的总状花序顶生于侧枝上，长约 5cm，多花；花芳香；萼片长约 6mm，开花时反折；花瓣白色，有粉红色脉纹。荚果带状长圆形。种子长圆形，褐色。花期 4～6 月，果期 9～12 月。

（2）生态习性

性喜光、耐半阴，喜温暖至高温湿润气候；耐寒，耐干旱，抗大气污染；土壤以富含有机质之沙质壤土为佳。播种繁殖。

2. 地理分布

产自我国广东、海南，生于山谷疏林中或山坡阳处。世界热带、亚热带地区有栽培，供观赏。

3. 同属主要种类

羊蹄甲属约 600 种，广泛分布于全世界热带地区。我国产 40 余种，主要分布在华南和西南地区。乔木、灌木或藤本，大多花大色艳，具有很高的观赏价值。本属中主要的藤本观赏植物有：

（1）龙须藤 (*B. championii*)

攀援灌木。小枝上有卷须，1～2 个对生。叶卵形或椭圆形，互生，顶端常 2 裂至叶片 1/3，浅裂或不裂。总状花序生于枝条的上部；花冠白色，花瓣间伸出发育雄蕊 3 枚。果倒卵状长圆形，扁平，表面密生皱纹。花期 6～10 月，果期 7～12 月。本种花多而密，花期长，色彩淡雅，为良好的木本花卉和垂直绿化植物。

（2）粉叶羊蹄甲 (*B. glauca*)

木质藤本。叶纸质，近圆形，2 裂达中部或更深，叶背粉红色。伞房花序式的总状花序顶生或与叶对生，具密集的花；花序被锈色短柔毛；花瓣白色，倒卵形，各瓣近相等，具长柄；能育雄蕊 3 枚，不育雄蕊 5～7 枚。荚果带状，不开裂。花期 4～6 月，果期 7～9 月。亚种湖北羊蹄甲 *B. glauca* subsp. hupehana，叶裂片仅及叶长的 1/4～1/3，花瓣玫瑰红色，花期 4～5 月。产自湖北、湖南、四川、重庆、福建、广东一带。花色艳丽美观，在园林中有应用。

（3）多花羊蹄甲 (*B. chalcophylla*)

木质藤本。幼枝具棱，被深褐色或黄褐色绒毛。叶阔卵形或近圆形，基部心形，先端裂片达叶长的 1/4～1/3。总状花序伞房状，花白色或淡黄色。花期 6～7 月。产自我国云南，生于海拔 800～1000m 的山沟、河旁及疏林中。

（4）越南红花羊蹄甲 (*B. coccinea* subsp. *tonkinensis*)

木质藤本。枝粗壮。叶革质，长圆形，先端二浅裂，裂片为叶长的 1/6。总状花序伞房状；花较大，密集；花瓣下部红色上部橙黄色。花期 2～4 月。产自云南，越南北部有分布。本种为绯红羊蹄甲 Bauhinia coccinea 的亚种，原种在中国。花量大，花色鲜艳，是很好的藤本花卉。

（5）牛蹄麻（B. khasiana）

木质藤本。除花序外全株无毛。叶卵形至心形，先端裂片至叶长的 1/5～1/4。伞房花序顶生，密被红棕色短绢毛；花瓣红色，与花萼均被红棕色绢毛。花期 7 月～8 月。产自海南，印度和越南也有分布。变种毛叶牛蹄麻 B. khasiana var. tomentella，为本属中极少见的金黄色花，具有重要的育种价值。产于云南。

（6）海南羊蹄甲（B. hainanensis）

木质藤本。幼嫩部分及花序密被锈色绒毛。叶卵圆形或近圆形，长 10～18cm，宽 10～20cm，先端裂片达叶长的 2/5～1/2。圆锥花序伞房状；花芳香，粉红近白色。花期 12 月。海南特有，生于低海拔山地疏林。

（7）橙花羊蹄甲（B. galpinii）

常绿攀援灌木。枝条细软。花浅红色至砖红色，直径 5～6cm。花期 5～10 月。原产南非。本种花色艳丽，具有很好的观赏效果。

四、西番莲（*Passiflora caerulea*）

西番莲科 Passifloraceae 西番莲属。其叶色浓绿，叶丛密集，花朵硕大、形状奇特，果色鲜艳，是很好的观花、观果和观叶藤本，其遮阴效果十分良好，是极佳的棚架绿化植物。

1. 形态特征与生长习性

（1）形态特征

常绿草质藤本。叶互生，纸质，基部心形，掌状 5～7 深裂；托叶较大，肾形，抱茎。聚伞花序常退化而仅存 1 花；花瓣长圆形，淡绿色，与萼片近等长，外副花冠裂片 3 轮，丝状，内副花冠流苏状，裂片紫红色。浆果卵形至近球形，直径 4cm。种子多数。花期 5～7 月。

（2）生态习性

性喜光，喜温暖至高温湿润的气候。不耐寒，生长快，花期长。对土壤的要求不很严格，以疏松肥沃、有机质丰富、水分充足排水良好的土壤最佳。栽植方式以篱笆直立型为主，庭院栽培多采用棚架式。

2. 地理分布

原产于南美洲。现热带、亚热带地区广泛栽培。我国广东、广西、江西、四川、云南等地有栽培。

3. 同属主要种类

羊蹄甲属共有约 600 种，绝大多数产自热带美洲，其余产自热带亚洲。中国产 19 种，2 变种，分布于南部和西南部。本属植物花色艳丽，花型奇特，具有很高的观赏价值。常见的有：

（1）洋红西番莲（P. coccinea）

多年生攀援草质藤本。茎圆柱状或稍有棱。叶阔心形，掌状 5 裂，裂片披针形，具卷须，叶基部有 2～4 腺体。花腋生，钟形，具 2～3 苞片；萼片 5 枚；花瓣 5 枚，红色。果黄色。花期夏秋季。原产南美洲巴西南部、巴拉圭至阿根廷等地。

（2）蛇王藤（*P. cochinchinensis*）

草质藤本。茎具条纹并被有散生疏柔毛。聚伞花序近无梗，单生于卷须与叶柄之间；花白色，直径 3～4.5cm。浆果球形，直径 1.5～2.5cm，熟时紫色。产于广东、海南、广西。热带、亚热带地区广为栽培。

（3）鸡蛋果（*P. edulis*）

草质藤本。叶互生，掌状深裂；裂片 3 片，裂片边缘有内弯腺尖细锯齿。聚伞花序退化仅存 1 花；花腋生，具芳香，直径约 4cm；花瓣 5 枚；外副花冠 4～5 轮，外 2 轮裂片丝状，内 3 轮裂片窄三角形；内副花冠非褶状，顶端全缘或为不规则撕裂状。浆果卵球形，熟时紫色。花期 6 月，果期 11 月。观花，果可食。

（4）龙珠果（*P. foetida*）

草质藤本。有臭味。茎具条纹并密被平展的长绒毛。叶膜质，先端浅三裂，上面被丝状伏毛，并混生少量腺毛，背面被毛且其上有较多小腺体；叶柄长 2～6cm，不具腺体。花白色或淡紫色，具白斑。浆果卵圆球形。花期 7～8 月，果期翌年 4～5 月。原产于西印度群岛，我国广东、广西、台湾及云南有栽培。

（5）红花西番莲（*P. manicata*）

常绿木质藤本。茎细长，具棱。叶三裂，革质。隐头花序；花红色，基部白色；副冠短，白色和蓝色。果实卵形，绿色；果皮坚韧，光滑；果肉少汁，浅灰色。

（6）紫花西番莲（*P. violacea*）

常绿蔓性藤本。花腋生；萼片花冠状，紫红色；花冠圆形，副冠由细丝构成，紫褐色至白色；柱头盘形。果实球形。原产巴西。

（7）樟叶西番莲（*P. laurifolia*）

草质藤本。稍木质。叶革质，基部圆形或近心形，全缘，无毛。花序退化仅存 1 花，花萼片红褐色，丝状副冠紫色和白色交错各成环状。原产南美洲南部。

五、玉叶金花（*Mussaenda pubescens*）

茜草科 Rubiaceae 玉叶金花属植物，华南地区乡土植物夏日盛花时，洁白的叶型萼片迎风招展，犹如群蝶飞舞，衬托着黄色小花，绚丽多姿，是一种极具开发潜力的本土花卉。可用于园林造景、花坛点缀、庭院美化和家庭盆植观赏，以及棚架、蔓篱等垂直绿化。

1. 形态特征与生态习性

（1）形态特征

藤状小灌木。小枝蔓生有柔毛。叶对生或轮生，膜质或薄纸质，顶端渐尖，基部楔形，下面密被短柔毛；托叶三角形，深 2 裂。聚伞花序顶生，密花；花萼叶状纯白色，5 片萼片仅 1 片发育；花冠细小，星状，鲜黄色，故名"玉叶金花"。浆果近球形，长 8～10mm，干时黑色，疏被毛。花期 6～7 月，果实秋季成熟。

（2）生态习性

性喜温暖至高温，生长适宜温度为 20～30℃。喜光耐半阴。喜酸性土壤，盆土或袋装土以排水良好、富含腐殖质的壤土或沙质壤土为最佳，移植后要立即浇透水以便定根。繁殖以扦插为主，也可播种繁殖。

2. 地理分布

原产于我国南部、东南部。

3. 同属主要种

玉叶金花属的很多种类具有很高观赏价值，如红纸扇、粉叶玉叶金花已在城市园林绿化中广泛应用：

（1）红纸扇（*M. erythrophylla*）

半落叶灌木。枝条柔软。叶对生，叶片阔卵形，叶脉密被红色丝质茸毛。花萼叶状，血红色，长 6～8cm，有明显半透明淡红色网脉，5 片萼片仅 1 片发育；花小，五角星形，黄色，喉部红色，点缀于巨萼之上。原产非洲扎伊尔。我国广东、海南、台湾、云南等地有栽培。萼片大而红艳似血，极引人注目，常用于公园和庭院观赏，也可片植为色块。

（2）粉花玉叶金花（*Mussaenda hybrida*）

别名粉纸扇、粉萼花。直立或攀援状灌木。叶长椭圆形，5 片萼片均肥阔，微后卷，粉红色。花期秋、冬季。原产西非。花萼大而醒目，盛花期满树粉红，鲜艳夺目，适合庭园栽植或作为大型盆栽观赏。

（3）白纸扇（雪萼花）（*M. philippica* 'Aurosae'）

常绿灌木。叶对生，椭圆形，长 6～10cm，先端渐尖。伞房状聚伞花序顶生；花萼 5 片裂片均扩大，呈白色花瓣状；花冠金黄色，高脚碟形，檐部 5 裂呈星形。

（4）楠藤（*M. erosa*）

攀援灌木。小枝无毛。叶对生，纸质，卵形至长圆状椭圆形，长 6～12cm，顶端短尖至长渐尖，基部楔形。伞房状多歧聚伞花序顶生，花序梗较长，花疏生；花萼管椭圆形；花叶阔椭圆形，长 4～6cm；花冠橙黄色。浆果近球形或阔椭圆形。花期 4～7 月，果期 9～12 月。

（5）小玉叶金花（*M. parviflora*）

常绿蔓状灌木。小枝被毛。叶对生，具柄；叶片卵状披针形，基部钝形或渐尖形，先端尖或渐尖形，全缘。聚伞花序顶生；萼片 5 深裂，裂片线形；1～2 片大型叶状苞片，白色或淡黄白色；花冠长漏斗状，金黄色。浆果椭圆形，熟时黑紫色。花期 6～10 月，果期 9～12 月。

六、大花老鸦嘴（*Thunbergia grandiflora*）

爵床科 Acanthaceae 山牵牛属植物。攀援能力强，花蓝色，大而艳丽，开花繁盛，呈一串串下垂状，是大型棚架及篱垣的良好绿化材料，也常配植于大树基部，任其攀附装饰，效果极佳。

1. 形态特征与生态习性

（1）形态特征

大型缠绕木质藤本，长达 7m 以上。单叶对生，阔卵形，两面粗糙，被毛，具 5～7 条掌状脉，叶缘有缺刻或浅裂。花在叶腋单生或成顶生总状花序；苞片小，卵形；花冠管长 5～7mm，连同喉白色，冠檐蓝紫色。蒴果被短柔毛，带种子部分直径 13mm。夏秋季开花。

（2）生态习性

性喜光、高温温暖潮湿环境，生育适温约 22～30℃。以肥沃富含腐殖质的壤土或沙质壤土最佳，通风、日照、排水需良好，适时牵引其攀缘棚架或篱墙。繁殖可采用根茎扦插法或分株法。

2. 地理分布

产于我国海南、广东、广西、福建等。印度及中南半岛也有分布。世界热带地区植物园栽培。

3. 同属主要种

山牵牛属的很多种类具有较高观赏价值，其中部分已在园林中广泛应用，常见的有：

（1）翼叶山牵牛（黑眼花）（*T. alata*）

多年生草质缠绕藤本。茎具 2 槽，被倒向柔毛。叶对生，两面有毛，边缘有不规则的浅裂；叶柄有翼；脉掌状 5 出。花单生于叶腋，花冠檐黄色，喉蓝紫色。蒴果带种子部分直径约 10mm，被开展柔毛。原产于热带非洲，我国广东、福建有栽培。花美色艳，花冠喉部紫黑色，仿佛脉脉含情的黑眼睛，故名黑眼花。植于花架、花廊、花门、围墙及栅栏边，作垂直绿化。

（2）海南山牵牛（海南老鸭嘴）（*T. fragrans* subsp. *hainanensis*）

小型多年生缠绕藤本。茎细，具块根。叶长圆状卵形至长圆状披针形，叶缘波状。花单生叶腋，白色；花萼绿色。花期春季至秋季。本种为碗花草 *T. fragrans* 亚种，分布于海南及广东、广西南部沿海地区。铺地生长，耐阴性强，花色白净，是很好的林下观花地被植物。

（3）直立山牵牛（硬枝老鸦嘴）（*T. erecta*）

常绿直立灌木。茎四棱形，多分枝。花单生于叶腋；花冠管白色，喉黄色，冠檐紫堇色，花冠管长 1.5cm，喉长 3cm，冠檐裂片 2cm。蒴果长圆锥形；果柄长达 4cm。原产热带非洲，我国南部省区广泛栽培，用于公园、庭院观赏，也可密植为花篱。

（4）桂叶山牵牛（桂叶老鸦嘴）（*T. laurifolia*）

高大藤本。枝叶无毛，枝条近 4 棱形。总状花序顶生或腋生；花冠管和喉白色，冠檐淡蓝色。蒴果带种子部分直径 14mm。原产于中南半岛和马来半岛；我国广东、台湾有栽培。

（5）二色山牵牛（二色老鸭嘴）（*T. eberhardtii*）

缠绕藤本。茎四棱形。叶宽卵形至卵形，长可达 10cm，宽 5cm，叶缘疏具锯齿或全缘。总状花序顶生或腋生；花冠前裂片红色，后裂片黄色。产于我国海南东部琼海和保亭一带的密林，越南北部也有分布。

七、嘉兰（*Gloriosa superba*）

百合科 Liliaceae 珊嘉兰属植物。花形特别，如同燃烧的火焰，无比艳丽，可用于观赏切花；枝叶具有攀援性，是良好的垂直绿化植物，也可室内盆栽观赏。在欧美和日本已经作为高档切花规模化栽培，发展前景良好。我国已经在四川、云南等地开始栽培应用。

1. 形态特征与生态习性

（1）形态特征

多年生蔓性草本。肉质块茎，常分叉。叶互生、对生或 3 片轮生。花单朵或数朵着生于茎的先端，有时在枝的末端近伞房状排列；花被片条状披针形，长 4.5～5cm，反折，上半部亮红色，下半部黄色，宿存。花期 7～11 月，秋季结实。

（2）生态习性

性喜温暖湿润的气候，不耐寒，低于 10℃ 易受冻害。喜富含有机质，排水、通气良好，保水力强的肥沃土壤，不耐积水。喜半阴环境，不耐强光，宜保持较高相对湿度。主要以块茎和种子繁殖；种子一般秋播。切花可在花序 1/3 花朵开放后采收。块茎可在秋季地上部分枯死后挖出低温储藏。

2. 地理分布

原产于热带非洲、美洲、亚洲地区，主要分布于加纳、巴西、斯威士兰、南非、博茨瓦纳、纳米比亚、津巴布韦等地。我国云南、海南热带雨林中也有分布。

3. 主要类群及品种

现代的观赏品种主要由野生嘉兰培育而来，部分品种可能包含宽瓣嘉兰（*G. roths-childiana*）、黄花嘉兰（*G. superba* var. *lutea*）等近缘种的血统。嘉兰的品种主要根据花色分为红色、橙色、黄色等不同的品种。最近日本还培育出矮生品种。

4. 同属主要种类

（1）宽瓣嘉兰（*G. rothschildiana*）

叶宽披针形。花被片阔披针形，反卷，边缘有时波状；花瓣橙红色，基部金黄色。产于热带非洲。自第 3～4 节起在其先端生长卷须；叶序不规则，15～20 片叶对生、互生或轮生。

（2）黄花嘉兰（*G. superba* var. *lutea*）

嘉兰花黄色变种，花为纯黄色。

（3）卵圆嘉兰（*G. virescens*）

叶卵圆形。花红或黄色，瓣边不皱。产于热带非洲。

（4）卡森嘉兰（*G. carsonii*）

花瓣宽，上部深紫红色，边缘柠檬黄色。

（5）绿花嘉兰（*G. greenii*）

花黄色，带一点淡绿色。

（6）莫德嘉兰 *G. modesta*

花黄色；花瓣较宽，不翻卷。

八、香花崖豆藤（*Millettia dielsiana*）

又名山鸡血藤，豆科 Fabaceae 蝶形花亚科 Faboideae 崖豆藤属植物。其枝叶茂密；花序大而美丽并具香气，条形果亦颇值观赏。是极好的地被植物和垂直绿化材料，也可修剪成盆景观赏。

1. 形态特征与生态习性

（1）形态特征

攀援灌木。茎皮灰褐色，剥裂。羽状复叶，小托叶锥刺状。圆锥花序顶生，宽大，长达 40cm；花单生；苞片线形，宿存；花冠紫红色，旗瓣阔卵形至倒阔卵形，密被锈色或银色绢毛，翼瓣甚短，龙骨瓣镰形。荚果线形至长圆形，扁平，密被灰色绒毛。种子长圆状凸镜形，长约 8cm。花期 5～9 月，果期 6～11 月。有变种异果鸡血藤 var. *heterocarpa*，与原种的区别在于小叶较宽大，果瓣薄革质，种子近圆形。

（2）生态习性

性喜温暖，喜光，较耐寒耐旱，耐瘠薄，适应性广，抗病虫害能力强，对土壤要求不严。主要采用扦插法繁殖。

2. 地理分布

产自我国长江以南各省。越南、老挝也有分布。

3. 同属主要种类

崖豆藤属约有 200 种，分布于热带和亚热带的非洲、亚洲和大洋洲。我国产 35 种，11 种。本属植物植株较大，枝叶繁盛，花序大而美丽，很多种类都适宜开发用于园林造景：

（1）海南崖豆藤（毛瓣鸡血藤）（M. *pachyloba*）

大藤本，长达 20m。树皮黄色，粗糙，纵裂；小枝密被黄褐色绢毛，皮孔大，散布，茎中空。托叶三角形，宿存。总状花序顶生；花淡紫色；花瓣近等长，旗瓣密被黄褐色绢毛。荚果棱状长圆形，顶端具喙，被黄色茸毛。花期 4～6 月，果期 7～11 月。

（2）美丽崖豆藤（牛大力藤）（M. *speciosa*）

藤本。树皮褐色，小枝圆柱形。羽状复叶，具小叶 6 对。圆锥花序腋生，密被黄褐色绒毛；花大，具香气；花冠白色、黄色或淡红色，花瓣近等长，旗瓣圆形。荚果线形。种子 4～6 颗，卵形。花期 7～10 月，果期翌年 2 月。

（3）光叶崖豆藤（亮叶鸡血藤）（M. *nitida*）

攀援灌木。茎皮锈褐色。圆锥花序顶生，粗壮，长 10～20cm，密被锈褐色绒毛；花单生；花萼钟状；花冠青紫色，旗瓣密被绢毛，近基部具 2 胼胝体，翼瓣短而直，龙骨瓣镰形。荚果线状长圆形，密被黄褐色绒毛，顶端具尖喙。种子 4～5 粒，褐色，光亮，斜长圆形。花期 6～9 月，果期 7～11 月。

（4）香港崖豆藤（M. *oraria*）

直立灌木或小乔木。小枝灰黑色，具纵棱。总状圆锥花序腋生，密被黄色绒毛；花 1～3 朵着生节上；花冠紫红色。荚果线形，长 5～9cm。种子 2～3 颗，橙黄色。花期 5 月，果期 11 月。

（5）厚果崖豆藤（M. *pachycarpa*）

大藤本。嫩枝褐色，老枝黑色，散布褐色皮孔；茎中空。托叶宿存。总状圆锥花序；花冠淡紫色，旗瓣基部具 2 耳，无胼胝体。荚果深褐黄色，肿胀，长圆形。种子黑褐色，肾形。花期 4～6 月。果期 6～11 月。

（6）美花鸡血藤（印度崖豆、美花崖豆藤、印度鸡血藤）（M. *pulchra*）

直立灌木或小乔木。树皮粗糙，散布小皮孔。总状花序腋生，密被灰黄色柔毛；花冠粉红色或紫红色，翼瓣长圆形，具1耳。荚果线形。种子1~4颗，褐色，椭圆形。花期4~8月，果期9~10月。

第六节　常见热带乔木观赏植物

一、美丽梧桐（*Firmiana pulcherrima*）

梧桐科 Sterculiaceae 梧桐属植物。其树干挺拔，叶形奇特，为具有海南特色的观花乔木。每逢春季开花时节，树叶全部脱落，枝梢挂满红花，甚为壮观。可用于点缀庭园、宅前，亦可种植作行道树。

1. 形态特征及生态习性

（1）形态特征

落叶乔木，高可达18m。树皮灰白色、棕色或黑色。叶异型，掌状 3~5 裂或全缘，纸质，基部截形或心形；叶柄长 6~17cm。聚伞状作圆锥花序排列，密被红色星状毛；花在叶前开放，红色；花萼管状，顶端 5 裂。花期 4~5 月。

（2）生态习性

性喜温暖湿润气候，不耐寒，生长适温 20~30℃。耐荫蔽，在阴湿的地方生长良好。深根性，抗风力强，萌芽力强。以深厚、肥沃、排水良好的沙质土壤为宜。

2. 地理分布

原产于我国海南（琼海、万宁、三亚等地）及广西。生于海拔 400~500m 的森林和山谷溪旁，通常成片分布。

3. 同属主要种类

（1）海南梧桐（*F. hainanensis*）

乔木，高达16m。叶卵形，长 7~14cm，腹面无毛，背面密被灰白色星状短茸毛，5出脉。花序长达 20 cm，密被淡黄褐色星状短茸毛；花黄白色。蓇葖果卵形。花期 4 月。为海南特有植物，是良好的观赏树种。

（2）梧桐（*F. simplex*）

落叶乔木。树皮青绿色。叶心形，掌状 3~5 裂，两面无毛，基出脉 7 条。圆锥花序顶生；花淡黄绿色；萼 5 深裂至基部，外卷，外面被淡黄色短柔毛。蓇葖果膜质，每蓇葖具种子 2~4 个。花期 6 月。分布于华南、西南、华东、华中、西北及华北。为良好的庭院观赏树种。

二、木棉（*Bombax ceiba*）

木棉科 Bombacaceae 木棉属植物。其树体高大，花开时如火焰般燃烧，具有很高的观赏价值，是广州、潮州、高雄和攀枝花等市的市花，在我国广东、广西、福建、台湾和海南一带具有广泛的园林应用。主要用作行道树和园景树。此外由于其树皮厚、耐火烧，亦是良好的防火树种。在古时，人们常收集其种絮用作棉袄、枕头等的填料，或用于织布。

1. 形态特征及生态习性

（1）形态特征

落叶乔木。树皮灰白色，幼树树干及枝条密生圆锥形皮刺。掌状复叶具小叶 5～7 片。花大型，单生于枝顶叶腋，红色、橙红色或金黄色，径约 10cm。蒴果长圆形，长 10～15cm。花期 2～4 月，先叶开放或偶与叶同放。果 6～7 月成熟。

（2）生态习性

性喜温暖干燥和阳光充足环境。不耐寒，稍耐湿，忌积水。耐旱，抗污染、抗风力强。深根性，速生，萌芽力强。生长适温 20～30℃，以深厚、肥沃、排水良好的沙质土壤为宜。

2. 地理分布

原产地目前尚有疑问，多认为原产于印度等南亚国家和东南亚至澳大利亚东北部一带。在中国可能系引种栽培后归化而近野生，在海南、广东、广西、云南、福建、台湾、四川、贵州等省区均有分布，而以海南、广东、广西、云南一带为分布中心。常见于海拔1400m 以下的干热河谷地带，偶可见分布于海拔 1700m 处。

3. 主要品种

品种分类目前还少有研究。七五期间，中国热带农业科学院曾对海南岛木棉种质资源进行考察，并将木棉根据花色分为深红花木棉、红花木棉、橘红花木棉和黄花木棉等四种类型。后有学者在种质资源调查的基础上，利用主成分和聚类分析法将木棉的花朵大小（花瓣长度、宽度和雌雄蕊长度）作为分类的第一级标准，分为大花型、中花型和小花型三类；将花色作为分类的二级标准，分为黄花类和非黄花类两类；将木棉雄蕊分叉的高度作为分类的三级标准，分为高分叉型和低分叉型两类。此外，花期早晚和花瓣形态（内含、平展、反卷）等也可以作为品种分类的参考。

4. 同属主要种类

木棉属约有 50 种，主要分布于热带美洲。我国产 2 种，分布于南部和西南部。除木棉之外，还有长果木棉（*B. insigne*）。其与木棉的显著差异是：果实特长，可长达 30cm；果皮光滑具 5 棱。花丝较多而纤细，上下等粗；花瓣也较为狭长，呈红色、黄色及橙色等。花期 3 月。产于云南西南部至南部。

5. 同科主要种类

木棉科共有约 20 属，180 种，广泛分布于热带地区，尤以美洲分布最为集中。我国原产 1 属 2 种，另引种栽培数种。

（1）瓜栗属（*Pachira*）

本属共 2 种，即瓜栗和水瓜栗，原产于热带美洲，我国引种栽培。瓜栗 *P. macrocarpa*，又名发财树，常绿小乔木。树干绿色，光滑无刺。花瓣淡黄绿色，长达 15cm，先端反卷。蒴果近梨形，黄褐色。花期 5～11 月。常作大型盆栽，应用于家庭居室和办公场地及会场，热带地区可用作园景树。水瓜栗 *P. aquatica*，常绿乔木。树干淡黄褐色，基部常具板根。掌状复叶，小叶多为 8 片，全缘。花单生枝顶叶腋；花瓣淡黄色，长 20～25cm；花丝上部紫红色，下部浅橙黄色。花期 6～7 月。原产南美，常生于河流两岸及沼泽地带。我国于 20 世纪 70 年代末有引种，在广东、海南、上海等地有少量栽培。宜用作园景树和行道树。

（2）吉贝属（*Ceiba*）

本属共 10 种，大多原产热带美洲，我国引种栽培 1 种。吉贝 *C. pentandra*，别名爪哇木棉、美洲木棉。落叶大乔木，高达70m。枝干绿色，幼时具刺，后渐脱落。掌状复叶具小叶3～9片，全缘或疏具锯齿。花多簇生于枝条上部叶腋；花瓣白色，长2.5～4cm。蒴果长圆形，种絮发达。花期3～4月。是南方常见的观赏树种，用作庭荫树和园景树效果极佳。

（3）异木棉属（*Chorisia*）

约8种，产自热带美洲。我国引入栽培2种，即美丽异木棉和丝绵树。美丽异木棉*C. speciosa*，别名美人树、南美木棉。落叶乔木。幼树树皮浓绿，密生圆锥状皮刺，老时渐脱落；树干基部在植株成年后常膨大。掌状复叶有小叶5～9片，叶缘具细密锯齿。花单生；花冠常为粉红色，中心白色，在其原产地尚有红色、白色、黄色等，或一树多花；花瓣5，反卷，边缘波曲。花期大致为10月至翌年1月，亦有7～8月即零星开花者。繁殖以播种为主，但在中国未见结实，也可嫁接。原产于南美洲，我国于1972年少量引种于海南尖峰岭热带林叶研究所。花色美观，枝干油绿，具有很高观赏价值，常用作园景树和行道树。丝绵树*C. insignis*，落叶乔木。枝干密生锐刺，中下部明显膨大，呈瓶状。花瓣黄白色，基部棕黄色。果实长椭圆形。花期在原产地3～5月。产南美阿根廷、巴拉圭、玻利维亚和秘鲁等国，我国广东等地有少量引种，播种或扦插繁殖。

三、榄仁（*Terminalia catappa*）

使君子科Combretaceae诃子属（榄仁树属）落叶大乔木。在园林中常用作庭荫树、园景树和行道树，在我国南部城市园林中应用十分广泛。其树势雄伟，树冠开展，枝叶浓密，遮阴效果良好，同时其叶片在冬春脱落前会变成鲜艳的红色或橙红色，是华南最具观赏价值的秋色叶树种。

1. 形态特征及生态习性

（1）形态特征

落叶乔木，高达20m。叶倒卵形，长12～25（30）cm，宽10～15cm；叶柄粗壮，上部两侧各具1凹陷的腺体。穗状花序长而纤细，腋生；花小，绿色或白色。核果榄形，压扁状，成熟时黄色。花期3～6月，果期7～9月。

（2）生态习性

性喜温暖湿润的气候；喜光，不耐阴；生长强健，以肥沃、排水良好的沙质土壤为最佳。播种和嫁接繁殖，播种以成熟掉落的种子为佳。

2. 地理分布

原产我国海南、广东、广西、台湾和云南东南部，越南、马来西亚、印度及大洋洲有分布，在南美洲热带海岸也很常见。

3. 同属主要种类

本属约200种，广泛分布于南北半球的热带地区。我国产8种，分布于海南、广东、广西、台湾、云南、四川西南部和西藏东南部。

（1）海南榄仁（*T. hainanensis*）

乔木或灌木，高达15m。树皮灰白色或褐色，有斑点；小枝柔弱，无毛。叶互生，近叶基边缘有腺体。花序顶生或腋生；花小，白色，有香气。核果椭圆形或倒卵形，具3翅。花期7～9月。海南特有树种，在中海拔森林中常见，为重要木材。

（2）千果榄仁（*T. myriocarpa*）

常绿大乔木，高 25～35m。具大型板根。顶生或腋生总状花序组成大形圆锥花序，总轴密被黄色绒毛。瘦果细小。花期 8～9 月，果期 10 月至翌年 1 月。产于我国广西、云南和西藏墨脱，越南北部、泰国、老挝、缅甸、马来西亚、印度也有分布。

（3）小叶榄仁（*T. mantaly*）

落叶乔木，高可达 15m。分枝在主干整齐轮生。叶小，叶面脉窝处具多数散生腺体。原产于非洲。我国华南各省引种栽培，常用作园景树、庭荫树和行道树。

（4）安心树（阿江榄仁）（*T. arjuna*）

常绿乔木。树皮常较光滑，斑驳。叶近对生，椭圆形、长椭圆形至狭披针形，长约 10～15cm，宽约 3～7cm。果 5 翅。原产印度和东南亚。

（5）诃子（*T. chebula*）

乔木，高可达 30 m。树皮灰黑色至灰色。叶互生或近对生，卵形、卵状椭圆形至长椭圆形，长 7～14cm，宽 4.5～8.5cm，基部偏斜。花淡绿而带黄色。核果卵形或椭圆形，通常有 5 条钝棱。花期 5 月，果期 7～9 月。产于我国云南西部和西南部，海南等地有引种。

四、鸡蛋花 （*Plumeria rubra* var. *acutifolia*）

夹竹桃科 Apocynaceae 鸡蛋花属植物，是我国南部重要的香花树种。树形美观，枝干灰白苍劲，分枝密集，枝条弯曲自然，叶大深绿，花色素雅而芳香，是十分著名的庭园观赏树种。常孤植、对植于庭园或丛植于公园绿地，也常列植于建筑前或道路两侧，均能起到很好的观赏效果。此外，鸡蛋花作为著名的佛教植物，是云南傣族传统的"五树六花"之一，具有丰富的文化意境，常种植于寺庙四旁，被称作"庙树"。在东南亚和美国夏威夷一带，常用鸡蛋花的花朵制成花环，用于佩戴装饰及迎接贵宾。另外，鸡蛋花还是重要的制作凉菜的原料，具有清热解毒的功效；也可将花晒干后直接泡茶饮用。

1. 形态特征及生态习性

（1）形态特征

大灌木状小乔木，高 4～8m。枝条粗壮，肉质，具丰富乳汁。叶大，互生。花数朵聚生于枝顶；花冠外面乳白色，内面黄色，极芳香。蓇葖果双生。花期 4～10 月，果期 7～12 月。

（2）生态习性

性喜光，为强阳性植物；喜高温，不耐寒；喜湿润，亦耐旱，但怕涝。扦插或压条繁殖，极易成活。

2. 地理分布

原产于西印度群岛和美洲，现已遍布全世界热带及亚热带地区。我国海南、福建、广东、广西及云南常见栽培。在我国具有较长的引种和栽培历史。在公元 1778 年前就已有关于鸡蛋花栽培的记载，至今已有数百年的历史。在成书于 1848 年的《植物名实图考》中也有关于鸡蛋花的记载。

3. 同属主要种类

本属约 7 种，原产于美洲热带地区，现广植于亚洲热带及亚热带地区。常见栽培的有鸡蛋花、红花鸡蛋花和钝叶鸡蛋花等，其中红花鸡蛋花是鸡蛋花的原种。

（1）红花鸡蛋花（*P. rubra*）

小乔木，高4～5m。小枝肥厚。聚伞花序顶生；花冠深红色，具香气。花期5～10月。原产美洲的墨西哥至委内瑞拉一带，我国南部各地常见栽培。花色较为丰富，除了深红纯色之外，还有紫红、深粉、浅粉等及各式杂色。其中三色鸡蛋花'Tricolor'，花瓣上具有2至3种颜色，各色如风车般排列。

（2）钝叶鸡蛋花（*P. obtuse*）

小乔木。小枝条粗壮，稍肉质。叶较大，先端圆钝。花冠漏斗状，白色，中心黄色。原产于热带美洲。

4. 同科主要种类

夹竹桃科（Apocynaceae）共有250属，2000余种，广泛分布于全世界的热带和亚热带地区，是热带植物区系的主要科。其中鸡蛋花亚科（Subfam. Plumerioideae）共有5族，常见栽培的属种有：

（1）海杧果属（*Cerbera*）

约有9种，分布于亚洲热带和亚热带地区及澳大利亚、马达加斯加等地；我国产1种，分布于南部沿海。海杧果 *C. manghas*，常绿乔木。聚伞花序顶生；花白色，芳香。核果双生或单生。花期3～10月，果期7月～翌年4月。产于我国海南、台湾、广东南部和广西南部，亚洲及澳大利亚热带地区也有分布。株型美观，叶丛紧凑，叶片亮绿，花白色素净，具有很好的观赏价值，适合用作公园、庭院观赏，行道树绿化。耐水湿性强，是滨水绿化的良好材料。

（2）黄花夹竹桃属（*Thevetia*）

约15种，产于热带非洲和美洲。我国引种栽培2种1变种。黄花夹竹桃 *T. peruviana*，常绿大灌木或小乔木。枝条柔弱，小枝下垂。花序顶生，花黄色、白色或橙红色。花期5～12月，果期8月至翌年春季。原产热带美洲地区，我国海南、广东、广西、福建、台湾、云南等地有栽培。树冠开展，分枝多而下垂，叶色翠绿，花大色艳，花期甚长，为常见的木本花卉，宜孤植、丛植作庭园观赏。

（3）蕊木属（*Kopsia*）

约30种，分布于印度、泰国、越南、老挝、缅甸、马来西亚、印度尼西亚和菲律宾等国。我国产3种，引入栽培1种。本属植物株型美观、叶片亮绿，花色醒目，具有一定观赏效果，可应用于园林绿化。蕊木 *K. lancebracteolata*，乔木。聚伞花序顶生；花冠高脚碟状，白色。花期4～6月。产于我国海南、广东、广西。云南蕊木 *K. offcinalis*，乔木。叶坚纸质。复总状聚伞花序；花冠高脚碟状，白色。花期4～9月。产于我国云南南部。海南蕊木 *K. hainanensis*，灌木。聚伞花序顶生，稀腋生，花冠白色。花期4～12月。海南特有植物，分布于低海拔至中海拔的丘陵和山地林谷或溪畔。红花蕊木 *K. fruticosa*，灌木。叶纸质。聚伞花序顶生，花冠粉红色。花期9月。原产于印度、印度尼西亚、菲律宾和马来西亚。我国广东等地有栽培，用作园林观赏。

（4）黄蝉属（*Allemanda*）

约15种，原产南美洲，先广泛栽培于世界热带地区，多数种类均为美丽的观花树种。我国南部省区引种栽培2种2变种。黄蝉 *A. neriifolia*，常绿直立灌木。叶3～5枚轮生。聚伞花序顶生；花冠黄色，漏斗状，直径约4cm。花期5～8月。软枝黄蝉 *A. cathartica*，常绿攀援灌木。叶通常 3～4 枚轮生。花冠橙黄色，大型，直径 9～11cm。花期春夏两季。变种大花软枝黄蝉 A. *cathartica* var. *hendersonii*，花冠长 10～14cm，径 9～14cm，喉部具 5 个发亮的斑点。原产乌拉圭，热带地区广泛栽培。小叶软枝黄蝉 A. *cathartica* 'Nanus'，半蔓性灌木，高约 1m。叶小，披针形至椭圆状披针形。花黄色，较小。

（5）长春花属（*Catharanthus*）

约 6 种，产于非洲东部及亚洲南部。中国栽培 1 种 2 变种。长春花 C. *roseus*，多年生草本。叶膜质。聚伞花序腋生或顶生，有花 2～3 朵；花冠高脚碟状，紫红色。花期全年。原产非洲东部，现广植于世界热带及亚热带地区。株型整齐，花期长，花色鲜艳，是良好的色块和盆栽植物。有白花品种 'Albus' 和黄花品种 'Flavus'。

五、黄槿（*Hibiscus tiliaceus*）

锦葵科 Malvaceae 锦葵属植物，为海岸防风林重要树种。其枝叶茂密，树冠宽广，适作绿荫树，行道树或防风树。盛花期，枝梢黄花繁多，是优雅之观花树。

1. 形态特征及生态习性

（1）形态特征

灌木状小乔木，树冠圆形，高 4～7m。叶革质，近圆形或广卵形，长 7～15cm，顶端急尖或骤尖，基部心形，全缘或具细圆齿，疏被星状毛，背面密被茸毛和星状毛；托叶大，近长圆形，外被星状毛。花单生于叶腋，或数朵排成腋生或顶生的总状花序；苞片 2 片，外形同托叶；萼裂片被短柔毛；花冠钟形，花瓣黄色，中央暗紫色，外被星状毛。蒴果椭圆形，具短喙，密被柔毛。种子具小疣。花期 6～9 月。

（2）生态习性

性喜高温、多湿，生育适温为 23～32℃；喜光，耐寒；耐干旱瘠薄，耐盐，抗风及大气污染。生性强健，栽培土质以中性至微碱性壤土或沙质壤土为佳。

2. 地理分布

产于我国广东、海南、福建、台湾等省区。原产东半球热带地区，现广布于世界热带沿海地区。

3. 主要品种

花叶黄槿（H. *tiliaceus* 'Tricolor'），株高 4m。叶互生，阔心形，叶面具乳白、粉红、红、褐色等斑点。花冠黄色，喉部暗红色。叶色优雅美观，适合作园景树或盆栽观赏。

4. 同属主要种类

同属的很多种及品种具有较高观赏价值，如红叶槿 H. *acetosella*、洋麻（大麻槿）H. *cannabinus*、红秋葵 H. *coccineus*、高红槿 H. *elatus*、樟叶木槿 H. *grewii folius*、锦球朱槿 H. *hawaiiensis* 'Kapiolani'、美丽芙蓉 H. *indicus*、木芙蓉 H. *mutabilis*、重瓣木芙蓉 H. *mutabilis*、吊灯花（灯笼花）H. *schizopetalus*、长苞木槿 H. *syriacus* var. *longibracteatus*。此外，木槿 H. *syriacus* 和朱槿（大红花、扶桑）H. *rosa-sinensis* 也有很多园艺品种，前者如白花重瓣木槿 H. *syriacus* f. *albus-plenus*、粉紫重瓣木槿 H. *syriacus* f. *amplissimus*、'斯坦丽女士' 木槿 H. *syriacus* 'Lady stanley'，后者如白花朱槿 H. *rosa-sinensis* 'Albus'、洋红朱槿 H. *rosa-sinensis* 'Carminatus'、艳红朱槿

H. rosa-sinensis 'Carminato-plenus'、彩叶扶桑 *H. rosa-sinensis* 'Cooper'、橙红朱槿 *H. rosa-sinensis* 'Covakanic'、佳丽中玫槿 *H. rosa-sinensis* 'Curri' 等 10 余个品种。

六、海南菜豆树 (*Radermachera hainanensis*)

别名绿宝树，紫葳科 Bignoniaceae 菜豆树属植物。树形美观，树姿优雅，花期长，花朵大，花香淡雅，花色美且多，是华南地区园林绿化的优良树种，可作园景树或行道树。

1. 形态特征及生态习性

（1）形态特征

常绿乔木，高 10～20m。树皮浅灰色，深纵裂。1～2 回羽状复叶；小叶纸质，卵形或长圆状卵形，长 4～10cm，顶端渐尖，基部阔楔形。总状花序腋生或侧生，少花；花萼淡红色，筒状不整齐；花冠淡黄色，钟状。蒴果长达 40cm。种子卵圆形。花期 4 月。果期 9～10 月。

（2）生态习性

性喜阳光，耐半阴，生长较迅速；喜疏松、肥沃、湿润且排水良好的土壤，适生于石灰岩溶山区，酸性土上也有少量分布。深根性树种，具有极强的萌芽再生能力。

2. 地理分布

原产于我国广东、海南、云南、广西等省区。生于低山坡林中。现华南各地有栽培。

3. 同属主要种类

（1）菜豆树 (*R. sinica*)

乔木，高达 10m。树干通直。叶为二或三回羽状复叶。聚伞圆锥花序顶生，花白色至淡黄色。花期 5～9 月。分布于我国华南、贵州及云南。越南也有分布。宜作庭荫树和行道树。

（2）火烧花 (*R. ignea*)

乔木，高 6～20m。叶为大型二回奇数羽状复叶。总状花序，花橙红色至金黄色。花期 2～3 月。分布于我国广东、广西、海南、台湾及云南。越南、老挝、缅甸、印度亦有分布。为优良的庭园观赏树及行道树。

（3）美叶菜豆树 (*R. frondosa*)

乔木，高 7～20m。叶为二回羽状复叶。聚伞圆锥花序顶生，花白色。花期几乎全年。分布于我国华南地区。为优良的庭园观赏树及行道树。

七、刺桐 (*Erythrina variegata*)

豆科 Fabaceae 蝶形花亚科 Faboideae 落叶乔木。其花色鲜红，叶前开放，花期长，为冬季至早春重要的观花树种，常用作园景树和行道树，列植或丛植。原产我国，具有十分悠久的栽培应用历史。早在东晋嵇含的《南方草木状》中就有相关记载，现在我国西南和华南一带广泛应用。

1. 形态特征及生态习性

（1）形态特征

落叶乔木，高可达 20m。三出复叶；小叶膜质，菱状卵形，长宽约 15～30cm。总状花序顶生，长 10～16cm；花冠鲜橙红色。花期 12 月至翌年 3 月，先叶开放；果期 9～10 月。

（2）生态习性

性喜温暖湿润、光照充足的环境；耐旱也耐湿；对土壤要求不严，宜肥沃排水良好的沙壤土。繁殖以扦插为主，也可播种。

2. 地理分布

原产于印度至大洋洲海岸林中，我国海南、台湾、广东、广西、福建等地有栽培。有变种金脉刺桐 *E. variegata* var. *orientialis*，乔木。叶脉金黄色。原产菲律宾、印度等亚洲热带地区，我国海南等地有引种栽培。

3. 同属主要种类

本属植物均为美丽的观花树种，分布或栽培于我国南部及西南部各省。

（1）鸡冠刺桐（*E. crista-galli*）

灌木或小乔木。树皮明显纵裂，小枝常自然扭曲。花橙红色。花期 4～7 月。原产于巴西，我国南部省区广泛栽培。

（2）龙牙花（*E. corallodendron*）

小乔木。小叶宽菱状卵形。花萼钟状，花冠鲜红色。荚果长约 10 cm，有长喙。种子红色。花期 6～11 月。产自热带美洲。

（3）鹦哥花（*E. arborescens*）

小乔木或乔木。顶生小叶近肾形，侧生小叶斜宽心形。花萼陀螺形；花冠大，鲜红色。产于我国云南、西藏、四川、贵州及海南尖峰岭。

（4）劲直刺桐（*E. strica*）

乔木。总状花序长 15cm，有花 3 朵，鲜红色。产于我国广西南部、云南南部和西藏东南部。印度、尼泊尔、老挝、泰国、缅甸和柬埔寨等国也有分布。

（5）云南刺桐（*E. yunnanensis*）

乔木。总状花序；花红色，3～4 朵簇生于总梗。产自我国云南，分布于海拔 1400m 的开阔山坡上。

（6）褐花刺桐（*Erythrina fusca*）

小乔木。花红褐色。原产于热带亚洲及太平洋岛国波利尼西亚一带。

4. 同科主要种类

豆科（蝶形花科）是世界性的大科，约有 486 属，1 万多种，广泛分布于全世界。本科许多种类都是重要的粮食和经济作物，部分属种可供观赏。

（1）蝶豆属（*Clitotia*）

共有约 70 种，分布于热带和亚热带地区。本属植物为三出复叶，花萼大型显著，以蓝色、紫色为主，色彩艳丽，具有重要的观赏价值。多数为多年生草质藤本，如蝶豆（*C. ternatea*）、三叶蝶豆（*C. mariana*）、广东蝶豆（*C. hancana*）等。而巴西木蝶豆（*C. fairchildiana*）则为乔木，高可达 10m 以上，花紫色，花期 6～8 月，具有重要的观赏价值。该种由中国热带农业科学院于 20 世纪 70～80 年代自南美引回海南，目前生长良好，开始应用于园林绿化。

（2）紫檀属（*Pterocarpus*）

约 30 种，分布于全球地区。我国产 1 种，引种栽培数种。常见应用于园林的有印度紫檀（*P. indicus*）和马拉巴紫檀（*P. marsupium*），二者的形态特征较为相似，最大的区别在于其花期和落叶期。其中印度紫檀于4月中下旬至5月中旬开花；叶片约于12月后全部脱落，于次年3月萌发新叶。而马拉巴紫檀的花期在7月底至8月；老叶于12月变黄但直至5月方才脱落，随后萌发新枝。

（3）红豆属（*Ormosia*）

约有100种，产于热带美洲、东南亚和澳大利亚西北部。我国有35种，2变种，2变型，大致以北纬23°为分布界限，以海南、广东、广西、云南为其主要分布区。本属多数植物为优良的材用树种，其种子也大多具有一定观赏价值。常见的有花榈木（*O. henryi*）、海南红豆（*O. pinnata*）、长脐红豆（*O. balansae*）、荔枝叶红豆（*O. semicastrata*）等。

（4）水黄皮属（*Pongamia*）

仅1种，即水黄皮（*P. pinnata*），别名水流豆，为常绿乔木。奇数羽状复叶具小叶3～7片，叶卵形、阔椭圆形至长椭圆形。总状花序腋生，长15～20cm；花白色、粉红色或紫红色。花期5～6月。产自我国海南、福建和广东南部沿海地区，生于溪流和海边。印度、斯里兰卡、马来西亚、澳大利亚等国也有分布。树形美观，叶色浓绿，花和果实具有一定的观赏效果，是良好的庭院观赏和滨水绿化材料。

八、洋紫荆（*Bauhinia blakeana*）

别名香港紫荆花，属豆科 Fabaceae 苏木亚科 Caesalpiniaceae 羊蹄甲属，是我国南部省区常见应用的观赏植物之一。花期长可达半年，繁花满枝，花大色艳，兼有浓郁的香气，是华南一带十分重要而著名的观花树种，广泛用作行道树和园景树。洋紫荆也是香港行政区区花，在全港普遍种植，深受人们喜爱。以其花冠造型塑造而成的金紫荆雕像矗立在香港的金紫荆广场，成为香港回归祖国的象征。

1. 形态特征及生态习性

（1）形态特征

常绿乔木，高6～10m。叶互生，圆形或阔心形，先端二裂，叶裂片深度为全叶长的1/4～1/3，上面无毛，下面被短柔毛；基出脉11～15条。总状花序顶生或腋生，有时聚生成圆锥花序；花大，美丽，直径10～12cm，深紫红色；花后不结实；发育雄蕊5枚，其中3枚较长，2枚较短。花期10月至翌年4月，以11月至翌年1月为其盛花期。

（2）生态习性

性喜高温、潮湿、多雨的气候，有一定耐寒能力，适应肥沃、湿润的酸性土壤。高空压条、扦插及嫁接繁殖。通常选用直径3～6cm的健壮大枝进行环剥高压，也可用大枝直接扦插。嫁接常以羊蹄甲 *B. purpurea* 为砧木。

2. 地理分布

洋紫荆原产于香港，1880年左右由一名法国神父在香港岛发现，并以插枝方式加以移植。于1908年确定为新种在《植物学报》（*Journal of Botany*）上发表。后来香港大学学者利用DNA技术证实本种为羊蹄甲 *B. purpurea* 和宫粉羊蹄甲 *B. variegata* 的天然杂交种，并建议将其拉丁学名改为 *Bauhinia purpurea×variegata* 'Blakeana'。也有学者据此将其拉丁学名写作 *Bauhinia×blakeana*，以示其为一杂交种。1965年，洋紫荆正式被定为香港市花，1997年香港特别行政区成立后继续以之为区花。于1967年引入台湾，

1984 年成为台湾嘉义市市花，现广泛栽植于世界热带地区。

3. 同属主要种类

羊蹄甲属共有约 600 种，遍布全世界热带地区。我国有 40 种，4 亚种，11 变种，主产于南部和西南部。本属植物大多花大色艳，是重要的园林观赏树种。

（1）羊蹄甲（*B. purpurea*）

常绿乔木，高 7～10m。叶硬纸质，近圆形，先端裂片达全叶的 1/3～1/2。花浅粉红色，微具香气，具发育雄蕊 3～4 枚；花后结实。花期 9～11 月。产于我国南部，中南半岛、印度、斯里兰卡也有分布。

（2）宫粉羊蹄甲（*B. variegata*）

落叶乔木，高可达 7m。叶先端裂片达全叶的 1/3。花粉红色，芳香；发育雄蕊 5 枚；花后结实。荚果可长达 30cm。花期以 3～5 月为最盛。原产于我国南部，印度和中南半岛有分布。有变种白花羊蹄甲 *B. variegata* var. *candida*，花白色，中间一枚花瓣常具红色斑纹，发育雄蕊 5。叶片下面通常被短柔毛。花期 3～5 月。

（3）黄花羊蹄甲（*B. tomentosa*）

亦名绵毛羊蹄甲，灌木，高 3～4m。叶纸质，近圆形。总状花序侧生，少花（1～3 朵）；花瓣淡黄色；花后结实。荚果带形，长 7～15cm，宽 1～1.5cm。产于热带非洲、印度、斯里兰卡。

（4）绿花羊蹄甲（*B. viridescens*）

直立灌木，小枝纤细。叶先端裂片达叶长 1/3～1/2，基部截平或浅心形。总状花序稀疏；花瓣白带绿色；花后结实。产于我国云南西双版纳，中南半岛有分布。

（5）首冠藤（深裂叶羊蹄甲）（*B. corymbosa*）

常绿木质藤本。叶圆形，长宽约 2～4cm，先端裂片达全叶的 3/4。花芳香，白色，有粉红色脉纹。花期 4～6 月。产于我国海南和广东。园林常见栽培，常应用于棚架观赏。

（6）橙花羊蹄甲（*B. galpinii*）

常绿攀援灌木，株高 50～150cm。枝条细软。叶扁圆形或阔心形，基部心形。花浅红色至砖红色，直径 5～6cm。花期 5～10 月。原产于南非。

4. 同科主要种类

苏木（云实）亚科植物约有 180 属，3000 余种，大多分布于世界热带及亚热带地区。该科观赏植物众多，常见分布于我国热带地区的属种有：

（1）决明属（*Cassia*）

约 600 种，分布于世界热带和亚热带地区。本属观赏植物众多，尤其大多开黄色花，观赏价值高，园林应用广泛。常见应用的主要有翅荚决明 *C. alata*、双荚决明 *C. bicapsularis*、美丽决明 *C. spectabilis*、黄槐决明 *C. surattensis*、腊肠树 *C. fistula* 和铁刀木 *C. siamea* 等。

（2）凤凰木属（*Delonix*）

约 2～3 种，分布于非洲东部、马达加斯加至热带亚洲。我国引种栽培 1 种，即凤凰木 *D. regia*，为高大落叶乔木。二回偶数羽状复叶，轻柔雅致。花大，深红至橙红色，艳丽夺目。广泛种植和应用于海南、广东、广西、福建、台湾等地的城市园林中，是优良的行道树、园景树和庭荫树种。

（3）盾柱木属（*Peltophorum*）

约 12 种，分布于斯里兰卡、马来群岛以及大洋洲南部等地区。我国产 1 种，银珠 *P. tongkiense*；引入栽培 1 种，盾柱木 *P. pterocarpum*。皆为开黄花的落叶乔木，常用作行道树和园景树。

九、阴香（*Cinnamomum burmannii*）

樟科 Lauraceae 樟属植物。其树冠近圆球形，树姿优美整齐，叶色亮绿，夏、秋季萌发出淡红色的新叶，有明显的季相变化，为优良的庭园风景树、绿荫树和行道树，可孤植、丛植或列植。其叶可作芳香植物原料，亦可入药（味辛，气香，能祛风），也为良好的材用植物。

1. 形态特征及生态习性

（1）形态特征

常绿乔木，高达 15m。树皮光滑，有肉桂香味；嫩枝绿色，无毛。叶互生，革质，上面亮绿，下面粉绿，两面无毛，基生三出脉，揉之有香味。圆锥花序腋生或近顶生；花小，绿白色，长约 5mm；花被两面密被微柔毛，裂片长圆状卵圆形。果卵球形，长约 8mm，熟时橙黄色；果托长 4mm。花期秋冬季，果期冬末及春季。

（2）生态习性

性喜光，喜温暖湿润至高温高湿气候。适应性强，耐寒，抗风和抗大气污染。喜土层深厚、肥沃、疏松和排水良好的土壤。

2. 地理分布

原产于我国广东、海南、广西、福建、云南。亚洲热带地区有分布。华南各地广为栽培。生于疏林、密林或灌丛中，或溪边路旁等处，海拔 100～1400 m。印度，经缅甸和越南，至印度尼西亚和菲律宾也有分布。

3. 同属主要种类

樟属共有 250 余种，产自亚洲东部热带与亚热带地区及大洋洲。我国约 46 种，主产南方各省区。该属植物多为大型乔木，枝叶繁茂，植株芳香。

（1）肉桂（*C. aromaticum*）

乔木。幼枝稍四棱，黄褐色，具纵纹；幼枝、叶柄、叶下面、花序梗、花序轴、花梗、花被片两面均被绒毛。叶革质，长椭圆形或近披针形，长 8～16cm，边缘内卷；基生三出脉。花被片卵状长圆形，花丝被柔毛。果椭圆形，长约 1cm，黑紫色，无毛；果托浅杯状，边缘平截或稍具齿。花期 6～8 月，果期 10～12 月。

（2）樟树（香樟）（*C. camphora*）

常绿大乔木，高达 30m。树冠宽广；枝叶具樟脑香气；小枝无毛。叶薄革质，互生，卵状椭圆形，长 6～12cm，宽 2.5～6.5cm，先端急尖，基部宽楔形至近圆形，边缘稍波状，上面黄绿色，有光泽，下面无毛或初时微被短柔毛；离基三出脉。聚伞花序；花黄白色或黄绿色，长约 2mm。果卵球形，直径 6～8mm，熟时紫黑色；果托浅杯状，边缘全缘。花期 4～5 月，果期 8～11 月。

（3）黄樟（*C. porrectum*）

常绿大乔木，高可达 20m。树皮暗灰褐色，深纵裂，小片剥落，有樟脑气味；小枝具棱角，无毛；芽卵形，被绢状毛。叶革质，揉碎后有浓浓的香味，椭圆状卵形，长 6～12cm，宽 3～6cm，上面亮绿，下面粉绿色，两面无毛；羽状脉，侧脉 4～5 对。圆锥花序腋生或近顶生；花略带黄色，长约 3mm。果球形，直径 6～8mm，黑色；果托狭长倒锥形，红色，有纵条纹。花期 3～5 月，果期 8～10 月。

十、榕树（*Ficus microcarpa*）

桑科 Moraceae 榕属植物。树形奇特，枝叶繁茂，树冠宽广，具气生根，常形成"独木成林"的奇观。生长快，寿命长，在我国华南地区广泛栽培作为行道树及庭荫树。

1. 形态特征及生态习性

（1）形态特征

大乔木，冠幅广展。叶薄革质，狭椭圆形，长 4～8cm，表面深绿色，有光泽，全缘。榕果成对腋生或生于已落叶枝叶腋，成熟时黄或微红色，扁球形，直径 6～8mm。其枝条上生长的气生根，向下伸入土壤形成新的树干称之为"支柱根"。其支柱根和枝干交织在一起，形似稠密的丛林，因此被称之为"独木成林"。

（2）生态习性

性喜高温、多湿及充足的阳光；适应性强，在半阴的环境中也能生长良好；耐旱力较强。

2. 地理分布

原产于中国南部、南亚、东南亚、斯里兰卡、日本、巴布亚新几内亚、澳大利亚、罗林群岛。

3. 主要品种类

榕树的主要园艺品种有：黄金榕'Golden Leaves'，常绿小乔木，高可达 6m。叶倒卵形或椭圆形，厚革质，全缘；新萌发新叶呈金黄色，日照不足则老叶转绿色，日照愈强烈，叶色愈明艳。热带地区多有栽培。斑叶垂枝榕 f. *pendulina variegata*，枝条稍下垂，叶具乳白色斑块。人参榕 f. *renshen*，由普通常见的榕树培育而成，株高约 15～20cm，根部肥大，形似人参而得名。黄斑榕'Yellow Stripe'，与原种小叶榕的区别主要是叶缘及叶脉具黄白色斑纹；叶椭圆形，表面绿色并具有浅乳黄色或乳白色斑，叶背有大量的腺体；叶柄亦有牛奶绿色。主要分布在热带地区。为半耐寒性乔木，我国南方地区有栽培。性强健，抗风，耐潮，耐瘠，耐旱，耐空气污染，且病虫害少，对土质要求不严。

4. 同属主要种类

（1）高山榕（*F. altissima*）

少数气根。叶互生，革质，卵形或广卵形，长 7～27cm，宽 4～17cm。

（2）大果榕（*F. auriculata*）

树冠呈圆伞形，色浓绿碧亮。叶宽卵形或近圆形，长 15～36cm。花序托具梗，簇生于老枝或无叶的枝上，倒梨形或陀螺形，直径约 4cm。

（3）黄毛榕（*F. esquiroliana*）

小乔木或灌木。小枝密生锈色长硬毛。叶卵形或宽卵形，长 16～33cm。花序托密生锈色或褐色糙毛。

（4）垂叶榕（*F. benjamina*）

大乔木，高 7～30m。枝条下垂。叶互生，薄革质，长 5～10cm，宽 2～6cm，全缘。

十一、琼棕（*Chuniophoenix hainanensis*）

棕榈科 Arecaceae 琼棕属植物。株形优美，叶色浓绿，果实鲜红色，挂果期长，可观叶又可观果。为优良的园林观赏植物，可盆栽或植于绿地。茎秆、叶片是作工艺品的好材料。

1. 形态特征及生态习性

（1）形态特征

常绿丛生灌木，高 3m 或更高。具吸芽，从叶鞘中生出。叶团扇形，掌状深裂；裂片条形，14～16 片，顶端渐尖，放射状开张，偶有 2 片合生，长达 50cm，宽 1.8～2.5cm；中脉在上面凹入，背面隆起；叶柄无刺，上面有深槽，顶端无小棘突。肉穗状花序腋生，多分枝，呈圆锥花序式；主轴上的苞片管状；花萼筒状，宿存；花两性，花瓣 2～3 片，紫红色。果球形，直径约 1.5cm，熟时由黄色至橙色再至鲜红色。种子直径约 1cm，灰白色。花期 4 月，果期 9～10 月。

（2）生态习性

性喜高温、湿润的气候环境，最适宜的生长温度为 18～30℃，空气相对湿度在 70%～80%；喜阳光充足，也耐半阴。喜疏松、肥沃并带微酸性的土壤。

2. 地理分布

海南特有植物，对研究棕榈科植物的系统发育和植物区系，有一定的科研价值。成片生于海拔 500～800 m 的山地林中。华南地区各地均有栽培。

3. 同属主要种类

琼棕属共有 3 种，其中海南产 2 种。地矮琼棕 C. nana，为我国特产的稀有珍贵植物，国家二级保护植物。与琼棕的区别在于：植株矮小；茎秆较细；叶较小，裂片少；花序较小，分枝少，且不再分枝，分枝上的小苞片为黄褐色，花淡黄色，花瓣强烈反卷；果较小。生态学和生物学特征等与琼棕相近，耐阴性极强，适于庭园栽培，供观赏，也可作绿篱或园林配置，或大盆栽植作室内摆设。

十二、鱼尾葵（*Caryota ochlandra*）

棕榈科 Arecaceae 鱼尾葵属植物。茎干挺直，叶片翠绿奇特，花色鲜黄，果实如圆珠成串。适于栽植庭园中观赏及盆栽布置会场、厅堂等。

1. 形态特征及生态习性

（1）形态特征

乔木状，高 10～15m，有环状叶痕。叶长 3～4m，革质；羽片长 15～60cm，宽 3～10cm，互生；最上部的 1 羽片大，楔形，先端 2～3 裂；侧边的羽片小。菱形花序长 3～3.5m，具多数穗状的分枝花序；雄花花瓣椭圆形，长约 2cm，宽 8mm，黄色，雄蕊多数；雌花花瓣长约 5mm，具退化雄蕊 3 枚。果球形，熟时红色，直径 1.5～2cm。花期 5～7 月，果期 8～11 月。

（2）生态习性

性喜温暖湿润，较耐寒，喜疏松、肥沃、富含腐殖质的中性土壤，不耐盐碱，不耐干旱，不耐水涝。耐阴性强，忌阳光直射。

2. 地理分布

分布于我国海南、广东、广西、福建、云南等省区。生于海拔 450～700m 的山坡或沟谷林中。亚洲热带地区也有分布。

3. 同属主要种类

本属其他常见种类有：

（1）短穗鱼尾葵（*C. mitis*）

丛生小乔木，高 7 m 左右。有匍匐根茎，干竹节状。叶长 1～3m，2 回羽状全裂，末端一片形似鱼尾，叶鞘较短。肉穗花序有分爪，稠密而短，长约 60cm。浆果球形，熟时蓝黑色。种子 1 颗。花期 4～6 月；果期 8～11 月。

（2）单穗鱼尾葵（*C. monostachya*）

茎丛生，高 1～3m。叶二回羽状，长约 3m；羽片宽楔形，顶端极偏斜，有不规则的齿刻，鱼尾状。雌雄同株；花序有 1～2 条小穗分枝，单一弯曲下垂。果球形，青紫色。花期 3～5 月，果期 7～10 月。

本章小结

本章概述了世界热带地区自然地理和植被类型与观赏植物资源的关系，并详细介绍了台湾、海南和西双版纳等热带地区的观赏植物资源的种类与应用特点。最后将常见的热带观赏植物，按照生活型的方式，分别推荐了草本、灌木、藤本和乔木四大类共 50 种植物，不仅介绍了各种类的形态特征、生态习性和园林用途，而且就其野生种，栽培品种和主要类型也做了详细描述，以期读者藉此对观赏植物资源的生物学特性和园林应用有更清晰的认识。

复习思考题

1. 气候特征与区域物种分布有何关系？热带地区植物多样性受哪些因素影响？
2. 我国热带地区包括哪些区域，请对这些地区观赏植物资源作一简单介绍。
3. 藤本植物有哪些生态效应和景观功能？热带地区的园林景观设计时如何突出这种特色？
4. 列举耐高温抗旱的热带观赏植物 10 种，简述它们在节水生态型园林中的具体应用。

推荐书目

［1］ 侯元兆. 热带林学—基础知识与现代理念. 北京：中国林业出版社，2002.

［2］ 黄敏展. 亚热带花卉学总论. 宜兰：国立中兴大学园艺系，1996.

［3］ 赖明洲编. 台湾的植物：台湾植物的发源、形成与特色生物多样性保育及资源永续开发利用. 台中：晨星出版有限公司，2003.

［4］ 孟庆武等. 热带亚热带花卉. 北京：中国农业出版社，2003.

［5］ 宋希强. 热带花卉学. 北京：中国林业出版社，2009.

［6］ 沃尔特. 世界植被-陆地生物圈的生态系统. 北京：科学出版社，1984.

［7］ 许再富，陶国达. 西双版纳热带野生花卉. 北京：中国农业出版社，1988.

附录:

附录一　海南特有野生花卉资源特性一览表

科　名		中文名	学名	生活型	观赏部位
苏铁科	Cycadaceae	葫芦苏铁	*Cycas changjiangensis*	灌木	全株
苏铁科	Cycadaceae	海南苏铁	*Cycas hainanensis*	灌木	全株
苏铁科	Cycadaceae	三亚苏铁	*Cycas shanyagensis*	灌木	全株
松科	Pinaceae	海南油杉	*Keteleeria hainanensis*	乔木	全株、果
木兰科	Magnoliaceae	绢毛木兰	*Lirianthe albosericea*	乔木	全株、叶、花
木兰科	Magnoliaceae	石碌含笑	*Michelia shiluensis*	乔木	全株、花
番荔枝科	Annonaceae	狭瓣鹰爪花	*Artabotrys hainanensis*	攀援灌木	花、果
番荔枝科	Annonaceae	毛叶鹰爪花	*Artabotrys pilosus*	攀援灌木	花、果
番荔枝科	Annonaceae	钱木	*Chieniodendron hainanense*	乔木	全株、花、果
番荔枝科	Annonaceae	东方瓜馥木	*Fissistigma tungfangense*	攀援灌木	花、果
樟科	Lauraceae	白背黄肉楠	*Actinodaphne glaucina*	乔木	全株、果
樟科	Lauraceae	保亭黄肉楠	*Actinodaphne paotingensis*	乔木	全株、果
樟科	Lauraceae	皱皮油丹	*Alseodaphne rugosa*	乔木	全株、果
樟科	Lauraceae	山潺	*Beilschmiedia appendiculata*	乔木	全株、果
樟科	Lauraceae	保亭琼楠	*Beilschmiedia baotingensis*	乔木	全株、果
樟科	Lauraceae	短叶琼楠	*Beilschmiedia brevifolia*	乔木	全株、果
樟科	Lauraceae	长柄琼楠	*Beilschmiedia longepetiolata*	乔木	全株、果
樟科	Lauraceae	肉柄琼楠	*Beilschmiedia macropoda*	乔木	全株、果
樟科	Lauraceae	锈叶琼楠	*Beilschmiedia obconica*	乔木	全株、果
樟科	Lauraceae	东方琼楠	*Beilschmiedia tungfangensis*	乔木	全株、果
樟科	Lauraceae	钝叶厚壳桂	*Cryptocarya impressinervia*	乔木	全株、果
樟科	Lauraceae	鸡卵槁	*Cryptocarya leiana*	乔木	全株、果
樟科	Lauraceae	长序厚壳桂	*Cryptocarya metcalfiana*	乔木	全株、果
樟科	Lauraceae	红柄厚壳桂	*Cryptocarya tsangii*	乔木	全株、果
樟科	Lauraceae	莲桂	*Dehaasia hainanensis*	乔木	全株、果
樟科	Lauraceae	土楠	*Endiandra hainanensis*	乔木	全株、果
樟科	Lauraceae	海南山胡椒	*Lindera robusta*	乔木	全株、果
樟科	Lauraceae	海南木姜子	*Litsea litseifolia*	乔木	全株、果
樟科	Lauraceae	琼南木姜子	*Litsea verticillifolia*	乔木	全株、果
樟科	Lauraceae	尖峰润楠	*Machilus monticola*	乔木	全株、果
樟科	Lauraceae	梨润楠	*Machilus pomifera*	乔木	全株、果

科 名		中文名	学名	生活型	观赏部位
樟科	Lauraceae	海南新木姜子	*Neolitsea hainanensis*	乔木	全株、果
樟科	Lauraceae	保亭新木姜子	*Neolitsea howii*	乔木	全株、果
樟科	Lauraceae	钝叶新木姜子	*Neolitsea obtusifolia*	乔木	全株、果
樟科	Lauraceae	茶槁楠	*Phoebe hainanensis*	乔木	全株、果
樟科	Lauraceae	油果樟	*Syndiclis chinensis*	乔木	全株、果
樟科	Lauraceae	乐东油果樟	*Syndiclis lotungensis*	乔木	全株、果
毛茛科	Ranunculaceae	海南铁线莲	*Clematis hainanensis*	草质藤本	叶、果
木通科	Lardizabalaceae	少叶野木瓜	*Stauntonia oligophylla*	木质藤本	叶、果
防己科	Menispermaceae	古山龙	*Arcangelisia gusanlung*	木质藤本	叶、果
防己科	Menispermaceae	海南地不容	*Stephania hainanensis*	木质藤本	全株、块根、叶
防己科	Menispermaceae	小叶地不容	*Stephania succifera*	木质藤本	全株、块根、叶
防己科	Menispermaceae	海南青牛胆	*Tinospora hainanensis*	木质藤本	叶
马兜铃科	Aristolochiaceae	黄毛马兜铃	*Aristolochia fulvicoma*	木质藤本	花、果
马兜铃科	Aristolochiaceae	南粤马兜铃	*Aristolochia howii*	木质藤本	花、果
马兜铃科	Aristolochiaceae	多型叶马兜铃	*Aristolochia polymorpha*	木质藤本	叶、花、果
马兜铃科	Aristolochiaceae	海南线果兜铃	*Thottea hainanensis*	木质藤本	花、果
胡椒科	Piperaceae	嵌果胡椒	*Piper infossibaccatum*	木质藤本	叶、果
胡椒科	Piperaceae	陵水胡椒	*Piper lingshuiense*	木质藤本	叶、果
胡椒科	Piperaceae	斜叶蒟	*Piper senporeiense*	木质藤本	叶、果
白花菜科	Capparidaceae	多毛山柑	*Capparis dasyphylla*	攀援灌木	花、果
白花菜科	Capparidaceae	山柑	*Capparis hainanensis*	攀援灌木	花、果
远志科	Polygalaceae	坝王远志	*Polygala bawanglingensis*	亚灌木	全株、花、果
远志科	Polygalaceae	海南远志	*Polygala hainanensis*	亚灌木	全株、花、果
远志科	Polygalaceae	海岛远志	*Polygala wuzhishanensis*	亚灌木	全株、花、果
凤仙花科	Balsaminaceae	海南凤仙花	*Impatiens hainanensis*	草本	全株、叶、花、果
瑞香科	Thymelaeaceae	窄叶荛花	*Wikstroemia chuii*	灌木	全株、果
瑞香科	Thymelaeaceae	海南荛花	*Wikstroemia hainanensis*	灌木	全株、果
瑞香科	Thymelaeaceae	大叶荛花	*Wikstroemia liangii*	灌木	全株、果
天料木科	Samydaceae	狭叶天料木	*Homalium stenophyllum*	乔木	全株、花
秋海棠科	Begoniaceae	海南秋海棠	*Begonia hainanensis*	草本	全株、叶、花、果
秋海棠科	Begoniaceae	侯氏秋海棠	*Begonia howii*	草本	全株、叶、花、果

科　　名		中文名	学名	生活型	观赏部位
秋海棠科	Begoniaceae	盾叶秋海棠	*Begonia peltatifolia*	草本	全株、叶、花、果
秋海棠科	Begoniaceae	保亭秋海棠	*Begonia sublongipes*	草本	全株、叶、花、果
山茶科	Theaceae	狭叶杨桐	*Adinandra angustifolia*	灌木或小乔木	全株、果
山茶科	Theaceae	无腺杨桐	*Adinandra epunctata*	灌木或小乔木	全株、果
山茶科	Theaceae	保亭杨桐	*Adinandra howii*	灌木或小乔木	全株、果
山茶科	Theaceae	抱茎短蕊茶	*Camellia amplexifolia*	灌木或小乔木	全株、花、果
山茶科	Theaceae	细花短蕊茶	*Camellia parviflora*	灌木或小乔木	全株、花、果
山茶科	Theaceae	腺叶离蕊茶	*Camellia paucipunctata*	灌木或小乔木	全株、花、果
山茶科	Theaceae	黄花短蕊茶	*Camellia xanthochroma*	灌木或小乔木	全株、花、果
山茶科	Theaceae	海南柃	*Eurya hainanensis*	灌木或小乔木	全株、果
山茶科	Theaceae	卵叶柃	*Eurya ovatifolia*	灌木或小乔木	全株、果
山茶科	Theaceae	五柱柃	*Eurya pentagyna*	灌木或小乔木	全株、果
山茶科	Theaceae	海南大头茶	*Polyspora hainanensis*	乔木	全株、花、果
山茶科	Theaceae	海南厚皮香	*Ternstroemia hainanensis*	乔木	全株、花、果
桃金娘科	Myrtaceae	白毛子楝树	*Decaspermum albociliatum*	灌木	全株、果
桃金娘科	Myrtaceae	琼南子楝树	*Decaspermum austrohainanicum*	灌木	全株、果
桃金娘科	Myrtaceae	海南子楝树	*Decaspermum hainanense*	乔木	全株、果
桃金娘科	Myrtaceae	圆枝子楝树	*Decaspermum teretis*	乔木	全株、果
桃金娘科	Myrtaceae	假赤楠	*Syzygium buxifolioideum*	灌木	全株、花、果
桃金娘科	Myrtaceae	散点蒲桃	*Syzygium conspersipunctatum*	乔木	全株、花、果
桃金娘科	Myrtaceae	海南蒲桃	*Syzygium hainanense*	乔木	全株、花、果
桃金娘科	Myrtaceae	万宁蒲桃	*Syzygium howii*	灌木或小乔木	全株、花、果

科 名		中文名	学名	生活型	观赏部位
桃金娘科	Myrtaceae	褐背蒲桃	*Syzygium infrarubiginosum*	乔木	全株、花、果
桃金娘科	Myrtaceae	尖峰蒲桃	*Syzygium jienfunicum*	乔木	全株、花、果
桃金娘科	Myrtaceae	皱萼蒲桃	*Syzygium rysopodum*	乔木	全株、花、果
桃金娘科	Myrtaceae	纤枝蒲桃	*Syzygium stenocladum*	乔木	全株、花、果
桃金娘科	Myrtaceae	方枝蒲桃	*Syzygium tephrodes*	灌木或小乔木	全株、花、果
野牡丹科	Melastomataceae	附生美丁花	*Medinilla arboricola*	攀援灌木	全株、花
野牡丹科	Melastomataceae	枝毛野牡丹	*Melastoma dendrisetosum*	灌木	全株、花、果
野牡丹科	Melastomataceae	海南锦香草	*Phyllagathis hainanensis*	灌木	全株、花
野牡丹科	Melastomataceae	毛锦香草	*Phyllagathis melastomatoides*	灌木	全株、花
野牡丹科	Melastomataceae	窄叶锦香草	*Phyllagathis stenophylla*	灌木	全株、花
野牡丹科	Melastomataceae	红毛卷花丹	*Scorpiothyrsus erythrotrichus*	灌木	全株、花
野牡丹科	Melastomataceae	黄毛卷花丹	*Scorpiothyrsus xanthostictus*	灌木	全株、花
野牡丹科	Melastomataceae	海南桑叶草	*Sonerila hainanensis*	草本	全株、花、果
杜英科	Elaeocarpaceae	海南猴欢喜	*Sloanea hainanensis*	乔木	全株、果
梧桐科	Sterculiaceae	海南梧桐	*Firmiana hainanensis*	乔木	全株、花、果
梧桐科	Sterculiaceae	美丽火桐	*Grewia chuniana*	乔木	全株、叶、花
梧桐科	Sterculiaceae	保亭梭罗	*Reevesia botingensis*	乔木	全株、花、果
梧桐科	Sterculiaceae	剑叶梭罗	*Reevesia lancifolia*	乔木	全株、花、果
梧桐科	Sterculiaceae	长柄梭罗	*Reevesia longipetiolata*	乔木	全株、花、果
大戟科	Euphorbiaceae	陈氏铁苋菜	*Acalypha chuniana*	灌木	全株、花、果
大戟科	Euphorbiaceae	海南铁苋菜	*Acalypha hainanensis*	灌木	全株、花、果
大戟科	Euphorbiaceae	光果巴豆	*Croton chunianus*	灌木	全株、果
大戟科	Euphorbiaceae	宽昭巴豆	*Croton howii*	灌木	全株、果
大戟科	Euphorbiaceae	海南巴豆	*Croton laui*	灌木	全株、果
大戟科	Euphorbiaceae	长柄海南核果木	*Drypetes longistipitata*	乔木	全株、果
大戟科	Euphorbiaceae	海南大戟	*Euphorbia hainanensis*	灌木	全株、叶、花、果
大戟科	Euphorbiaceae	海南雀舌木	*Leptopus hainanensis*	灌木	全株、果
大戟科	Euphorbiaceae	海南叶下珠	*Phyllanthus hainanensis*	灌木	全株、果
大戟科	Euphorbiaceae	单花水油甘	*Phyllanthus nanellus*	草本	全株、果
大戟科	Euphorbiaceae	剑叶三宝木	*Trigonostemon xyphophylloides*	灌木	全株、果
绣球花科	Hydraneaceae	海南常山	*Dichroa mollissima*	灌木	全株、花
蔷薇科	Rosaceae	裂叶悬钩子	*Rubus howii*	攀援灌木	全株、叶、花、果

科 名		中文名	学名	生活型	观赏部位
蝶形花科	Fabaceae	海南蝙蝠草	*Christia hainanensis*	草本	全株、叶、花、果
蝶形花科	Fabaceae	海南猪屎豆	*Crotalaria hainanensis*	草本	全株、叶、花、果
蝶形花科	Fabaceae	尖峰猪屎豆	*Crotalaria jianfengensis*	草本	全株、叶、花、果
蝶形花科	Fabaceae	崖州猪屎豆	*Crotalaria yaihsienensis*	草本	全株、叶、花、果
蝶形花科	Fabaceae	海南黄檀	*Dalbergia hainanensis*	乔木	全株、果
蝶形花科	Fabaceae	白沙黄檀	*Dalbergia peishaensis*	灌木	全株、果
蝶形花科	Fabaceae	红果黄檀	*Dalbergia tsoi*	灌木	全株、果
蝶形花科	Fabaceae	短枝鱼藤	*Derris breviramosa*	灌木	全株、果
蝶形花科	Fabaceae	海南鱼藤	*Derris hainanensis*	灌木	全株、果
蝶形花科	Fabaceae	滨海木蓝	*Indigofera litoralis*	草本	全株、花
蝶形花科	Fabaceae	疏节槐	*Sophora praetorulosa*	亚灌木	全株、果
金缕梅科	Hamamelidaceae	山铜材	*Chunia bucklandioides*	乔木	全株、叶、果
金缕梅科	Hamamelidaceae	柳叶假蚊母树	*Distyliopsis salicifolia*	灌木	全株、果
黄杨科	Buxaceae	海南黄杨	*Buxus hainanensis*	灌木	全株、果
黄杨科	Buxaceae	毛枝黄杨	*Buxus pubiramea*	灌木	全株、果
荨麻科	Urticaceae	小齿冷水花	*Pilea subedentata*	草本	全株、叶
冬青科	Aquifoliaceae	长柄冬青	*Ilex dolichopoda*	乔木	全株、果
冬青科	Aquifoliaceae	秀英冬青	*Ilex huiana*	灌木	全株、果
冬青科	Aquifoliaceae	保亭冬青	*Ilex liangii*	灌木或小乔木	全株、果
冬青科	Aquifoliaceae	洼皮冬青	*Ilex nuculicava*	乔木	全株、果
冬青科	Aquifoliaceae	石枚冬青	*Ilex shimeica*	乔木	全株、果
卫矛科	Celastraceae	海南卫矛	*Euonymus hainanensis*	灌木	全株、果
卫矛科	Celastraceae	保亭卫矛	*Euonymus potingensis*	灌木或小乔木	全株、果
卫矛科	Celastraceae	海南沟瓣	*Glyptopetalum fengii*	灌木	全株、果
卫矛科	Celastraceae	吊罗裸实	*Gymnosporia tiaoloshanensis*	攀援灌木	全株、果
卫矛科	Celastraceae	东方裸实	*Maytenus dongfangensis*	攀援灌木	全株、果
卫矛科	Celastraceae	海南美登木	*Maytenus hainanensis*	攀援灌木	全株、果
卫矛科	Celastraceae	隐脉假卫矛	*Microtropis obscurinervia*	灌木	全株、果
翅子藤科	Hippocrateaceae	密花五层龙	*Salacia confertiflora*	攀援灌木	全株、果
翅子藤科	Hippocrateaceae	海南五层龙	*Salacia hainanensis*	攀援灌木	全株、果

科 名		中文名	学名	生活型	观赏部位
茶茱萸科	Icacinaceae	假柴龙树	*Nothapodytes obtusifolia*	灌木或小乔木	全株、果
茶茱萸科	Icacinaceae	东方肖榄	*Platea parvifolia*	乔木	全株、果
蛇菰科	Balanophoraceae	石山蛇菰	*Balanophora saxicola*	草本	全株
鼠李科	Rhamnaceae	海南鼠李	*Rhamnus hainanensis*	灌木	全株、果
葡萄科	Vitaceae	狭叶乌蔹莓	*Cayratia lanceolata*	草质藤本	全株、叶、果
葡萄科	Vitaceae	过山崖爬藤	*Tetrastigma pseudocruciatum*	木质藤本	全株、叶、果
芸香科	Rutaceae	海南黄皮	*Clausena hainanensis*	小乔木	全株、果
芸香科	Rutaceae	蜜茱萸	*Melicope patulinervia*	灌木	全株、果
无患子科	Sapindaceae	单叶异木患	*Allophylus repandifolius*	灌木	全株、果
无患子科	Sapindaceae	毛叶异木患	*Allophylus trichophyllus*	灌木	全株、叶、果
无患子科	Sapindaceae	鳞花木	*Lepisanthes hainanensis*	乔木	全株、果
无患子科	Sapindaceae	赛木患	*Lepisanthes oligophylla*	灌木或小乔木	全株、果
无患子科	Sapindaceae	爪耳木	*Lepisanthes unilocularis*	灌木	全株、果
无患子科	Sapindaceae	海南柄果木	*Mischocarpus hainanensis*	灌木	全株、果
无患子科	Sapindaceae	海南韶子	*Nephelium topengii*	乔木	全株、果
牛栓藤科	Connaraceae	单叶豆	*Ellipanthus glabrifolius*	乔木	全株、果
五加科	Araliaceae	保亭树参	*Dendropanax oligodontus*	灌木	全株、叶
五加科	Araliaceae	海南幌伞枫	*Heteropanax hainanensis*	乔木	全株、叶
五加科	Araliaceae	十蕊大参	*Macropanax decandrus*	乔木	全株、叶
越橘科	Vacciniaceae	海南越橘	*Vaccinium hainanense*	灌木	全株、花、果
柿树科	Ebenaceae	崖柿	*Diospyros chunii*	灌木或小乔木	全株、果
柿树科	Ebenaceae	五蒂柿	*Diospyros corallina*	乔木	全株、果
柿树科	Ebenaceae	海南柿	*Diospyros hainanensis*	乔木	全株、果
柿树科	Ebenaceae	琼南柿	*Diospyros howii*	乔木	全株、果
柿树科	Ebenaceae	囊萼柿	*Diospyros inflata*	乔木	全株、果
柿树科	Ebenaceae	琼岛柿	*Diospyros maclurei*	乔木	全株、果
山榄科	Sapotaceae	海南紫荆木	*Madhuca hainanensis*	乔木	全株、果
山榄科	Sapotaceae	琼刺榄	*Xantolis longispinosa*	灌木或乔木	全株、果
紫金牛科	Myrsinaceae	保亭紫金牛	*Ardisia baotingensis*	灌木	全株、果
紫金牛科	Myrsinaceae	密鳞紫金牛	*Ardisia densilepidotula*	乔木	全株、叶、果
紫金牛科	Myrsinaceae	轮叶紫金牛	*Ardisia ordinata*	灌木	全株、果
紫金牛科	Myrsinaceae	细孔紫金牛	*Ardisia porifera*	灌木	全株、果
紫金牛科	Myrsinaceae	弯梗紫金牛	*Ardisia retroflexa*	灌木	全株、果

科　名		中文名	学名	生活型	观赏部位
紫金牛科	Myrsinaceae	拟杜茎山	*Maesa consanguinea*	灌木	全株、果
山矾科	Symplocaceae	厚叶山矾	*Symplocos crassilimba*	乔木	全株、花、果
山矾科	Symplocaceae	柃叶山矾	*Symplocos euryoides*	灌木	全株、花、果
山矾科	Symplocaceae	单花山矾	*Symplocos ovatilobata*	乔木	全株、花、果
木樨科	Oleaceae	海南流苏树	*Chionanthus hainanensis*	灌木或乔木	全株、花、果
木樨科	Oleaceae	白皮素馨	*Jasminum rehderianum*	攀援灌木	全株、花、果
木樨科	Oleaceae	狭叶木樨榄	*Olea neriifolia*	灌木	全株、花、果
木樨科	Oleaceae	小叶木樨榄	*Olea parvilimba*	乔木	全株、花、果
夹竹桃科	Apocynaceae	海南蕊木	*Kopsia hainanensis*	灌木	全株、花、果
夹竹桃科	Apocynaceae	吊罗山萝芙木	*Rauvolfia tiaolushanensis*	灌木	全株、花、果
萝摩科	Asclepiadaceae	荟蔓藤	*Cosmostigma hainanense*	草质藤本	全株、花、果
萝摩科	Asclepiadaceae	海南匙羹藤	*Gymnema hainanense*	木质藤本	全株、果
萝摩科	Asclepiadaceae	厚花球兰	*Hoya dasyantha*	草质藤本	全株、花、果
萝摩科	Asclepiadaceae	崖县球兰	*Hoya liangii*	草质藤本	全株、花、果
萝摩科	Asclepiadaceae	白水藤	*Pentastelma auritum*	草质藤本	全株、花、果
萝摩科	Asclepiadaceae	海南弓果藤	*Toxocarpus hainanensis*	木质藤本	全株、果
萝摩科	Asclepiadaceae	平滑弓果藤	*Toxocarpus laevigatus*	木质藤本	全株、果
萝摩科	Asclepiadaceae	广花弓果藤	*Toxocarpus patens*	木质藤本	全株、果
萝摩科	Asclepiadaceae	紫叶娃儿藤	*Tylophora picta*	木质藤本	全株、果
茜草科	Rubiaceae	异色雪花	*Argostemma discolor*	草本	全株、花、果
茜草科	Rubiaceae	海南雪花	*Argostemma hainanicum*	草本	全株、花、果
茜草科	Rubiaceae	木瓜榄	*Ceriscoides howii*	灌木	全株、花、果
茜草科	Rubiaceae	海南虎刺	*Damnacanthus hainanensis*	木质藤本	全株、花、果
茜草科	Rubiaceae	保亭耳草	*Hedyotis baotingensis*	草本	全株、花
茜草科	Rubiaceae	中华耳草	*Hedyotis cathayana*	草本	全株、花
茜草科	Rubiaceae	少卿耳草	*Hedyotis cheniana*	草本	全株、花
茜草科	Rubiaceae	大众耳草	*Hedyotis communis*	草本	全株、花
茜草科	Rubiaceae	闭花耳草	*Hedyotis cryptantha*	灌木	全株、花
茜草科	Rubiaceae	海南耳草	*Hedyotis hainanensis*	草本	全株、花
茜草科	Rubiaceae	粉毛耳草	*Hedyotis minutopuberula*	草本	全株、花
茜草科	Rubiaceae	延龄耳草	*Hedyotis paridifolia*	草本	全株、花
茜草科	Rubiaceae	顶花耳草	*Hedyotis terminaliflora*	草本	全株、花
茜草科	Rubiaceae	五指山耳草	*Hedyotis wuzhishanensis*	草本	全株、花
茜草科	Rubiaceae	崖州耳草	*Hedyotis yazhouensis*	草本	全株、花
茜草科	Rubiaceae	黄果粗叶木	*Lasianthus calycinus*	灌木	全株、花、果
茜草科	Rubiaceae	瘤果粗叶木	*Lasianthus verrucosus*	灌木	全株、花、果

科　　名		中文名	学名	生活型	观赏部位
茜草科	Rubiaceae	琼梅	*Meyna hainanensis*	灌木或小乔木	全株、花、果
茜草科	Rubiaceae	短柄鸡眼藤	*Morinda brevipes*	攀援灌木	全株、果
茜草科	Rubiaceae	海南巴戟	*Morinda hainanensis*	攀援灌木	全株、果
茜草科	Rubiaceae	壮丽玉叶金花	*Mussaenda antiloga*	攀援灌木	全株、花
茜草科	Rubiaceae	海南玉叶金花	*Mussaenda hainanensis*	攀援灌木	全株、花
茜草科	Rubiaceae	乐东玉叶金花	*Mussaenda lotungensis*	攀援灌木	全株、花
茜草科	Rubiaceae	膜叶玉叶金花	*Mussaenda membranifolia*	攀援灌木	全株、花
茜草科	Rubiaceae	海南腺萼木	*Mycetia hainanensis*	亚灌木	全株、花
茜草科	Rubiaceae	海南蛇根草	*Ophiorrhiza hainanensis*	草本	全株、花
茜草科	Rubiaceae	溪畔蛇根草	*Ophiorrhiza humilis*	草本	全株、花
茜草科	Rubiaceae	海南九节	*Psychotria hainanensis*	灌木	全株、花、果
茜草科	Rubiaceae	海南染木树	*Saprosma hainanensis*	灌木	全株、花、果
茜草科	Rubiaceae	琼岛染木树	*Saprosma merrillii*	灌木	全株、花、果
茜草科	Rubiaceae	崖州乌口树	*Tarenna laui*	灌木	全株、花、果
茜草科	Rubiaceae	海南水锦树	*Wendlandia merrilliana*	灌木	全株、叶、花
忍冬科	Caprifoliaceae	海南忍冬	*Lonicera calvescens*	木质藤本	全株、花、果
菊科	Compositae	刺冠菊	*Calotis caespitosa*	草本	全株、花
菊科	Compositae	海南菊	*Hainanecio hainanensis*	草本	全株、花
半边莲科	Lobeliaceae	海南半边莲	*Lobelia hainanensis*	草本	全株、花
紫草科	Boraginaceae	昌江厚壳树	*Ehretia changjiangensis*	攀援灌木	全株、花
紫草科	Boraginaceae	海南厚壳树	*Ehretia hainanensis*	乔木	全株、花
旋花科	Convolvulaceae	疏花丁公藤	*Erycibe oligantha*	草质藤本	全株、花
玄参科	Scrophulariaceae	曲毛母草	*Lindernia cyrtotricha*	草本	全株、花
苦苣苔科	Gesneriaceae	扁蒴苣苔	*Cathayanthe biflora*	草本	全株、花
苦苣苔科	Gesneriaceae	烟叶唇柱苣苔	*Chirita heterotricha*	草本	全株、花
苦苣苔科	Gesneriaceae	盾叶苣苔	*Metapetrocosmea peltata*	草本	全株、花
苦苣苔科	Gesneriaceae	毛花马铃苣苔	*Oreocharis dasyantha*	草本	全株、花
苦苣苔科	Gesneriaceae	黄花马铃苣苔	*Oreocharis flavida*	草本	全株、花
苦苣苔科	Gesneriaceae	昌江蛛毛苣苔	*Paraboea changjiangensis*	草本	全株、花
苦苣苔科	Gesneriaceae	海南蛛毛苣苔	*Paraboea hainanensis*	草本	全株、花
爵床科	Acanthaceae	海南秋英爵床	*Cosmianthemum viruliflorum*	草本	全株、花、果
爵床科	Acanthaceae	糙叶山蓝	*Peristrophe strigosa*	草本	全株、花、果
爵床科	Acanthaceae	海南叉柱花	*Staurogyne hainanensis*	草本	全株、花、果
爵床科	Acanthaceae	保亭叉柱花	*Staurogyne paotingensis*	草本	全株、花、果

科 名		中文名	学名	生活型	观赏部位
爵床科	Acanthaceae	狭叶叉柱花	*Staurogyne stenophylla*	草本	全株、花、果
爵床科	Acanthaceae	琼海叉柱花	*Staurogyne strigosa*	草本	全株、花、果
马鞭草科	Verbenaceae	平基紫珠	*Callicarpa basitruncata*	灌木	全株、花、果
马鞭草科	Verbenaceae	红腺紫珠	*Callicarpa erythrosticta*	灌木	全株、花、果
马鞭草科	Verbenaceae	海南臭黄荆	*Premna hainanensis*	灌木	全株、花、果
唇形科	Labiatae	海南锥花	*Gomphostemma hainanense*	草本	全株、花
唇形科	Labiatae	海南黄芩	*Scutellaria hainanensis*	草本	全株、花、果
唇形科	Labiatae	保亭花	*Wenchengia alternifolia*	亚灌木	全株、花
谷精草科	Eriocaulaceae	硬叶谷精草	*Eriocaulon sclerophyllum*	草本	全株、花
兰花蕉科	Lowiaceae	海南兰花蕉	*Orchidantha insularis*	草本	全株、花
姜科	Zingiberaceae	革叶山姜	*Alpinia coriacea*	草本	全株、花、果
姜科	Zingiberaceae	海南假砂仁	*Amomum chinense*	草本	全株、花、果
百合科	Liliaceae	海南万寿竹	*Disporum hainanense*	草本	全株、花、果
菝葜科	Smilacaceae	小花肖菝葜	*Heterosmilax micrandra*	攀援灌木	全株、花、果
天南星科	Araceae	黎婆花	*Arisaema hainanense*	草本	全株、花、果
天南星科	Araceae	海南千年健	*Homalomena hainanensis*	草本	全株、花、果
天南星科	Araceae	落檐	*Schismatoglottis hainanensis*	草本	全株、花、果
百部科	Stemonaceae	细花百部	*Stemona parviflora*	木质藤本	全株、花、果
棕榈科	Palmaceae	短叶省藤	*Calamus egregius*	木质藤本	全株、果
棕榈科	Palmaceae	裂苞省藤	*Calamus multispicatus*	木质藤本	全株、果
棕榈科	Palmaceae	单叶省藤	*Calamus simplicifolius*	木质藤本	全株、果
棕榈科	Palmaceae	多刺鸡藤	*Calamus tetradactyloides*	木质藤本	全株、果
棕榈科	Palmaceae	琼棕	*Chuniophoenix hainanensis*	乔木	全株、叶、果
棕榈科	Palmaceae	矮琼棕	*Chuniophoenix humilis*	灌木	全株、叶、果
棕榈科	Palmaceae	海南轴榈	*Licuala hainanensis*	灌木	全株、叶、果
兰科	Orchidaceae	保亭金线兰	*Anoectochilus baotingensis*	草本	全株、叶、花
兰科	Orchidaceae	多枝拟兰	*Apostasia ramifera*	草本	全株、叶、花
兰科	Orchidaceae	海南石豆兰	*Bulbophyllum hainanense*	草本	全株、花
兰科	Orchidaceae	乐东石豆兰	*Bulbophyllum ledungense*	草本	全株、花
兰科	Orchidaceae	海南牛角兰	*Ceratostylis hainanensis*	草本	全株、茎、花
兰科	Orchidaceae	华石斛	*Dendrobium sinense*	草本	全株、花
兰科	Orchidaceae	海南锚柱兰	*Didymoplexiella hainanensis*	草本	全株、花
兰科	Orchidaceae	镰叶盆距兰	*Gastrochilus acinacifolius*	草本	全株、花
兰科	Orchidaceae	裂唇羊耳蒜	*Liparis fissilabris*	草本	全株、花
兰科	Orchidaceae	拟石斛	*Oxystophyllum changjiangense*	草本	全株、花

科	名	中文名	学名	生活型	观赏部位
兰科	Orchidaceae	海南鹤顶兰	*Phaius hainanensis*	草本	全株、花
兰科	Orchidaceae	海南大苞兰	*Sunipia hainanensis*	草本	全株、花
兰科	Orchidaceae	东方毛叶兰	*Trichotosia dongfangensis*	草本	全株、花
兰科	Orchidaceae	芳香白点兰	*Thrixspermum odoratum*	草本	全株、花
莎草科	Cyperaceae	扁茎苔草	*Carex planiscapa*	草本	全株
莎草科	Cyperaceae	线茎苔草	*Carex tsoi*	草本	全株
莎草科	Cyperaceae	东方苔草	*Carex tungfangensis*	草本	全株
莎草科	Cyperaceae	澄迈飘拂草	*Fimbristylis chingmaiensis*	草本	全株
莎草科	Cyperaceae	长柄果飘拂草	*Fimbristylis longistipitata*	草本	全株
莎草科	Cyperaceae	海南割鸡芒	*Hypolytrum hainanense*	草本	全株
莎草科	Cyperaceae	少穗割鸡芒	*Hypolytrum paucistrobiliferum*	草本	全株
莎草科	Cyperaceae	多花剑叶莎	*Machaerina myriantha*	草本	全株
莎草科	Cyperaceae	海南砖子蕾	*Mariscus hainanensis*	草本	全株
莎草科	Cyperaceae	单子砖子苗	*Mariscus monospermus*	草本	全株
莎草科	Cyperaceae	陈氏薰草	*Scirpus chunianus*	草本	全株
竹亚科	Bambusaceae	射毛悬竹	*Ampelocalamus actinotrichus*	灌木状	全株
竹亚科	Bambusaceae	孟竹	*Bambusa bicicatricata*	乔木状	全株
竹亚科	Bambusaceae	妈竹	*Bambusa boniopsis*	乔木状	全株
竹亚科	Bambusaceae	吊罗坭竹	*Bambusa diaoluoshanensis*	乔木状	全株
竹亚科	Bambusaceae	蓬莱黄竹	*Bambusa duriuscula*	乔木状	全株
竹亚科	Bambusaceae	光鞘石竹	*Bambusa glabro-vagina*	乔木状	全株
竹亚科	Bambusaceae	黎庵高竹	*Bambusa insularis*	乔木状	全株
竹亚科	Bambusaceae	马岭竹	*Bambusa malingensis*	乔木状	全株
竹亚科	Bambusaceae	黄竹仔	*Bambusa mutabilis*	乔木状	全株
竹亚科	Bambusaceae	石竹仔	*Bambusa piscatorum*	乔木状	全株
竹亚科	Bambusaceae	响子竹	*Bonia levigata*	乔木状	全株
竹亚科	Bambusaceae	海南箭竹	*Fargesia hainanensis*	乔木状	全株
竹亚科	Bambusaceae	藤单竹	*Lingnania hainanensis*	藤本状	全株
竹亚科	Bambusaceae	细柄少穗竹	*Oligostachyum gracilipes*	灌木状	全株
竹亚科	Bambusaceae	林仔竹	*Oligostachyum nuspiculum*	灌木状	全株
竹亚科	Bambusaceae	毛稃少穗竹	*Oligostachyum scopulum*	灌木状	全株
禾本科	Poaceae	高画眉草	*Eragrostis alta*	草本	全株、果
禾本科	Poaceae	海南画眉草	*Eragrostis hainanensis*	草本	全株、果

科　名		中文名	学名	生活型	观赏部位
禾本科	Poaceae	红脉画眉草	*Eragrostis rufinerva*	草本	全株、果
禾本科	Poaceae	微药金茅	*Eulalia micranthera*	草本	全株
禾本科	Poaceae	黄穗茅	*Imperata flavida*	草本	全株
禾本科	Poaceae	二芒金发草	*Pogonatherum biaristatum*	草本	全株
禾本科	Poaceae	刺毛头黍	*Setiacis diffusa*	草本	全株

附录二　国内标本馆常用的分类系统及科的编号[❶]

一、哈钦松被子植物分类系统

科号	拉丁科名	中文科名
1. Magnoliaceae		木兰科
2. Winteraceae*		林仙科
2a. Illiciaceae		八角科
3. Schisandraceae		五味子科
4. Himantandraceae*		
5. Lactoridaceae*		
6. Trochodendraceae		昆栏树科
7. Cercidiphyllaceae		连香树科
8. Annonaceae		番荔枝科
9. Eupomatiaceae*		
10. Monimiaceae		檬立米科
11. Lauraceae		樟科
12. Gomortegaceae*		
13. Hernandiaceae		莲叶桐科
13a. Illgeraceae*		
14. Myristicaceae		肉豆蔻科
15. Ranunculaceae		毛茛科
16. Cabombaceae		莼菜科
17. Ceratophyllaceae		金鱼藻科
18. Nymphaeaceae		睡莲科
19. Berberidaceae		小檗科
20. Circaeasteraceae		星叶科
21. Lardizabalaceae		木通科
22. Sargentodoxaceae		大血藤科
23. Menispermaceae		防己科
24. Aristolochiaceae		马兜铃科
25. Cytinaceae (Rofflesiaceae)		大花草科

[❶]　注：(1) 裸子植物按郑万钧系统（1978 年），被子植物按哈钦松系统（双子叶植物 1926 年，单子叶植物 1934 年）；属和种的排列按拉丁名首字母顺序排列。

(2) 科名前的数字为各系统科的排列序号。

(3) 记有"＊"的科，中国不产。

二、恩格勒种子植物分类系统

三、秦仁昌蕨类植物分类系统 (1978 年)

四、郑万钧裸子植物分类系统（1975 年）

科号　　拉丁科名　　　　　　　　　　　　　　　　　　　　　　中文科名

四、被子植物 裸子植物 （1975年）

Gramineae ....

Cyperaceae ....

Juncaceae ....

Liliaceae ....

Amaryllidaceae ....

Orchidaceae ....

Piperaceae ....

Cephalotaxaceae ....

Pinaceae ....

Taxodiaceae ....

Cupressaceae ....